建筑给水排水工程与设计

马　金　刘艳臣　李　淼　等编著

清华大学出版社

北京

内 容 简 介

本书首先概述了建筑给水排水工程,使一般读者能简要了解其基本内容和建筑与建筑给排水工程的相关知识。书中系统性地介绍了建筑给水、建筑消防、建筑排水等理论知识和设计原理及设计方法,并简要介绍了相关新技术与应用,以及国家有关部门颁布的规范和标准。

此外,结合当前城市化的建设发展,本书将建筑小区景观水系与给排水设计单独论述,新增了雨水资源化等新的内容。结合全书的理论知识,增加了建筑给排水工程设计实践内容,是为了帮助读者理解与参考其设计方法和设计过程。

本书可作为高等院校给排水工程、环境工程等专业的教材,并供相关工程技术人员、管理人员参考。

图书在版编目(CIP)数据

建筑给水排水工程与设计/马金等编著.—北京:清华大学出版社,2021.9
ISBN 978-7-302-59213-6

Ⅰ.①建… Ⅱ.①马… Ⅲ.①建筑工程-给水工程-工程设计-高等学校-教材 ②建筑工程-排水工程-工程设计-高等学校-教材 Ⅳ.①TU82

中国版本图书馆 CIP 数据核字(2021)第 188104 号

责任编辑:柳 萍 赵从棉
封面设计:常雪影
责任校对:欧 洋
责任印制:刘海龙

出版发行:清华大学出版社
　　　　　网　　　址:http://www.tup.com.cn,http://www.wqbook.com
　　　　　地　　　址:北京清华大学学研大厦 A 座　　　邮　　编:100084
　　　　　社 总 机:010-62770175　　　　　　　邮　　购:010-62786544
　　　　　投稿与读者服务:010-62776969,c-service@tup.tsinghua.edu.cn
　　　　　质量反馈:010-62772015,zhiliang@tup.tsinghua.edu.cn
印 装 者:三河市科茂嘉荣印务有限公司
经　销:全国新华书店
开　本:185mm×260mm　印　张:29.75　　　字　数:722 千字
版　次:2021 年 10 月第 1 版　　　　　　印　次:2021 年 10 月第 1 次印刷
定　价:89.00 元

产品编号:089175-01

 **PREFACE**

　　建筑给水排水工程是高等院校给水排水工程专业的一门主要专业课程。本书可供学习该专业的学生和从事此专业的工程技术人员参考,同时也可以作为我国注册公用设备工程师给水排水工程专业执业资格考试的参考用书。

　　本书是在清华大学出版社 2004 年出版的《建筑给水排水工程》基础上进行的编写,除保留了原内容外,根据新规范、新技术等对书稿内容进行了全面更新,尤其是结合多年的教学实践增加了给水排水工程实践的案例,更强调了让读者从工程实践了解本书的相关内容。

　　本书以基本理论阐述为主,结合本学科的发展,介绍了相关新标准、新技术及应用。在编写过程中参考了许多相关教材和手册,并参照了现行的国家有关部门颁布的规范和标准,基本反映了建筑给水排水工程的当前技术发展和实际要求。

　　本书共分 26 章,第 1 章由金岩、左志强编写;第 2 章由李永阳编写;第 3～12 章由李淼编写;第 13～18 章由刘艳臣编写;第 19～23 章及第 26 章由孙利利、陆茵编写;第 24 章由张磊编写;第 25 章由金岩、寇亚楠、牟丽月编写。本书由马金、郝爽统编,张晓健、刘玖玲、汪诚文审。本书编写得到清华大学环境学院刘毅、吴烨教授的支持。

　　限于作者的水平和经验,书中难免存在缺点或错误,恳请读者提出批评指正。

作者

2021 年 2 月

目 录 **CONTENTS**

第1篇 建筑给水排水工程概论

第2篇 建 筑 给 水

第3篇　建筑消防

第 4 篇　建筑排水

第5篇 建筑小区景观水系与给排水设计

第 6 篇　建筑给排水工程设计实践

附　　录

第1篇
建筑给水排水工程概论

第1章

建筑给水排水工程概述

随着城市化进程的加速,给排水工程的重要性日益突出。给排水工程分为给水工程、排水工程、建筑给水排水工程。建筑给水排水工程简称建筑给排水,顾名思义,主要指与建筑相关的给水排水系统,目的是保证建筑的用水及排水安全,它属于建筑设计的设备专业设计之一,通过建筑设备来实施。

水是生命之源,是人类赖以生存和发展的宝贵资源和物质基础。人们生活、生产用的水源全部来自地表水或地下水,这些取自天然水源的原水经过城市给水厂的处理,由城市供水管网供应到各用水建筑小区,再由建筑小区的建筑给水系统输送到千家万户,并将污废水、雨水等通过城市排水管网、城市污水处理厂再排回自然水体。水循环过程如图1-1所示。

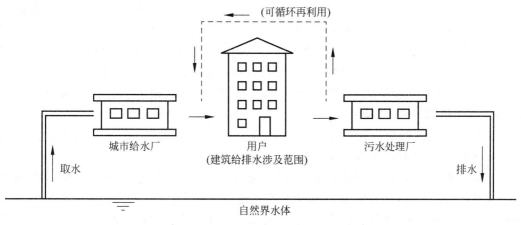

图1-1 水循环示意图

建筑给排水与人们的生活息息相关,涉及范围广泛,例如建筑、交通、餐饮、生产制造、金融科技等,它是人们居家、工作、学习、娱乐、运动,以及衣食住行、生命财产安全的基本保障,是关乎民众生活质量、国家经济发展的重要学科。

在中华人民共和国成立初期,给排水工程专业有关的基本教学内容设在土木工程专业之中或作为土木工程专业的一个专门化方向,孕育着给排水工程专业的雏形,为我国早期给排水工程专业的建设和教育发展奠定了一定的基础。

我国于 1952 年设立了第一批给水排水工程专业。改革开放以后,随着社会经济的发展,城市的基础设施建设发展迅速,社会对人才知识结构的需求更加精细化、专业化。建筑给排水工程在 20 世纪 80 年代初由"室内给水排水工程"发展成为专门学科。

如今,建筑给排水得到了全面而迅速的发展,在以前积累的实践经验基础上,在新能源、新技术方面有了诸多突破,已经发展成为一个相对完整的专业体系,有了更丰富的内涵和更广阔的外延。

随着信息化技术的应用和发展,建筑给水排水工程实现了设计的可视化、协同化、参数化及管道综合、安装模拟、成果多元,并逐步走向标准、规范和智能。

建筑给水排水工程主要包括建筑给水工程、建筑排水工程、建筑雨水工程、建筑消防工程、建筑热水工程和建筑中水及景观水系工程等。本章先对各系统做个简述,便于大家宏观上学习了解。

1.1　建筑给水工程及系统组成

1.1.1　生产生活给水系统

建筑给水工程即为了满足人们日常生活或生产加工、消防灭火需要而设置的冷水供应系统,通常由城镇给水管网或自备水源供给,经配水管送至室内各种卫生器具、用水点、生产装置和消防设备,以满足用水点对水量、水压和水质的要求,包括生活给水系统、生产给水系统和消防给水系统。

生活给水系统主要提供人们在日常生活中饮用、沐浴、烹饪、洗涤、冲厕、浇灌和其他生活用途的用水,按供水水质又可分为生活饮用水系统、直饮水系统和再生水系统(中水系统、雨水回收系统)。生活饮用水系统提供盥洗、沐浴等用水;直饮水系统提供纯净水、矿泉水等用水;再生水系统提供冲厕、灌溉等用水。生活给水系统的水质必须严格符合国家《生活饮用水卫生标准》(GB 5749—2006)要求,并应具有防止水质污染的明显标识。

生产给水系统主要提供生产设备用水,如冷却、原料洗涤、锅炉用水等,其种类繁多,一般根据工艺不同,对水质、水量、水压以及安全方面的要求差异很大。

消防给水系统主要提供各类消防设备(如消火栓、自动喷水灭火系统等)用水,对水质要求不高,但必须保证有足够的水量与水压。

上述三类基本给水系统有时可合并设置,有时对每个系统再进行细分,例如生活给水系统分为生活饮用水系统、直饮水系统、再生水系统;生产给水系统分为直流给水系统、循环给水系统、复用水给水系统、软化水给水系统、纯水给水系统;消防给水系统分为消火栓给水系统、自动喷水灭火给水系统、消防炮系统。

一般的建筑给水系统由水源引入管、计量水表、管道系统(干管、立管、支管)、给水附件(阀门等)、用水点器具组成。

当室外水源不能满足建筑给水系统用水量或压力要求时,需要设置水泵、气压装置、水箱、水池等升压和储水设备。

给水系统示意图如图 1-2 所示。

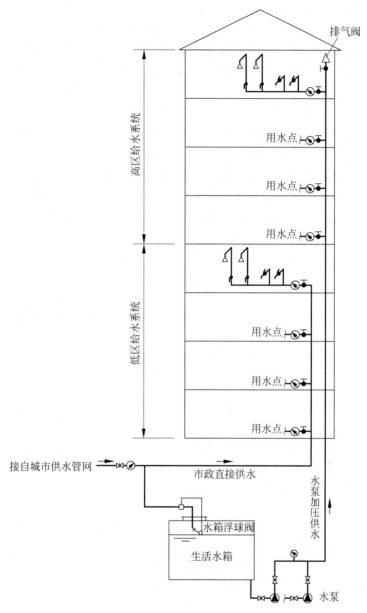

图 1-2 给水系统示意图

1.1.2 生活热水系统

人们在生活中经常需要用到热水,比如沐浴、洗涤、酒店洗衣等,一般较为高档的住宅楼、办公楼、酒店等会设置生活热水系统。建筑内部热水系统应根据使用要求、耗热量及用水点分布情况结合热源条件确定。热水系统可分为集中热水供应系统、局部热水供应系统。各种系统各有优劣,要采用因地制宜的系统选用方法,既满足建筑热水使用的需求,还要体现环保、节能、经济、耐久、便捷的原则。常规热源包括市政热力管网、电力、燃气、工业余热、地热、太阳能等,热源的选用宜首先考虑工业余热、地热和太阳能等。

　　集中热水供应系统适用于酒店客房、餐厅(食堂)、宿舍、公共浴室等用水量大、用水点均匀且密集的场所,在建筑内设专用机房,由锅炉或热交换设备将水加热后供一幢或几幢建筑使用,其主要由热媒系统、热水供水系统、附件三部分组成。集中热水供应系统具有供水量大、供水稳定的特点,一般由热源、加热换热设备、水泵、水箱、热水配水管网和回水管网、阀门附件等组成。

　　局部热水供应系统适用于用水点少而集中的建筑,如办公楼、商场的卫生间,具有热水管路短、热损失小的特点,通常在用水房间安装局部加热设备,供一个或几个配水点使用热水。家用的电热水器就是典型的局部加热设备。

　　热水供应系统的选择因建筑类型和规模、热源来源、用水要求、加热和储存设备的情况、建筑对美观和安静的要求等情况不同而异。选用何种热水供水方式,应根据建筑物用途、热源供给情况、热水用量和卫生器具的布置情况进行技术和经济比较后确定。在实际应用时,也常将上述热水供应方式按照具体情况进行组合使用。

　　热水系统原理图如图1-3所示。

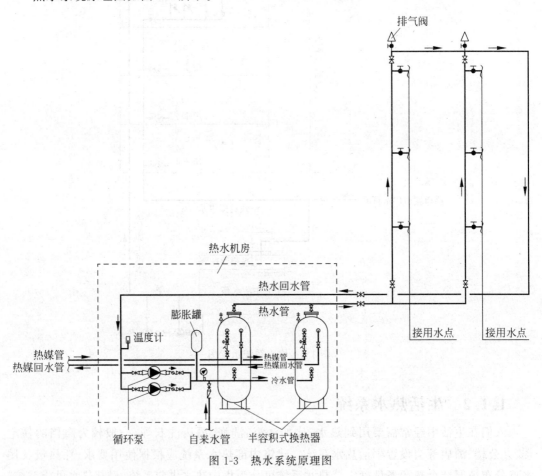

图 1-3　热水系统原理图

1.1.3　直饮水系统

　　根据不同的建筑使用要求,有时也会设置建筑直饮水系统。直饮水系统的水质应符合

《饮用净水水质标准》(CJ 94—2005)要求,无须再次处理,可供人们直接饮用。

根据系统形式,直饮水系统也可分为集中式直饮水系统和局部直饮水系统。

集中式直饮水系统常指冷饮水供应系统,供应水温可根据使用人群需求确定。一般在夏季不启用加热设备,饮水温度与自来水温度相同即可。在冬季,饮水温度一般为35～40℃,以保证人们饮用舒适。直饮水系统一般由水源、净化消毒水处理设备、直饮水管道系统、阀门附件、取水龙头等组成。

局部直饮水系统可供应冷饮水和热水,在用水点少而集中的建筑物中可设置集中房间,放置开水器、饮水机等设备。学校、宿舍、食堂等建筑常采用此方式提供饮水。

直饮水系统原理图如图1-4所示。

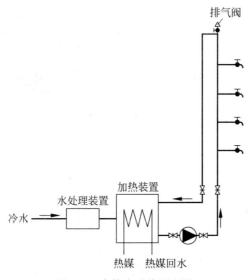

图1-4 直饮水系统原理图

1.2 建筑排水工程及系统组成

建筑排水系统是指将建筑内生活、生产中使用过的废弃水进行收集并排放到室外的污水管道系统。废弃水通常经化粪池处理后排放至市政污水管网,或经污水处理后排入自然水体,排水水质应符合污水综合排放标准。

1.2.1 建筑污废水系统

建筑污废水按照排放类型可以分为生活类污水、生产类污水;按照排放水质,每一类污水又可以细分为污水和废水。

生活污水包括便器冲洗污水、洗衣污水、厨房含油污水、实验室有害有毒污水、医院污水等,生活污水处理系统一般由污水支管、污水立管、污水横管、污水处理装置(化粪池、隔油池或其他污水处理设备)、管道附件组成。

生活废水是指污染程度较轻的沐浴、盥洗废弃水。为节约水资源,在建筑小区内可以将生活废水经废水管道收集处理后作为再生水,用于浇洒绿地、洗车、冲洗厕所等。

生产类污水主要是指工业生产过程中产生的生产废水和生产污水。生产废水污染程度较轻,如循环冷却水等,经简单处理(如降温)后即可回用或排放。生产污水的污染程度较重,一般需要经过处理后才能排放。

污水废水的处理一般采用污水与废水合流收集排放的污水系统;在建筑小区设有废水处理回用设施的地方,可以采用污水与废水分开收集的分流制系统。具体采用哪种体制,主要考虑的因素是:污废水综合利用的可行性、城市排水系统的体制以及污废水的性质与处理要求等。

如图 1-5 所示为污水系统示意图。

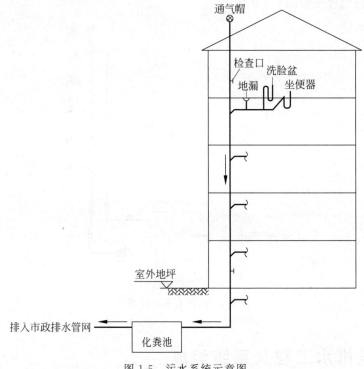

图 1-5　污水系统示意图

1.2.2　建筑雨水排水系统

降落在屋面的雨和雪,特别是暴雨,在短时间内会形成积水,需要设置屋面雨水排水系统及溢流设施,有组织和系统地将屋面雨水收集排出,如不及时排出,会造成四处溢流或屋面漏水形成水患,甚至水深过高会超出建筑屋面承载力,从而发生坍塌。

屋面雨水的排出系统按雨水管道的位置分为外排水系统和内排水系统,按照水流形态,又可以分为重力流雨水排水系统和满管压力流雨水排水系统。具体采用哪种系统,应根据建筑物具体功能构造和气候条件等因素综合比较确定。为避免发生危险,应尽量采用外排水系统。通常檐沟外排水宜按重力流设计,长天沟外排水宜按满管压力流设计,高层建筑屋面雨水排水宜按重力流设计,工业厂房、库房、公共建筑的大型屋面雨水排水宜按满管压力流设计。

屋面雨水排水系统由雨水斗(或檐沟、天沟)、连接管、悬吊管、立管、排出管、管道附件等组成,如图 1-6 所示。

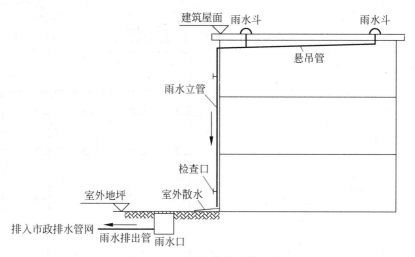

图 1-6　屋面雨水排水系统示意图

1.3　建筑消防工程及系统组成

以水灭火是最为传统、使用最为广泛的灭火方法。在各种灭火剂中,水具有使用方便、灭火效果好、器材简单等优点,是目前建筑消防的主要灭火剂。水与燃烧物接触后从燃烧物中吸收热量,可以对燃烧物起到冷却作用,同时水在汽化的过程中产生大量的水蒸气,体积大幅增加,可以隔绝空气并能稀释燃烧区内氧的含量从而减弱燃烧强度,起到灭火作用。

在建筑物中,有些火灾是不能用水扑灭的,如电气火灾、可燃液体火灾等,还有些设备用水灭火则会产生重大损失,如图书馆、精密仪器房、计算机房等。因此,对这些有特殊要求的建筑火灾也常采用其他非水灭火剂扑灭,如气体灭火、泡沫灭火、干粉灭火等。

建筑常用的灭火系统包括消火栓给水系统、自动喷水灭火系统及其他消防灭火设施。

1.3.1　消火栓给水系统

消火栓给水系统是我国建筑物中最常用、最基本的灭火系统,分为室外消火栓给水系统和室内消火栓给水系统。

室外消火栓给水系统设置室外消火栓,发生火灾时供消防车取水或直接连接水带、水枪出水灭火,进行室外消防扑救。室外消火栓可由单独设置的消防供水管网供水,也可设置在室外的生活给水管网上。

室内消火栓给水系统在建筑物内使用广泛,由消防管道、室内消火栓、水枪、水龙带、水泵接合器、系统阀门附件等组成。室内消火栓给水系统可以与生活给水管网合用,但当给水管网的水量及水压不能满足室内消防要求时,应独立设置室内消火栓给水系统,还要根据计算设置消防水池、消防水泵、高位消防水箱、增压稳压装置等。

如图 1-7 所示为消火栓系统原理图。

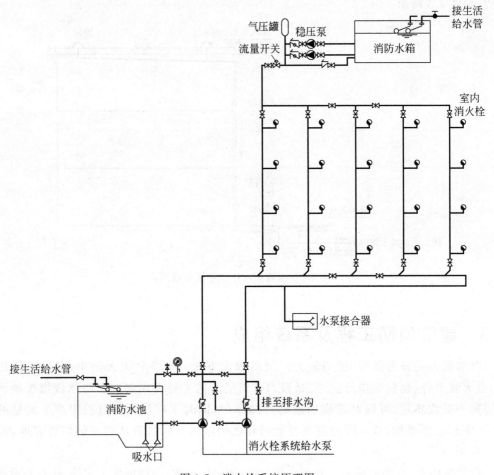

图 1-7　消火栓系统原理图

1.3.2　自动喷水灭火系统

自动喷水灭火系统是当今世界上公认的最有效的自救灭火设施之一,该系统具有安全可靠、经济实用、灭火成功率高等优点。国外应用自动喷水灭火系统已有 200 多年的历史。自动喷水灭火系统不仅在公共建筑、厂房和仓库中得到全面推广应用,而且发达国家已在住宅建筑中开始安装使用自动喷水灭火系统。即使在技术远不如目前发达的 1925—1964 年,在安装自动喷水灭火系统的建筑物中,控、灭火的成功率就已高达 96.2%。

我国从 20 世纪 30 年代开始应用自动喷水灭火系统,至今已有 80 多年的历史,目前其应用范围在不断扩展,使用量也不断增长。

自动喷水灭火系统包括常规自动喷水灭火系统、雨淋自动喷水灭火系统、水喷雾灭火系统、水幕系统等,虽然种类有别,但均由水源、消防水池、消防泵、高位消防水箱、报警阀组、喷头、管网、阀门附件等组成。火灾发生初期,建筑物的温度随火灾发展不断上升,当温度上升到喷头温感元件爆破或熔化脱落时,即启动自动喷水灭火,同时发出火警信号。

对于保护面积大、火灾危险性高的建筑场所,还会采用固定消防炮灭火系统,消防炮具有流量大、射程远的特点,能够远距离扑灭火灾。

随着建筑标准的提高,一些室内净空高度已经超过自动喷水灭火系统保护高度,如展览厅、剧场、体育馆、楼宇大堂等建筑空间,大空间智能灭火系统是近年来针对大空间场所防火而开发的主动灭火系统,具有智能化、安装灵活、适用空间范围广的优势。

如图1-8所示为自动喷水灭火系统原理图。

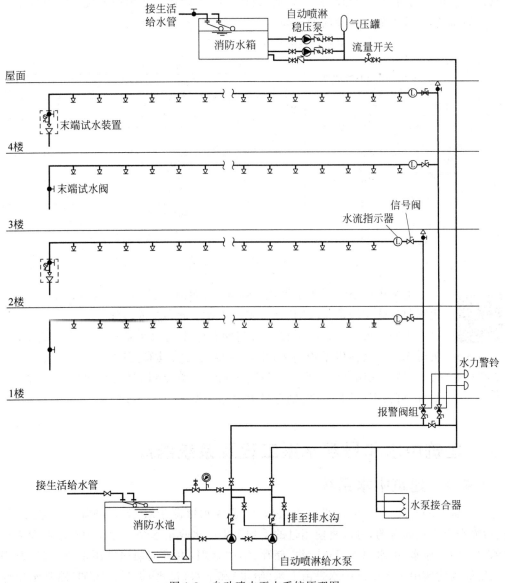

图1-8 自动喷水灭火系统原理图

1.3.3 其他消防灭火设施

除使用以水为灭火剂的消防系统外,建筑消防也会根据建筑功能使用气体灭火系统、泡沫灭火系统和干粉灭火系统。

气体灭火系统是指平时灭火剂以液体、液化气或气体形态储存于压力容器内,火灾时向密闭保护空间喷射气体达到灭火目的的系统,如图1-9所示。常用的灭火剂有二氧化碳、新型气体(卤代烷替代物)、氮气、惰性气体等。气体灭火剂不导电,一般不会造成二次污染,是扑救电子设备、精密仪器设备、贵重仪器和档案图书等纸质、绢质或磁介质材料信息载体火灾的良好灭火剂。气体灭火系统在密闭的空间里有良好的灭火效果,但系统投资较高,故一般只在一些重要的机房、贵重设备室、珍藏室、档案库内设置。使用该系统应注意喷射气体前人员的撤离,及灭火后房间及时通风换气。

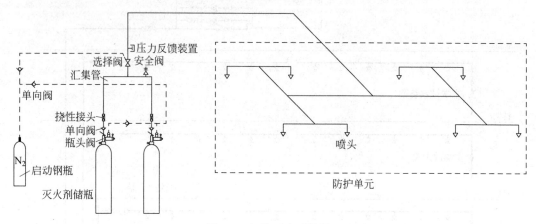

图1-9 气体灭火系统图

1-1 气体灭火效果图

泡沫灭火系统多用于可燃液体火灾,如油厂、发电厂、飞机库等的火灾,灭火剂包括化学泡沫灭火剂、蛋白质泡沫灭火剂和合成泡沫灭火剂。

干粉灭火系统是将干粉灭火剂储存于干粉灭火器或干粉灭火设备中,火灾时靠加压气体将干粉喷出,射向燃烧物。它具有历时短、效率高、灭火后损失小、易长期储存的优点。常见的干粉灭火剂基料有钾盐、钠盐、磷酸盐、硫酸盐等,可根据不同火灾类别选择灭火剂种类。

1.4 建筑中水和景观水系工程及系统组成

1.4.1 建筑中水系统

随着城市的发展,用水的需求量大大增加,造成水资源紧缺,为达到降低污染、保护环境、污废水资源化的目的,可以将使用过的受到污染的水收集起来。选作中水水源而未经处理的水叫中水原水,中水原水经过收集、储存、集中处理,由管道输送到用水点,用作杂用水的系统称为建筑中水系统。中水是由上水(给水)和下水(排水)派生出来的,因其水质标准低于生活饮用水水质标准,但又高于污水的排放标准,故此得名。中水可用于冲厕、灌溉、冲洗地面等。

建筑中水处理系统由中水原水收集系统、处理设施和中水供水系统组成,其中供水系统由中水配水管网、储水池、控制系统、计量设备、配水附件等组成。中水原水收集系统又可分为分流制和合流制。新建、改扩建项目是否设置中水系统,应按照项目所在地的地方规定要求来决定,并应与主体工程同时进行设计施工。

分流制是根据建筑排水的水质,选择污染较轻、水质较好的沐浴、洗涤等废水作为中水原水,污染较重的冲厕、含油污水等经城市污水处理厂处理后排放,不再回用。分流制具有原水水质较好、容易被用户接受的优点,但水量通常受限,另外需要增加一套排水管道,以达到污、废分流。当建筑规模较大、水量充足时,一般采用分流制系统。

合流制即污废水合流,采用一套管道排放作为中水原水,故合流制的原水水量丰富,但水质较差,处理工艺复杂,用户接受程度低。独栋建筑或用水量较小的建筑,通常只能采用合流制系统。

如图 1-10 所示是建筑中水系统示意图。

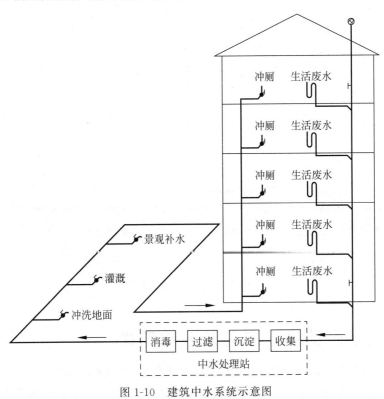

图 1-10　建筑中水系统示意图

1.4.2　景观水系

景观水是指人工建造的用于视觉观赏的水体。通常利用自动控制手段,或配以灯光音效技术,以达到美化环境、调节局部气候、令人身心愉悦的效果。

景观水形式多样,变化丰富,主要包括镜池、溪流、瀑布、喷泉、水幕等,特定情况下,还包括雨、雪、霜、雾等形态。按照水的流动状态,水景可分为静态水景和动态水景。静态水景无涟无漪、静谧安详,能够抚平人们烦躁的情绪;动态水景活泼灵动、欢快跳跃,可以强化周围生机勃勃、充满活力的气氛。

水景给排水系统分为直流给水和循环给水两种系统。直流给水系统用水不循环,无循环水设备、占地少、投资小、运行费用低,但耗水量大,不节能,故一般不作为首选系统。循环给水系统的景观用水经收集后可反复循环使用,该系统由管道、喷头、阀门、循环水泵、供配电装置和自动控制装置等组成,占地面积相对较大,但大大节省了水资源,是目前景观水常用系统。水景给排水系统可以采用城市生活给水、清洁的生产用水和天然水以及再生水作为供水水源,水质应符合景观用水标准。

如图 1-11 所示为跌水景观示意图。

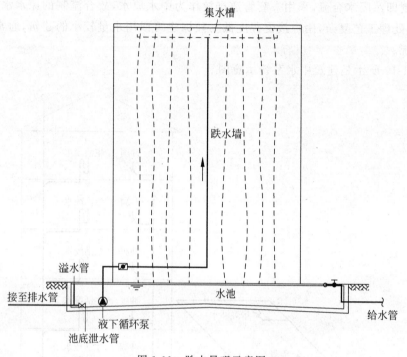

集水槽

跌水墙

溢水管

接至排水管　　　　　　　　　　　　　　　　　　水池　　　　　　　　　　给水管

液下循环泵
池底泄水管

图 1-11　跌水景观示意图

1.5　建筑小区给排水工程及系统组成

随着经济的快速发展,人们的生活水平越来越高,对建筑小区环境的要求也越来越高。室外给排水管网作为建筑小区综合管网的一个重要组成部分,是居民正常生活的保障。该系统处于室内建筑给排水和城市给排水管网之间,起着承上启下的作用,需要设计人员根据建筑小区的水源供应、用水情况和接纳排污设施进行合理的设计规划。

1.5.1　室外给水系统

室外给水系统的任务是根据建筑小区用水量要求,从水源取水(水源可能是城市给水管网中的水,也可能是经处理达到饮用水水质要求的地表水、地下水等),然后将水输送到用水建筑,保证建筑内用水量。建筑小区的室外给水系统不仅应满足居民生活用水要求,还应满足小区内小市政、消防、绿化和生产用水的要求。室外给水系统通常由下列部分组成:

(1) 水源。包括来自城市给水管网,以及经处理达到水质要求的地下水源或地表水源,一般以城市给水系统作为水源,只有在居住小区远离城市给水管网时才考虑自备水源。

(2) 阀门附件。包括水表井、阀门井中的附件。

(3) 水处理设备。如水源不是来自市政给水管网,一般应将取来的原水通过水处理设备进行处理,使其符合用户对水质的要求。

(4)调蓄加压设备。市政给水压力不能满足小区供水要求时,应设置调蓄水池和水泵进行加压。

(5)供水管网。可以根据用户对供水的要求,布置成树状网或环状网两种形式。一般采用埋地敷设。

在建筑小区内,生活、消防和生产三类用水常合用同一给水系统,但有时因水质、水压要求不同或对某种给水有特殊要求,也可以独立设置。

1.5.2 室外排水系统

建筑小区的室外排水系统主要承接建筑排放的废弃水,经管道收集处理后排入市政排水系统或附近水体。室外排水系统包括生活污水排水系统、生活废水排水系统和雨水排水系统。这些排水系统合并设置称为合流制排水系统,按不同水质分开设置则称为分流制排水系统。

通常排水采用合流制时,生活污废水经化粪池或隔油池等小型构筑物简单处理后排入城市排水管网;如果排入水体,则应满足《城镇污水处理厂污染物排放标准》(GB 18918—2002)的规定,同时不能降低受纳水体的功能,一般在建筑小区内或附近建设污水处理设施。当小区内采用污废分流制排水系统时,小区内收集的生活废水可作为中水原水,经小区中水处理站处理后回用作杂用水,生活污水则收集后排入市政污水的排水系统。

建筑小区的雨水排水应与污水分流,可以经雨水口、雨水管收集,直接排入城市雨水管网或就近排至附近水体。如建筑小区设有雨水收集回用系统,雨水可通过管道收集、截污,以及经雨水收集池调节、过滤、消毒后回用,可用于灌溉、景观水系补水、洗车、地面冲洗、冷却水补充、冲厕等,达到节水目的。

建筑小区的排水体制,要根据项目所在地城市排水体制、环保要求等因素进行综合比较后,确定采用分流制或合流制。当小区或其附近有合适的雨水收纳水体或在市政排水系统为分流制的情况下,宜采用雨污分流制排水系统;如果小区的排水需进行中水回用,应考虑采用雨污分流、污废分流制的排水系统。

1.6 特殊建筑给排水专项工程及系统组成

为满足人们更高的生活需求,有些建筑内除常规的建筑给排水系统以外,还设有一些特殊的建筑给排水专项工程系统,如游泳池、洗衣房、厨房、公共浴室等。这些特殊建筑给排水系统通常需要结合工艺布置和专业设备来设计。

1.6.1 游泳池

游泳池是人工建造的供人们在水中进行比赛、娱乐、健身、康复训练的水池。按照不同的使用功能,可以设计成不同形状、不同尺寸、不同水温的多种样式水池,其给排水系统原理则大同小异。

游泳池给排水系统由泳池给水口、溢流口、泄水口、循环泵、调节水箱、加热设备、水质处理设备、给水补水系统、温控系统、监测系统、灯光系统等组成,如图1-12所示。

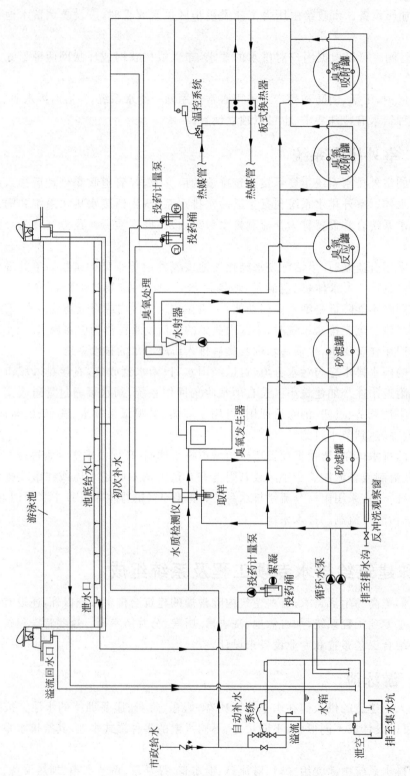

图 1-12 游泳池给排水系统的组成原理

1.6.2 洗衣房、营业性厨房

洗衣房是为酒店、宾馆、医疗机构、生产车间等有大量洗涤及消毒烘干需求的建筑配备的附属功能用房,用于洗涤服装、床被、清洁用品等。洗衣房由洗衣车间、办公用房、生活用房组成,其布置如图1-13所示。洗衣房给排水设计应结合房间布局、设备摆放情况布置管道,并宜采用排水沟方式排水。

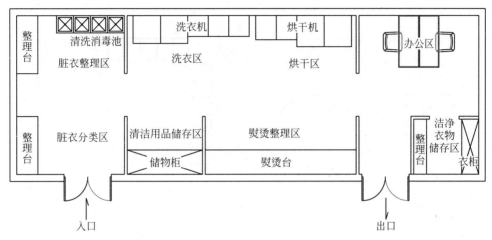

图1-13 洗衣房布置图

营业性厨房主要指食堂、餐厅等公共餐饮场所的厨房,具有用水量大、用水时间集中、污水含油量高、可燃物品多的特点,除了应根据烹饪设备摆放对其进行个性化设计外,厨房的消防安全设计也应列为重中之重。厨房给排水系统由冷热水系统、隔油池、排水沟、消防设施等组成,其示意图如图1-14所示。

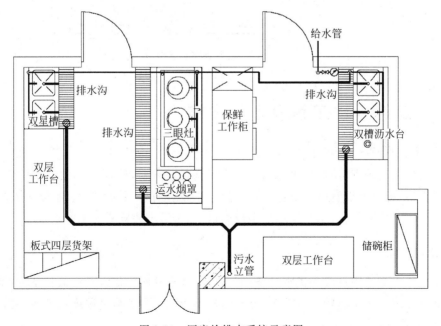

图1-14 厨房给排水系统示意图

1.6.3　公共浴室

为满足卫生、劳保、洁净需求，城市企业、机关、工厂车间、学校等单位经常配套设置非营业性公共浴室供相关人员沐浴、盥洗。非营业性公共浴室一般设施相对简单，包括更衣室、淋浴间、卫生间等基本房间，如图 1-15 所示。另一类经营性公共浴室配备相对完善，功能也相对复杂，除基本的沐浴、盥洗功能外，还可以设置桑拿房、蒸汽房、温泉池等区域。

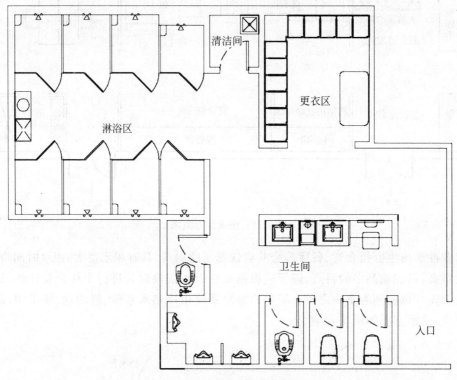

图 1-15　公共浴室示意图

1.7　建筑给排水工程设备与设施

1.7.1　水泵与泵房

当建筑物高度较大，城市给水管网压力不能满足要求时，或用水单位对水压稳定、供水安全有要求时，即需要设置升压设备。常用的升压设备有水泵、水箱、水池及气压供水装置等，需要提升压力的室内给水系统水泵多与水箱、气压供水装置联合工作。

1. 水泵

水泵是给水系统中重要的供水设备，如果把自来水管网比作人身的血管系统，水泵就是压送血液的心脏。水泵品种规格繁多，分类也各不相同。为了最大限度地节能，使设计方案经济合理，就要学习了解水泵的基本性能和工作原理。

水泵的流量、扬程应根据给水系统所需的水量、压力确定。由流量、扬程查水泵性能表即可确定其型号。应选择低噪声、节能型水泵,运行噪声应符合现行《民用建筑隔声设计规范》(GB 50118—2010)的要求。为保证供水安全,可按不同系统要求考虑设置备用水泵。

1-2 立、卧式
离心泵

2. 泵房

泵房是用于集中放置水泵、水箱、水池及气压供水装置、电气控制柜等设备的专门房间,水泵房设置宜靠近用水大户,应与用水建筑小区同时建成。

水泵房不应毗邻居住用房或者在其上层或下层,水泵机组宜设在水池的侧面、下方,泵房内宜有检修水泵的场地和检修通道。如图 1-16 所示为水泵房布置图。

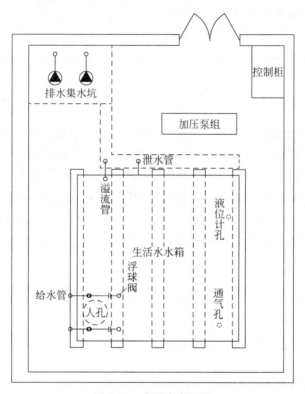

图 1-16 水泵房布置图

1.7.2 管材、阀门与附件

1. 给水管材

给水管道的管材应根据系统的水质、水压、敷设场所而综合选定。给水管道按照材质可分为金属管、非金属管、复合材料管,给水与消防合用的管道还应满足消防要求。金属管作为传统管材,仍具有不可替代的作用。近年,非金属管道以其环保、低能耗、使用寿命长的优势,进入了迅猛发展的阶段,在建筑市场中也得到广泛应用。各种管材的性能特点见表 1-1。

1-3 给水管材

表 1-1　给水管材性能比较

管道类别	常见材质	优　点	缺　点	适用场所
金属管	球墨铸铁管、不锈钢管、铜管、热镀锌钢管	耐压、耐高温、耐腐蚀	性脆、重量大；不锈钢管、铜管价格昂贵；镀锌钢管镀锌层脱落易生锈污染水质	适用于消防系统、给水系统（其中热镀锌钢管在生活给水系统中禁用）
非金属管	聚丙烯（PPR）、聚乙烯（PE）、聚氯乙烯（PVC）	耐腐蚀、水阻力小、重量轻、运输安装方便、化学性能稳定、使用寿命长	较金属管抗压强度低、容易变形	适用于给水系统支管，不宜做立管或干管，不宜用于消防系统
复合材料管	钢骨架聚乙烯塑料复合管、铝塑复合管、钢塑复合管、不锈钢塑料复合管	耐压、耐腐蚀、重量轻、适用温度宽、使用寿命长、兼有金属管与塑料管的优点	横向受力易破裂、配件价格高、修复成本高、有脱层可能	适用于消防系统、给水系统

2．排水管材

建筑排水管可分为排水塑料管、柔性接口机制排水铸铁管、钢塑复合管等。目前,建筑内部主要应用的是硬聚氯乙烯塑料管(简称 UPVC 管)、柔性接口机制排水铸铁管。排水塑料管具有重量轻、不结垢、耐腐蚀、管道阻力小、便于安装、价格低廉等优点,但其强度低、耐温性差、立管噪声大、易老化、防火性能差,所以在要求较高的场所不宜选用。柔性接口机制排水铸铁管造价较高,其优点是耐高温、耐磨损、强度大、抗震性能好、噪声低、防火性能好、使用寿命长、膨胀系数小,在超高层建筑、抗震烈度超过 9 度地区、排水温度过高或过低场所优先选用。

1-4 排水管材

3．阀门与附件

管道附件指管道系统中调节水量、水压,控制水流方向,计量,改善水质,以及关断水流,便于管道、仪表和设备检修的各类阀门和设备。给水附件包括各种阀门、仪表、水锤消除器、过滤器、减压孔板等管路附件。排水附件包括清扫口、检查口等。

1)阀门

阀门种类繁多,分类方法不同,按功能主要可分为以下种类。

(1)截断用:用来切断或接通管道中的介质。此功能最为常用,如闸阀、截止阀、球阀、旋塞阀、蝶阀等。

(2)止回用:用于防止介质倒流。如止回阀、倒流防止器。

(3)分配用:用于改变管路中介质的流向、起分配作用,如三通、四通旋塞阀,三通、四通球阀,分配阀等。

(4)调节用:主要用于调节介质的流量、压力等,如调节阀、节流阀、减压阀、减压孔板、平衡阀等。

(5)安全用:用于排出容器或管道中多余介质,起超压保护作用,如各种安全阀、溢流阀、泄压阀、排气阀、水位控制阀等。

1-5 常见阀门

(6)用于其他特殊用途:如排出蒸汽中凝结水用的疏水阀、放空阀、排渣阀、排污阀等。

2）仪表

仪表用来监测系统运行状态，以进一步实现给排水系统自动控制。仪表主要有以下几种。

（1）水表：用于用水单元的用水计量。

（2）压力表：用于监测管道内水压，常与自动控制系统相关联，用以控制水泵及水系统的启停。

1-6　小型仪表

（3）气压计：用于监测气压装置压力。

（4）温度表：常用于热水系统监测水温。

3）其他附件

（1）优化水质水流状态用：用于给水系统，如过滤器、水锤消除器等。

（2）管道清掏检修用：用于排水系统，如清扫口、检查口等。

1-7　排水附件

1.7.3　消防器材与装备

消防器材是指用于灭火、防火的灭火设施，一般由消防队员或经过专业训练的人员灭火使用。

1. 室外消火栓

室外消火栓是设置在建筑小区室外消防给水管网上的供水设施，主要供消防车从室外消防给水管网取水实施灭火，也可以直接连接水带、水枪出水灭火，可分为地上式消火栓和地下式消火栓。

2. 室内消火栓

室内消火栓是一种室内的固定消防设施，消火栓箱由水枪、水带和消火栓组成。消火栓箱应该放置于走廊、楼梯间或厅堂等公共的空间部位，一般会有醒目的标注，并不得在其前方设置障碍物，以避免影响消火栓箱门的开启。室内消火栓的选型应根据使用者、火灾危险性、火灾类型和不同灭火功能等因素综合确定。

3. 灭火器

灭火器是一种可携式灭火工具，是常见的防火设施之一，常存放在公共场所或可能发生火灾的房间。灭火器内储存灭火剂用以扑救火灾，各建筑应根据可能发生的火灾类别选择装有相应灭火剂的灭火器，使用时应加以注意，避免产生反效果及引起危险。

4. 水泵接合器

水泵接合器是连接消防车向室内消防给水系统加压供水的装置，由消防给水管网水平干管引出，设于消防车易于接近的室外场地。水泵接合器有地上、地下和墙壁式3种，在建筑消防给水系统中均应设置水泵接合器。

5. 消防水池

当室外供水管网不能满足消防用水要求时，需设置消防水池，消防水池可设于室外或室内地下室。消防水池用于储存火灾持续时间内的消防用水,设有进水管、溢流管、泄水口、吸水口、通气管、检修人孔等。消防用水与其他用水共用的水池,应采取确保消防用水量不作他用的技术措施。由于消防水池储水量大,水位较高,池壁承压要求较高,常用钢筋混凝土浇筑建成。

6. 消防水箱

1-8 室内消防设施

　　消防水箱用于储存火灾初期的消防用水,对早期控火起着重要作用,同时也保证平时消防管网处在满水状态。水箱的安装高度应满足室内最不利点消防所需的水压要求,故一般设置在建筑屋面上,且消防水箱的有效容积应满足初期火灾消防水量的要求。消防水箱经常和增压稳压泵、气压罐等联合设置。

1.7.4　排水设备

当建筑内的污废水不能通过重力流排放接入城市排水管网系统时,如地下室等,则需要在排水点底部设置污废水提升泵、集水坑来进行提升并排至室外。

1. 排水泵房

当提升水量较大或者排水水质较差时,一般应在集水池附近建单独的构筑物或者在地下室建单独房间作为排水泵房。排水泵房应有良好的通风、防疫、降噪措施,以减少对周边环境的不良影响。

2. 排水泵

1-9 潜水排污泵

　　排水泵是用来提升污废水的主要设备,包括潜水排污泵、液下排水泵、立式污水泵和卧式污水泵等。其中潜水排污泵、液下排水泵因安装在集水池内,具有不占场地且能解决自灌问题的优势,适用于大多数场合。立式污水泵和卧式污水泵因需要另设泵房、配套复杂,则应用较少。

3. 集水池

集水池用于通过管道或排水沟接纳建筑内的污废水,一般邻近排水点设置在排水房间地面以下,池内设置潜水排污泵。集水池容积视排水泵出水量而定。

1.7.5　水质保障设备

随着国民经济的快速发展,人民生活水平的不断改善,人们对生活用水水质的要求不断提高。为解决许多高层建筑的供水问题,一般采用二次供水设施。二次供水设施是重要的水质保障设备,它将城市公共供水加压储存后,再通过管道提供给每一层用户。目前来说,这是高楼供水的唯一方式,是当今人民群众稳定、正常、安全、卫生用水的有力保障。二次供水是指单位或个人将城市公共供水或自建设施供水经储存、加压,通过管道再供用户或自用的形式,概述如下。

(1) 液位式二次供水设备属于早期的供水设备之一,正在被逐渐淘汰,但由于它具有经济实惠、运行稳定等优点,仍广泛运用在城镇和某些农村中,用来给小型生活区和一些家庭输送自来水,或者为楼顶水塔蓄水。主要采用高位水箱、恒速水泵进行供水。水池-水泵-水箱联合供水方式的能耗比较低,但这种供水方式很容易污染水质。近年来,人们对用水水质的要求越来越高,这也导致水池-水泵-水箱联合供水方式越来越不受欢迎。

(2) 压力给水方式是采用气压罐、恒速水泵、控制器件等几种设备进行供水的,采用这种供水方式,不管水泵是否处于运行状态,都能连续、自动地向给水系统供水。压力给水方式具有高位水箱维持压力和水塔的功能,同时这种给水方式具有水质不受二次污染、灵活机动等特点,但其运行成本比较高。目前,这种供水方式仍被大量运用在城市中,主要用于小型写字楼、生活区、公共洗手间等地区的自来水供应,很适合于解决自来水压力不足的问题。

(3) 变频水泵供水技术是在自动控制技术、计算机技术、PLC 技术的基础上发展起来的,能根据用水变化自动调整水泵的转速,从而满足用户的用水需求,与恒速水泵相比较,变频水泵具有良好的节能效果。变频水泵供水方式具有能耗低、无二次污染等特点,逐渐被广泛地应用在城市供水系统中。目前,我国二次加压供水系统常采用管网叠压变频供水或者变频驱动水泵加压供水方式进行供水。

1.7.6　给水局部处理

给水局部处理设备一般指家庭、小区或者单位用的中小型给水处理设备,包括消毒器(如臭氧消毒器、紫外线杀菌器等)以及提纯设备,如家用的饮用水净水机等。目前常用的技术如下。

(1) 前置过滤:将滤网安装在进水总管上,用于拦截水中对家庭水管和涉水设备造成危害的粗杂质颗粒泥沙、铁锈和肉眼看得见的杂质。为避免截留的污染物杂质造成滤网堵塞,可采用反冲洗技术有效均匀地实现杂质清理;另外,也可直接采用前置抛弃型过滤,可使用一段时间后直接更换掉里面的 PP 棉,其多见于美国家庭,使用和维护成本低,过滤效果明显。

(2) 中央净水:采用过滤和活性炭双重过滤,可有效过滤泥沙杂质和异味、过滤重金属、去除余氯、去除有机物体等,实现喝的水和用的水达到统一的优质标准。通过反冲洗,去除积累的杂质,完全避免二次污染。

(3) 软化:市政水通过软水机处理,滤除水中的钙、镁,使水的硬度下降,进而通过离子交换技术实现家居生活用水的水垢去除。

(4) 反渗透(RO):反渗透就是在含有盐的水中(如原水)施加比自然渗透更大的压力,使水由浓度高的一方渗透到浓度低的一方,而原水中的微颗粒杂质——有机物、重金属、细菌、病毒及其他有害物质等都经浓缩水出口排放掉。采用活性炭过滤相结合可改善口感。由于反渗透膜的孔径仅 $1 \times 10^{-4} \mu m$,而细菌直径为 $0.4 \sim 1 \mu m$,病毒直径为 $0.02 \sim 0.4 \mu m$,所以这种水处理技术的杂质去除率可高达 99% 以上,水中细菌、病毒全部被去除,也包括形成水碱的钙、镁离子。

1.7.7　排水局部处理

建筑室内排水系统组成很多,其中污废水的提升设备与局部处理设备在整个系统中有重要的作用。

民用和公共建筑的地下室,人防建筑及工业建筑内部标高低于室外地坪的车间和其他用水设备房间排放的污废水,若不能自流排至室外检查井,必须提升排出,以保持室内的环境卫生。建筑内部污废水提升包括污水泵的选择、污水集水池容积的确定和污水泵房的设计。污废水提升需要采用以下设备。

(1)污水水泵。建筑内部污水提升常用的设备有潜水泵、液下泵和卧式离心泵。因潜水泵和液下泵在液下运行,无噪声和振动,自灌问题也自然解决,因此应优先选用。当选用卧式泵,因为污水中有杂质,吸水管一般不能装设底阀,不能人工灌水,所以应设计成自灌式,水泵轴线应在集水池水位下面。

(2)集水池。集水池有效容积不宜小于最大一台水泵 5min 的出水量,水泵每小时启动的次数不宜超过 6 次;设有调节容积时,集水池有效容积不得大于 6h 生活排水平均小时流量。消防电梯井集水池的有效容积不得小于 $2.0m^3$。

(3)污水泵房。污水泵房应有良好的通风装置,并靠近集水池。生活污水水泵设在单独的房间内,以减少对环境的污染。对卫生环境要求特殊的生产厂房和公共建筑内不得设污水泵房。当水泵房在建筑物内时,应有隔振防噪声措施。

污废水局部处理设备主要包括化粪池、隔油池、降温池。

(1)化粪池是一种利用沉淀和厌氧发酵原理,去除生活污水中悬浮性有机物的处理设施,属于初级的过渡性生活污水处理构筑物。污水进入化粪池经过 12~24h 的沉淀,可去除 50%~60% 的悬浮物。沉淀下来的污泥经过 3 个月以上的厌氧消化,使污泥中的有机物分解成稳定的无机物,易腐败的生污泥转化为稳定的熟污泥,改变了污泥的结构,降低了污泥的含水率。应定期将污泥清掏外运,进行填埋或用作肥料。

(2)公共食堂和饮食业排放的污水中含有植物油和动物油脂。污水进入排水管道后,随着水温的下降,污水中夹带的油脂颗粒开始凝固,并黏附在管壁上,使管道过水断面减小,最后可能完全堵塞管道。所以,公共食堂和饮食业的污水在排入城市排水管网前,应去除污水中的可浮油(占总含油量的 65%~70%),目前一般采用隔油池。设置隔油池还可以回收废油脂,制造工业用油,变废为宝。

(3)建筑物附属的发热设备和加热设备排污水及工业废水的水温超过《城市污水排入下水道水质标准》(GB/T 31962—2015)中规定的 40℃时,应进行降温处理。否则,会影响维护管理人员身体健康和管材的使用寿命。目前一般采用降温池处理。

随着社会的发展,在建筑室内排水系统中,提升设备和污水局部构筑物也将成为排水系统组成的重要内容。目前,我国的排水系统中提升设备和污水局部构筑物发展还不是很成熟,需进一步研究。

第2章

土建知识基础

2.1 建筑基本知识

土木建筑简称土建,是建造工程设施的总称,包含所应用的材料设备以及勘测、设计、施工、保养维修等技术活动,也泛指工程建设的对象,即建造在不同位置且为人类服务的各种工程设施。土木建筑工程是给排水工程的载体和平台,而建筑是土建的核心。为了满足其功能属性,建筑至少涵盖了建、结、水、暖、电五个专业的内容,给排水是建筑及建筑安装过程中重要的部分。水给建筑带来生机,水是建筑的重要组成部分,建筑是水的重要终端之一。

学习建筑给排水工程与设计课程之前必须掌握 些建筑方面的基本知识和概念。建筑是建筑给排水工程的服务主体和对象,建筑专业在整个民用建筑设计过程中俗称龙头专业。学生可以通过增加对建筑的感知,确立建筑的整体概念,研究影响建筑的内外环境,了解建筑的设计过程以及建筑与各配套专业的关系,从而加强建筑给排水工程设计的优劣及准确性判断,逐步认识给排水在建筑中所处的位置和角色,为在实际设计中各专业密切配合做好准备和铺垫。

建筑的终极形态是空间环境,其作用和目的是满足人们的各种生产生活和社会活动。水塔、冷却塔、泵房、配电箱、水坝等这些仅为满足某些特殊生产、生活的需要所建造的工程设施则称为构筑物。建筑是人类适应自然、改造自然的结果,是人类科学技术和文化历史的写照。古往今来,受政治、经济、文化、科学、技术和自然条件的影响,建筑随人类社会的发展而不断演进和变化,呈现出千姿百态。建筑记载着历史,传承着人类生活,又像是凝固的音乐,默默传颂着社会发展的旋律。人类在自己创造的建筑中流连忘返、生生不息。

2.1.1 建筑的分类及安全性

1. 建筑分类

由于建筑的使用性质、使用年限、建筑层数、结构类型及承重构件等用材的不同,建筑分类方法很多。建筑按使用功能可分为生产性建筑和民用建筑两大类,生产性建筑根据生产领域不同分为工业建筑和农业建筑,民用建筑根据使用性质不同分为居住建筑和公共建筑。我们生活居住的住宅和宿舍就属于居住建筑。

公共建筑涵盖面广,种类繁多,适当了解公共建筑的分类有利于迅速掌握建筑的形态,辨识建筑所传达的个性和信息,明确设计的目的。按功能特征,公共建筑大致可分为以下类型。

2-1 教育建筑

（1）教育建筑：包括幼儿园、学校、图书馆、科教园区等,此类建筑多彰显历史人文、科学理性和科技创新,一般尺度宜人,经济实用,如清华、北大校区及近代建筑群、教学楼、中小学校、幼儿园、新建大学城等。

2-2 办公建筑

（2）办公建筑：包括政府机构、办公园区及办公楼、中央商务区等,此类建筑多庄重、理性和简约,一般体现高效、便捷,须满足停车、餐饮等配套服务,如北京市政府通州新办公区,各地市政府大楼,新兴的城市中央商务区（CBD）等。

2-3 科研建筑

（3）科研建筑：包括创新园区、研究所、设计机构、科研试验场馆等,此类建筑与办公建筑有共性,但个性和创新是发展趋势,如清华科技园区、武汉光谷、中关村科技园区、孵化器、航天城、生物生命科技园区、设计总部等。

2-4 文化建筑

（4）文化建筑：包括展览中心、博物馆、广播电视台、影剧院、音乐厅等,此类建筑是建筑中最活跃和最具个性的,一般造型多样,注重地方人文和环境因素,最可能成为地方标志性建筑,也带有设计师强烈的个人色彩,如中国国家大剧院、人民大会堂、中国美术馆、北京展览馆、浙江美术馆、中央电视台等。

2-5 商业建筑

（5）商业建筑：包括酒店旅馆、商业综合体、商业街、超市等,此类建筑人流、货流复杂,人员密集,建筑形象丰富多变,公共性、趣味性强,有时是城市生活的中心和标志。此类建筑的招商运营是重点,夜景设计是特色,目前商业建筑规模渐大,越来越往商业综合体方向发展,如王府井东方广场、百货大楼、前门商业街、上海南京路步行街、北京饭店等。

2-6 体育建筑

（6）体育建筑：包括体育公园、竞技场馆、体育训练场馆等,此类建筑多为城市设施配套或为大型比赛专设,由于体量大、占地面积大、功能明确,建筑造型一般气势宏伟,多为空间结构体系,色彩亮丽,给人以力量、向上和运动感,如北京奥林匹克公园和鸟巢等体育场馆群、各地市体育场馆、崇礼冬奥会滑雪场等。

2-7 医疗建筑

（7）医疗建筑：包括医院、诊所、疗养院等,此类建筑形式多样、外观理性、内部功能综合、医疗流线复杂,各病区和科室分类严格,属建筑设计中的特殊类型设计,如北京 301 医院门诊楼、北京长庚医院、北京协和医院、武汉雷神山医院等。

2-8 交通建筑

（8）交通建筑：包括空港、码头、汽车站、火车站、地铁站等,此类建筑注重复杂人流、货流的梳理,内部空间和外部广场均偏大,旨在安全、便捷地处理密集人员的集中和疏散问题,一般属于公共事业或配套服务建筑,建筑形象也由于自身功能特点而显得具有高、大、上气质,且多为地标性建筑,如北京大兴机场、各地高铁站、上海虹桥交通枢纽、纽约世贸交通枢纽等。

（9）司法建筑：包括法院、检察院、公安局、监狱等，此类建筑多为对称布置，形象庄重、威严、理性，建筑有分量感和力量感，传递出建筑的功能属性，如公安部办公大楼，各地检察院、法院大楼等。监狱建筑一般围墙封闭、壁垒森严，注重戒备安全，流线独特。

2-9 司法建筑

（10）纪念建筑：包括纪念堂、纪念碑、陵园等，此类建筑把要表达的纪念、思念之情通过不同的建筑语言、文化符号呈现出来，传递出特有的地域性、文化性和纪念性，表达对象不同的和特有的诉求，是人类精神不灭的佐证，是人类记住历史、追思先人、自我反省、不断前进的里程碑，如毛主席纪念堂、人民英雄纪念碑、纽约方尖碑、南京中山陵、明十三陵等。

2-10 纪念建筑

（11）景观建筑：包括公园、各类绿化小品、城市景观等，此类建筑多以休闲、游憩、观赏、凭吊、瞭望、娱乐为主，建筑尺度一般不大。中国古代园林景观在世界上更是一枝独秀，特色明显，如颐和园、苏州园林、北京动物园、高档居住小区的绿化景观等。最近流行的城市景观多数与景观建筑结合，是城市高速发展的产物，前景广阔。

2-11 景观建筑

（12）综合建筑：指兼有居住、商业、办公、文娱等多种使用功能的建筑，此类建筑综合体现了建筑的多功能属性，反映人类生活的进步，如各地新兴的综合体建筑、大型公共服务设施、综合商住楼、大型会所及娱乐中心等。

2-12 综合建筑

建筑还可按建筑物的地上层数分类，1～3 层为低层建筑，4～6 层为多层建筑，7～9 层为中高层建筑，10 层及以上为高层建筑，100m 以上的为超高层建筑；按承重构件材料分为木结构、砖石结构、砖混结构、钢结构、钢筋混凝土结构、膜结构等建筑类型；按结构形式分为梁板结构、墙板结构、骨架结构（又分框架结构、框剪结构、框筒结构）、空间结构等建筑类型。此外，建筑还可按使用年限、防火规范等原则分类。

2-13 建筑按层数分类

建筑分类的目的旨在细化解决不同类型建筑的使用要求，设立相应的建筑规范及消防规范，从根本上按不同建筑类型执行相应的建筑规范并解决建筑策划、设计、建造、使用中的各种针对性问题。

2-14 建筑按承重构件材料分类

2. 建筑的安全性

建筑的安全性比较复杂，是一个系统性较强的问题，它包括安全等级划分、建筑安全设计理念和方法、建筑结构质量的检验与控制等，一般也指建筑物具备应有的安全性、耐久性和实用性等基本功能。建筑设计既要注重质量安全，又要讲究经济节省，整个建筑的设计过程就是在追求两者之间的平衡。有时为了节约材料或节省造价，可能会使建筑安全性能存在一定的风险隐患。因此，按照国家规范进行设计，既满足规范，又经济合理，不仅建筑安全性得以保障，也可以体现节约的原则。

建筑安全性也包括建筑抗震和建筑防火等建筑防灾措施方面的内容。在抗震设防烈度为 6 度及以上地区的建筑须进行抗震设计。建筑防火是平时建筑防灾减灾的重中之重，建筑防火规范将建筑的耐火等级分为 4 级。建筑物的耐火极限就是墙体、梁、板、柱开始被火烧直到失去"稳定性""整体性""隔热性"的任何一种情况出现所需的时间。不同等级的建筑防火设计要求不同，目的是根据建筑的使用性质最大限度减少火灾损失和人员伤亡。

民用建筑耐火等级、防火分区、安全疏散距离、抗震等级、地震烈度、防水等级等概念和相应的设计规范是指导建筑设计的重要规则,也都是为了保证建筑的安全性。建筑的安全性是建筑最重要的属性,是建筑的头等大事。

2.1.2 建筑的构成系统和建筑构造

1. 建筑的构成系统

建筑虽千变万化、看似复杂,但一般都可以看作由以下三个系统构成:结构系统、围护系统、设备系统。

结构系统是指建筑的结构受力系统以及保证结构稳定的系统,如建筑的基础、梁板柱支撑体系、屋盖结构等。它们是建筑中不可变动的部分,建成后或改造时不得随意拆除或破坏削弱,设计时首先要确定结构系统的方案,做到系统和构件合理布局,强度和刚度满足规范及安全性,结构力的传递科学,结构变形控制在规范允许的范围。

围护系统是指建筑中围合和分隔空间的部分,例如不承重的隔墙、门窗等,它们用来分隔空间并提供不同空间之间的联系。有些结构系统例如楼板和承重外墙也兼有建筑物的围护系统的功能。建筑围护的构件不仅划分了建筑空间,同时也须满足各使用空间的防水、防火、隔热、保温、隔声等物理特性要求及形状、质感等建筑美学要求,是建筑使用者能切身感受到的建筑表皮。

设备系统是指建筑中必须有的保障建筑运行的设备,如强电、弱电、给排水、供暖、通风、空调、消防设备等。设备系统需要建筑为其留出工作空间,大量的管道需要占有一定的位置、空间和高度,有时或许需要穿越结构梁板,自身还会具有相应的附加荷载,甚至需要提供结构和重力支承,如集中空调的支架、锅炉底座基础等。因此设计时须重视兼顾设备系统对主体结构的要求,合理协调各专业技术条件及要求,保证建筑的良好运营,保证建筑的整体性。

2. 建筑构造

建筑构造是指建筑各组成部分基于科学原理的材料选用及其建造做法。建筑构造是建筑设计最详细设计的部分,其研究建筑各组成部分的构造原理和构造方法,具有很强的实践性和综合性,内容涉及建筑材料、建筑物理、建筑力学、建筑结构、建筑施工、建筑经济等有关方面的知识。研究建筑构造的主要目的是根据建筑物的功能要求,提供符合适用、安全、经济、美观设计原则的构造方案,以此作为建筑设计中综合解决技术问题、进行施工图设计、绘制大样图等的依据。

俗话说,万丈高楼平地起。但细分和拆分每一栋建筑,可以发现它们一般都是由基础、楼地板、柱或墙、屋顶、楼梯/电梯、门窗等几部分构造组成的。

(1)基础:与地基直接接触的部分,是建筑物最下部的承重构件,其作用是承受建筑物的全部荷载,并将这些荷载传给它下面的土层地基。基础必须坚固稳定、安全可靠,并能抵御地下各种有害因素的侵蚀。

(2)楼地板:是建筑水平方向的承重和分隔构件,提供使用者活动所需要的各种平面空间,同时将由此而产生的各种荷载(如家具、设备、人体自重等)传递到墙或柱。楼板将建筑分为若干层,并对墙体起着水平支撑的作用,其应有足够的强度、刚度,以及隔声、防水、防潮、防火等功能。地板即建筑底层地坪,可以直接铺设在天然土上,也可以架设在建筑的其他承重构件上,其应具有坚固、耐磨、防潮、防水和保温等性能。高层建筑楼板层也是对抗风荷载等侧向水平力的有效支撑。

(3)柱或墙:柱属结构系统中的竖向支撑,是框架或排架结构的主要承重构件,承受着屋顶和楼板层传来的荷载,须具有足够的强度、刚度和稳定性;墙是传统建筑的主要承重构件和围护构件。作为承重构件,墙承受着建筑由屋顶和楼板层传来的荷载,并将这些荷载传给基础。当以柱代墙起承重作用时,柱间的填充墙只起围护作用,成为围护构件。作为围护构件,外墙起保护和抵御自然对室内的影响和侵蚀的作用;内墙起分隔空间,满足不同使用功能的作用。墙体也要有足够的强度、稳定性、隔热保温、隔声、防水及防潮、防火、耐久等性能。

(4)屋顶:是建筑最上部的外围护构件和承重构件。作为外围护构件,屋顶抵御着各种自然因素(风、雨、雪、霜、冰雹、太阳辐射热、低温)对顶层房间的侵袭;作为承重构件,屋顶又承受风雪荷载及施工、检修等屋顶荷载,并将这些荷载传给墙和柱。因此,屋顶应有足够的强度、刚度及隔热、防水、保温等性能。此外,屋顶对建筑立面造型有重要的作用,屋顶的形式一定程度上决定建筑的风格和形象。

(5)楼/电梯:楼梯是建筑的垂直交通构件,供人们上下楼层和紧急疏散之用。楼梯应有足够的通行、疏散能力以及防水、防滑的功能。电梯是迅速实现垂直交通的便捷工具,它解决了建筑高度攀升后的垂直交通问题,电梯的发明和使用在建筑史上意义重大,使建筑在高度上得以提升。高层及超高层建筑的电梯设计比较复杂,必须满足数量、时速、消防等要求。

(6)门窗:门与窗均属非承重构件,属于围护系统。门的主要作用是交通,同时还兼有采光、通风及分隔房间的作用;窗的主要作用是采光和通风,在立面造型中也占有较重要的地位。门、窗应有保温、隔热、隔声、防火、排烟等功能。

建筑构造除了以上六大组成部分外,还有其他附属部分,如阳台、雨篷、散水、台阶、烟囱、爬梯等。

如图 2-1、图 2-2 所示分别为民用建筑和工业建筑的基本组成。从图中可以看到,基础是将房屋荷载直接传递给地基的埋于地面以下的承重构件;楼板起分隔上下楼层的作用;屋顶和外墙构成了建筑的整个外壳,以抵御风沙、雨雪的侵袭,使其冬能保温、夏能隔热,起到安全围护作用;内墙起分隔空间的作用,按功能将房屋分隔出走道、厅堂及大小不同的房间;楼梯、电梯、自动扶梯或坡道等实现了楼层间的竖向联系;墙体或屋顶上开窗,满足室内采光、通风的要求;墙上开门满足各房间既分隔又联系的要求。

3. 影响建筑构造的因素

建筑要经受来自人为和自然界各种因素的作用,具备对外界各种影响的抵抗能力。为了延长建筑的使用寿命和保证使用质量,在进行建筑构造设计时必须充分考虑到各种因素对它的影响,并根据影响程度采取相应的构造方案和措施。影响建筑构造的因素大致有外力作用、自然环境、人为因素、物质技术条件及经济条件等。建筑构造决定了各种构件、部件相互间的基本构成关系和连接方式,从而保证了使用周期内的安全和适用。建筑构造还要考虑后续改造的便利以及在使用周期中对周围环境的影响,例如能耗、排放等。

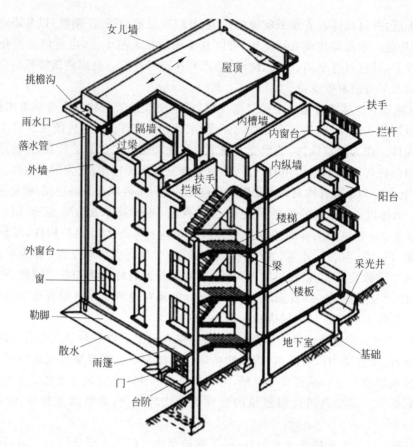

图 2-1 民用建筑的基本组成

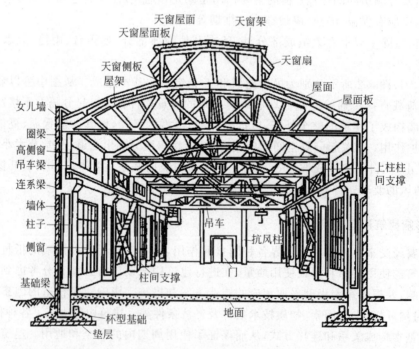

图 2-2 工业建筑的基本组成

尽管建筑的使用功能及外部造型千差万别,但建筑构造的组成逻辑却基本相同。通过对建筑构造知识的归类掌握,以不变应万变,这也是各学科学习的共性。国家和各省、地区也制定了适合各自地区气候条件的建筑构造标准做法图集,一般设计师在施工图详图设计时均选用其中比较成熟的构造做法,使得建筑设计不仅有法可依,也大大简化了施工图设计环节。标准图集中建筑构造做法的统一是建筑及建筑设计工业化的体现。

建筑设计最后都要体现在细部的建筑构造上,它保证了建筑设计图纸施工建造的可行性,其中还要考虑体现建筑防水、保温隔热、变形缝、沉降缝等建筑构造的安全性、耐久性和合理性。建筑构造设计是建筑设计最重要的"绣花"环节,其细致与否直接考量建筑设计的精细度,所谓细节决定成败。设计粗糙一般指的是建筑构造考虑不周或缺失。

建筑构造设计应遵循满足功能、利于安全、适应建筑工业化、节能与环保、经济合理、美观耐用的原则。

2.1.3　建筑设计的基本知识

1. 建筑设计的流程与分工

建设方通常都要经过前期策划和可行性研究,设计方在接受了建设方的委托,并依法与之签订相关的合同之后,设计单位才能在有关部门的监督下,由参与设计的各个工种之间密切配合完成设计任务。

建筑设计一般可分为方案设计(含概念设计)、初步设计和施工图设计三个阶段,前期咨询服务和后期维护配合也正逐渐扩大着设计的内涵和外延。一般的建筑设计分建、结、水、暖、电五个专业的设计,各专业密切配合,共同完成建筑设计。

建筑专业完成规划布置、流线空间及使用功能、外观造型、文化艺术定位等内容,也是建筑设计的所谓龙头专业。建筑师多为项目负责人或工程主持人,建筑设计往往带有很强的建筑师个人风格,建筑师前期与业主交流多,从而实现业主建设的意图并把自己对建筑的理解融入建筑设计的创作中,建筑方案设计呈现出丰富多彩、形态各异的局面。与规划等职能部门打交道也一般多由建筑专业出面,建筑专业的工作量在不同设计阶段也各不相同,但约占整体设计工作量的40%。各阶段设计图纸上必须有注册建筑师签章,注册建筑师对项目实行终身负责制。

结构专业完成整体建筑结构承重体系的设计,包括基础、梁板柱、楼电梯、屋顶及各构件的结构计算、结构安全设计等内容,满足建筑的承载、荷载、安全、稳定和耐久等功能,也是建筑设计的核心专业。结构工程师也可为项目负责人或工程主持人,好的结构设计往往能够决定或影响建筑的造型和造价,建筑的结构选型和结构方案至关重要,国际上一些著名的结构设计事务所都是建筑师追捧的对象。结构工程师在施工过程中与施工方交流与处理突发问题多,从而现场落实图纸的施工,同时,施工环节中各项验收多(包括验槽、基础、顶板、主体验收等),结构工程师都要参与。结构专业的工作量约占整体设计工作量的30%。各阶段设计图纸上必须有注册结构工程师签章,注册结构工程师对项目实行终身负责制。

暖通专业完成建筑的采暖、通风、空调三个方面的设计内容,属建筑设计的设备专业或配套专业。中国南北方对采暖要求不一,北方建筑冬季必须采暖,黄河以南的建筑原则上可不作采暖要求。通风和排烟设计是建筑防火中必不可少的,应尽量利用自然通风和排烟,做到环保节能。空调设计主要指中央空调的设计,现在大型商场、餐饮场所甚至家庭越来越多地使用中央空调,通过暖通专业合理的设计可以用最经济的造价使空调达到最理想的状态。建筑新能源方式的运用也多由暖通专业确定,如地源热泵的运用。暖通专业的工作量约占整体设计工作量的10%。暖通专业目前已实行注册设备师职业资格认定,但图纸上尚未开始要求必须盖注册设备师章。

给排水专业完成建筑的给排水、消防、雨水、中水、景观水、室外管网综合等方面的设计内容,属建筑设计的设备专业或配套专业。一般给水管道和消防水管道是有压管道,而污水和雨水管道是无压自流管道,污水管道的设计涉及面多,要求一定的层高和空间,容易造成矛盾,设计要重点关注,这也是给排水专业常做管网综合的原因之一。中水按照国家规范要求进行配置设计。高层建筑要设计经过计算的足量的消防水池。建筑新能源方式中热水的热源可由太阳能或空气源热泵提供,环保节能。给排水专业的工作量约占整体设计工作量的10%。给排水专业目前已实行注册设备师职业资格认定,但图纸上尚未开始要求必须盖注册设备师章。

具体的建筑给排水设计是以建筑专业提供的建筑平、立、剖面图为依据,经简化保留其房间名称、楼地面标高、墙体的定位轴线及编号、指北针和比例等,进行建筑给水排水施工图的设计与绘制。建筑给排水设计和其他专业设计同时进行,建筑给水排水施工图的图纸内容包括说明、管线平面图、系统图、细部详图、图例及施工图说明等,施工图应标明图纸名称、比例、指北针等。

电气专业完成建筑的强、弱电配套设计,其中强电设计包括变配电、电负荷计算、配电室布置、应急电源、照明、防雷及接地、消防等方面的设计内容,弱电设计一般包括防雷与接地、综合布线、安防、楼宇自动化、电信系统、有线电视、火灾自动报警及联动控制、可视对讲电话、停车场管理等智能化系统。电气专业属建筑设计的设备专业或配套专业,电气的设计内容随着科技发展逐年增多,对电气工程师提出了更高要求。建筑新能源方式中太阳能可提供部分照明和其他用电,环保节能。电气专业的工作量约占整体设计工作量的10%。电气专业目前已实行注册设备师职业资格认定,但图纸上尚未开始要求必须盖注册设备师章。

各专业应相互配合,共同完成消防、人防、节能、绿色建筑、无障碍设计等专项设计并通过各职能部门图纸审查。

建筑设计过程中各专业之间是平等的关系,是协作的关系。我们可以把建筑专业看成各专业的服务者,也可以把各专业看成建筑的配套专业,它们辅助建筑专业完成整体设计建筑,各专业应该相互尊重,相互协调。建筑专业虽是设计的龙头专业,但没有其他专业的配合,也会孤掌难鸣。建筑专业与其他专业可谓相互依存、共同作用。建筑空间是否可行,需要结构专业的认同,建筑的层高和净高与结构的梁板布置密切相关,水电暖管道穿梁有时候也要结构专业协同解决;结构缝是结构安全必有的,建筑需要相应布置并做好构造处理;设备专业的节能计算还直接影响建筑材料的选择;空调和地暖都影响建筑层高和净高;通风和门窗密切相关;配电室及各种机房的层高有一定要求;消防水池荷载大,最好直接布置在底层;消防水箱要置于最高建筑的位置,等等。

2. 建筑设计的要求和依据

设计是一种服务,设计行业是服务行业。设计方在进行建筑设计的过程中,主要是向业主(建设单位)、政府各行政主管部门(审批单位)和土建施工及各分包单位提供服务,以满足各方达成建设目标、规范和指导建设以及实施施工过程的要求,应尽量做到满足建筑功能和设计规范的双重需求。设计应符合所在地规划发展的要求并有良好的视觉效果,符合建筑法规、规范和一些相应的建筑标准的规定,采用实用、耐久、简约、合理的技术措施,并考虑建筑的经济性,节省投资。

3. 建筑设计的平、立、剖

建筑设计是一个创造性工作的过程,设计人员按照建设任务的目的和要求,经过创造性的构思,制定出相关的方案和实施计划,同时以图纸及文字说明(必要时包括模型及视频)等方式予以表达,将其作为营造建筑物的依据,最终能够据此进行施工建造,完成和实现建设的目标。设计的任何过程或任何专业,都是通过将三维的空间设计转换成二维的平立剖设计图纸来实现建筑设计的。建筑的平、立、剖面图是建筑在不同方向的外形及剖切面的正投影。建筑设计中将二维的平、立、剖面图综合在一起,用来表达建筑物三维空间的相互关联及整体效果。

1) 平面设计

平面图是建筑物各层的水平剖切图,是从各层标高以上大约直立的人眼的高度将建筑物水平剖切后朝下看所得的该层的水平投影图。它既表示建筑物在水平方向各部分之间的组合关系,又反映各建筑空间与围合它们的垂直构件之间的相关关系。建筑平面设计通常最能表达实现建筑的功能诉求,因此建筑设计往往最先从平面设计入手,但也始终需要根据建筑整体空间组合的效果来考虑问题,应该紧密联系剖面和立面设计的可能性和合理性,不断调整、修改平面,反复深入,才能取得好的效果。平面设计主要分使用功能和交通联系两部分。使用功能部分是指满足主要使用功能和辅助使用功能的那部分空间,例如住宅中的起居室、卧室等起主要功能作用的空间和卫生间、厨房等起次要功能作用的空间,工业厂房中的生产车间等起主要功能作用的空间和仓库、更衣室、办公室等起次要功能作用的空间等。交通联系部分是指用来连通建筑各使用部分的联系空间,例如许多建筑的门厅、过厅、走道、楼梯、电梯等。建筑的使用功能部分、交通联系部分和结构、围护分隔构件本身所占用的面积之和,就构成了建筑物的总建筑面积。

2) 立面设计

丰富、个性的建筑美观和视觉效果主要通过体型和立面的设计来实现,其应满足以下几方面的要求:符合基地环境和总体规划的要求;符合建筑功能的需要和建筑类型的特征;合理运用某些视觉和构图规律;符合建筑结构的选型特点和技术可行性;掌握相应的设计标准和经济指标。

建筑各部分的形状、体量及其形状组合设计的依据遵循形式美的组合原则,可以采用对称、均衡、对比、统一、韵律、比例、尺度、协调等手法,也可在横竖各个方向上采用切割、加减等方式对建筑进行创作和雕塑。

建筑立面设计有时偏重于对建筑外表面上所有的构件如门窗、雨篷、遮阳篷以及暴露的梁、柱等细部进行推敲。通常根据初步确定的建筑内部空间的平面、剖面关系,例如房间的大小和层高、构部件的构成关系和断面尺寸、适合开门窗的位置等,先绘制出建筑各个立面的基本轮廓作为基础,然后再推敲总体尺度和比例关系,综合考虑立面之间的相互协调和连续关系,进而对立面上的各个细部及构件进行必要的调整,最后还应该对特殊部位如出入口等作重点的造型处理,并且确定立面的色彩和装饰材料,注意材料的质感。

3) 剖面设计

在适当的部位将建筑从上至下垂直剖切开来,展示其内部关系,得到该剖切面的正投影图,就是剖面图,通过该图可以对其高度方向的问题进行直观的研究。

建筑每一部分的高度是该部分的使用高度、结构高度和有关设备所占用高度的总和。这个高度一般即为层高,就是建筑内某一层楼(地)面到其上一层楼面之间的垂直高度。

确定建筑层高的因素:①家具、设备的净高;②建筑物的使用性质;③选用的建筑结构类型和建筑材料;④所在地区的消防能力;⑤人体活动所需使用高度;⑥满足生理、心理要求的其他标准;⑦节能要求。

建筑剖面设计常采用分层式组合、分段式组合两种方法,应尽量做到结构布置合理、有效利用空间及建筑体型美观。分层式组合通常将使用性质近似、高度相同的部分放在同一层内,空旷的大空间尽量设在建筑顶层,避免放在底层形成"下柔上刚"的结构,如放在中间层也会造成结构刚度的突变。分段式组合是利用楼梯等垂直交通枢纽或过厅、连廊等来连接不同层高或不同高度的建筑段落,既满足使用要求,又可以丰富建筑体型。

2.2 建筑结构基本知识

结构是建筑的骨架部分,它由基础、柱或墙体、大梁、楼板、屋盖系统组成。建筑结构要承担各种外部环境力的作用,如荷载、温度变化,地基不均匀沉降,地震等。建筑的安全性、适用性和耐久性很大程度上取决于建筑结构。

建筑结构设计应遵循技术先进、经济合理、安全适用、质量可靠的十六字方针,结构的安全和适用是建筑赖以存在的基础,任何类型的建筑结构都必须满足平衡、稳定、安全、适用四大基本结构特性。建筑结构的功能主要体现在服务于空间应用和美观要求、抵御自然界或人为荷载作用、充分发挥建筑材料的作用三个方面。

2.2.1 建筑结构的类型及特点

1. 按建筑材料分类

(1) 混凝土结构:是以混凝土为主要建筑材料的结构,包括素混凝土结构、钢筋混凝土结构和预应力混凝土结构。混凝土产生于古罗马时期,现代混凝土的广泛应用始于19世纪中期,随着生产的发展、理论的研究以及施工技术的改进,这一结构形式得以逐步提升及完善。其优点是强度大、坚固耐用、经济实用、技术成熟、施工简便;缺点是环保缺失、自重大、节能不佳。

(2) 砌体结构:是由块体(如砖、石和混凝土砌块)及砂浆经砌筑而成的结构,曾大量用于居住建筑和多层民用房屋(如办公楼、教学楼、商店、旅馆等)中,并以砖砌体的应用最为广泛。砖、石、砂等材料具有就地取材、成本低等优点,结构的耐久性和耐腐蚀性也很好。其缺点是材料强度较低、结构自重大、抗震性能差、施工砌筑速度慢、现场作业量大等,且烧砖要占用大量土地,同样环保节能缺失。

(3) 钢结构：是以钢材为主要材料制作的结构,主要用于大跨度的建筑屋盖(如体育馆、剧院等)、吊车吨位很大或跨度很大的工业厂房骨架和吊车梁,以及超高层建筑的房屋骨架等。钢结构材料质量均匀、强度高,构件截面小、重量轻,可焊性好,制造工艺比较简单,便于工业化施工,节能环保。钢结构是建筑业近些年积极倡导的结构形式,目前大型及超高层建筑多使用此形式,其缺点是钢材易锈蚀,耐火性较差,价格偏高。

(4) 木结构：是以木材为主制作的结构,是中国古建筑常用的结构形式。由于我国倡导保护森林资源,以及受自然条件、环保节能、防火等方面的限制,国家不提倡使用纯木结构形式,一般林业地区的小型单层结构及古建筑维修保护仍还沿用。

(5) 混合结构：由两种或两种以上材料为主制作的结构,例如钢木结构、砖木结构、砖混结构、钢-混凝土混合结构等。

2. 按结构承重体系分类

(1) 墙承重结构：分为横墙承重、纵墙承重、纵横墙混合承重三种。用墙体来承受由屋顶、楼板传来的荷载,如砖混结构的住宅、办公楼、宿舍等,适用于多层建筑。

(2) 排架结构：采用柱和屋架构成的排架作为其承重骨架,外墙起围护作用,单层厂房多典型采用。

(3) 框架结构：以柱、梁、板组成的空间结构体系作为骨架的建筑,多为钢筋混凝土建造,多用于10层以下建筑。

(4) 剪力墙结构：楼板与墙体均为现浇或预制钢筋混凝土结构,多用于高层住宅楼和公寓建筑。

(5) 框架-剪力墙结构：在框架结构中设置部分剪力墙,使框架和剪力墙两者结合起来,共同抵抗水平荷载的空间结构,充分发挥了剪力墙和框架各自的优点,因此在高层建筑中采用此结构比框架结构更经济合理。

(6) 筒体结构：采用钢筋混凝土墙围成侧向刚度很大的筒体,其受力特点与一个固定于基础上的筒形悬臂构件相似。常见的有框架内单筒结构、单筒外移式框架外单筒结构、框架外筒结构、筒中筒结构和成组筒结构,多用于高层办公、高层酒店、高层公寓建筑。

(7) 大跨度空间结构：该类建筑往往中间没有柱子,通过网架等空间结构把荷重传到建筑四周的墙、柱上去,如体育馆、游泳馆、大剧场、航站楼、飞机库等。具体形式又分为网格结构、悬索结构、膜结构、管桁结构等。

2.2.2 建筑结构构件体系

结构是建筑的承重骨架,该骨架的组成部件称为构件。构件是结构的基本单元,建筑结构的设计原理就是以构件作为研究对象,使之组成合理的受力、传力的结构体系并满足规范要求,实现结构的安全和耐久。

1. 基本构件

按位置和作用可分为水平构件、竖向构件和基础三类。

(1) 水平构件：包括梁、楼板等构件,用钢或钢筋混凝土制作。水平构件的作用是承受竖向荷载,如构件自重、楼面(屋面)活荷载。钢筋混凝土梁式、板式楼梯虽然是斜置的,但通常按水平构件(简支梁)进行内力计算。

(2) 竖向构件:包括墙、柱等构件,由钢、钢筋混凝土制作,也可由砌体充担。竖向构件不仅支承水平构件(承担其力),还要承受水平作用,如风荷载、水平地震作用。

(3) 基础:位于结构的最下部(地面以下)。人们将基础称为下部结构,基础以上的结构称为上部结构。基础可由砌体、素混凝土、钢筋混凝土等制作,其作用是承受上部结构传来的荷载,并经过扩散后传给地基。

2. 传力途径

单层、多层房屋是以竖向荷载为主要荷载来控制结构设计,高层和超高层房屋是以水平荷载为主要荷载来控制结构设计。结构构件的传力途径如下:水平荷载通过外墙面→楼盖→柱(或内墙)→柱下基础(或墙下基础)→地基的途径传递;竖向荷载通过板→梁→柱→柱下基础→地基的顺序传递,或通过板→墙→墙下基础→地基的途径传递。所以板、梁、柱、墙和基础是建筑结构中受力、传力的基本构件,它们承受的内力不同,变形形式也不相同。

3. 受力分类

根据建筑结构基本构件受力状态的不同,可将构件分为受弯构件、受拉构件、受压构件和受扭构件四类。

(1) 受弯构件:包括楼板,主、次梁,楼梯的梯段梁、梯段板、平台梁和平台板,扩展式钢筋、混凝土基础等构件。这类构件在外荷载作用下产生弯曲变形和剪切变形。弯曲变形使轴线挠曲,截面转动,并使截面发生相对错动。

(2) 受拉构件:包括屋架中的受拉腹杆、下弦杆件以及其他结构中设置的拉杆等构件。受拉构件分轴心受拉构件和偏心受拉构件两种。

(3) 受压构件:包括墙、柱、屋架上弦杆和受压腹杆等构件。受压构件分轴心受压构件和偏心受压构件两种。

(4) 受扭构件:截面内受力存在扭矩 T 的构件,包括雨篷梁、框架结构的边梁和吊车梁等构件。纯扭构件在工程上很少见,往往是以弯扭、剪扭、弯剪扭的形式出现,从而使构件产生组合变形。

2.2.3　结构设计的基本规定和荷载

1. 结构的安全等级及安全性

根据结构破坏后果的严重程度,我国将建筑结构划分为三个安全等级,见表 2-1,结构设计时应根据结构破坏后可能产生后果的严重性采用不同的安全等级。

表 2-1　建筑结构的安全等级

安 全 等 级	破 坏 后 果	建筑物类型
一级	很严重	重要的房屋
二级	严重	一般的房屋
三级	不严重	次要的房屋

结构安全性是结构防止破坏和倒塌的能力,是结构工程最重要的质量指标。其主要取决于结构的设计与施工水准,也与结构的正确使用(维护、检测)有关,而这些又与土建工程法规和技术标准(规范、规程、条例等)的合理设置及运用相关联。对结构设计来说,结构的安全性主要体现在结构构件承载能力的安全性、结构的整体牢固性与结构的耐久性等几个方面。

建筑抗震是保证结构安全性的重要环节,根据我国工程结构抗震设防"小震不坏,大震不倒"的准则,要求对每个地区的建筑结构都按照相应的抗震设防要求进行抗震设计。不按要求进行抗震设防的工程结构在地震荷载(力)作用下可能会遭到破坏。

2. 结构的设计基准期

结构设计所采用的荷载统计参数(如平均值、标准差、变异系数、最大值、最小值等)取值,需要一个时间参数,这个时间参数称为设计基准期。

我国建筑结构的设计基准期为 50 年。以荷载统计来说明这个 50 年的意义:以 50 年内的一定高度的最大风速确定基本风压力,以 50 年内空旷地带的最大积雪深度确定基本雪压力。我国港口工程结构的设计基准期为 50 年,一般公路桥涵结构的设计基准期为 100 年。

3. 结构的设计使用年限

结构的设计使用年限是指设计规定的结构或结构构件不需要进行大修即可按预定目的使用的年限,它是设计规定的在这一规定的时段内,结构只需要进行正常的维护而不需要进行大修就能按预期目的使用,并完成预定的功能。建筑结构使用年限:临时性建筑 5 年;易于替换的结构构件 25 年;普通房屋和构筑物 50 年;纪念性建筑和特别重要的建筑结构 100 年。建筑依存于结构,结构的使用年限一般也是建筑的设计使用年限。

4. 建筑结构的荷载及其分类

荷载指的是使结构或构件产生内力和变形的外力及其他因素。或习惯上指施加在工程结构上使工程结构或构件产生效应的各种直接作用,常见的有结构自重、楼面活荷载、屋面活荷载、屋面积灰荷载、车辆荷载、吊车荷载、设备动力荷载,以及风、雪等自然荷载。研究并重视荷载的目的是为了适应建筑结构设计的需要,以符合安全适用、经济合理的要求。

荷载可按时间、空间的变异和结构反应特点来分类。

1) 按时间的变异分类

作用或荷载按时间的变异分类是对荷载的基本分类,分为永久荷载、可变荷载和偶然荷载三类。

(1) 永久荷载:指在结构使用期间,其值不随时间变化,或其变化与平均值相比可以忽略不计,或其变化是单调的并能趋于限值的荷载。永久荷载的特点是其统计规律与时间参数无关。例如结构自重,习惯上称为恒荷载,简称恒载。永久荷载还包括土压力、预应力等。当水位不变时,水压力按永久荷载考虑。

(2) 可变荷载:指在结构使用期间,其值随时间变化,且其变化与平均值相比不可以忽略不计的荷载。有楼面活荷载、屋面活荷载和积灰荷载、吊车荷载、风荷载、雪荷载等。水位变化时水压力按可变荷载考虑。

（3）偶然荷载：指在结构使用年限内不一定出现，而一旦出现其量值很大，且持续时间很短的荷载，包括爆炸力、撞击力。地震是间接作用，称为地震作用，而不能称为地震力或地震荷载，属于偶然作用，而非偶然荷载。

2）按空间位置的变异分类

进行荷载效应组合时必须考虑荷载在空间的位置及其所占面积大小，根据空间位置变化，荷载可分为固定荷载和自由荷载两类。

（1）固定荷载：指在结构上具有固定分布的荷载，其特点是荷载出现的空间位置固定不变但其量值可能具有随机性。例如楼面上固定的设备荷载、屋面上的水箱重力等，都属于固定荷载。

（2）自由荷载：指在结构上一定范围内可以任意分布的荷载，荷载出现的位置和量值都可能是随机的。例如，厂房的吊车荷载、教室内的人员荷载就是自由荷载。楼面上、屋面上的自由荷载又称为活荷载，简称活载。

3）按结构的反应特点分类

某些出现在结构上的荷载（或作用）需要考虑其动力效应（加速度反应），由此可分为静态荷载（或静力荷载）和动态荷载（或动力荷载）两类，其依据不在于荷载本身是否具有动力特性，主要在于它是否引起结构不可忽略的加速度。

（1）静态荷载：指使结构产生的加速度可以忽略不计的荷载。楼面上的活荷载有一定的动力特性，但使结构产生的动力效应可以忽略不计，归类为静态荷载。

（2）动态荷载：指使结构产生的加速度不可以忽略不计的荷载（或作用）。动态荷载需要用结构动力学方法进行结构分析。

5．荷载代表值

荷载是随机变量，任何一种荷载的大小都有一定的变异性，结构设计就是针对不同荷载的设计和解决方案。在结构设计时对荷载应赋予一个规定的量值，称为荷载代表值，即设计中用以验算极限状态所采用的荷载量值。永久荷载以标准值为其代表值，比如常用砖瓦等建材，其荷载有固定的经验值；可变荷载根据设计要求采用标准值、组合值、频偶值或永久值作为代表值，比如楼面荷载、吊车荷载、雪荷载、风荷载等；偶然荷载应按建筑结构使用的特点确定其代表值。

6．建筑结构的设计要点

1）结构极限状态法

若结构满足功能要求，则结构"可靠"或"有效"，否则结构"不可靠"或"失效"。区分结构工作状态"可靠"与"不可靠"的界限就是极限状态。整个结构或结构的一部分超过某一特定状态就不能满足设计规定的某一功能要求，此特定状态称为该功能的极限状态。极限状态分为承载能力极限状态和正常使用极限状态两类，结构设计要以极限状态为出发点，针对这两种状态进行设计。

2）建筑结构设计状况

所谓设计状况，就是代表一定时段内实际情况的一组设计条件，设计应做到在该组条件下结构不超越有关的极限状态。结构设计时应根据结构在施工、使用中的环境条件和影响区分不同的设计状况。不同设计状况的结构体系、结构所处环境条件、经历的时间长短都是不同的,所以设计时所采用的计算模式、作用(或荷载)、材料性能的取值及结构的可靠度水平也有差异。结构设计时分四种不同的设计状况,即持久设计状况、短暂设计状况、偶然设计状况和地震设计状况,这四种状况就是结构设计考虑的四个场景条件。

3) 建筑结构的整体性设计

建筑结构不是结构构件的简单组合,它是将各种结构构件有效地组合成结构体系以承受各种可能的外部作用。一般在设计这些构件时,主要计算直接作用在这些构件上的荷载和由这些荷载引起的内力,然后进行构件设计、配筋计算以及结构设计等。然而,当这些构件组合后其受力状况与计算简图会有不同,如何使之有效地发挥作用,就要求设计人员必须整体考虑,特别在高层建筑、大跨度建筑和抗震结构设计中更为突出。

7. 材料对结构体系的影响

在结构设计中应当充分考虑各种材料特性,做到物尽其才、材尽其用。

(1) 充分发挥材料特性。

常用建筑材料主要包括砌块、混凝土、木材、钢材等。砌体和混凝土价格相对较低,是很好的抗压材料,但自重大,不适宜建造高层和大跨度建筑。钢材的强度高,适用于高层和大跨度结构。木材质量轻,顺纹抗拉强度大,抗压强度较高,也是很好的建筑材料,但防火、防腐性能差,且大量使用不利于生态环保。

(2) 选用合理的截面形状及结构形式。

合理的截面形状及结构形式对实现结构的安全、经济有着重要的意义。就截面形式而言,受拉的悬索结构用高强钢丝钢绞线或钢丝束最为合理。建造实体拱采用天然石材是很好的选择。热轧工字型钢作为受弯构件,较宽的翼缘主要承受弯曲正应力,较薄的腹板主要承受剪应力,与矩形相比,既节省了材料,又减轻了自重。

(3) 采用组合结构,充分发挥材料特性。

钢筋混凝土结构本身就是钢筋和混凝土组合而成的,是最为常见的组合结构。现代建筑中采用的钢梁、压型钢板和混凝土组成的楼盖系统是一种新型的组合结构。压型钢板既是施工时混凝土的"模板",同时又是混凝土楼板的"钢筋"。钢木桁架是过去常用的组合结构之一,其中木材主要受压,钢拉杆受拉,拉杆常采用槽钢、角钢或圆钢。钢木桁架比木桁架轻巧得多。目前,常见的用圆钢作拉杆和钢筋混凝土斜梁组成的三铰拱屋架也是很好的组合结构,在大型建筑结构中还可以看到一些悬索结构的屋面与大型钢筋混凝土拱(或框架)组成的结构形式。

(4) 利用三向受压应力状态,提高材料的强度和延性。

混凝土和砌体这类脆性材料的抗压强度很高而抗拉强度很低,两者相差悬殊。材料在三向受压力状态下不仅强度提高,其抵抗变形的内力也大大增强,利用这种特性可改善结构的承载能力和提高结构构件的延性。工程中常见的网状配筋砌体以及螺旋钢箍柱等都是利用这种原理来提高材料强度的。

抗震结构梁、柱节点附近往往要加密箍筋,其目的也是利用加密箍筋的横向约束为节点附近混凝土提供三向压应力状态,从而大大改善节点处混凝土的塑形性能,提供结构在地震作用下的延性,增强房屋的抗震能力。

近年来发展起来的钢管混凝土结构是在钢管中浇灌混凝土,由管内混凝土承受压力、外部钢管提供侧向约束的组合结构。

2.3　建筑材料的基本知识

建筑材料即土建工程中使用的材料,可分为结构材料、装饰材料和某些专用材料。结构材料包括木材、竹材、石材、水泥、混凝土、金属、砖瓦、陶瓷、玻璃、工程塑料、复合材料等;装饰材料包括各种涂料、油漆、镀层、贴面,各色瓷砖,具有特殊效果的玻璃等;专用材料指用于防水、防潮、防腐、防火、阻燃、隔声、隔热、保温、密封等的材料。

2.3.1　建筑材料的定义及分类

1. 建筑材料的定义

建筑材料是工程建设的物质基础,建筑材料的性能、种类、规格及合理使用将影响工程质量。若材料选择使用不当,轻则达不到预期效果,重则会导致工程质量降低甚至酿成工程事故。同时,建筑材料影响建筑工程技术的发展,新材料的出现往往促使工程技术的革新,而工程变革与社会发展的需要也常常促进新材料的诞生。一般建筑材料用量很大,直接影响工程的造价,通常建材费用占工程总造价的一半以上,因此在考虑建材的技术性能时,必须兼顾其经济性。

2. 建筑材料的分类

建筑材料品种繁多,按其基本成分的不同可分为金属材料、非金属材料和复合材料三大类。

金属材料包括黑色金属材料和有色金属材料。钢材是工程中应用最为广泛的黑色金属材料,多用于重要的承重结构,如钢结构、钢筋混凝土结构等。铝、铜、锌及其合金属于有色金属材料,是装饰工程、电气工程、止水工程中的重要材料,如各种类型的铝合金型材及制品,现已大量用于门窗、吊顶、玻璃幕墙等工程中。

非金属材料包括无机非金属材料和有机材料。无机非金属材料是以无机化合物为主体的材料,主要包括天然材料(如砂、石),烧土制品(如黏土砖、陶瓷),玻璃,胶凝材料(如水泥、石灰、石膏、水玻璃)及以胶凝材料为基料的人造石材(如混凝土、硅酸盐制品)等。无机非金属材料资源丰富、性能优良、价格低廉,在建筑材料中占有重要地位。有机材料主要包括植物材料(如木材、竹材、植物纤维及其制品)、沥青材料、高分子材料(如建筑塑料、合成橡胶、建筑涂料、胶黏剂)等。

复合材料是指两种或两种以上不同性质的材料(复合相)经加工而组合成一体的材料。复合材料有利于发挥各复合相的性能优势,克服单一材料的弱点,是现代材料科学研究发展的趋势。根据复合相的几何形状,复合材料可分为颗粒型(如沥青混凝土、聚合物混凝土)、纤维型(如纤维混凝土、钢筋混凝土),层合型(如塑钢复合型材、夹层玻璃铝箔面油毡)等。

2.3.2　建筑材料的基本性能

1. 材料的基本物理性质

建筑材料在建筑物的各个部位承担着不同的功能，同时承受着各种不同的作用，因而要求建筑材料必须具有相应的基本性质。物理性质包括材料与质量有关的密度、密实性、含水率、空隙率、孔隙率等。材料与水有关的性质有亲水性与憎水性、吸湿性和吸水性、耐水性、抗渗性、抗冻性；材料与热有关的性质有导热性、比热容及热容量、耐燃性与耐火性；材料与声有关的性质有吸声性、隔声性等。

2. 材料的基本力学性质

材料的基本力学性质指材料在外力（荷载）作用下的有关变形性质和抵抗破坏的能力。外力作用于材料，或多或少会引起材料变形，随外力增大，变形也相应增加，直到被破坏。材料的力学性质主要有变形性（弹性变形、塑性变形、徐变及应力松弛等）、强度、比强度与强度等级、抗渗性、脆性与韧性、硬度与耐磨性等。

3. 材料的耐久性

材料的耐久性指材料在使用过程中能抵抗其自身及外界环境因素的破坏，长久保持其原有使用性能且不变质、不被破坏的能力。耐久性是材料的一种综合性质，诸如抗冻性、抗风化性、抗老化性、耐化学腐蚀性等均属耐久性的范围。此外，材料的强度、抗渗性、耐磨性等也与材料耐久性有密切关系。

材料在建筑物使用过程中长期受到周围环境和各种自然因素的破坏作用，一般可分为物理作用、化学作用、机械作用、生物作用等。如钢材易受氧化而锈蚀；无机金属材料常因氧化、风化、碳化、溶蚀、冻融、热应力、干湿交替作用而破坏；有机材料因腐烂、虫蛀、老化而变质。物理作用包括材料的干湿变化、温度变化及冻融变化等。这些变化会使材料体积收缩与膨胀，或产生内应力，造成材料内部裂缝扩展，久而久之，使材料逐渐破坏。化学作用包括大气和环境水中的酸、碱、盐等溶液或其他有害气体对材料产生的侵蚀作用以及日光、紫外线等对材料的作用，使材料产生质的变化而破坏。生物作用是昆虫、菌类等对材料所产生的蛀蚀、腐蚀等破坏作用。

2.3.3　主要建材及性能

1. 气硬性胶凝材料

胶凝材料是指经过自身的物理、化学作用后由可塑性浆体（液态或膏体状态）变成坚硬的固体物质的过程中能把散粒材料（砂或石子）或块状材料（砖或石块）胶结成一个整体的材料。按其化学成分可分为有机胶凝材料和无机胶凝材料（亦称矿物胶凝材料）两类。有机胶凝材料是指以天然或合成高分子化合物为基本组分的一类胶凝材料，如沥青、树脂等。无机胶凝材料按硬化条件又分为气硬性胶凝材料与水硬性胶凝材料两种。气硬性胶凝材料只能在空气中硬化，并保持或继续提高其强度，如石灰、石膏、水玻璃及镁质胶凝材料等；水硬性胶凝材料，不仅能在空气中而且能更好地在水中硬化，保持并继续提高其强度，如各种水泥。

气硬性胶凝材料只适用于地上或干燥环境；水硬性胶凝材料既适用于地上，也适用于地下或水中环境。

石灰、石膏、水玻璃及镁质胶凝材料为四种气硬性胶凝材料，除水玻璃外，其他三者都不能在水中或长期潮湿的环境中使用。因为它们的水化产物在水的长期作用下会溶解、溃散而破坏，故其耐水性差、抗冻性差。要掌握它们的特性，在使用时应注意环境条件的影响，宜用在室内及与水不长期接触的工程部位。而且，在储运过程中应注意防潮，储存时间也不宜过长。另外，要注意这四种气硬性胶凝材料的突出特点：生石灰水化时放热且体积会膨胀，特别是为避免过火石灰带来的危害，故要充分熟化后使用；建筑石膏保温隔热、吸声性能及装饰性能尤其突出，还具有一定的调温、调湿和防火能力，其性能良好、成本低，是一种较好的装饰材料；水玻璃黏聚性能良好，硬化后强度较高，常用来加固地基、涂刷或浸渍材料、补缝堵漏。同时其耐热性、耐酸性良好，也常用来配制耐热、耐酸混凝土或砂浆；作为镁质胶凝材料的菱苦土配制的地面具有保温性好、防火、防爆、耐磨等特点。

2. 水泥

水泥呈粉末状，与适量水拌和成塑性浆体，经过物理化学过程后变成坚硬的石状体（水泥石），并能将散粒状材料胶结成为整体。水泥浆体不但能在空气中硬化，还能更好地在水中硬化，并能保持和发展其强度，故水泥是一种水硬性胶凝材料。水泥在胶凝材料中占有极其重要的地位，是最重要的建筑材料之一。它不但大量应用于工业与民用建筑工程中，还广泛地应用于农业、水利、公路、铁路、海港、石油、矿山和国防等工程中，常用来制造各种形式的混凝土、钢筋混凝土、预应力混凝土构件和建筑物，也常用于配制砂浆和用作灌浆材料等。

水泥按用途和性能可分为通用水泥、专用水泥和特性水泥。通用水泥是指大量用于一般土木工程的水泥；专用水泥是指具有专门用途的水泥，如道路水泥、砌筑水泥、油井水泥等；特性水泥是指某种性能比较突出的水泥，如快硬水泥、白色水泥、膨胀水泥、低热及中热水泥等。

水泥按主要的熟料即水硬性矿物组成可分为硅酸盐水泥、普通硅酸盐水泥、矿渣硅酸盐水泥、火山灰质硅酸盐水泥、粉煤灰硅酸盐水泥和复合硅酸盐水泥六种，称为六大品种水泥。在土木工程中硅酸盐类水泥应用最为广泛，硅酸盐水泥是一种水硬性胶凝材料，由硅酸三钙、硅酸二钙、铝酸三钙和铁铝酸四钙等四种矿物组成。

水泥的技术性质主要有细度、凝结时间、体积安定性和强度等。强度是评价水泥强度等级的依据。

3. 混凝土

混凝土是现代土木工程中用途最广、用量最大的土木工程材料之一，是用水泥、细骨料、粗骨料、水、外加剂和矿物掺合料按一定比例混合组成的水硬性胶结构。混凝土拌合物的和易性主要包括混凝土的流动性、黏聚性和保水性。混凝土的性能主要包括强度性能、变形性能及耐久性能。

混凝土的种类很多，从不同的角度考虑，有以下几种分类方法。按表观密度或体积密度分为重混凝土、普通混凝土、次轻混凝土、轻混凝土；按所用凝胶材料分为水泥混凝土、石膏混凝土、水玻璃混凝土、沥青混凝土、聚合物水泥混凝土、树脂混凝土等；按照新拌混凝土流动性的大小可分为干硬性混凝土、塑性混凝土、流动性混凝土及大流动性混凝土；按用途可分为结构混凝土、大体积混凝土、防水混凝土、耐热混凝土、膨胀混凝土、防辐射混凝土、道路混凝土等；按照生产方式可分为预拌混凝土和现场搅拌混凝土；按照施工方法可分为泵送混凝土、喷射混凝土、碾压混凝土、挤压混凝土、离心混凝土、压力灌浆混凝土等；按强度等级分为低强度混凝土、中强度混凝土、高强度混凝土、超高强混凝土。

混凝土的优点主要表现为易塑性、经济性、安全性、耐火性、多用性、耐久性等性能；混凝土的缺点主要有抗拉强度低，延展性不高，自重大，早期强度低，易产生裂缝，需要较长时间的养护等。

混凝土在建筑工程中使用，必须满足以下基本要求：按需确定混凝土配合比；与使用环境相适应的耐久性要求；满足设计的强度要求；满足施工规定所需的和易性要求；满足业主或施工单位期望的经济性要求；满足可持续发展所必需的生态性要求。

4. 建筑砂浆

建筑砂浆是由胶凝材料、细集料、掺合料和水按适当的比例配制而成的，又称为无粗集料的混凝土。砂浆在建筑工程中是用量大、用途广的建筑材料，它主要用于砌筑砖石、砌块等结构，此外还可以用于建筑物内外表面的抹面。建筑砂浆按胶结材料的种类不同分为水泥砂浆、石灰砂浆和混合砂浆。根据用途，建筑砂浆可分为砌筑砂浆、抹面砂浆、防水砂浆、装饰砂浆等。

砌筑砂浆应满足和易性、设计要求和强度等级要求，并具有足够的黏聚力。砂浆的强度等级是用边长70.7mm的立方体试件，在标准条件养护下，用标准试验方法测得28d的抗压强度平均值（单位为MPa），并考虑95%的强度保证率而确定的。常用的砂浆有M2.5、M5、M7.5、M10、M15、M20等6个等级。普通抹面砂浆是建筑工程中普遍使用的砂浆，一般分两层或三层进行施工。变形较大或可能发生不均匀沉降的建筑物或构筑物不宜使用防水砂浆。防水砂浆通常采用掺防水剂砂浆防水和5层砂浆防水两种。常用的装饰砂浆的工艺做法有水磨石、水刷石、干粘石、斩假石、拉毛和假面砖等，还可用弹涂、喷涂和滚涂等施工工艺做成各种各样的饰面层。常见的特种砂浆有绝热砂浆、吸声砂浆、自流平砂浆和微沫砂浆等。

5. 砌筑块材

砌筑材料是建筑工程中应用最广泛的结构材料、围护材料，例如烧结砖。常用的烧结砖有烧结普通砖、烧结多孔砖和烧结空心砖，优良的保温及隔声技术性能是国家强制推广使用黏土砖的"空心化"的基础。工业经济快速发展产生大量的工业废渣，如粉煤灰、煤矸石、炉渣、钢渣和各种尾矿等，对环境污染相当严重，工业废渣砖（灰砂砖、粉煤灰砖、炉渣砖）的综合开发和利用显得尤为重要。

建筑砌块、板材是尺寸大于砖的一种人造块材，是装配式建筑的重要部分，可加速中国建筑工业化的发展步伐，复合墙板、复合砌块节能环保，是绿色建筑中我国大力推广使用、发展的主要品种。

6. 钢材

土木工程中所使用的钢材主要包括钢结构中使用的各种型钢、钢板、钢管以及钢筋混凝土结构所用的各种钢筋和钢丝。钢材是在严格的技术控制下生产的材料,其质量均匀、强度高,有一定的塑性和韧性,且能承受冲击荷载和振动荷载的作用,既可以冷、热加工,又能焊接或铆接,便于预制和装配。因此,在土木建筑工程中大量使用钢材作为结构材料。用型钢制作钢结构,具有质量轻、安全度高的特点,尤其适用于大跨度及多层结构。由于钢材是国民经济各部门用量很大的材料,所以土木工程中应节约钢材。钢材的性能往往对结构的安全起着决定性的作用,应在结构设计和施工中合理地选用和使用。钢材按化学成分分类有碳素钢、合金钢;按冶炼方法分类有氧气转炉钢、平炉钢、电炉钢;按脱氧程度分类又可分为沸腾钢、镇静钢、特殊镇静钢。土木工程用钢材的主要钢种是普通碳素钢和合金钢中的普通低合金钢。钢材的力学性能主要包括抗拉性能、冲击韧性及耐疲劳性能;工艺性能主要包括冷弯性能和焊接性能。

钢材较高的抗拉性能是土木工程用钢材的重要性能。由拉力试验测得的屈服点、抗拉强度和伸长率是钢材的重要技术指标。

7. 防水材料

防水材料按其性质在建筑材料中属于功能性材料,包括能够防止建筑物遭受雨水、地下水以及环境水浸入或透过的各种材料,是建筑工程中不可缺少的主要建筑材料之一。建筑物一般均由屋面、墙面、基础构成外壳,这些部位容易渗漏,是建筑防水的重要部位。凡建筑物或构筑物为了满足防潮、防渗、防漏功能所采用的材料均称为防水材料。防水材料的主要特征是自身致密、孔隙率很小,具有憎水性,它能够填塞、封闭建筑缝隙或隔断其他材料内部孔隙使其达到防渗止水的目的。

防水材料按组成成分可分为有机防水材料、无机防水材料(如防水砂浆、防水混凝土等)及金属防水材料(如镀锌薄钢板、不锈钢薄板、紫铜止水片等)。有机防水材料又可分为沥青基防水材料、塑料基防水材料、橡胶基防水材料以及复合防水材料等;按防水材料的物理特性,可分为柔性防水材料和刚性防水材料;按防水材料的变形特征,可分为普通型防水材料和自膨胀型防水材料(如膨胀水泥防水混凝土、遇水膨胀橡胶嵌缝条等);按防水材料的外观形态,一般可分为防水卷材、防水涂材、密封材料、刚性防水材料四大系列。

近年来,新型防水材料得到迅速发展,防水材料已由以沥青为主向橡胶和树脂基系列及改性沥青材料系列方向发展,防水层构造已由多层向单方向发展,施工方法则由热熔法向冷粘贴法方向发展。此外,防水材料还有近年来发展起来的粉状憎水材料、水泥密封防水剂等多种。

8. 常用建筑装饰材料

建筑装饰材料是指用于建筑物表面(如墙面、柱面、地面及顶棚等)起装饰效果的材料,又称装修材料或饰面材料,主要有草、木、石、砂、砖、瓦、水泥、石膏、石棉、石灰、玻璃、马赛克、陶瓷、油漆涂料、纸、金属、塑料、织物以及各种复合制品。建筑装饰材料除起美化、装饰的作用外,有的还起保护和其他附加功能的作用。装饰的艺术效果主要由材料及做法的质感、线型及颜色三方面因素构成,也即常说的建筑物饰面的三要素。正确选用、合理搭配装饰材料是体现装饰效果的关键。

装饰材料按主要用途分为三大类:地面装饰材料、内墙装饰材料、外墙装饰材料。

地面装饰材料常用的有水泥砂浆地面、水磨石地面、木地板、木纤维地板、塑料地板、陶瓷锦砖等。内墙装饰材料常用的有平光调和漆、各种涂料、塑料壁纸和玻璃纤维贴墙、石膏板、钙塑板、大理石板材、花岗石板材、复合材料。外墙装饰材料常用的有水泥砂浆、斩假石、水刷石、釉面砖、陶瓷锦砖、油漆、白水泥浆、涂料、聚合物水泥砂浆、聚丙烯纤维、石棉水泥板、无机水泥发泡保温板、各种石材、玻璃幕墙、铝合金制品等。

建筑玻璃包括中空玻璃、镜面玻璃、热反射玻璃等品种，不仅具有装饰作用，也具有调节室内气候、节约能源的多功能性；建筑涂料也由单一的装饰功能向装饰复合型功能发展，如防水涂料、防火涂料、防霉变涂料、光致变涂料等；建筑陶瓷如陶瓷墙地砖、卫生陶瓷、琉璃制品、陶瓷壁画等，正向着多品种、多功能发展。墙地砖也不断涌现出新品种，不仅能满足工程技术要求，也有独特的装饰效果。天然装饰石材，具有经久耐用的坚固性，独特的材质及加工工艺，显得坚实厚重、质地精良，有着其他装饰材料无法替代的功效，广泛应用于建筑工程中。

9. 合成高分子材料

合成高分子材料是指以人工合成的高分子化合物为基础所组成的材料。合成高分子材料是以不饱和的低分子碳氢化合物（称为单体）为主要成分，含少量氧、氮、硫等，经人工加聚或缩聚而合成的分子量很大的物质，常称为高分子聚合物。合成高分子材料包括塑料、合成橡胶、涂料、胶黏剂和高分子防水材料等。这些高分子化合物具有许多优良的性能，如密度小、比强度大、弹性高、电绝缘性能好、耐腐蚀、装饰性能好等。作为土木工程材料，由于它能减轻构筑物自重，改善性能，提高工效，减少施工安装费用，获得良好的装饰及艺术效果，因而在土木工程中得到了广泛的应用。

建筑塑料是化学建材的主要品种之一，与传统建材相比具有许多优点，如表观密度小、比强度高、加工性能好、装饰性好、绝缘性能好、耐腐蚀性优良、节能效果显著等，根据塑料受热后性质变化的不同可分为热塑性塑料（如 PVC 塑料、PE 塑料、PP 塑料、ABS 塑料等）和热固性塑料（如 PF 塑料、UF 塑料、EP 塑料、SI 塑料等）。塑料是由起胶结作用的树脂和起改性作用的填料、各种添加剂组成的。各种塑料制品（如塑料管材、板材、壁纸、地毯、防水及保温材料等）可用于建筑物的许多部位，尤其是塑料门窗、塑料管道等广泛应用于工业与民用建筑，是推广使用的化学建材。

黏结建筑塑料的胶黏剂是使两个相同或不同的材料黏结在一起的材料，它由主体材料和辅助材料配置而成，常用的建筑胶黏剂有酚醛树脂胶黏剂、环氧树脂胶黏剂、聚醋酸乙烯胶黏剂、聚乙烯醇缩甲醛胶黏剂、丙烯酸酯胶黏剂等。

10. 绝热材料与吸声材料

建筑中起保温、隔热作用的材料称为绝热材料，主要用于墙体及屋顶、热工设备及管道、冷藏设备及冷藏库等工程或冬季施工等。对绝热材料的基本要求是导热性低（导热系数不大于 $0.29\mathrm{W}/(\mathrm{m\cdot K})$），表观密度小（不大于 $500\mathrm{kg/m^3}$ 或 $1000\mathrm{kg/m^3}$），有一定的强度（大于 $0.4\mathrm{MPa}$），构造简单，施工容易，造价低等，以满足建筑构造和施工安装上的需要。材料绝热性能好坏，主要受材料的性质、表观密度与孔隙特征、湿度、温度、热流方向等因素影响，其中以表观密度和湿度的影响最大。

常用的绝热材料分为无机绝热材料和有机绝热材料。无机绝热材料主要由矿物质原料制成，不易腐蚀生虫，不会燃烧，有的还能耐高温，多为纤维或松散颗粒制成的毡、板、管套等制品，或通过发泡工艺制成的多孔散粒料及制品，如纤维类制品的玻璃棉及其制品、矿棉及其制品；有机绝热材料有树脂类制品、木材类制品等。

绝热材料在建筑中也俗称建筑保温、隔热材料，大致可分为外墙保温材料（如硅酸盐保温材料等）、隔热保温材料（如薄层隔热反射涂料等）、板材保温材料（如发泡型聚苯乙烯板等）、系统保温材料（如复合保温墙体）、浆体保温材料（如水泥砂浆等），每一种保温材料均应满足建筑导热指标的要求，使用时根据造价和对象比选择优使用。

吸声材料是一种能在较大程度上吸收由空气传递的声波能量的建筑材料，主要用于音乐厅、影剧院、大会堂、播音室等的内部墙面、地面、天棚等部位。吸声系数即被材料吸收的声能与传递给材料的全部入射声能之比，其值在 0～1 之间。吸声系数越大，材料的吸声效果越好。材料的吸声性能与声波方向、声波的频率有关，其与材料的表观密度、材料的厚度、材料的孔隙特征有关。

常用吸声材料及吸声结构有多孔吸声材料、薄板振动吸声结构、共振吸声结构、穿孔板共振吸声结构、悬挂空间吸声体及帘幕吸声体。吸声性能好的材料还需配合必要的建筑构造来使用。

2.4　建筑施工基本知识

建筑施工是人们利用各种建筑材料、机械设备按照特定的设计蓝图在一定的空间、时间内为建造各式各样的建筑产品而进行的生产活动。它包括从施工准备、破土动工到工程竣工验收的全部生产过程。这个过程中将要进行施工准备、施工组织设计与管理、各分项工程施工等工作。施工作业的场所称为"建筑施工现场"或"施工现场"，也叫工地。

建筑施工是一个技术复杂的生产过程，需要建筑施工工作者发挥聪明才智，创造性地应用材料、力学、结构、工艺等理论解决施工中不断出现的技术难题，确保工程质量和施工安全。这一施工过程是在有限的时间内和一定的空间中进行着多工种工人操作，涉及成百上千种材料的供应、各种机械设备的运行，因此必须要有科学的、先进的组织管理措施和采用先进的施工工艺方能圆满完成这个生产过程，这一过程又是一个具有较大经济性的过程。在施工中将要消耗大量的人力、物力和财力，因此要求在施工过程中处处考虑经济效益，采取措施降低成本。施工过程中人们关注的焦点始终是工程质量、安全（包括环境保护）进度和成本。

2.4.1　建筑施工组织

施工组织是一门科学，建筑施工过程中人们关注的是工程质量、安全、环保、进度和成本，解决好这些关注点之间的矛盾需要施工组织，科学制订计划和规程是施工组织的重要手段。

（1）施工方案步骤：研究施工流向和施工顺序；划分施工阶段；选择施工方法和施工机械；确定安全施工设计；研究环境保护内容及方法。

（2）施工部署：项目的质量、进度、成本及安全目标；拟投入的最高人数和平均人数；

分包计划,劳动力使用计划,材料供应计划,机械设备供应计划;施工程序;项目管理总体安排。

(3)进度计划:施工总进度计划;单位工程施工进度计划。

(4)公共信息:施工项目信息管理是指项目经理部以项目管理为目标,以施工项目信息为管理对象所进行的有计划地收集、处理、储存、传递、应用各类各专业信息等一系列工作的总和。以项目公共信息为首,其主要内容包括四个方面的信息:一是政策法规信息;二是自然条件信息;三是市场信息;四是其他公共信息。

(5)特殊情况:土方开挖时,应防止邻近建筑物或构筑物、道路、管线等发生下沉和变形。必要时应与设计单位或建设单位协商,采取防护措施,并在施工中进行沉降或位移观测。施工中如发现有文物或古墓等应妥善保护,并应及时报请当地有关部门处理,方可继续施工。如发现有测量用的永久性标桩或地质、地震部门设置的长期观测点等,应加以保护。在敷设有地上或地下管线、电缆的地段进行土方施工时,应事先取得有关管理部门的书面同意,施工中应采取措施,以防止损坏管线,防范塌方,避免因挖掘造成的严重事故。

2.4.2 建筑施工的现状及问题

近些年我国建筑业大发展,基建量大,建筑业大部分能按照正确的施工流程安全施工,但也存在片面追求规模发展而忽视安全管理工作的现象,时有安全事故发生。主要表现为:对安全缺乏管理的意识和重视,施工人员安全教育不到位,施工现场安全检查存在不足等。

2.4.3 建筑施工的安全管理

1. 安全检查

安全检查的目的是为了发现隐患,以便提前采取有效措施,消除隐患。通过检查,发现生产工作中人的不安全行为和物的不安全状态,以及不卫生的问题,从而采取对策,消除不安全因素,保障生产安全;通过检查,预知危险、清除危险,把伤亡事故频率和经济损失率降低到社会容许的范围内;通过安全检查对生产中存在的不安全因素进行预防;发现不安全、不卫生问题及时采取消除措施;利用检查,进一步宣传、贯彻、落实安全生产方针、政策和各项安全生产规章制度;增强领导和群众的安全意识,纠正违章指挥、违章作业,提高安全生产的自觉性;通过互相学习、总结经验、吸取教训,取长补短,促进安全生产工作进一步好转;掌握安全生产动态,分析安全生产形势,为加强安全管理提供信息依据。

安全检查的内容是查思想、查制度、查隐患、查措施、查机械设备、查安全设施、查安全教育培训、查操作行为、查劳保用品使用、查伤亡事故处理等。

安全检查的形式分为定期检查、专业检查、达标检查、季节检查、经常检查和验收检查。在施工生产中,必须对安全生产中易发生事故的主要环节、部位,由专业安全生产管理机构进行全过程的动态监督检查,不断改善劳动条件,防止工伤事故发生。安全生产工作是一项系统的、复杂的管理工作,它涉及建筑行业的各个方面。消除了各类安全隐患,就消除了各类事故。

2. 安全管理

纵观建筑施工现场发生安全事故的根本原因,人的安全素质低下是主要因素之一,人的不安全行为实质上就是安全的一大隐患。据此,总结出建筑施工工程现场安全管理"十戒":一戒侥幸心理;二戒短期行为;三戒虎头蛇尾;四戒以次充好;五戒未训上岗;六戒违章作业;七戒弄虚作假;八戒以罚代管;九戒走马观花;十戒瞒上欺下。

施工组织者应强化安全目标管理,控制伤亡事故指标;施工现场安全达标,施工期间达到《建筑施工安全检查标准》(JGJ 59—2011,中国建筑工业出版社出版)合格要求;文明施工,制订施工现场全工期内总体和分阶段的目标,并要进行责任分解,落实到人,制定考评办法,奖优罚劣;在工程施工期间,施工现场都能做到地坪硬化、场区绿化、"五小"设施(办公室、宿舍、食堂、厕所、浴室)卫生化、材料堆放标准化等文明施工的标准。

3. 标准化管理

施工项目管理标准化是指把项目管理的成功做法和经验,通过在相同或相似管理模块内进行管理复制,使项目管理实现从粗放式到制度化、规范化、标准化的方式转变。

通过标准化管理,可以将复杂的问题程序化,模糊的问题具体化,分散的问题集成化,成功的方法重复化,实现工程建设各阶段项目管理工作的有机衔接,整体提高项目管理水平,为又好又快实施大规模建设任务提供保障。通过在每个管理模块内制定相对固定统一的现场管理制度、人员配备标准、现场管理规范和过程控制要求等,可以最大限度地节约管理资源,减少管理成本;通过推行统一的作业标准和施工工艺,可以有效避免施工过程中的质量通病和安全死角,为建设精品工程和安全工程提供保障;通过对项目管理中的各种制约因素进行预前规划和防控,可以有效减少各种风险,避免重蹈覆辙;通过建立标准的岗位责任制和目标考核机制,便于对员工进行统一的绩效考量。

4. 施工现场管理

施工现场是建筑行业生产产品的场所,为了保证施工过程中施工人员的安全和健康,应注意建立施工现场的安全规定、安全操作知识以及安全措施这三个方面的规章制度。施工安全技术措施是施工组织设计中的重要组成部分,它是具体安排和指导工程安全施工的安全管理与技术文件,是工程施工中安全生产的指令性文件,在施工现场管理中具有安全生产法规的作用。具体施工安全技术措施有:悬挂标牌与安全标志;施工现场四周用硬质材料进行围挡封闭;施工现场的孔、洞、口、沟、坎、井以及建筑物临边,应当设置围挡、盖板和警示标志,夜间应当设置警示灯;施工现场的各类脚手架(包括操作平台及模板支撑)应当按照标准进行设计;采取符合规定的工具和器具,按专项安全施工组织设计搭设,并用绿色密目式安全网封闭;施工现场的用电线路、用电设施的安装和使用应当符合临时用电规范和安全操作规程 ,并按照施工组织设计进行架设,严禁随意拉线接电;施工单位应当采取措施控制污染,做好施工现场的环境保护工作;施工现场应当设置必要的生活设施,并符合国家卫生有关规定要求。应当做到生活区与施工区、加工区的分离;进入施工现场,必须佩戴安全帽,攀登与独立悬空作业配挂安全带。

施工队伍中有管理人员(项目经理、施工员、技术员、质检员、安全员)和操作人员(瓦工、木工、钢筋工等各工种)。管理人员在任何情况下都不应为了抢进度而忽视安全规定,指挥工人冒险作业。各类人员除做到不违章指挥、不违章作业以外,还应熟悉建筑施工必须安全的基本特点。

5．施工技术管理

任何一项分部分项工程在施工之前，工程技术人员都应根据施工组织设计的要求，编写有针对性的安全技术交底，由施工员对班组工人进行交底。接受交底的工人听过交底后，应在交底书上签字。

季节性施工是指露天作业的建筑施工，易受到天气变化的影响，在施工中要针对季节的变化制定相应的施工措施，主要包括雨季施工和冬季施工。高温天气应采取防暑降温措施。

尘毒防治指建筑施工中主要有水泥粉尘、油漆涂料等有毒气体的危害，施工单位应向作业人员提供安全防护用具和安全防护服装，并书面告知危险岗位的操作规程和违章操作的危害。作业人员应当遵守安全施工的强制性标准、规章制度和操作规程，施工单位要做到环保施工，达到国家规定的施工环保要求。

安全技术措施除以上进入现场的安全规定外，还有地面及深坑作业的防护；高处及立体交叉作业的防护；施工用电安全；机械设备的安全使用；若采用新工艺、新材料、新技术和新结构要制定专门的安全措施；预防因自然灾害促成事故的措施；防火防爆措施。

2.4.4　建筑施工分类及内容

一般建筑的施工都要经过平整土地、搭建临建、土方开槽、基础工程、钢筋工程、模板工程、脚手架工程、混凝土工程（预应力混凝土工程）、砌体工程、钢结构工程、木结构工程、建筑设备安装工程、室内外装饰工程、建筑室外管线工程、景观绿化工程等不同分项工程，不同的建筑结构形式建筑施工的方法也不同。下面针对建筑典型的三种结构形式介绍建筑施工的主要内容。

1．砖混结构工程施工

砖混结构施工包括施工图识读、基础施工（条形砖基础）、砖墙（砖柱）的砌筑施工、钢筋混凝土工程施工（圈梁、构造柱、阳台、楼梯）和楼板安装施工等环节。

（1）砖混施工图识读分为钢混结构识图基础和房屋建筑图识读，钢混结构识图基础包括钢筋混凝土结构的基本知识和钢筋混凝土构件图的图示方法，房屋建筑图识读一般包括总平面图识读、建筑平面图识读、建筑立面图识读、建筑剖面图识读和建筑详图识读等。

（2）基础施工包括准备工作、基础开挖（降水、排水、土壁支撑）验槽、基础施工、验收与回填土等基本工作过程。土方工程施工机械选择应根据工程特点和技术条件提出几种可行方案，然后进行技术经济分析比较，选择效率高、综合费用低的机械进行施工，一般选用土方施工单价最小的机械。砌筑大放脚基础分为抄平、垫层施工和大放脚基础的砌筑等工艺。填土压实需要进行质量控制，填土经压实后必须达到要求的密实度，以避免建筑物产生不均匀沉降。

（3）砌筑砖墙（砖柱）的材料有块材和砌筑砂浆，砌筑砖墙前应检查并校核轴线和标高；准备好脚手架、搭好搅拌棚、安设搅拌机、接水、接电、试车制备并安设好皮数杆。砖砌体的砌筑方法有"三一"砌砖法、挤浆法和满口灰法。砖砌体的施工过程有抄平放线、摆砖、立皮数杆、挂线、砌砖、勾缝等工序。

（4）砖混结构中圈梁、构造柱、阳台、楼梯是钢筋混凝土结构，钢筋混凝土结构施工分为模板工程施工、钢筋工程施工和混凝土工程施工。

（5）预制钢筋混凝土楼板按施工方式分为装配式钢筋混凝土楼板和装配整体式钢筋混凝土板两种，预制钢筋混凝土楼板按构造分为实心平板、槽形板和空心板三种常用类型。

2. 钢筋混凝土框架结构工程施工

钢筋混凝土框架结构施工分为施工图识读、基础施工、钢筋混凝土工程施工、楼梯施工和屋顶结构施工等环节。

（1）钢筋混凝土构件的平面整体表示方法，改变了传统的逐个绘制钢筋混凝土构件配筋图和重复标注的烦琐方法，由于其图示方式简便、大大减少了作图量，因此目前在结构设计中得到广泛的应用。

（2）框架结构的独立和条形钢筋混凝土基础的施工工艺为：施工准备→施工测量→清理→混凝土垫层→钢筋绑扎→相关专业施工→清理→支模板→清理→混凝土搅拌→混凝土浇筑→混凝土振捣→混凝土找平→混凝土养护→模板拆除。

（3）现浇钢筋混凝土结构工程包括钢筋工程、模板工程和混凝土工程，其施工工艺流程为：模板的加工和安装→钢筋加工和安装→浇筑混凝土养护→拆模。

（4）屋顶按照结构坡度分为平屋顶和坡屋顶，屋面防水按屋面防水层的不同有刚性防水卷材防水、涂料防水及粉剂防水屋面等多种做法。

3. 钢结构工程施工

钢结构工程施工分为建筑钢结构用钢材、施工详图识读、钢结构构件的制作加工、钢结构的连接、钢结构的涂装和预拼装以及钢结构安装等施工环节。

（1）我国建筑钢结构采用的钢材仍以碳素结构钢和低合金结构钢为主，钢结构施工详图是直接供制造、加工及安装使用的施工用图，施工详图通常较为详细，图纸数量多，其内容主要包括构件安装布置图及构件详图等。

（2）钢结构零部件的制作过程是钢结构产品质量形成的重要有机组成部分，钢结构制作的准备工作包括技术准备、材料准备和加工机具的准备。钢材进厂到构件出厂，一般要经过生产准备、放样、号料、零件加工、装配和油漆涂装等一系列工序，钢结构构件制作加工的主要工艺流程为：放样→号料→下料→矫正→端部加工→制孔→组装。

（3）钢结构的连接现在常用的有钢结构焊缝连接、螺栓连接和铆钉连接。

（4）钢结构涂装包括防腐涂装和防火涂装两种，涂装前钢结构表面的除锈质量是确保漆膜防腐效果和延长使用寿命的关键因素。

（5）构件在预拼装时，不仅要防止构件在拼装过程中产生应力变形，而且也要考虑构件在运输过程中可能受到的损害，必要时，应采取一定的防范措施，尽量把损害降到最低。

（6）钢结构安装连接前需做的准备工作有：编制钢结构工程的施工组织设计，交监理工程师签字确认，做好劳动力、机械设备和材料进场计划，保证进场道路畅通及施工用电、用水正常，做好土建（特别是技术资料）交接手续，按照工程放样→打水平→矫正水平的工艺流程进入正常施工。

第2篇

建 筑 给 水

第3章

水量和水压

建筑内部给水系统的任务是将城镇给水管网或自备水源给水管网的水引入室内,选用适用、经济、合理的供水方式,经配水管送至室内各种卫生器具、用水嘴、生产装置和消防设备,并满足用水点对水量、水压和水质的要求。因此,在建筑给排水设计中重点关注的就是以下三个方面:水量、水压以及水质。通常我们的生活用水来自于自来水厂,水质能够得到一定的保障,而水量和水压则是设计中需要注意的重点。本章将就给水系统所需的水量和水压进行介绍。

3.1　给水系统所需水量

1. 生活用水量标准

人们的生活所需用的水量根据卫生设备的水平、生活习惯、城市给水排水工程的情况、气候条件及水价等的不同而异。我国幅员辽阔,南北气候相差较大,生活习惯互异,用水量大不相同。因此,应根据卫生设备情况和地区分布确定用水量。

住宅的最高日生活用水定额及小时变化系数,根据住宅类别、建筑标准、卫生器具完善程度和区域等因素,可按表 3-1 确定。集体宿舍、旅馆等公共建筑的生活用水量定额及小时变化系数见表 3-2,此表中未给出高级宾馆用水量标准。当地对住宅生活用水定额有具体规定时,可按当地规定执行。

表 3-1　住宅最高日生活用水定额及小时变化系数

住宅类别	卫生器具设置标准	最高日用水定额/[L/(人·d)]	平均日用水定额/[L/(人·d)]	最高日小时变化系数 K_h
普通住宅Ⅰ	有坐便器、洗脸盆、洗涤盆、洗衣机、热水器和和沐浴设备	130~300	50~200	2.8~2.3
普通住宅Ⅱ	有坐便器、洗脸盆、洗涤盆、洗衣机、集中热水供应(或家用热水机组)和沐浴设备	180~320	60~230	2.5~2.0
别墅	有坐便器、洗脸盆、洗涤盆、洗衣机、洒水栓,家用热水机组和沐浴设备	200~350	70~250	2.3~1.8

表 3-2　公共建筑生活用水定额及小时变化系数

序号	建筑物名称		单位	生活用水定额/L		使用时数/h	最高日小时变化系数 K_h
				最高日	平均日		
1	宿舍	居室内设卫生间	每人每日	150~200	130~160	24	3.0~2.5
		设公用盥洗卫生间		100~150	90~120		6.0~3.0
2	招待所、培训中心、普通旅馆	设公用卫生间、盥洗室	每人每日	50~100	40~80	24	3.0~2.5
		设公用卫生间、盥洗室、淋浴室		80~130	70~100		
		设公用卫生间、盥洗室、淋浴室、洗衣室		100~150	90~120		
		设单独卫生间、公用洗衣室		120~200	110~160		
3	酒店式公寓		每人每日	200~300	180~240	24	2.5~2.0
4	宾馆客房	旅客	每床位每日	250~400	220~320	24	2.5~2.0
		员工	每人每日	80~100	70~80	8~10	2.5~2.0
5	医院住院部	设公用卫生间、盥洗室	每床位每日	100~200	90~160	24	2.5~2.0
		设公共卫生间、盥洗室、淋浴室		150~250	130~200		
		设单独卫生间		250~400	220~320		
		医务人员	每人每班	150~250	130~200	8	2.0~1.5
	门诊部、诊疗所	患者	每患者每次	10~15	6~12	8~12	1.5~1.2
		医务人员	每人每班	80~100	60~80	8	2.5~2.0
	疗养院、休养所住房部		每床位每日	200~300	180~240	24	2.0~1.5
6	养老院、托老所	全托	每人每日	100~150	90~120	24	2.5~2.0
		日托		50~80	40~60	10	2.0
7	幼儿园、托儿所	有住宿	每儿童每日	50~400	40~80	24	3.0~2.5
		无住宿		30~50	25~40	10	2.0
8	公共浴室	淋浴	每顾客每次	100	70~90	12	2.0~1.5
		浴盆、淋浴		120~150	120~150		
		桑拿浴(淋浴、按摩池)		150~200	130~160		
9	理发室、美容院		每顾客每次	40~100	35~80	12	2.0~1.5
10	洗衣房		每千克干衣	40~80	40~80	8	1.5~1.2
11	餐饮业	中餐酒楼	每顾客每次	40~60	35~50	10~12	1.5~1.2
		快餐店、职工及学生食堂		20~25	15~20	12~16	
		酒吧、咖啡馆、茶座、卡拉OK房		5~15	5~10	8~18	
12	商场	员工及顾客	每平方米营业厅面积每日	5~8	4~6	12	1.5~1.2

续表

序号	建筑物名称		单位	生活用水定额/L		使用时数/h	最高日小时变化系数 K_h
				最高日	平均日		
13	办公	坐班制办公	每人每班	30~50	25~40	8~10	1.5~1.2
		公寓式办公	每人每日	130~300	120~250	10~24	2.5~1.8
		酒店式办公		250~400	220~320	24	2.0
14	科研楼	化学	每工作人员每日	460	370	8~10	2.0~1.5
		生物		310	250		
		物理		125	100		
		药剂调制		310	250		
15	图书馆	阅览者	每座位每次	20~30	15~25	8~10	1.5~1.2
		员工	每人每日	50	40		
16	教学、实验楼	中小学校	每学生每日	20~40	15~35	8~9	1.5~1.2
		高等院校		40~50	35~40		
17	电影院、剧院	观众	每观众每场	3~5	3~5	3	1.5~1.2
		演职员	每人每场	40	35	4~6	2.5~2.0
18	健身中心		每人每次	30~50	25~40	8~12	1.5~1.2
19	体育场（馆）	运动员淋浴	每人每次	30~40	25~40	4	3.0~2.0
		观众	每人每场	3	3		1.2
20	会议厅		每座位每次	6~8	6~8	1	1.5~1.2
21	会展中心（展览馆、博物馆）	观众	每平方米展厅每日	3~6	3~5	8~16	1.5~1.2
		员工	每人每班	30~50	27~40		
22	航站楼、客运站旅客		每人次	3~6	3~6	8~16	1.5~1.2
23	菜市场地面冲洗及保鲜用水		每平方米每日	10~20	8~15	8~10	2.5~2.0
24	停车库地面冲洗水		每平方米每次	2~3	2~3	6~8	1.0

注：（1）中等院校、军营等宿舍设置公用卫生间和盥洗室，当用水时段集中时，最高日小时变化系数 K_h 宜取高值 6.0~4.0；其他类型宿舍设置公用卫生间和盥洗室时，最高日小时变化系数 K_h 宜取低值 3.5~3.0；

（2）除注明外，均不含员工生活用水，员工最高日用水定额为每人每班 40~60L，平均日用水定额为每人每班 30~45L；

（3）大型超市的生鲜食品区按菜市场用水；

（4）医疗建筑用水中已含医疗用水；

（5）空调用水应另计。

2. 工业企业建筑生活用水量标准

工业生产种类繁多，即使同类生产，也会由于工艺不同导致用水量有很大差异，设计时可由工艺方面提供用水资料。

工业企业建筑管理人员的最高日生活用水定额可取 30~50L/(人·班)；车间工人的生活用水定额应根据车间性质确定，宜采用 30~50L/(人·班)；用水时间宜取 8h，小时变化系数宜取 2.5~1.5。

工业企业建筑淋浴最高日用水定额,应根据现行国家标准《工业企业设计卫生标准》(GBZ 1—2010)中的车间卫生特征分级确定,可采用 40~60L/(人·班),延续供水时间宜取 1h。

3. 洗车、绿化、道路浇洒用水量

汽车冲洗用水定额供洗车场设计选用,附设在民用建筑中的停车库可按 10%~15% 轿车车位计算洗车水量。洗车用水定额根据车辆用途以及采用的冲洗方式,可按表 3-3 确定。

表 3-3　汽车冲洗用水量定额　　　　　　　　　　L/(辆·次)

冲 洗 方 式	高压水枪冲洗	循环用水冲洗补水	抹车、微水冲洗	蒸 汽 冲 洗
轿车	40~60	20~30	10~15	3~5
公共汽车 载重汽车	80~120	40~60	15~30	—

居住小区绿化浇洒用水定额可根据浇洒面积按 $1.0 \sim 3.0$ L/(m^2·d)计算,干旱地区可酌情增加。居住小区道路、广场的浇洒用水定额可根据浇洒面积按 $2.0 \sim 3.0$ L/(m^2·d)计算。

4. 用水量

建筑给水系统用水量是选择给水系统中水量调节、储存设备的基本依据。建筑内给水包括生活、生产和消防用水三部分。

其中,生活用水量要满足生活上的各种需要所消耗的用水,其水量与建筑物内卫生设备的完善程度、当地气候、使用者的生活习惯、水价等因素有关,可根据国家制定的用水定额、小时变化系数和用水单位数等来确定。生活用水量的特点是用水量不均匀。

生产用水量则要根据生产工艺过程、设备情况、产品性质、地区条件等因素确定,计量方法有两种:按消耗在单位产品的水量计算;按单位时间内消耗在生产设备上的用水量计算。一般生产用水量比较均匀。

消防用水量大而集中,与建筑物的使用性质、规模、耐火等级和火灾危险程度等密切相关。为保证灭火效果,建筑内消防用水量应按规定根据同时开启消防灭火设备时的用水量之和计算,消防用水量的特点是水量大且集中。

给水系统用水量可根据国家制定的用水定额(经多年的实测数据统计得出)、小时变化系数和用水单位数,按下式计算:

$$Q_d = m \cdot q_d \tag{3-1}$$

$$Q_p = \frac{Q_d}{T}$$

$$K_h = \frac{Q_h}{Q_p} \tag{3-2}$$

$$Q_h = K_h \cdot Q_p \tag{3-3}$$

式中,Q_d——最高日用水量,L/d;

m——用水单位数,人或床位数等,对于工业企业建筑,为每班人数;

q_d——最高日生活用水定额，L/(人·d)、L/(床·d)或L/(人·班)；

Q_p——平均小时用水量，L/h；

T——用水时数，h；

K_h——小时变化系数；

Q_h——最大小时用水量，L/h。

若工业企业为分班工作制，则最高日用水量 $Q_d = m q_d n$，其中 n 为生产班数，若每班生产人数不等，则 $Q_d = \sum m_i q_d$。

3.2　给水系统所需水压

建筑内部给水系统所需的水压、水量是确定给水系统中是否需要增压和水量调节、储水设备的基本依据。

卫生器具配水出口在规定的工作压力下单位时间内流出的水量称为额定流量。为克服给水配件内摩阻、冲击及流速变化等阻力，各种配水装置出流额定流量所需的最小静水压力称为最低工作压力。如给水系统水压能够满足某一配水点的所需水压时，系统中其他用水点的压力均能满足，则称该点为给水系统中的最不利配水点。

室内供水系统所需的供水压力（自室外引入管起点管中心标高算起），应保证最不利配水点具有足够的流出水头，从而满足整个建筑的各配水点单位时间内的用水量。室内管网需要的压力可以用式(3-4)计算，如图3-1所示。

$$H = H_1 + H_2 + H_3 + H_4 \qquad (3\text{-}4)$$

式中，H——室内给水所需供水压力，kPa；

H_1——室内最不利点（最高最远点）与引入管起点处的高差，kPa；

H_2——计算管路的水头损失，kPa；

H_3——水表的水头损失，kPa；

H_4——最不利点配水龙头的流出水头，kPa。

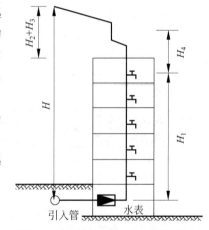

图3-1　建筑内部给水系统所需的压力

用水器具的流出水头是指各种配水龙头或用水设备在规定的出水量（额定流量）时所需要的最小压力。其数值大小因配水龙头及用水设备而异，参见表3-4。

表 3-4　卫生器具的给水额定流量、当量、连接管公称管径和工作压力

序号	给水配件名称		额定流量 /(L/s)	当量 N	连接管公称管径/mm	工作压力 /MPa
1	洗涤盆、拖布盆、盥洗槽	单阀水嘴	0.15～0.20	0.75～1.00	15	0.100
		单阀水嘴	0.30～0.40	1.50～2.00	20	
		混合水嘴	0.15～0.20(0.14)	0.75～1.00(0.70)	15	
2	洗脸盆	单阀水嘴	0.15	0.75	15	0.100
		混合水嘴	0.15(0.10)	0.75(0.50)		

序号	给水配件名称		额定流量/(L/s)	当量 N	连接管公称管径/mm	工作压力/MPa
3	洗手盆	感应水嘴	0.10	0.75	15	0.100
		混合水嘴	0.15(0.10)	0.75(0.50)		
4	浴盆	单阀水嘴	0.20	1.00	15	0.100
		混合水嘴(含淋浴转换器)	0.24(0.20)	1.20(1.00)		
5	淋浴器	混合阀	0.15(0.10)	0.75(0.50)	15	0.100~0.200
6	大便器	冲洗水箱浮球阀	0.10	0.50	15	0.050
		延时自闭式冲洗阀	1.20	6.00	25	0.100~0.150
7	小便器	手动或自动自闭式冲洗阀	0.10	0.50	15	0.050
		自动冲洗水箱进水阀	0.10	0.50		0.020
8	小便槽多孔冲洗(每米长)		0.05	0.25	15~20	0.015
9	净身盆冲洗水嘴		0.10(0.07)	0.50(0.35)	15	0.100
10	医院倒便器		0.20	1.00	15	0.100
11	实验室化验水嘴(鹅颈)	单联	0.07	0.35	15	0.020
		双联	0.15	0.75		
		三联	0.20	1.00		
12	饮水器喷嘴		0.05	0.25	15	0.050
13	洒水栓		0.40	2.00	20	0.050~0.100
			0.70	3.50	25	
14	室内地面冲洗水嘴		0.20	1.00	15	0.100
15	家用洗衣机水嘴		0.20	1.00	15	0.100

注:(1) 表中括号内的数值系在有热水供应时,单独计算冷水或热水时使用;

(2) 当浴盆上附设淋浴器时,或混合水嘴有淋浴器转换开关时,其额定流量和当量只计水嘴,不计淋浴器,但水压应按淋浴器计;

(3) 家用燃气热水器,所需水压按产品要求和热水供应系统最不利配水点所需工作压力确定;

(4) 绿地的自动喷灌应按产品要求设计;

(5) 卫生器具给水配件所需额定流量和工作压力有特殊要求时,其值应按产品要求确定。

如果市政给水管网的供水压力为 H_0,对于室内供水所需压力与 H 值的比较可能有下列两种情况:

(1) $H_0 \geq H$,说明市政给水管网水压满足室内给水所需要的压力。

(2) $H_0 < H$,说明市政给水管网的水压小于室内给水所需要的压力。如果二者相差不大,可以适当调整局部给水管段的管径,减小 H_2 值,使 $H_0 \geq H$,即可满足供水需要;否则,只能采取升压措施。

第4章

建筑给水系统

4.1　建筑给水系统分类与组成

4.1.1　建筑给水系统的分类

建筑给水系统的任务是按其水量、水压供应不同类型建筑物及小区内的用水,即满足生活、生产和消防的用水需要。建筑给水系统一般包括建筑小区和建筑物内的给水两部分,按其供水用途可分为三种给水系统。

1. 生活给水系统

该系统供应民用建筑、公共建筑和工业建筑中的饮用、烹饪、洗浴等生活用水。除水量、水压应满足需要外,水质必须符合国家颁布的生活饮用水水质标准。生活给水系统包括饮用水系统和中水系统。

2. 生产给水系统

该系统供应生产设备冷却、原料和产品的洗涤,以及各类产品制造过程中所需的生产用水。由于工业种类、生产工艺各异,因而对水量、水压及水质的要求也不尽相同。为了节约水量,在技术经济比较合理时,应设置循环或重复利用给水系统。

生产给水系统包括直流给水系统、循环给水系统、复用水给水系统、软化水给水系统、纯水给水系统等。

3. 消防给水系统

该系统供应民用建筑、大型公共建筑及某些生产车间的消防系统的消防设备用水。消防用水对水质要求不高,但必须保证足够的水量和水压,并应符合国家制定的现行建筑设计防火规范要求。消防给水系统包括消防栓给水系统、自动喷水灭火系统(包括湿式系统、干式系统、预作用系统、雨淋系统、水幕系统、水喷雾灭火给水系统)等。

上述三种给水系统(生活、生产、消防给水系统)应根据建筑的性质,综合考虑技术、经济和安全条件,按水压、水质、水量、水温及室外给水系统的情况,组成不同的给水系统。

4.1.2　给水系统的组成

一般的建筑内部给水系统是由下列各部分组成的,如图 4-1 所示。

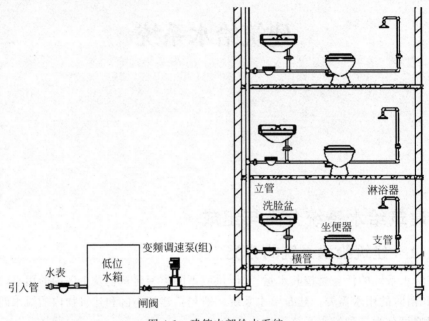

图 4-1　建筑内部给水系统

1. 引入管

引入管指从室外给水管网引入建筑中的总进水管。

2. 计量仪表

计量仪表包含水表节点、水压表和水温计等。

其中水表节点是指引入管上装设的水表及其前后设置的阀门、泄水装置的总称。

3. 管道系统

(1) 干管。指引入管进入室内的水平干管。

(2) 立管。由水平干管向上或向下分出的立管,其作用是竖向供给各楼层的用水。

(3) 支管。由立管分出支管,供楼层各卫生用具及配水龙头的用水。

4. 给水附件

给水附件指给水管路上装设的各种配水龙头以及相应的闸阀、止回阀、排气装置、真空破坏器等。

5. 升压和储水设备

在室外给水管网压力不足或对供水保障、水压稳定有要求时,需要设置水泵、水箱、气压装置、水池等升压和储水设备。

6. 室内消防设备

按建筑物的防火要求及规定,设置消防给水时,一般应设消火栓设备。对于大型公共建筑、高层民用建筑和厂房、库房等,还需按照建筑设计防火规范的要求,设置自动喷水灭火系统。

图 4-1 所示为居住建筑内卫生间和厨房内设置的洗脸盆、淋浴器、坐便器及相应的给水管道系统。在进户管上设有总水表,在每住户室内装设分户水表。总水表设在水表井或地下室中,分户水表设在各用户的供水支管上。

4.2 供水系统

给水方式是指建筑内部给水系统的供水方案。合理的供水方案,应根据建筑物的各项因素(如使用功能、技术、经济、社会和环境等方面)结合安全、卫生和经济型原则,采用综合评判的方法进行确定。当民用与工业建筑生活饮用水对水压、水量的要求超过城镇公共供水或自建设施供水管网能力时,需要通过储存、加压等设施经管道供给用户,即可以采用二次供水的方式。

在初步确定给水方式时,需首先了解市政供水管网系统用水地点处的水压。根据《室外给水设计标准》(GB 50013—2018)的规定,给水管网水压按直接供水的建筑层数确定时,用户接管处的最小服务水头,一层应为 10m,二层应为 12m,二层以上建筑每增加一层应增加4m。我国城市市政供水管网的最低水压一般在 20m 水头左右,不同城市及其管网中的不同地点,管网供水压力的变化范围为 14～30m 水头。对于具体建筑所在地点的市政供水管网的水压情况,需根据当地供水管理要求和在管网中的具体位置,向当地供水部门核实。

4.2.1 给水方式的基本类型

1. 直接给水方式

市政给水管网的压力、水量在一天内任何时间均能满足室内供水需要时,可以采用最简单的直接给水方式,由室外给水管网直接供水,如图 4-2 所示。这种方式简单、经济而又安全,可充分利用外网水压,节约能源。但水压受到外网影响,且当外网停水时内部会立即停水。

2. 设屋顶水箱的给水方式

当室外给水管网供水压力在一天内的不同时段周期性不足时,可采用设屋顶水箱的给水方式,如图 4-3 所示。用水低峰时,可利用室外给水管网水压直接供水,同时在水箱中蓄水。用水高峰时,室外管网水压不足,则由屋顶水箱供水。

此种供水方式存在的问题是:屋顶水箱存在敞开部位,易于受到外界杂质的污染;对于露天设置的屋顶水箱,在夏天受暴晒,水温升高,水中剩余消毒剂加速分解,容易产生微生物再繁殖而水质超标的问题;屋顶水箱的维护清洗工作量大等。因此,目前部分市政供水压力偏低的中心城区的老旧多层建筑仍在使用这种供水方式,新建建筑一般不再采用。

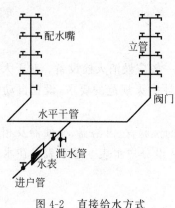

图 4-2　直接给水方式

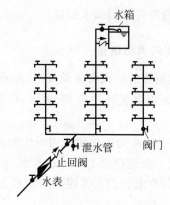

图 4-3　设屋顶水箱的给水方式

3. 叠压供水方式

叠压供水是二次供水的一种方式,是指供水设备从市政供水管网中直接吸水增压供水,采用变频调速水泵恒压供水的方式,以调整用户水量的波动。

叠压供水设备主要由变频调速水泵机组、稳流罐、防负压装置、防倒流装置、控制系统、气压水罐(可选,以调节瞬间流量和压力的波动)等组成,见图 4-4。在运行中,当量测到因水泵抽吸使泵前水压降到预设的压力值时,就调低水泵转速减少水泵流量,以保持外网水压的稳定。该类设备在早期曾被称为"无负压供水"设备,指可避免因过量抽吸使市政管网出现负压问题,后在正式文本中已改用更能体现其特性的术语"叠压供水"。

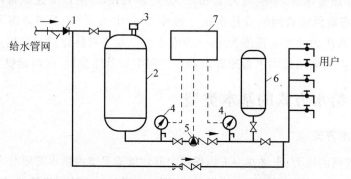

1—防倒流装置;2—稳流罐;3—防负压装置;4—压力传感器;
5—水泵机组;6—气压水罐(可选);7—控制柜
图 4-4　管网叠压供水设备系统示意图

叠压供水方式的优点是受到二次污染的风险小,能耗低(利用了市政管网的余压,只需增压部分的能耗)。不足之处是由于从市政管网中直接抽吸,抽水量大时易造成市政管网局部区域的水压下降,或是因降低水泵流量造成二次供水水量不足,因此只适用于市政管网供水能力充沛的区域。

叠压供水不得影响城镇供水管网正常供水。采用叠压供水时,供水管网的水压不得低于该地区供水部门规定的最低设定压力值(从室外设计地面算起);在消防用水中采用叠压供水时,供水管网的水压不得低于 0.10MPa(从室外设计地面算起)。叠压供水的最大使用规模和所处位置的供水管网最低设定压力,应根据供水的实际情况,由当地供水部门确定。建筑供水采用从城镇供水管网吸水的叠压供水方式,应经当地供水行政主管部门及供水部门批准认可。

叠压供水不得使用的区域是:

(1) 供水管网定时供水的区域;

(2) 供水管网可利用的水头过低的区域;

(3) 供水管网供水压力波动过大的区域;

(4) 现有供水管网供水总量不能满足用水需求,使用叠压供水设备后,对周边现有(或规划)用户用水会造成影响的区域;

(5) 供水管网管径偏小的区域;

(6) 供水部门认为不得使用叠压供水设备的区域。

叠压供水不得使用的用户(场所)是:

(1) 用水时间过于集中,瞬间用水量过大且无有效技术措施的用户;

(2) 供水保证率要求高,不允许停水的用户;

(3) 研究、制造、加工、储存有毒物质、药品等危险化学物质的场所。

叠压供水设备应独立设置,配备防污染措施,并配备运行安全保障措施。

4. 低位水箱(池)-水泵-高位水箱的供水方式

当城市给水管网中的水压不能满足建筑用水对水压和瞬时流量的要求时,可采用设置低位储水池、水泵和高位水箱的给水方式,如图 4-5 所示。此方式既可保证供水压力,又可利用储水池、水箱的容积进行水量调节。

5. 低位水箱(池)-变频调速水泵的供水方式

过去水泵多采用恒速水泵,供水的水量调节依靠高位水箱,但是高位水箱存在较大二次污染的风险。随着变频调速水泵技术的发展,目前已发展为低位水箱-变频调速水泵的二次供水方式,不再设置高位水箱,如图 4-6 所示。

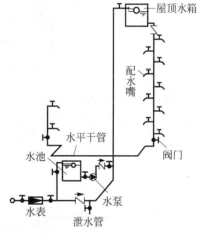

图 4-5　设低位水池、水泵和高位
水箱的供水方式

该方式通过低位水箱存储水量,可以适应外网水压水量的波动;变频调速水泵可保持恒压供水,且机电设计与选用的合理性,使设备保持高效运行工况,大多数系统还设置了夜间小流量供水的稳压调蓄罐。

6. 箱式无负压供水方式

该方式在叠压供水的基础上,在水泵前并联设置了一个较大的水箱。在外接的市政管网水压充足时,采用叠压供水方式直接从市政管网抽水,叠压加压供出。当外接的市政管网供水压力降低到预设值时,自动减少从市政管网的抽吸水量,以维持对外网水压的最低要求;此时加压水泵的来水由外网供水和水箱存水共同承担,以满足用户对二次供水的需求。

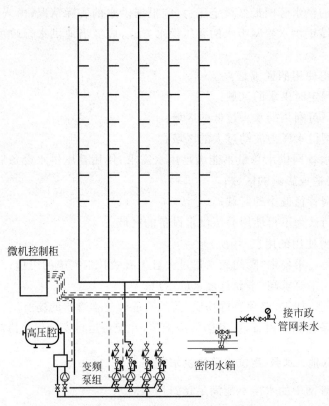

图 4-6　设低位水箱和变频调速水泵的供水方式

此系统以叠压供水为主,能耗低;外网水压不足时启用水箱供水,可靠性高;自动定时更新水箱内存水,以保证供水水质。该系统具有节能显著、可靠性高等优点,是一种先进的供水模式,适用于较大规模的二次供水。系统示意图见图 4-7。

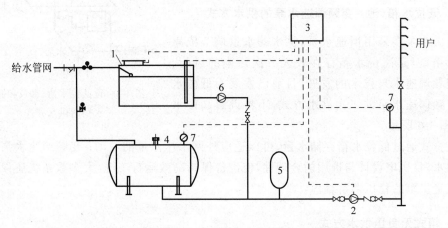

1—水箱;2—水泵机组;3—控制柜;4—稳滤罐;5—气压罐;6—增压装置;7—压力传感器

图 4-7　箱式无负压供水设备系统示意图

7. 气压给水方式

当室外给水管网压力低于或经常不能满足建筑内给水管网所需水压,室内用水不均匀,且不宜设置高位水箱时,小型单体建筑可以采用气压给水方式。利用气压水罐内气体的可压缩性升压供水。气压水罐的作用相当于高位水箱,其位置可根据需要设置在高处或低处,如图 4-8 所示。

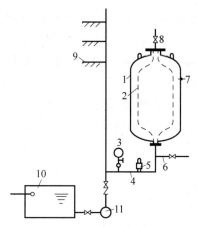

1—罐体；2—橡胶隔膜；3—压力表；4—进出水管；5—安全阀；
6—充泄水管；7—充气管阀；8—放气管阀；9—用户；10—水箱；11—水泵

图 4-8　气压给水方式

这种给水方式虽然不需要设高位水箱,但由于气压罐调蓄容量有限,仅适用于小型的二次供水系统,且给水压力波动较大(需要注意不能使最低处的给水配件损坏),能耗消耗较大。

4.2.2　多层建筑的分区供水方式

对于城市供水管网的水压仅能供到下面几层的多层建筑物,为了充分利用外网的压力,宜将给水系统分成上下两个供水区,下区由给水外网的压力直接供水,上区则由储水增压的二次供水设备供水。大用水量的设备应布置在下区,由给水外网直接供水,以降低能耗。图 4-9 所示为下区由市政管网直供,上区采用水池-水泵-屋顶水箱来供水的多层建筑分区给水方式。

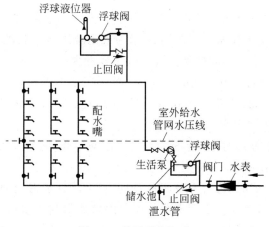

图 4-9　分区给水方式

4.2.3　高层建筑给水系统

1. 技术要求

高层建筑的底部几层可以直接由市政供水管网供水,上部楼层则需要通过增压储水的二次供水设施供水。如整幢高层建筑的二次供水都采用同一个给水管道系统供水,则垂直方向管线过长,下部管道中的静水压力很大,必然带来以下弊病:需要采用耐高压的管材、附件和配水器材,费用高;启闭水嘴、阀门易产生水锤,不但会引起噪声,还可能损坏管道、附件,造成漏水;开启水嘴水流喷溅,既浪费水量,又影响使用,同时由于配水嘴前压力过大,水流速度加快,出流量增大,水头损失增加,使设计工况与实际工况不符,不但会产生水流噪声,还将直接影响高层供水的安全可靠性。此外,低层部分并不需要那么高的水压,因此会造成能耗的浪费。

2. 技术措施

因此,高层建筑给水系统一般都采用竖向分区供水的方式,即将建筑物在垂直方向分为几个区,每个区负责若干楼层的供水,分别组成各自的给水系统。确定分区范围时应充分利用室外给水管网的水压,以节省能量,并要结合其他建筑设备工程的情况综合考虑,尽量将给水分区的设备层与其他相关工程所需设备层共同设置,以节省土建费用,同时要使各区最低卫生器具或用水设备配水装置处的静水压力小于其允许工作压力,以免器具损坏漏水。

高层建筑给水系统竖向分区的基本形式有以下几种:

1) 串联式

这种方式在各区分设水箱和水泵,低区的水箱兼做上区的水池,如图 4-10 所示。其优点是:无须设置高压水泵和高压管线;水泵可保持在高效区工作,能耗较少;管道布置简单,节省管材。缺点是:供水不够安全,下区设备出现故障时将直接影响上层供水;各区水箱、水泵分散设置,维修、管理不便,且要占用一定的建筑面积;水箱容积较大,将增加结构的负荷和造价。

2) 减压式

这种方式建筑用水由设在低层的水泵一次提升至屋顶水箱,再通过各区减压装置如减压水箱、减压阀等依次向下供水。图 4-11 所示为采用减压水箱的供水方式,图 4-12 所示为采用减压阀的供水方式。其共同的优点是:水泵数量少,占地少,且集中设置便于维修、管理;管线布置简单,投资省。其共同的缺点是:各区用水均需提升至屋顶水箱,不但水箱容积大,而且对建筑结构和抗震不利,同时也增加了电耗;供水不够安全,水泵或屋顶水箱输水管、出水管的局部故障都将影响各区供水。

采用减压水箱供水方式时,由于各区水箱仅起减压作用,容积小,占地少,对结构影响小,但其液位控制阀启闭频繁,容易损坏。

采用减压阀供水方式时,可省去减压水箱,进一步减少了占地面积,可使建筑面积充分发挥经济效益,同时也可避免由于管理不善等原因可能引起的水箱二次污染现象。减压阀有弹簧式和比例式之分,比例式减压阀构造简单、体积小,可垂直和水平安装,由于活塞后端

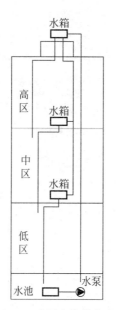

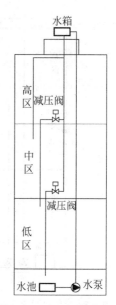

图 4-10 串联供水方式　　　　图 4-11 减压水箱供水方式　　　　图 4-12 减压阀供水方式

受水面为前端受水面的整数倍,所以阀门关闭时,阀前后的压力比是定值,减压值不需人工调节。当阀后用水时,管内水压作用在活塞前端,推动活塞后移,减压阀开启通水,至阀后停止用水,活塞前移,阀门关闭。因通水时阀后压力是随流量增大而相应减小的,故须按该阀的流量-压力曲线选用其规格、型号。

3)并联式

这种方式各区升压设备集中设在底层或地下设备层,分别向各区供水。图 4-13～图 4-15 所示分别为采用水泵-水箱、变频调速水泵和气压给水设备升压供水的并联供水方式。其优点是:各区供水自成系统,互不影响,供水较安全可靠;各区升压设备集中设置,便于维修、管理。水泵-水箱并列供水系统中,各区水箱容积小,占地少。变频调速泵和气压给水设备并列供水系统中无须水箱,节省了占地面积。并列式分区的缺点是:上区供水泵扬程较大,总压水线长。由气压给水设备升压供水时,调节容积小,耗电量较大,分区多时,高区气压罐承受的压力大,使用钢材较多,费用高。由变频调速泵升压供水时,设备多,费用较高,维修较复杂。

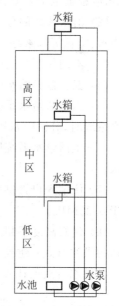

图 4-13 水泵-水箱并联
供水方式

4)室外高、低压给水管网直接供水

当建筑周围有市政高、低压给水管网时,可利用外网压力,由室外高、低压给水管网分别向建筑内高、低区给水系统供水。其优点是:各幢建筑不需设置升压、储水设备,节省了设备投资和管理费用。但这种分区形式只有在室外有市政高、低压给水管网时,才有条件采用。

图 4-14　变频调速水泵并联供水方式　　　　图 4-15　气压给水设备并联供水方式

4.2.4　给水系统的选择原则

建筑物内的给水系统应符合下列规定：

（1）应充分利用城镇给水管网的水压直接供水。当城镇给水管网的水压和（或）水量不足时，应根据卫生安全、经济节能的原则选用储水调节和加压供水方式。

（2）给水系统的分区应根据建筑物用途、层数、使用要求、材料设备性能、维护管理、节约用水、能耗等因素综合确定。

（3）不同使用性质或计费方式的给水系统，宜在引入管后分成各自独立的给水管网。

（4）卫生器具给水配件承受的最大工作压力不得大于 0.06MPa。

（5）当生活给水系统分区供水时，各分区的净水压力不宜大于 0.45MPa；当设有集中热水系统时，分区净水压力不宜大于 0.55MPa。

（6）生活给水系统用水点处供水压力不宜大于 0.20MPa，并满足卫生器具工作压力的要求。

（7）住宅入户管供水压力不应大于 0.35MPa，非住宅类居住建筑入户管供水压力不宜大于 0.35MPa。

（8）建筑高度不超过 100m 的建筑的生活给水系统，宜采用垂直分区并联供水或分区减压的供水方式；建筑高度超过 100m 的建筑，宜采用垂直串联供水方式。

各供水方式的比较见表 4-1。

表4-1　各供水方式的比较

名　称	供水方式说明	优　缺　点	适　用　范　围
直接供水方式	与外部给水管网直连,利用外网水压供水	供水较可靠,系统简单,投资省,安装、维护简单,可充分利用外网水压,节约能源。内部无储备水时内部立即断水,此外,在外网压力为超过允许值时,应设减压装置	下列情况下的单层和多层建筑:外网水压、水量能经常满足用水要求,室内给水无特殊要求
设屋顶水箱供水方式	与外网直连并利用外网水压供水,同时设置高位水箱调节流量和压力	供水较可靠,水压稳定,系统简单,投资较省,安装、维护较简单,可充分利用外网水压,节省能源。需设高位水箱、水泵设备。若水箱容量不足,可能造成停水;水箱存在较高的二次污染风险	下列情况下的多层建筑:外网水压定时不足、室内要求水压稳定,允许设置高位水箱的建筑
下层直接供水,上层设屋顶水箱供水方式	与外网直连并利用外网水压供水,上层设水箱调节流量水压	供水较可靠,系统较简单,投资较省,安装、维护简单,可充分利用外网水压,节省能源。增加结构荷载,顶层和低层都要设横干管;水箱存在较高的二次污染风险	下列情况下的多层建筑:外网水压周期性不足,允许设置高位水箱的建筑,高位水箱进水管上应尽量装设旧式浮球阀。若水箱仅为上层服务,容积可较小一些
设低位水池,水泵和高位水箱的供水方式	外网供水至水池,利用水泵提升和水箱调节流量供水	水池、水箱储备一定水量,停水停电时可延时供水,供水可靠且水压稳定。不能利用外网水压,能源消耗较大,维护费用高,安装、维护较麻烦,水泵振动和噪声干扰;水池水箱存在较高的二次污染风险	下列情况下的多层或高层建筑:外网水压经常不足且不允许直接抽水,允许设置高位水箱的建筑
罐式无负压变频供水方式	与市政给水管网经给水管(引入管)直接串连,不与外界空气连通,全封闭运行的变频给水方式	供水较可靠,水质安全卫生,无二次污染,可利用市政供水管网的水压,运行费用低,自动化程度高,安装、维护方便。无储备水量,需一台水泵配一台变频器,如设一台变频控制多台水泵变频运行,需增设一个气压水罐调节一个瞬时调节同流量量,压力有一定的波动	允许直接串接市政供水管网的新建、扩建或改建的各类生活,生产加压给水系统

续表

名　称	供水方式说明	优　缺　点	适　用　范　围
箱式无负压变频供水方式	与市政给水管经网供水管（引入管）直接串连，不与外界空气连通，全封闭运行的变频给水方式	供水较可靠，水质安全卫生，无二次污染，可部分利用市政供水管网的水压，自动化程度高，供水可靠性高，安装、维护方便。需一台泵配一台变频器，如设一台变频器通过微机控制多台水泵变频运行，需增设一个气压水罐调节瞬间流量，压力的波动	允许直接串接市政供水管网且需要有一定存水量，用水量相对较大的新建、扩建或改建的各类生活、生产用加压给水系统
分区减压阀减压的供水方式	水泵统一加压，仅在顶层设置水箱，下区利用减压阀供水	供水可靠，设备与管理省，投资省，设备布置集中，便于维护管理，不占用建筑上层使用面积，下区供水压力失损失较大，稍浪费电力能源	电力供应充足，电价较低的各类工业与民用高层建筑
分区无水箱并联供水方式	分区设置多台变速水泵或水泵出水管上装减压阀，根据水压调节水泵转速或运行台数	供水可靠，设备布置集中，占用建筑上层使用面积，能源消耗较少，低区供水压力损耗过大。投资较高，水泵控制调节要求高	各种类型的高层工业与民用建筑
分区设水箱并联单管供水方式	分区设置多个高位水箱，集中统一加压，单管输水至各区水箱，低区水箱进水管上装设减压阀	供水可靠，管道、设备数量较少，投资节省，维护管理较简单，能源消耗较少，未利用外网水压，占用建筑上层使用面积大，水箱容量大，水箱多，占用建筑上层使用面积	允许分区设置高位水箱且分区不多的建筑。低区水箱进水管上宜设置减压阀，以防控制阀损坏并可减缓水锤作用
分区串联供水方式	分区设置水箱和水泵，水泵分散布置，自下区水箱抽水至上区用水	供水较可靠，设备与管道较简单，投资较省，能源消耗较小。水泵设在上层，振动和噪声干扰较大；设备分散，维护管理不便；上区供水受下区限制　各区独立运行互不干扰，供水可靠，能源消耗较小，投资省，管材用较多，投资较大，水箱占用建筑上层使用面积	允许分区设置水箱水泵的各类高层建筑，储水池进水管上应设以液位控制阀代替传统的浮球阀。储水箱进水管上应设置液位控制阀代替传统的浮球阀等
分区设水箱减压供水方式	分区设置多个水箱，水泵统一加压，上区供水下区用水	供水可靠，管道与设备布置较简单，投资节省，设备布置集中，维护管理方便，下区供水受上区的限制，能源消耗较大	允许分区设置水箱和电价较低地区的高层建筑。中间水箱进水管上最好安装液压减压阀，以防浮球阀损坏并可减缓水锤作用

第5章

给水系统的管道布置

5.1 管道布置的原则

一幢建筑物给水管道的布置,需要考虑用水要求、建筑结构、配水点和室外给水管道的位置,以及供暖、通风、空调和供电等其他建筑设备工程管线布置等因素的影响。在进行管道布置时,要满足以下基本要求。

(1)保证供水安全,力求经济合理。

室内生活给水管道可布置成枝状管网。管道布置时应力求长度最短,尽可能呈直线走向,并与墙、梁、柱平行敷设。给水干管应尽量靠近用水量最大设备处或不允许间断供水的用水处,以保证供水可靠,并减少管道转输流量,使大口径管道长度最短。给水引入管,应从建筑物用水量最大处引入。当建筑物内卫生用具布置比较均匀时,应在建筑物中央部分引入,以缩短管网向不利点的输水长度,减少管网的水头损失。当建筑物或生产车间不允许间断供水时,引入管要设置2条或2条以上,并应由城市管网的不同侧引入,在室内将管道连成环状或贯通状双向供水。如不可能时可由同侧引入,但两根引入管间距不得小于15m,并应在接点间设置阀门。若条件不可能达到,可采取设高位水箱或水池或增设第二水源等安全供水措施。

(2)保证管道安全并便于安装维修。

当管道埋地时,应当避免被重物压坏或被设备震坏;不允许管道穿过设备基础,特殊情况下,应同有关专业人员协商处理;工厂车间内的给水管道架空布置时,不允许把管道布置在遇水能引起爆炸、燃烧或损坏的原料、产品和设备上面;为防止管道腐蚀或污染,管道不允许布置在烟道、风道和排水沟内,不允许穿大、小便槽。当立管距离大小便槽端部≤0.5m时,在小便槽端部应有建筑隔断措施。

室内给水管道也不宜穿过伸缩缝、沉降缝,若需穿过,应采取保护措施。常用的措施有:软性接头法,即用橡胶软管或金属波纹管连接沉降缝、伸缩缝两边的管道;丝扣弯头法,在建筑沉降过程中,两边的沉降差由丝扣弯头的旋转来补偿,适用于小管径的管道;活动支架法,在沉降缝两侧设支架,使管道只能垂直位移,以适应沉降、伸缩之应力。

布置管道时其周围要留有一定的空间,以满足安装、维修的要求,给水管道与其他管道和建筑结构的最小净距见表5-1。需进入检修的管道井,其工作通道(净宽)不宜小于0.6m。

表 5-1　给水管与其他管道和建筑结构之间的最小净距　　　　　　mm

给水管道名称	室内墙面	地沟壁和其他管道	梁、柱、设备	排水管		备注
				水平净距	垂直净距	
引入管				1000	150	在排水管上方
横干管	100	100	50(无焊缝)	500	150	在排水管上方

(3) 不影响生产安全和建筑物的使用。

为避免管道渗漏,造成配电间电气设备故障或短路,管道不能从配电间通过;不能布置在妨碍生产操作和交通运输处;不宜穿过橱窗、壁柜、吊柜等设施和在机械设备上方通过,以免影响各种设施的功能和设备的维修。

5.2　给水管道的敷设

5.2.1　敷设形式

室内给水管道的敷设,根据建筑对卫生、美观方面的要求,一般分为明装和暗装两类。

1. 明装

明装即管道在室内沿墙、梁、柱、天花板下、地板旁暴露敷设。其优点是造价低,施工安装、维护修理均较方便;缺点是由于管道表面积灰、产生凝结水等影响环境卫生,而且有碍房屋内部的美观。一般装修标准不高的民用建筑和大部分生产车间均采用明装方式。

2. 暗装

暗装即管道敷设在地下室天花板下或吊顶中,或在管井、管槽、管沟中隐蔽敷设。暗装的卫生条件好、房间美观,标准要求较高的高层建筑、宾馆、实验室等均采用暗装;在工业企业中,某些生产工艺要求,如精密仪器或电子元件车间要求室内洁净无尘时,也采用暗装。暗装的缺点是造价高,施工维修均不方便。

给水管道除单独敷设外,亦可与其他管道一同架设,考虑到安全、施工、维护等要求,当平行或交叉设置时,对管道间的相互位置、距离、固定方法等应按管道综合有关要求统一处理。

5.2.2　敷设要求

室内给水管道布置应符合下列规定:

(1) 不得穿越变配电房、电梯机房、通信机房、大中型计算机房、计算机网络中心、音像库房等遇水会损坏设备或引发事故的房间。

(2) 不得在生产设备、配电柜上方通过。

(3) 不得妨碍生产操作、交通运输和建筑物的使用。

室内给水管道不得布置在遇水会引起燃烧、爆炸的原料、产品和设备的上面。

埋地敷设的给水管道不应布置在可能被重物压坏处。管道不得穿越生产设备基础,在特殊情况下必须穿越时,应采取有效的保护措施。

给水管道不得敷设在烟道、风道、电梯井、排水沟内。给水管道不得穿过大便槽和小便槽，且立管离大、小便槽端部不得小于 0.5m。给水管道不宜穿越橱窗、壁柜。

给水管道不宜穿越变形缝。当必须穿越时，应设置补偿管道伸缩和剪切变形的装置。

塑料给水管道在室内宜暗设。明设时立管应布置在不易受撞击处。当不能避免时，应在管外加保护措施。

塑料给水管道布置应符合下列规定：

（1）不得布置在灶台上边缘；明设的塑料给水立管距灶台边缘不得小于 0.4m，距燃气热水器边缘不宜小于 0.2m；当不能满足上述要求时，应采取保护措施。

（2）不得与水加热器或热水炉直接连接，应有不小于 0.4m 的金属管段过渡。

室内给水管道上的各种阀门，宜装设在便于检修和操作的位置。

给水引入管与排水排出管的净距不得小于 1m。建筑物内埋地敷设的生活给水管与排水管之间的最小净距，平行埋设时不宜小于 0.50m；交叉埋设时不应小于 0.15m，且给水管应在排水管的上面。

给水管道的伸缩补偿装置，应按直线长度、管材的线胀系数、环境温度和管内水温的变化、管道节点的允许位移量等因素经计算确定。应优先利用管道自身的折角补偿温度变形。

当给水管道结露会影响环境，引起装饰层或者物品等受损害时，给水管道应做防结露绝热层，防结露绝热层的计算和构造可按现行国家标准《设备及管道绝热设计导则》(GB/T 8175—2008)执行。

给水管道暗设时，应符合下列规定：

（1）不得直接敷设在建筑物结构层内。

（2）干管和立管应敷设在吊顶、管井、管窿内，支管可敷设在吊顶、楼（地）面的垫层内或沿墙敷设在管槽内。

（3）敷设在垫层或墙体管槽内的给水支管的外径不宜大于 25mm。

（4）敷设在垫层或墙体管槽内的给水管管材宜采用塑料、金属与塑料复合管材或耐腐蚀的金属管材。

（5）敷设在垫层或墙体管槽内的管材，不得采用可拆卸的连接方式；柔性管材宜采用分水器向各卫生器具配水，中途不得有连接配件，两端接口应明露。

管道井尺寸应根据管道数量、管径、间距、排列方式、维修条件，结合建筑平面和结构形式等确定。需进人维修管道的管井，维修人员的工作通道净宽度不宜小于 0.6m。管道井应每层设外开检修门。管道井的井壁和检修门的耐火极限以及管道井的竖向防火隔断应符合现行国家标准《建筑设计防火规范，2018 年版》(GB 50016—2014)的规定。

给水管道穿越人防地下室时，应按现行国家标准《人民防空地下室设计规范》(GB 50038—2005)的要求采取防护密闭措施。

需要泄空的给水管道，其横管宜设有 0.002～0.005 的坡度坡向泄水装置。

给水管道穿越下列部位或接管时，应设置防水套管：

（1）穿越地下室或地下构筑物的外墙处；

（2）穿越屋面处；

（3）穿越钢筋混凝土水池（箱）的壁板或底板连接管道时。

明设的给水立管穿越楼板时，应采取防水措施。

在室外明设的给水管道,应避免受阳光直接照射,塑料给水管还应有有效保护措施;在结冻地区应做绝热层,绝热层的外壳应密封防渗。

敷设在有可能结冻的房间、地下室及管井、管沟等处的给水管道应有防冻措施。

室内冷、热水管上、下平行敷设时,冷水管应在热水管下方。卫生器具的冷水连接管,应在热水连接管的右侧。

引入管进入建筑内有两种情况,如图 5-1(a)、(b)所示,一种由基础下面通过;另一种是穿过建筑物基础或地下室墙壁。在给水管道穿越地下室或地下构筑物的外墙、屋面和钢筋混凝土水池(箱)的壁板处,应设置防水套管。

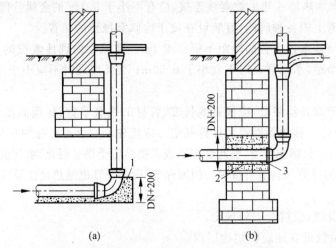

1—C30 混凝土支座;2—黏土;3—M5 水泥砂浆封口

图 5-1　引入管进入建筑物

(a) 由基础下面通过;(b) 穿基础

水表节点一般装设在建筑物的外墙内或室外专门的水表井中。装置水表的位置温度应在 2℃以上,并应便于检修、不受污染、不被损坏、查表方便。

管道在穿过建筑物内墙、基础及楼板时均应预留孔洞,暗装管道在墙中敷设时,也应预留墙槽,以免临时打洞、刨槽影响建筑结构的强度。管道预留孔洞和墙槽的尺寸见表 5-2。横管穿过预留洞时,管顶上部净空不得小于建筑物的沉降量,以保护管道不致因建筑沉降而损坏,一般不小于 0.1m。

表 5-2　给水管预留孔洞、墙槽尺寸

管 道 名 称	管径/mm	明管留孔尺寸 长(高)×宽/(mm×mm)	暗管墙槽尺寸 宽×深/(mm×mm)
立管	≤25	100×100	130×130
	32～50	150×150	150×130
	70～100	200×200	200×200
2 根立管	≤32	150×100	200×130
横支管	≤25	100×100	60×60
	32～40	150×130	150×100
引入管	≤100	300×200	

给水管采用软质的交联聚乙烯管或聚丁烯管埋地敷设时,宜采用分水器配水,并将给水管道敷设在套管内。

管道在空间敷设时,必须采取固定措施,以保证施工方便和供水安全。可用管卡、吊环、托板等固定管道,如图 5-2 所示。给水钢立管一般每层须安装 1 个管卡,当层高＞5m 时,则每层不得少于 2 个。水平钢管支架最大间距见表 5-3。

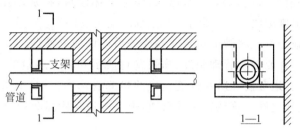

图 5-2　活动支架法

表 5-3　水平钢管支架最大间距 m

公称直径 DN/mm	15	20	25	32	40	50	70	80	100	125	150
保温管	1.5	2	2	2.5	3	3	4	4	4.5	5	6
非保温管	2.5	3	3.5	4	4.5	5	6	6	6.5	7	8

5.3　管道防护措施

为保证建筑给水系统在较长年限内正常工作,除应加强维护管理外,在施工过程中还需要采取如下一系列措施。

1. 防腐

明装和暗装的金属管道都要采取防腐措施,以延长管道的使用寿命。通常的防腐做法是:管道除锈后,在管外壁刷涂防腐涂料。明装的焊接钢管和铸铁管外刷防锈漆 1 道,银粉面漆 2 道;镀锌钢管外刷银粉面漆 2 道;暗装和埋地管道均刷沥青漆 2 道。

对防腐要求高的管道,应采用有足够的耐压强度,与金属有良好的黏结性,以及防水性、绝缘性和化学稳定性能好的材料做管道防腐层,如沥青防腐层,即在管道外壁刷底漆后,再刷沥青面漆,然后外包玻璃布。管外壁所做的防腐层数,可根据防腐要求确定。

铸铁管埋于地下时,外表一律要刷沥青防腐,明露部分可刷防锈漆及银粉。

工业上用于输送酸、碱液体的管道,除采用耐酸碱、耐腐蚀的材料制作外,也可使用钢管或铸铁管,在其内壁涂衬防腐材料。

2. 防冻、防结露

设在温度低于零度以下区域的设备和管道应当进行保温防冻,如寒冷地区的屋顶水箱、冬季不采暖的室内和阁楼中的管道以及敷设在受室外冷空气影响的门厅、过道等处的管道,在涂刷底漆后,应采取保温措施。

在气候温暖潮湿的季节,采暖的卫生间,工作温度较高、空气湿度较大的房间(如厨房、洗衣房、某些生产车间），或管道内水温较低时，管道及设备的外壁可能产生凝结水，会引起管道腐蚀，墙面损坏，影响使用及环境卫生，必须采取防结露措施，如做防结露保温层。其做法一般与保温层相同。

3. 防漏

管道漏水，不仅浪费水量，影响正常供水，还会损坏建筑，特别是在湿陷性黄土地区，埋地管漏水将会造成土壤湿陷，严重影响建筑基础的安全稳固性。

防漏的主要措施是避免将管道布置在易受外力损坏的位置，或采取必要的保护措施，避免其直接承受外力。并要健全管理制度，加强管材质量和施工质量的检查监督。在湿陷性黄土地区，可将埋地管道敷设在防水性能良好的检漏管沟内，一旦漏水，水可沿沟排至检漏井内，便于及时发现和检修。管径较小的管道，也可敷设在检漏套管内。

4. 防振

当管道中水流速度过大时，启闭水龙头、阀门，易出现水锤现象，引起管道、附件的振动，不但会损坏管道附件造成漏水，还会产生噪声。所以在设计时应控制管道的水流速度，在系统中尽量减少使用电磁阀或速闭型水栓。住宅建筑进户管的阀门后可装设可曲挠橡胶接头进行隔振，并可在管道支架、管卡内衬垫减振材料，减少噪声的扩散，如图 5-3 所示。

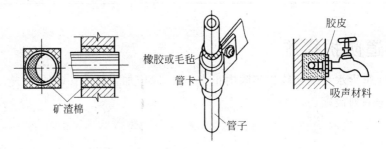

图 5-3　各种管道器材的防噪声措施

5.4　给水管道的种类与附件

给水管道是用管道材料和附件装配起来的。工程技术人员必须熟练掌握管道材料和有关器材设备的品种、性能、规格及其适用情况，才能在工作中正确地选用适宜材料设备，这对保证工程质量、降低造价以及投产后的使用均有重要影响，因此必须予以极大的重视。

建筑给水系统应选用耐腐蚀和安装连接方便可靠的管材，最常用的管道材料有不锈钢管、铜管、塑料给水管和金属塑料复合管及经防腐处理过的钢管。高层建筑给水立管不宜采用塑料管。给水管道按材质可分为金属管、非金属管和复合材料管三类。

5.4.1　金属管道

金属管包括钢管、铸铁管及铜管等。

1. 钢管

钢管包括镀锌钢管及无缝钢管等。钢管表面镀锌（采用热浸锌工艺生产）是为防锈防腐蚀,适用于生活饮用水水管或某些对水质要求较高的工业用水水管;普通钢管用于非生活饮用水管道或一般工业给水管道;无缝钢管用于高压管网,其工作压力在1.6MPa以上。钢管具有强度高、韧性大、质量较轻、长度大和加工安装容易等优点,多用于室内管网。但其抗腐蚀性差,造价较高。镀锌管用螺纹连接,钢管用螺纹连接或焊接。钢管规格参见表5-4。

表 5-4 钢管规格(YB234-63)

公称直径 DN		钢管直径/mm	普通钢管		加厚钢管		备注
单位:mm	单位:in		壁厚/mm	单位长度质量/(kg/m)	壁厚/mm	单位长度质量/(kg/m)	
15	0.5	21.25	2.75	1.25	3.25	1.44	(1)镀锌钢管比非镀锌钢管重3%～6%。(2)普通钢管的工作压力为1.0MPa,加厚钢管为1.6MPa
20	0.75	26.75	2.75	1.63	3.50	2.01	
25	1	33.5	3.25	2.42	4.00	2.91	
32	1.25	42.25	3.25	3.13	4.00	3.77	
40	1.5	48	3.50	3.84	4.25	4.53	
50	2	60	3.50	4.88	4.50	6.16	
70	2.5	75.5	6.64	6.64	4.50	7.88	
80	3	88.5	8.34	8.34	4.75	9.81	
100	4	114	10.85	10.85	5.00	13.44	
125	5	140	15.04	15.04	5.50	18.24	
150	6	165	17.81	17.81	5.50	21.63	

薄壁不锈钢管应采用卡压、坏压、卡凸式或卡箍式等连接方式。一般不宜和其他材料的管材、管件、附件相接,若相接应采取防电化学腐蚀的措施(如转换接头等)。对于允许偏差不同的薄壁不锈钢管材、管件,不应互换使用。在引入管、折角进户管件、支管接出处,与阀门、水表、水嘴等连接,应采用螺纹转换接头或法兰连接,严禁在薄壁不锈钢水管上套丝。嵌墙敷设的管道宜采用覆塑薄壁不锈钢管,管道不得采用卡套式等螺纹连接方式。

2. 铸铁管

给水管道所用铸铁管目前一般应采用球墨铸铁管。早期所用的灰口铸铁管,因耐腐蚀性低、材质脆性高,在新建工程中已不再采用。铸铁管具有耐腐蚀性强、接装方便、使用期长、价格低等优点,适宜用作室外埋地管道。其缺点为:仍有一定的脆性,质量大,单节管段长度小。球墨铸铁管出厂前已预做水泥砂浆衬里。管道连接宜采用橡胶圈柔性接口(DN≤300mm 的宜采用推入式梯形胶圈接口,DN>300mm 的宜采用推入式楔形胶圈接口)。其规格型号详见国家标准《水及燃气用球墨铸铁管、管件和附件》(GB/T 13295—2019)。

3. 铜管

某些高级建筑物中的热水管,或其中的水有腐蚀性时,可采用铜质管道。铜管具有韧性好、质量较小、耐腐蚀性强、装接方便等优点,但造价较高,国内应用较少。接口采用焊接方式。

宜采用硬铜管(管径≤25mm 时可采用半硬铜管),嵌墙敷设宜采用覆塑铜管。一般采用硬钎焊接。引入管、折角进户管件、支管接出及仪表接口处应采用卡套或法兰连接。管径小于 25mm 的明装支管可采用软钎焊接、卡套式连接、封压连接。管道与供水设备连接时宜采用卡套或法兰连接。铜管的下游不宜使用钢管等金属管。与钢制设备连接,可采用铜合金配件(如黄铜制品)。

5.4.2　非金属管道

目前在给水系统中使用的非金属管主要是塑料管,最常用的是给水用硬聚氯乙烯(PVC-U)管和氯化聚氯乙烯(PVC-C)管。此外,还有聚丙烯(PP-R)管、聚乙烯(PE)管等多种塑料管。它们均具有较强的化学稳定性,耐腐蚀,不受酸、碱、盐、油类等介质的侵蚀,管壁光滑,水力性能好,质量较小,加工安装方便的特点。其接口可以采用黏接、热熔焊接或法兰连接。其共同的缺点是耐温性差,强度较低。因此,在使用上也受到一定的限制。氯化聚氯乙烯塑料管规格参见表 5-5。

表 5-5　氯化聚氯乙烯塑料管规格(S6.3 系列,压力等级:1.6MPa)

公称外径/mm	20	25	32	40	50	63	75	90	110	125	140	160
计算内径/mm	16	21	27.2	34	42.6	53.6	63.8	76.6	93.8	106.6	119.4	136.4
壁厚/mm	2.0	2.0	2.4	3.0	3.7	4.7	5.6	6.7	8.1	9.2	10.3	11.8
单位长度质量/(kg/m)	0.16	0.20	0.38	0.56	0.88	1.17	1.56	2.20	3.30	4.54	5.60	7.50

常用塑料管的管材材质和连接方法如下:

(1) 硬聚氯乙烯(PVC-U)管。建筑物内的管材、管件,当公称外径 DN≤40mm 时,宜选用公称压力 1.6MPa 的管材;当 DN≥50mm 时,宜选用公称压力 1.0MPa 的管材。管道连接宜采用承插黏接,也可采用橡胶密封圈连接,应采用注射成型的外螺纹管件。管道与金属管材管道和附件为法兰连接时,宜采用注射成型带承口法兰外套金属法兰片连接。管道与给水栓连接部位应采用塑料增强管件、镶嵌金属或耐腐蚀金属管件。

(2) PVC-C 管。多层建筑可采用 S6.3 系列;高层建筑可采用 S5 系列(但高层建筑的主干管和泵房内不宜采用)。当室外管道不大于 1.0MPa 时,可采用 S6.3 系列;室外管道压力大于 1.0MPa 时,应采用 S5 系列。管道采用承插黏接。与其他种类的管材、金属阀门、设备装置连接时,应采用专用嵌螺纹的或带法兰的过渡连接配件。螺纹连接专用过渡件的管径不宜大于 63mm;严禁在管子上套丝扣。

(3) 聚丙烯(PP-R)管。采用公称压力不低于 1.0MPa 等级的管材和管件。明敷和非直埋管道宜采用热熔连接,与金属或用水器连接,应采用丝扣或法兰连接(需采用专用的过渡管件或过渡接头)。直埋、暗敷在墙体及地坪层内的管道应采用热熔连接,不得采用丝扣、法兰连接。当管道外径≥75mm 时可采用热熔、电熔、法兰连接。

(4) 交联聚乙烯(PEX)管。管道外径<25mm 时,管道与管件宜采用卡箍式连接;管道外径≥32mm 时,宜采用卡套式连接。管道与其他管道附件,应采用耐腐蚀金属材料制作的内螺纹配件,且应与墙体固定。

5.4.3　复合材料管道

随着我国工业的不断发展和技术引进,在给排水工程中采用了大量的新材料和新工艺,复合材料的管道在建筑给水工程中得到了广泛的应用,中国工程建设标准化协会颁布了相关的技术规程。常用的复合材料管道有以下几种:钢塑复合管道、铝塑复合管道、超薄壁不锈钢塑料复合管道。

(1) 钢骨架聚乙烯塑料复合管。适用于建筑物内外、架空与埋地的给水输送。长期使用时输送介质温度不超过 70℃,非长期使用时输送介质温度不超过 80℃。连接方式为电热熔连接或法兰连接。

(2) 铝塑复合管。铝塑复合管是中间层采用焊接铝管,外层和内层采用中密度或高密度聚乙烯塑料或交联高密度聚乙烯,经热熔胶黏合而复合成的一种管道。该管道既具有金属管道的耐压性能,又具有塑料管的抗腐性能,是一种用于建筑给水的较理想管材。宜采用卡压式连接。

(3) 钢塑复合管。钢塑复合管道是在钢管内壁衬(涂)一定厚度塑料复合而成的管子。一般分为衬塑钢管和涂塑钢管两种。

管径不大于 100mm 时宜采用螺纹连接,管径大于 100mm 时宜采用法兰或沟槽式连接;泵房内的管道宜采用法兰连接。当管道系统工作压力不大于 1.0MPa 时,宜采用涂(衬)塑焊接钢管和可锻铸铁衬塑管件,螺纹连接;当管道系统工作压力大于 1.0MPa 但不大于 1.6MPa 时,宜采用涂(衬)塑无缝钢管和无缝钢管件或球墨铸铁涂(衬)塑管件,法兰或沟槽式连接;当管道系统工作压力大于 1.60MPa 且小于 2.5MPa 时,宜采用涂(衬)塑无缝钢管和无缝钢管件或铸钢涂(衬)塑管件,法兰或沟槽式连接。钢塑复合管与铜管、塑料管连接及与阀门、给水栓连接时都应采用相匹配的专用过渡接头。

DN>150mm 的钢塑复合管,采用法兰连接;65mm<DN≤150mm 的钢塑复合管采用螺纹连接;DN≤65mm 的小管径钢塑复合管采用沟槽式连接。

(4) 不锈钢塑料复合管。连接方式分为热熔承插连接和机械式连接两种。其中预应力复合结构的不锈钢衬塑复合管宜采用热熔承插,黏接复合结构的不锈钢衬塑复合管宜采用机械式连接,DN50 及以下者采用卡压式连接,DN65 及以上者采用卡箍式连接。

铝塑复合管一般设计使用年限为 50 年,工作压力≤0.6MPa,工作温度≤75℃。适用于新建、改建和扩建的工业与民用建筑中冷、热水供应管道。铝塑复合管不得用于消防供水系统或生活与消防合用的供水系统。

铝塑复合管管道与管件的连接,采用卡套式连接。

5.4.4　管材选用的原则

给水系统采用的管材、管件,应符合国家现行的有关产品标准要求。生活饮用水给水系统所涉及的材料必须符合《生活饮用水输配水设备及防护材料的安全性评价标准》(GB/T 17219—1998)的要求。管道及管件的工作压力不得大于产品标准公称压力或标称的允许工作压力。当生活给水与消防共用管道时,管材、管件等还须满足消防的相关要求。在符合使用要求的前提下,应选用节能、节水型产品。

给水管道的管材应根据管内水质、压力、敷设场所的条件及敷设方式等因素综合考虑确定。

(1) 埋地管道的管材。应具有耐腐蚀和能承受相应地面荷载的能力,可采用塑料给水管、有衬里的铸铁给水管、经可靠防腐处理的钢管等管材。当 DN>75mm 时,可采用有内衬的给水球墨铸铁管、给水塑料管和复合管;当 DN≤75mm 时,可采用给水塑料管、复合管或经可靠防腐处理的钢管。管内壁的防腐材料,应符合国家现行有关卫生标准的要求。小区室外埋地敷设的塑料管,当采用硬聚氯乙烯(PVC-U)管材时,可按《埋地硬聚氯乙烯给水管道工程技术规程》(CECS 17—2000)的有关规定执行;当采用聚乙烯(PE)管材时,可按《埋地塑料给水管道工程技术规程》(CJJ 101—2016)的有关规定执行;当采用给水钢塑复合压力管时,可按《给水钢塑复合压力管管道工程技术规范》(CECS 237—2008)的有关规定执行。

(2) 室内给水管道应选用耐腐蚀和安装、连接方便可靠的管材。明敷或嵌墙敷设时,一般可采用不锈钢管、铜管、塑料给水管、金属塑料复合管或经可靠防腐处理的钢管。敷设在地面找平层内时,宜采用 PEX 管、PP-R 管、PVC-C 管、铝塑复合管、耐腐蚀的金属管材,但不能留有活动接口在地面内以利检修,还应考虑管道膨胀的余量;当采用薄壁不锈钢管时应有防止管材与水泥直接接触的措施,如采用外壁覆塑薄壁不锈钢管或在管外壁缠绕防腐胶带等。敷设在地面找平层内的管道直径均不得大于 25mm。

(3) 根据工程实践经验,塑料给水管由于线胀系数大,又无消除线胀的伸缩节,如用作高层建筑给水立管,在支管连接处累计变形大,容易断裂漏水。故高层建筑的给水立管不宜采用塑料管。

(4) 室外明敷管道一般不宜采用给水塑料管、铝塑复合管。

(5) 在环境温度大于 60℃或因热源辐射使关闭温度高于 60℃的环境中,不应采用塑料给水管,如 PVC-U 管等。

(6) 采用塑料管材时,应根据管道系统工作压力和工作水温等,合理选用管材材质及 S 或 SDR 系列。冷水管道长期工作温度不应大于 40℃,最大工作压力不应大于 1.00MPa;热水管道长期工作温度不应大于 70℃,最大工作压力不应大于 0.60MPa,水温不应超过该管材的规定。可按《建筑给水塑料管道工程技术规程》(CJJ/T 98—2014)的规定执行。

(7) 建筑给水塑料管道除氯化聚氯乙烯(PVC-C)可用于水喷淋消防系统外,其他给水塑料管材不得用于室内消防给水系统。

(8) 给水泵房内的管道宜采用法兰连接的建筑给水不锈钢管、钢塑复合管和给水钢塑复合压力管。

(9) 水池(箱)内管道、配件的选择。

① 水池(箱)内浸水部分的管道,宜采用耐腐蚀金属管材或内外镀塑焊接钢管及管件(包括法兰、水泵吸水管、溢流管、吸水喇叭、溢水漏斗等)。

② 进水管、出水管、泄水管宜采用管内外壁及管口端涂塑钢管或球墨铸铁管(一般用于水塔)或塑料管(一般用于水池、水箱);当采用塑料进水管时,其安装杠杆式浸水浮球阀端部的管段应采用耐腐蚀金属管及管件,并应有可靠的固定措施,浮球阀等进水设备的重量不得作用在管道上。一般进、出水管为塑料管时宜将从水池(箱)至第一个阀门的管段改为耐腐蚀的金属管。

③ 管道的支承件、紧固件及池内爬梯等均应进行耐腐蚀处理。

5.4.5　给水管道附件

给水管道附件分为配水附件、控制附件两大类。配水附件诸如装在卫生器具及用水点的各式水龙头(见图 5-4),用以调节和分配水流。

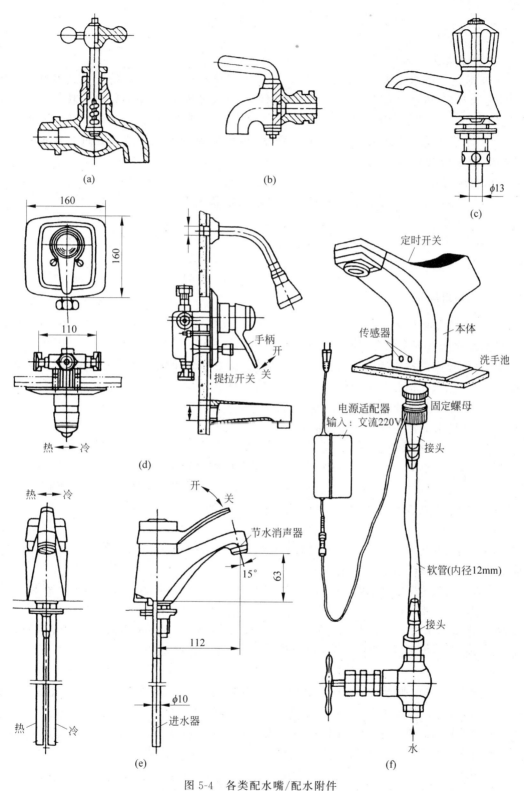

图 5-4 各类配水嘴/配水附件

(a) 环形阀式配水嘴；(b) 旋塞式配水嘴；(c) 普通洗脸盆配水嘴；

(d) 单手柄浴盆水嘴；(e) 单手柄洗脸配水嘴；(f) 自动配水嘴

1．配水附件

1）配水龙头

（1）旋塞式配水龙头：设在压力不大（一个大气压左右）的给水系统上。这种龙头旋转90°即完全开启，可短时获得较大流量，又因水流呈直线经过龙头，阻力较小。其缺点是启闭迅速，容易产生水击，适用于浴池、洗衣房、开水间等处。

（2）球形阀式配水龙头：一般装在洗涤盆、污水盆、盥洗槽上。水流经过此种龙头会改变流向，故阻力较大。

2）盥洗龙头

设在洗脸盆上专供冷水或热水用。有莲蓬头式、鸭嘴式、角式、长脖式等多种形式。

3）混合龙头

这种是用以调节冷、热水的龙头，供盥洗、洗涤、浴用等，式样很多。此外，还有小便斗龙头、皮带龙头、消防龙头、电子自动龙头等。

2．控制附件

控制附件是指用来调节水量、水压，关断水流，改变水流方向的各式阀门，如球阀、闸阀、止回阀、浮球阀及安全阀等，如图 5-5 所示。

给水管道阀门材质应根据耐腐蚀程度、管径、压力等级、使用温度等因素确定，可采用全铜、全不锈钢、铁壳铜芯和全塑阀门等。阀门的公称压力不得小于管材及管件的公称压力。

室内给水管道的下列部位应设置阀门：

（1）从给水干管上接出的支管起端。

（2）入户管、水表前和各分支立管。

（3）室内给水管道向住户、公用卫生间等接出的配水管起端。

（4）水池（箱）、加压泵房、水加热器、减压阀、倒流防止器等处应按安装要求配置。

按照阀门的功能与形式，可以将阀门分为以下几种：

1）截止阀

截止阀是利用阀瓣沿着阀座通道的中心移动来控制管路启闭的一种闭路阀，可用于各种压力及各种温度下输送各种液体和气体。

该阀阻力较大，关断可靠，但体积较大；生产工艺较简单，有金属密封和橡胶密封之分；可手动调流；必要时可起到手动平衡的作用，且抗汽蚀能力较强；DN50 及以下多为螺纹接口，多采用全铜结构；安装时要注意水流方向；DN200 以上不宜采用截止阀。可以分为直筒式、直流式、柱塞式等，按材料分有铜、聚丙烯及硬聚氯乙烯截止阀。

2）闸阀

闸阀是启闭件（闸板）由阀杆带动，沿闸座密封面作升降运动的阀门。闸阀适用于给水排水、供热和蒸汽管道，作为调流、切断和截流之用。闸阀的驱动方式有手动、电动和气动。

一般管道直径在 70mm 以上时采用闸阀。此阀全开时水流呈直线通过，阻力小；但水中杂质落入阀座后使阀不能关闭到底，会产生磨损，从而造成漏水。

3）蝶阀

蝶阀结构简单，质量轻，体积小，开启迅速，可在任意位置安装。在使用时仅需改变阀座材质即可。它广泛用于给水排水行业中。

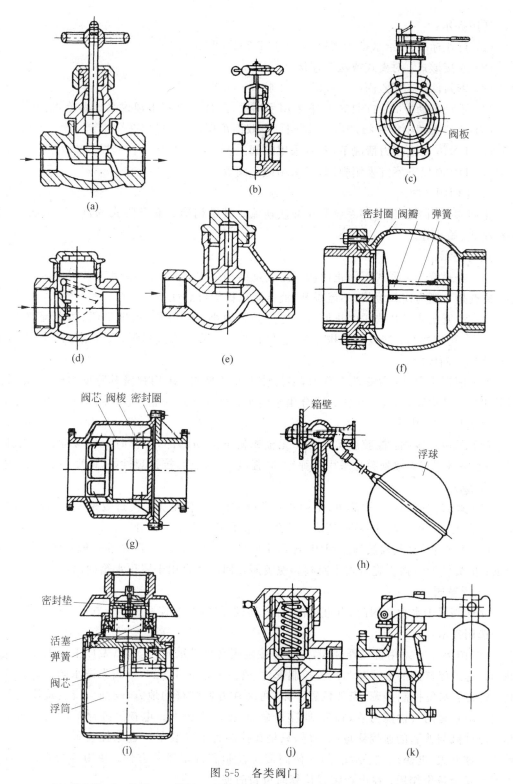

图 5-5 各类阀门

（a）截止阀；（b）闸阀；（c）蝶阀；（d）旋启式止回阀；（e）升降式止回阀；（f）消声止回阀；

（g）梭式止回阀；（h）浮球阀；（i）液压水位控制阀；（j）弹簧式安全阀；（k）杠杆式安全阀

选用提示：

(1) 行业标准：《给水排水用蝶阀》(CJ/T 261—2015)。

(2) 连接形式：对夹式或法兰连接。

(3) 密封件：三元乙丙(0～100℃)、丁腈(0～60℃)。

(4) 手动驱动方式：DN150 以下采用手柄式,DN150 及以上建议采用涡轮式。

(5) 建议采用中线蝶阀,因中线蝶阀可以双面承压。

(6) DN16 以上压力情况下,不宜采用蝶阀。

(7) DN50 以下不宜采用蝶阀,可采用截止阀等。

4）止回阀

止回阀适用于有压管路系统防止介质逆流。其结构形式有升降式、旋启式、对夹式、微阻缓闭式、蝶式等。

选用提示：

(1) 蝶式液压阻尼式缓闭止回阀：优点是结构简单,阻力小,缓闭效果明显,连接尺寸小；缺点是一般为速开缓闭,不能缓开,液压阻尼机构可靠性差。

(2) 活塞式或膜片式缓闭止回阀：优点是阻力小,缓开缓闭速度可调,防水锤效果好,维修方便,可靠性高；缺点是结构复杂,造价较高。其安装形式不限,适合用于给水,后面应设检修用关断阀门。

(3) 消声止回阀：阀瓣为升降型,多为梭式或环喷式；采用弹簧升降助力较大,消除水锤效果好；结构简单,很少维护；适合用于给水；适合立式安装；适合用于水泵出口处,上游应设置检修用阀门。

(4) 无声止回阀：橡胶膜瓣止回；无金属机械运动部件,工作时无任何噪声；柔性止回,防水锤效果好；橡胶膜片采用高弹性、高强度三元乙丙,抗撕裂性好,即便撕裂短期内仍可正常工作。

(5) 蝶式止回阀：结构简单,阻力小；维修方便,造价低廉；密封效果差,不能防水锤,水击声音大；可用于流速不高、压力较小的给水系统的水泵出口处。

(6) 旋启止回阀、橡胶瓣止回阀、球形止回阀：靠重力关闭,严密性一般；结构简单,造价低；抗缠绕能力强。旋启式止回阀和橡胶瓣止回阀适合用于屋顶水箱的出口处。

5）浮球阀

浮球阀属于水力类阀门,有直接浮球阀、遥控浮球阀、电控遥控浮球阀等。

选用提示：

DN40 及以下采用直接浮球阀,它既是控制阀又是进水阀。DN50 及以上应采用遥控浮球阀。遥控浮球阀的小浮球为水位控制部件,管径一般为 DN20,主阀为进水阀。遥控浮球阀的优点：水位控制准确,安装位置不限,可装在方便维修的地方,阀前应安装检修用关闭阀门。缺点是防气蚀能力差,阀瓣、阀座寿命短,振动噪声大。电控遥控浮球阀的进水主阀和小浮球阀与普通的遥控浮球阀一样,只是在控制管上安装了一套电控装置(包括电磁阀、重力浮球开关、电源线、控制线等)。该阀液位控制和设定简单方便；使用寿命长；小浮球可起到安全备份作用；在电控装置检修时可暂时使用。

6）球阀

选用提示：

DN50 及以下采用全铜丝接,球体一般为不锈钢,密封环为聚四氟乙烯;DN50 以上一般采用法兰连接;结构形式一般有手柄式、涡轮式和电动式三种。

7) 安全阀

它是一种保安器材,为了避免管网和其他设备中压力超过规定的范围而使管网、用具或密闭水箱受到破坏,需装此阀。一般有弹簧式、杠杆式两种。

8) 减压阀

在热水供应系统中,若水加热器采用的热媒为蒸汽,其蒸汽压力一般小于 0.5MPa,若热媒管供应的压力远大于加热器所需的蒸汽压力,应该设减压阀把蒸汽压力降到相应数值,才能保证设备的安全。

减压阀是利用流体通过阀瓣产生阻力而降压的,有波纹管式、活塞式、膜片式等类别。

9) 倒流防止器

倒流防止器是一种由止回部件组成的可防止给水管道水流倒流的装置。其选用应根据行业标准《双止回阀倒流防止器》(CJ/T 160—2010)。DN50 以上的一般采用法兰连接,DN50 以下采用丝接;符合标准的倒流防止器采用减压方式,利用液体永远从高压流向低压的原理,绝对防止倒流,它不同于止回阀。另外,倒流防止器的阻力一般为 3~10m。可以分为减压型倒流防止器、双止回阀倒流防止器和低阻力倒流防止器。

3. 阀门的选型原则

给水管道阀门选型应根据使用要求按下列原则确定:

(1) 需调节流量、水压时,宜采用调节阀、截止阀。

(2) 要求水流阻力小的部位宜采用闸板阀、球阀、半球阀。

(3) 安装空间小的场所,宜采用蝶阀、球阀。

(4) 水流需双向流动的管段上,不得使用截止阀。

(5) 口径大于或等于 DN150 的水泵,出水管上可采用多功能水泵控制阀。

给水管道的下列管段上应设置止回阀,装有倒流防止器的管段处,可不再设置止回阀:

(1) 直接从城镇给水管网接入小区或建筑物的引入管上。

(2) 密闭的水加热器或用水设备的进水管上。

(3) 每台水泵的出水管上。

止回阀选型应根据止回阀安装部位、阀前水压、关闭后的密闭性能要求和关闭时引发的水锤等因素确定,并应符合下列规定:

(1) 阀前水压小时,宜采用阻力低的球式和梭式止回阀。

(2) 关闭后密闭性能要求严密时,宜选用有关闭弹簧的软密封止回阀。

(3) 要求削弱关闭水锤时,宜选用弹簧复位的速闭止回阀或后阶段有缓闭功能的止回阀。

(4) 止回阀安装方向和位置,应能保证阀瓣在重力或弹簧力作用下自行关闭。

(5) 管网最小压力或水箱最低水位应满足开启止回阀压力,可选用旋启式止回阀等开启压力低的止回阀。

《建筑给水排水设计标准》(GB 50015—2019)中规定,卫生器具给水配件承受的最大工作压力不得大于 0.60MPa。当生活给水系统分区供水时,各分区的静水压力不宜大于 0.45MPa;当设有集中热水系统时,分区静水压力不宜大于 0.55MPa。当给水管网的压力

高于以上规定压力时,应设置减压阀,减压阀的配置应符合下列规定:

(1) 减压阀的减压比不宜大于 3 : 1,并应避开气蚀区。

(2) 当减压阀的气蚀校核不合格时,可采用串联减压方式或采用双级减压阀等。

(3) 阀后配水件处的最大压力应按减压阀失效情况进行校核,其压力不应大于配水件的产品标准规定的公称压力的 1.5 倍;当减压阀串联使用时,应按其中一个失效情况计算阀后最高压力。

(4) 当减压阀阀前压力大于或等于阀后配水件试验压力时,减压阀宜串联设置;当减压阀串联设置时,串联减压的减压级数不宜大于 2 级,相邻的 2 级串联设置的减压阀应采用不同类型的减压阀。

(5) 当减压阀失效时的压力超过配水件的产品标准规定的水压试验压力时,应设置自动泄压装置;当减压阀失效可能造成重大损失时,应设置自动泄压装置和超压报警装置。

(6) 当有不间断供水要求时,应采用两个减压阀并联设置,宜采用同类型的减压阀。

(7) 减压阀前的水压宜保持稳定,阀前的管道不宜兼作配水管。

(8) 当阀后压力允许波动时,可采用比例式减压阀;当阀后压力要求稳定时,宜采用可调式减压阀中的稳压减压阀。

(9) 当减压差小于 0.15MPa 时,宜采用可调式减压阀中的差压减压阀。

(10) 减压阀出口动静压升应根据产品制造商提供的数据确定,当无资料时可采用 0.10MPa。

(11) 减压阀不应设置旁通阀。

减压阀的设置应符合下列规定:

(1) 减压阀的公称直径宜与其相连管道管径一致。

(2) 减压阀前应设阀门和过滤器;需要拆卸阀体才能检修的减压阀,应设管道伸缩器或软接头,支管减压阀可设置管道活接头;检修时阀后水会倒流时,阀后应设阀门。

(3) 干管减压阀节点处的前后应装设压力表,支管减压阀节点后应装设压力表。

(4) 比例式减压阀、立式可调式减压阀宜垂直安装,其他可调式减压阀应水平安装。

(5) 设置减压阀的部位,应便于管道过滤器的排污和减压阀的检修,地面宜有排水设施。

当给水管网存在短时超压工况,且短时超压会引起使用不安全时,应设置持压泄压阀。持压泄压阀的设置应符合下列规定:

(1) 持压泄压阀前应设置阀门。

(2) 持压泄压阀的泄水口应连接管道间接排水,其出流口应保证空气间隙不小于 300mm。

5.5 仪表与控制

5.5.1 水表

计量管道流过水量的仪表,可分为流速式及容积式两种。容积式是测量流过水的容积,精密度高,但构造复杂,要求通过的水质好,我国现不采用;目前我国常用的是流速式水表,是根据流速与流量成正比的原理制作的,水流冲击带动旋翼轴旋转,带动齿轮盘,记录流过水量。小流量采用旋翼式水表,大流量采用螺翼式水表,如图 5-6 所示。

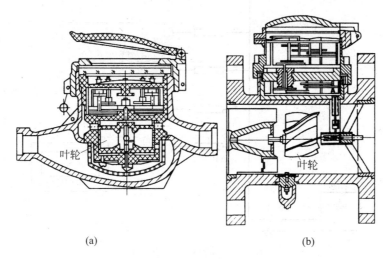

(a) (b)

图 5-6　速度式水表

(a) 旋翼式水表；(b) 螺翼式水表

选择水表时应按水表的设计流量(不包括消防流量)不超过水表的额定流量来确定水表的直径,并以平均流量的 6%～8%校核水表的灵敏度。

水流经过水表(旋翼水表)的水头损失,可按 0.5～1.5m 水柱来估算,也可采用如下公式计算：

$$H_B = 10Q^2/Q_t^3 \qquad (5-1)$$

式中,H_B——水表通过设计流量时产生的水头损失,m；

　　Q——室内给水管网的设计流量,L/s；

　　Q_t——水表的特性流量,L/s。

以上水表为水力传动机械表,灵敏度较高,量程较大,但存在一定水头损失,耗费动力。

目前还常用远传水表、IC 卡水表等智能水表。

图 5-7 所示为 IC 卡预付费水表,由流量传感器、电控板和电磁阀三部分组成,以 IC 智能卡为载体传递数据。用户把预购的水量数据存于表中,系统按预定的程序自动从用户费用中扣除水费,并有显示剩余水量、累计用水量等功能。当剩余水量为零时自动关闭电磁阀,停止供水。

如图 5-8 所示,分户远传水表仍安装在户内,与普通水表相比增加了一套信号发送系统。

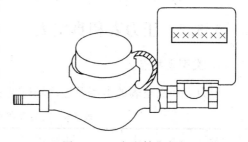

图 5-7　IC 卡预付费水表

各户信号线路均接至楼宇的流量积算仪上,各户使用的水量均显示在流量积算仪上,并累计流量。自动抄表系统可免去逐户抄表环节,节省了大量的人力物力,且大大提高了计量水量的准确性。

建筑物水表的设置位置如下：

(1) 建筑物的引入管、住宅的入户管。

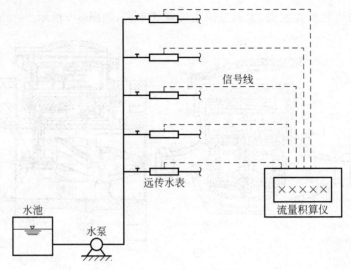

图 5-8　远程自动抄表系统

（2）公用建筑物内按用途和管理要求需计量水量的水管。

（3）根据水平衡测试的要求进行分级计量的管段。

（4）根据分区计量管理需计量的管段。

住宅的分户水表宜相对集中读数，且宜设置于户外；设在户内的水表，宜采用远传水表或 IC 卡水表等智能化水表。

水表应装设在观察方便、不冻结、不被任何液体及杂质所淹没和不易受损处。

水表口径确定应符合下列规定：

（1）用水量均匀的生活给水系统的水表应以给水设计流量选定水表的常用流量。

（2）用水量不均匀的生活给水系统的水表应以给水设计流量选定水表的过载流量。

（3）在消防时除生活用水外尚需通过消防流量的水表，应以生活用水的设计流量叠加消防流量进行校核，校核流量不应大于水表的过载流量。

（4）水表规格应满足当地供水主管部门的要求。

5.5.2　压力表和真空表

1. 类型及特点

压力表和真空表的类型及适用场所见表 5-6。

表 5-6　压力表和真空表的类型及适用场所

仪表分类	类　型	作 用 原 理	特　点	适 用 场 所
弹性式压力表	普通压力表	待测压力作用于表内弹性元件，使弹性元件产生与压力大小成正比的机械位移	结构简单，成本低廉，使用维护方便	测量非腐蚀性及无爆炸危险的非结晶气体、液体的压力和负压
	远传压力表		有刻度，不防爆	既可将测量值传至远离测量点的二次仪表，又可就地指示
	标准压力表		结构严密	用于精确测量非腐蚀性介质的压力和负压，亦可检验普通压力表

2．压力表和真空表的选择

1）仪表量程的选择

用弹性式压力表测量稳定压力时,待测压力的正常值应为仪表最大刻度的 2/3 或 3/4;测量波动压力时,待测压力的正常值应为仪表最大刻度的 1/2,最小值为仪表最大刻度的 1/3。

2）仪表精度的选择

工业用压力表,一般要求仪表精度为 1.5 级或 2.5 级;实验室或校验用压力表,一般要求仪表精度为 0.4 级或 0.25 级以上。

5.5.3　温度表

1．温度计的分类

温度计种类繁多,按照测量方法的不同,可分为接触式和非接触式两大类,其中接触式温度计的主要类型如下:液体膨胀式温度计(玻璃温度计);固体膨胀式温度计;气体膨胀式温度计(压力式温度计);热电偶温度计;热电阻温度计。

2．温度计的原理及用途

温度计的原理及用途详见表 5-7。

表 5-7　温度计的原理及用途

类　型	测温原理	优　缺　点	用途				
			指示	报警	遥测	记录	遥控
液体膨胀式温度计	液体受热时体积膨胀	价廉,精度较高,稳定性好;易破损,只能安装在易于观察的地方	√	√	√	×	×
固体膨胀式温度计	金属受热时产生线性膨胀	示值清楚,机械强度较好;精度较低	√	√	×	×	√
压力式温度计	温包里的气体或液体因受热改变压力	价廉,适于就地集中测量;毛细管机械强度差,损坏后不易修复	√	√	×	√	√
热电偶温度计	两种不同导体的接点因受热而产生热电势	测量准确,和热电阻相比安装维护方便,不易损坏	√	√	√	√	√
热电阻温度计	导体或者半导体的电阻随温度的变化而改变	测量准确,可用于低温或低温差测量;和热电偶相比,维护工作量大,震动场合易损坏	√	√	√	√	√

注:表中符号"√"表示可用,"×"表示不可用。

3．玻璃温度计的安装

（1）温度计应安装在便于观察、检修且不受机械损伤的地方,尽量避免周围环境对温度计标尺的影响。

（2）在直线管段上安装温度计时,其感温部分一般应位于管道中心线上,若安装温度计的管道管径太大,则温度计不易插入管道太深,以免管内流动介质的冲击造成温度计的颤动,影响测量精度。在弯曲管段上安装温度计时,其感温部分应从逆流方向全部插入被测介质中。

第6章

建筑给水系统的设计计算

6.1　设计秒流量

给水管道的设计流量是确定各管段管径、管道水头损失和给水系统所需压力的主要依据。建筑内的生活用水量在一昼夜或一小时时间内都是不均匀的,为保证用水,生活给水管道的设计流量应为建筑内卫生器具按配水最不利情况组合出流时的最大瞬时流量,又称设计秒流量。

对于建筑内给水管道设计秒流量的确定方法,世界各国做了大量的研究,归纳起来有三种:一是经验法,虽然简捷方便,但不够精确;二是平方根法,其计算结果偏小;三是概率法,该法理论正确,但需在合理地确定卫生器具设置定额,进行大量卫生器具使用频率实测工作的基础上,才能建立正确的计算公式。

目前一些发达国家主要采用概率法建立设计秒流量公式,然后又结合一些经验数据,制成图表,供设计使用十分简便。以前我国由于缺乏基础资料,不具备用概率法建立设计秒流量公式的条件,主要采用平方根法和经验法计算秒流量。2019 年 6 月发布的《建筑给水排水设计标准》(GB 50015—2019),根据住宅建筑用水时间长、用水设备使用情况不集中的特点,对其设计秒流量的计算方法进行了修改,采用了以概率法为基础的计算方法;而对于公建部分,仍采用平方根法计算设计秒流量。

室内卫生器具的种类很多,各种器具的额定流量也不尽相同,为了简化计算,将最常见的 DN15 水龙头的流量 0.2L/s 作为一个当量的值,其他各种用具的给水量可换算为与其相应的当量数,这就可以用当量数进行流量计算。表 3-4 所示为卫生器具的给水额定流量与当量关系表,根据此表,可以把管段上各种卫生器具换算成相应的设备当量总数,以便进行管段设计流量的计算。

当前我国生活给水管网设计秒流量的计算方法,根据用水特点分为三类,以下分别介绍。

6.1.1　住宅建筑

住宅建筑的生活给水设计秒流量按下列步骤进行计算。

（1）根据住宅配置的卫生器具给水当量、使用人数、用水定额、使用时数及小时变化系数，计算最大用水时卫生器具给水当量平均出流概率。公式为

$$U_0 = \frac{q_L \times m \times K_h}{0.2 N_g T \times 3600} \times 100\% \tag{6-1}$$

式中，U_0——生活给水管道的最大用水时卫生器具给水当量平均出流概率，%；

q_L——最高用水日的用水定额，按表 3-1 取用；

m——每户用水人数；

K_h——小时变化系数，根据表 3-1 取用；

N_g——每户设置的卫生器具当量总数；

T——用水时数，h；

0.2——一个卫生器具给水当量的额定流量，L/s。

（2）根据计算管段上的卫生器具给水当量总数，计算该管段的卫生器具给水当量的同时出流概率。公式为

$$U = \frac{1 + \alpha_c (N_g - 1)^{0.49}}{\sqrt{N_g}} \times 100\% \tag{6-2}$$

式中，U——计算管段的卫生器具给水当量同时出流概率，%；

N_g——计算管段的卫生器具当量总数；

α_c——对应于不同 U_0 的系数，查附录 A。

（3）根据计算管段上的卫生器具给水当量总数同时出流概率，计算管段的设计秒流量。公式为

$$q_g = 0.2 U N_g \tag{6-3}$$

式中，q_g——计算管段的设计秒流量，L/s；

U——计算管段的卫生器具给水当量同时出流概率，%；

N_g——计算管段的卫生器具当量总数。

为了计算快速方便，也可在计算出 U_0 后，根据计算管段的 N_g 值，从附录 B 的计算表中直接查得或用内插法求得给水设计秒流量。按式(6-3)计算时，当计算管段的卫生器具给水当量总数超过附录 B 计算表中的最大值时，其设计流量应取最大时用水量。

有两条或两条以上具有不同最大用水时卫生器具给水当量平均出流概率的给水支管的给水干管，其最大用水时卫生器具给水当量平均出流概率按下式计算：

$$\overline{U}_0 = \frac{\sum U_{0i} N_{gi}}{\sum N_{gi}} \tag{6-4}$$

式中，$\overline{U}_0$——给水干管的卫生器具给水当量平均出流概率，%；

U_{0i}——支管的最大用水时卫生器具给水当量平均出流概率，%；

N_{gi}——相应支管的卫生器具给水当量总数。

6.1.2　其他类型建筑（一）

对于宿舍（居室内设卫生间）、旅馆、宾馆、酒店式公寓、门诊部、诊疗所、医院、疗养院、幼儿园、养老院、办公楼、商场、图书馆、书店、客运站、航站楼、会展中心、教学楼、公共厕所等建

筑,设计秒流量按下式计算:

$$q_g = \alpha 0.2\sqrt{N_g} \tag{6-5}$$

式中: q_g——计算管段的流量,L/s;

N_g——计算管段的卫生器具当量总数;

α——根据建筑物用途而定的系数,按表 6-1 取用。

按式(6-5)计算所得的流量值,大于该管段上卫生器具额定流量累加所得的流量值时,应采用累加值作为设计流量;其结果小于该管段上一个最大卫生器具的给水额定流量时,应采用一个最大卫生器具的给水额定流量作为设计秒流量;有大便延时自闭冲洗阀的给水管段,坐便器延时自闭冲洗阀的给水当量均以 0.5 计,计算得到的 q_g 附加 1.20L/s 的流量作为该管段的给水设计秒流量。

建筑内含有 $N(N \geqslant 2)$ 种不同用途建筑的综合性建筑,应用加权平均法确定总引入管的 α 值,即

$$\alpha = \frac{\sum \alpha_i N_i}{\sum N} \tag{6-6}$$

6.1.3 其他类型建筑(二)

对于宿舍(设公用盥洗卫生间)、工业企业生活间、公共浴室、职工(学生)食堂或营业餐馆的厨房、体育场馆、剧院、普通理化实验室等建筑,其生活给水管道的设计秒流量按下式计算:

$$q_g = \sum q_{g0} n_0 b_g \tag{6-7}$$

式中, q_g——计算管段的给水设计秒流量,L/s;

q_{g0}——同类型的一个卫生器具给水额定流量,L/s;

n_0——同类型卫生器具数;

b_g——同类型卫生器具的同时给水百分数,应按表 6-2~表 6-4 取用。

采用该公式计算,如计算值小于该管段上一个最大卫生器具的给水额定流量时,应采用一个最大卫生器具的给水额定流量作为设计秒流量;当建筑内坐便器采用自闭式冲洗阀时,当计算值小于 1.2L/s 时以 1.2L/s 计,当计算值大于 1.2L/s 时以计算值计。

表 6-1 根据建筑物用途而定的系数值(α 值)

建筑物名称	α
幼儿园、托儿所、养老院	1.2
门诊部、诊疗所	1.4
办公楼、商场	1.5
图书馆	1.6
书店	1.7
教学楼	1.8
医院、疗养院、休养所	2.0
酒店式公寓	2.2
宿舍(居室内设卫生间)、旅馆、招待所、宾馆	2.5
客运站、航站楼、会展中心、公共厕所	3.0

表 6-2　工业企业生活间、公共浴室、剧院化妆间、体育场馆
运动员休息室等卫生器具同时给水百分数 ％

卫生器具名称	同时给水百分数				
	宿舍(设公用盥洗室卫生间)	工业企业生活间	公共浴室	影剧院	体育场馆
洗涤盆(池)	—	33	15	15	15
洗手盆	—	50	50	50	70(50)
洗脸盆、盥洗槽水嘴	5~100	60~100	60~100	50	80
浴盆	—	—	50	—	—
无间隔淋浴器	20~100	100	100	—	100
有间隔淋浴器	5~80	80	60~80	(60~80)	(60~100)
大便器冲洗水箱	5~70	30	20	50(20)	70(20)
大便槽自动冲洗水箱	100	100	—	100	100
大便器自闭式冲洗阀	1~2	2	2	10(2)	10(2)
小便器自闭式冲洗阀	2~10	10	10	50(10)	70(10)
小便器(槽)自动冲洗水箱	—	100	100	100	100
净身盆	33				
饮水器	—	30~60	30	30	30
小卖部洗涤盆	—	—	50	50	50

注:(1) 表中括号内的数值系电影院、剧院的化妆间、体育场馆的运动员休息室使用;
(2) 健身中心的卫生间,可采用本表体育场馆运动员休息室的同时给水百分数。

表 6-3　职工食堂、营业餐馆厨房设备同时给水百分数 ％

卫生器具和设备名称	同时给水百分数
洗涤盆(池)	70
煮锅	60
生产性洗涤机	40
器皿洗涤机	90
开水器	50
蒸汽发生器	100
灶台水嘴	30

注:职工或学生饭堂的洗碗台水嘴,按100%同时给水,但不与厨房用水叠加。

表 6-4　实验室化验水嘴同时给水百分数 ％

化验水嘴名称	同时给水百分数	
	科学研究实验室	生产实验室
单联化验龙头	20	30
双联或三联化验龙头	30	50

6.2　管网的水力计算

6.2.1　确定管径

在求得各管段的设计秒流量后,根据流量公式,即可求出管径:

$$d = \sqrt{\frac{4q_g}{\pi v}} \tag{6-8}$$

式中，q_g——计算管段的设计秒流量，m^3/s；

d——计算管段的管径，m；

v——管段中的流速，m/s。

当管段的流量确定后，流速的大小将直接影响管道系统技术、经济的合理性。流速过大易产生水锤，引起噪声，损坏管道或附件，并将增加管道的水头损失，提高建筑内给水管道所需的压力；流速过小，又将造成管材的浪费。考虑以上因素，设计时给水管道流速应控制在正常范围内：生活或生产给水管道的水流速度宜按表 6-5 取用；消火栓系统的消防给水管道不宜大于 $2.5m/s$；自动喷水灭火系统的给水管道，必要时可超过 $5.0m/s$，但不应大于 $10m/s$。

表 6-5　生活给水管道的水流速度

公称直径/mm	15～20	25～40	50～70	≥80
水流速度/(m/s)	≤1.0	≤1.2	≤1.5	≤1.8

6.2.2　给水管网和水表水头损失的计算

1. 给水管网的水头损失

室内给水管网的水头损失包括沿程和局部水头损失两部分。

1）管段的沿程水头损失

其计算公式为

$$h_i = iL \tag{6-9}$$

式中，h_i——管段的沿程水头损失，kPa；

i——单位长度的沿程水头损失，kPa/m；

L——管段长度，m。

给水管道的沿程水头损失可按下式计算：

$$i = 105 C_h^{-1.85} d_j^{-4.87} q_g^{1.85} \tag{6-10}$$

式中，i——单位长度的沿程水头损失，kPa/m；

q_g——管道内的平均水流速度，m/s；

d_j——管道计算内径，m；

C_h——海澄-威廉系数，各种塑料管、内衬（涂）塑管的 $C_h = 140$，铜管、不锈钢管的 $C_h = 130$，内衬水泥、树脂的铸铁管的 $C_h = 130$，普通钢管、铸铁管的 $C_h = 100$。

设计计算时，也可直接利用根据该公式编制的水力计算表（附录 C～E），由管段的设计秒流量 q_g，控制流速 v 在正常范围内，查得管径和单位长度的沿程水头损失 i。

2）管段的局部水头损失

其计算公式为

$$h_j = \sum \xi \frac{v^2}{2g} \tag{6-11}$$

式中，h_j——管段局部水头损失之和，kPa；

$\sum \xi$——管段局部阻力系数之和；

v——沿水流方向局部零件下游的流速,m/s;

g——重力加速度,m/s^2。

给水管网中局部零件如弯头、三通等甚多,由于构造不同其 ξ 值也不尽相同,详细计算较为烦琐。在实际工程中也可按管道的连接方式,采用管(配)件当量长度法进行计算,螺纹接口的阀门及管件的局部水头损失当量长度见附录F。当管(配)件当量长度资料不足时,可根据管件的连接状况,按管网沿程水头损失的百分数取值,见表6-6。

表 6-6 　按管网沿程水头损失的百分数取值 　　　　　　　　 %

管(配)件内径与管道内径的比值	1	>1	<1
采用三通分水时	25~30	50~60	70~80
采用分水器分水时	15~20	30~35	35~40

2. 水表的水头损失

水表水头损失的计算是在选定水表的型号后进行的。水表的选择包括确定水表类型及口径。水表类型的选择应根据各类水表的特性和安装水表管段通过水流的水质、水量、水压、水温等情况确定。

常用流量是水表在正常工作条件即稳定或间断流动下的最佳使用流量。对于用水量在计算时段内相对均匀的给水系统,如用水量相对集中的工业企业生活间、公共浴室、洗衣房、公共食堂、体育场等建筑物,用水密集,其设计秒流量与最大小时平均流量折算成的秒流量相差不大,应以设计秒流量来选用水表的常用流量。对于住宅、旅馆、医院等用水疏散型的建筑物,其设计秒流量是最大日最大时中某几分钟高峰用水时段的平均秒流量,如按此选用水表的常用流量,则水表很多时段均在比常用流量小或小很多的情况下运行,且水表口径选得很大,为此,这类建筑按给水系统的设计秒流量选用水表的过载流量较合理。

由于居住小区人数多、规模大,虽然按设计秒流量计算,但已接近最大用水时的平均秒流量,可按该流量选择小区引入管水表的常用流量。如引入管为2条或2条以上时,则应平均分摊流量。

水表的水头损失,应按选用产品所给定的压力损失计算。未确定具体产品时,可按下列规定选用:住宅入户管上的水表,宜取 0.01MPa;建筑物或小区引入管上的水表,在生活用水工况时,宜取 0.03MPa,在校核消防工况时宜取 0.05MPa。

比例式减压阀的水头损失宜按阀后静水压的 10%~20% 确定。管道过滤器的局部水头损失宜取 0.01MPa。倒流防止器、真空破坏器的局部水头损失,应按相应产品测试参数确定。

6.2.3　确定给水系统所需压力

确定给水计算管路水头损失和水表水头损失后,即可根据式(3-4)求得建筑内部给水系统所需压力。

6.2.4　水力计算的方法及步骤

首先根据建筑平面图和确定的给水方式,绘出给水管道平面布置图及轴测图,列出水力计算表(参见例6-1中的表6-7),以便将每步计算结果填入表内,使计算有条不紊地进行。具体如下。

(1)根据轴测图选择配水最不利点,确定计算管路。若在轴测图中难以判定配水最不利点,则应同时选择几条计算管路,分别计算各管路所需压力,其最大值即为建筑内给水系统所需的压力。

（2）以流量变化处为节点,从配水最不利点开始,进行节点编号,将计算管路划分成计算管段,并标出两节点间计算管段的长度。

（3）根据建筑的性质选用设计秒流量公式,计算各管段的设计秒流量。

（4）进行给水管网的水力计算。在确定各计算管段的管径后,对采用下行上给式布置的给水系统,应计算水表和计算管路的水头损失,求出给水系统所需压力 H,并校核初定给水方式。若初定为外网直接给水方式,当室外给水管网水压 $H_0 \geqslant H$ 时,原方案可行;H 略大于 H_0 时,可适当放大部分管段的管径,减小管道系统的水头损失,以满足 $H_0 \geqslant H$ 的条件;若 H 比 H_0 大很多,则应修正原方案,在给水系统中增设升压设备。对采用设水箱上行下给式布置的给水系统,则应按式(7-6)校核水箱的安装高度,若水箱高度不能满足供水要求,可采取提高水箱高度、放大管径或选用其他供水方式来解决。

（5）确定非计算管路各管段的管径。

设置升压、储水设备的给水系统,还应对以上设备进行选择计算。

例 6-1 某 5 层公寓,层高为 3.6m,城市市政管网常年可用水压力为 0.25MPa。每层设坐式大便器、洗脸盆、洗涤盆、淋浴器和洗衣机水嘴各一个,楼房的卫生器具的平面布置如图 6-1 所示。试计算供水管的管径并校核之。

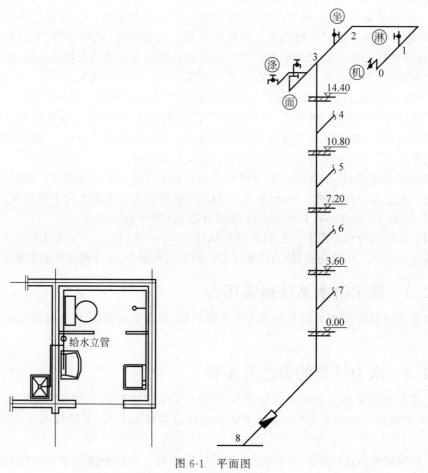

图 6-1 平面图

解　该公寓生活热水由家用燃气热水器供应，给水采用由市政管网直接供水的给水方式，计算轴测图如图 6-2 所示。设计秒流量采用概率法计算，根据表 3-1 可知，该类住宅为Ⅱ类住宅，每户按 3.5 人用水，用水定额取 250L/(人·d)，用水时数为 24h，小时变化系数取 $K_h = 2.8$。

每户的卫生器具及当量为：洗涤盆 1 个($N = 1.0$)，坐便器 1 个($N = 0.5$)，洗脸盆 1 个($N = 0.75$)，淋浴器 1 个($N = 0.75$)，洗衣机水嘴 1 个($N = 1.0$)，每户当量总数 $N_g = 4.0$。则最大用水时卫生器具给水当量平均出流概率为

$$
\begin{aligned}
U_0 &= \frac{q_0 m K_h}{0.2 N_g T \times 3600} \times 100\% \\
&= \frac{250 \times 3.5 \times 2.8}{0.2 \times 4 \times 24 \times 3600} \times 100\% \\
&= 3.54\%
\end{aligned}
\tag{6-12}
$$

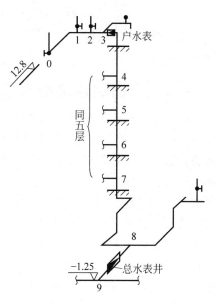

图 6-2　给水系统轴测图

取 $U_0 = 3.5\%$，查附录 A 可得 $\alpha_c = 0.02374$，根据式(6-2)、(6-3)可分别计算得出 U、q_g。计算结果见表 6-7。

表 6-7　给水管网水力计算表

管段	管段长度/m	卫生洁具数量/当量					当量总数 N_g	$U/\%$	$q_g/$ (L/s)	管径/mm	流速/ (m/s)	$i/$ (kPa/m)	$h_y/$ kPa
		洗衣机 $N=1.0$	淋浴器 $N=0.75$	坐便器 $N=0.5$	洗涤盆 $N=1.0$	洗脸盆 $N=0.75$							
0-1	0.8	1					1.0	100	0.20	20	0.64	0.303	0.243
1-2	2.0	1	1				1.8	77	0.27	20	0.86	0.528	1.057
2-3	0.8	1	1	1			2.3	68	0.31	20	0.98	0.674	0.539
3-4	3.6	1	1	1	1	1	4.0	52	0.42	25	0.85	0.397	1.429
4-5	3.6	2	2	2	2	2	8.0	38	0.60	32	0.75	0.235	0.846
5-6	3.6	3	3	3	3	3	12.0	31	0.75	32	0.93	0.351	1.264
6-7	3.6	4	4	4	4	4	16.0	27	0.87	32	1.08	0.468	1.685
7-8	14.0	5	5	5	5	5	20.0	25	0.98	40	0.78	0.198	2.76

$$\sum h_i = 9.83 \text{kPa}$$

该建筑设计秒流量为 0.98L/s。

根据式(3-4)校核管网压力：

洗衣机水嘴高设为 1.2m，市政给水管网标高取 −1.80m，则 $H_1 = 17.4$m；

局部水头损失取沿程损失的 30%，则

$$
H_2 = 1.3 \sum h_i \approx 9.83 \times 1.3 \text{kPa} \approx 12.78 \text{kPa} = 1.28 \text{mH}_2\text{O}
$$

洗衣机水嘴的出流水头取 $H_3 = 5.0 \text{mH}_2\text{O}$；水表的水头损失取 $H_4 = 1.0 \text{mH}_2\text{O}$；则最不利点所需水压为

$$H = H_1 + H_2 + H_3 + H_4 = 24.68\text{mH}_2\text{O}$$

由于城市市政管网常年可资用水压为 $0.25\text{MPa} = 25\text{mH}_2\text{O}$，所以设计的给水管网的管径满足要求。

6.2.5　高层建筑给水系统的水力计算

高层建筑给水系统水力计算的目的、方法及步骤与低层建筑给水系统水力计算基本相同，可参见 6.2.4 节的内容。由于目前我国尚无高层建筑专用的设计秒流量计算公式，所以各类高层建筑给水管道的设计秒流量仍可按建筑性质选用式(6-5)和式(6-7)计算。对经常用于举行会议或接待大型旅游团体的宾馆、饭店，因用水情况直接受会议安排和旅游活动的影响，与一般宾馆、饭店分散用水的规律不同，有时用水较为集中，若仍采用适用于分散用水规律的设计秒流量式(6-5)计算管道流量，所定管径往往偏小，不能满足高峰用水的要求，为适应建筑的用水规律，满足集中用水时的供水需要，上述建筑宜采用式(6-7)计算给水管道的设计秒流量。对设计成环状的给水管网，进行水力计算时，可以按最不利情况进行考虑，断开某管段，以单向供水的枝状管网计算。由于高层建筑对给水系统防噪声、水锤及水嘴出水量的稳定性等要求较为严格，因此设计计算时管道流速宜比低层建筑取得小些，一般干管、立管宜为 1m/s 左右，支管宜为 $0.6 \sim 0.8\text{m/s}$。

第7章

给 水 设 备

当建筑物较高,城市给水管网压力不能满足要求时,即需要设置升压设备。升压设备常用水泵、水箱及气压供水装置等。

7.1 水泵

水泵是给水系统中的主要升压设备。建筑内部的给水系统中一般采用离心式水泵,它具有结构简单、体积小、效率高、流量和扬程在一定范围内可以调节等优点。选择水泵应以节能为原则,使水泵在给水系统中大部分时间保持高效运行。

7.1.1 离心泵

当采用设水泵、高位水箱的给水方式时,通常水泵直接向高位水箱输水,水泵的出水量与扬程几乎不变,选用离心式恒速水泵即可保持高效运行。对于无水量调节设备的给水系统,在电源可靠的条件下,可选用装有自动调速装置的离心式水泵。

离心泵的工作原理是:叶轮在泵壳内旋转,使水靠离心力甩出,从而得到压力,将水送到需要的地方。离心泵主要由泵壳、泵轴、叶轮、吸水管、压力管等部分组成,如图 7-1 所示。

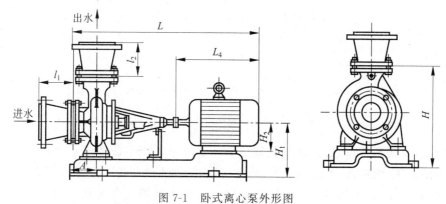

图 7-1 卧式离心泵外形图

图 7-1 中,在轴穿过泵壳处设有填料函,以防漏水或透气。在轴上装有叶轮,它是离心泵的主要部件,叶轮上装有不同数目的叶片,当电动机通过轴带动叶轮回转时,叶片就搅动水作高速回转,拦污栅起拦阻污物的作用。

开动水泵前,要使泵壳及吸水管中充满水,以排出泵内空气,当叶轮高速转动时,在离心力的作用下,叶片槽道(两叶片间的过水通道)中的水从叶轮中心被甩向泵壳,使水获得动能与压能。由于泵壳的断面是逐渐扩大的,所以水进入泵壳后流速逐渐变小,部分动能转化为压力,因而泵出口处的水便具有较高的压力,流入压力管。在水被甩走的同时,水泵进口处形成真空,由于大气压力的作用,将吸水池中的水通过吸水管压向水泵进口(一般称为吸水),进而流入泵体。由于电动机带动叶轮连续回转,因此,离心泵是均匀连续地供水,即不断地将水压送到用水点或高位水箱。

离心泵的工作方式有"吸入式"和"灌入式"两种:泵轴高于吸水面的叫"吸入式";吸水池水面高于泵轴的称为"灌入式",这种形式不仅可以省掉真空泵等抽气设备,而且也有利于水泵的运行和管理。

一般地讲,设水泵的室内给水系统多与高位水箱联合工作,为了减小水箱的容积,水泵的开停应采用自动控制,而"灌入式"易满足此种要求。

7.1.2 变频调速泵

我国的给水加压系统大致经历了"储水池+水泵+高位水箱""储水池+变频调速水泵"和无负压给水设备三个阶段。"储水池+变频调速水泵"是在 20 世纪 80 年代末 90 年代初随着电力控制器材变频器在工业上的运用传入我国的。与"储水池+水泵+高位水箱"相比,它的主要特点是设备更简单,省去了高位水箱及高位水箱水位对水泵启停的控制系统;供水泵根据设定压力变频运行,供水压差很小(在 $0 \sim 0.01 \mathrm{MPa}$)且基本恒定,故供水质量较好;供水泵运行过程中减小了扬程,即节省了从水泵工频运行 $Q\text{-}H$ 特性曲线至恒定运行之间的多余耗能区,见图 7-2 中的面积 I。

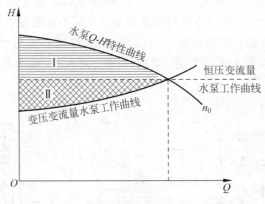

图 7-2 水泵的特性曲线和工作曲线

"储水池+变频调速水泵"供水的缺点:一是由于采用了低位储水池,不能充分利用市政给水的余压;二是储水池不密封,与空气连通,储水池附件设置不合理和管理不善导致存在水质二次污染的可能;三是如果采用一台变频器带几台水泵,实行 1 号水泵变频运行→1号水泵工频运行→1号水泵工频运行＋2号水泵变频运行→1号、2号水泵工频运行→1号、2号水泵工频运行＋3号水泵变频运行……，这样的运行模式存在1号水泵在零流量和小流量运行和1号水泵已到工频运行2号水泵开始变频运行，以及1号、2号水泵已到工频运行3号水泵开始变频运行时，开始变频运行阶段水泵在高效区以外工作的工况。这种工况下工作不节能，应采取相应措施加以改进。

近年来，无负压给水设备在国内已日趋成熟，相关部门编制了不少相关的产品标准和工程技术标准，已在很多城市供水中使用。但是，该供水方式有一定的适用范围和局限性。受市政给水管网供水能力所限，自来水公司会对城市的每一个供水区域给出能否安装无负压给水设备和供水规模的意见。因此，变频调速给水设备在城市供水系统中仍然得到很多使用机会。

变频调速给水设备从20世纪90年代开始在我国推广使用，它主要由泵组、管路和电气控制系统三部分组成，如图7-3所示。

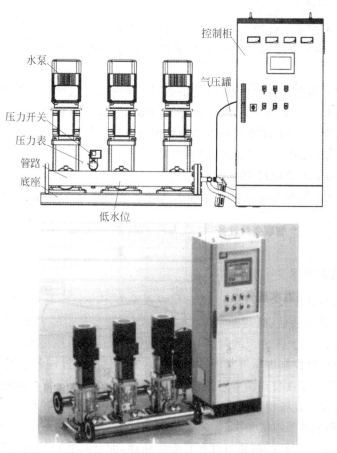

图7-3 DRL恒压变频供水设备组成及主要部件及外形

伴随着电气设备控制元器件的更新换代，变频调速给水设备先后经历了继电器电路变频调速控制技术（早期单变频控制技术）、局部数字化电气电路变频调速控制技术（中期单变频、多变频控制技术）和数字集成全变频控制技术（近期全变频控制技术）三个主要发展阶段。中期单变频、多变频控制技术及近期全变频控制技术的控制原理如下所述。

1. 单变频控制技术

此种控制技术仅配置一台控制器和一台变频器,控制多台水泵的变频、工频切换,平时一台泵变频供水,当一台泵供水不足时,先开的泵转为工频运行,变频柜再软启动第二台泵,若流量还不够,第二台泵转为工频运行,变频柜再软启动第三台泵。若用水量减少,按启泵顺序依次停止工频泵,直到最后一台泵变频恒压供水。另外,系统具有定时换泵功能,若某台泵连续运行超过 24h,变频柜可自动停止该泵,切换到下一台泵继续变频运行。换泵时间由程序设定,可按要求随时调整。这样可均衡各泵的运行时间,延长整体泵组的寿命。此变频控制技术的弊端在于进行水泵的投入或切除操作时,需要先停止运行的变频泵,然后延时切换工频,再投入另一台泵变频软启动运行。在加压过程中,由于泵组切换延时和软启动延时,会造成系统压力波动,甚至可能出现全部停泵,造成短时失压的情况。

2. 多变频控制技术

此种控制技术配置一台控制器和多台变频器,控制多台水泵的变频切换,小流量时一台泵变频供水,当一台泵流量不足时,由程序算法设定,由两台或多台泵同时变频供水,但是各水泵的流量不均等。

结合变频调速给水设备的特点,该设备适用于小区或建筑物每日用水时间较长、用水量经常变化的生活和生产给水系统,凡需要增压的给水系统及热水系统均可选用。同时,在使用变频调速给水设备时,要注意其周围环境及用电条件应符合如下条件:

(1) 环境参数:温度 5~40℃,湿度≤90%。

(2) 海拔高度:不应超过 1000m。

(3) 环境要求:不应有腐蚀性气体和多粉尘。室内环境应干燥、无结露、通风,并不能安装在露天。

(4) 电路可靠,应为双电源或双回路供电。

3. 全变频控制技术

这种是泵组中每台水泵独立配置数字集成水泵专用变频控制器,并通过现场控制网络(CAN)总线方式相互通信、联动控制,无须二次编程,通过显示屏实现泵组运行参数设定与调整,使两台及两台以上工作泵同时、同步、同频率变频运行的控制方式。

数字集成全变频控制恒压供水设备中的每台泵均独立配置一个智能化水泵专用变频控制器,根据系统流量变化自动调节泵组转速,并实现多工作泵情况下的效率均衡,无论泵组运行工况如何变化及设备使用场合有何不同,泵组始终在高效区运行,不会出现能耗浪费现象,从而达到更理想的节能效果。

智能化水泵专用变频控制器不仅具有变频功能,而且具有独特的控制功能和其他诸多扩展功能,可直接通过显示屏进行人机对话实现泵组运行参数的设定与调整,各泵组控制器之间还可实现相互通信,使一套设备拥有多套相互独立又相互联系的控制系统,因而具有更加高效、更加节能及智能化程度更高、扩展功能更强、安全可靠性能更好、操作维护更加便捷等显著特点,是变频调速给水设备控制技术研发进程中的最新成果。

7.1.3　水泵的选用

水泵的流量、扬程应根据给水系统所需的流量、压力确定。由流量、扬程查水泵性能表即可确定其型号。

1. 流量

在生活(生产)给水系统中,无水箱调节时,水泵出水量要满足系统高峰用水要求,应根据设计秒流量确定;有水箱调节时,水泵流量可按最大时流量确定。对消防水泵应根据室内消防设计水量确定流量。生活、生产、消防共用调速水泵应在消防时保证消防、生活、生产的总用水量。

2. 扬程

根据水泵的用途与室外给水管网连接的方式不同,其扬程可按以下不同公式计算。

当水泵与室外给水管网直接相连时:

$$H_b \geqslant H_1 + H_2 + H_3 + H_4 - H_0 \tag{7-1}$$

式中,H_b——水泵扬程,kPa;

H_1——引入管与最不利配水点位置高度所要求的静水压,kPa;

H_2——水泵吸水管和出水管至最不利配水点计算管路的总水头损失,kPa;

H_3——最不利点配水龙头的流出水头,kPa;

H_4——水表的水头损失,kPa;

H_0——室外给水管网所能提供的最小压力,kPa。

当水泵从储水池抽水时:

$$H_b \geqslant H_1 + H_2 + H_4 \tag{7-2}$$

式中,H_b、H_2、H_4 同式(7-1);

H_1——储水池最低水位至最不利配水点位置高度所计算的静水压,kPa。

7.2　水箱与储水池

1. 水箱

根据水箱的用途不同,分为低位水箱、高位水箱、减压水箱、冲洗水箱、断流水箱等多种类别。其形状通常为圆形或矩形,特殊情况下也可设计成任意形状。制作材料有钢板,包括不锈钢板、普通钢板、搪瓷钢板、镀锌钢板、复合钢板等;钢筋混凝土;塑料和玻璃钢等。以下主要介绍在给水系统中使用较为广泛的,能起到保证水压和储存、调节水量作用的高位水箱。

1) 水箱的组成及设置要求

水箱的组成包括箱体、各种管道及附件等部分,如图 7-4 所示。

(1) 进水管

其位置宜设在检修孔的下方。为防止溢流,进水管上应安装水位控制阀,如液压水位控

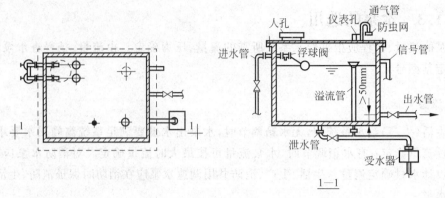

图 7-4　水箱配管、附件示意图

制阀、浮球阀,并在进水端设检修用的阀门。液压阀体积小,且不易损坏,应优先采用,若采用浮球阀不宜少于两个。进水管入口距箱盖的距离应满足浮球阀的安装要求,一般进水管管口的最低点高出溢流边缘的高度等于进水管管径,但最小不应小于 25mm,最大不可大于 150mm。当水箱由水泵供水并采用自动控制水泵启闭的装置时,可不设水位控制阀。

(2)出水管

出水管可由水箱的侧壁或底部接出,管口应高出箱底 50mm,以免将箱底沉淀物带入配水管网,并应装设阀门以利检修。为防短流,进、出水管宜分设在水箱两侧。

(3)溢流管

溢流管口应在水箱设计最高水位以上 50mm 处,管径应比进水管大 1～2 级。溢流管上不允许设阀门,其出口应设网罩。

(4)泄水管

泄水管用以检修或清洗时泄水,从箱底接出,可与溢流管相连后用同一根管排水,但不能与下水管道直接连接。泄水管上应设阀门,管径 40～50mm。

(5)水位信号装置

它是反映水位控制阀失灵报警的装置。可在溢流管口下 10mm 处设水位信号管,直通值班室的洗涤盆等处,管径 15～20mm。若水箱液位与水泵联动,则可在水箱侧壁或顶盖上安装液位继电器或信号器,采用自动水位报警装置。

(6)通气管

应设置通气管,管径应经计算确定。

生活用水水箱的储水量较大时,应在箱盖上设通气帽,以使水箱内空气流通,一般通气管管径≥50mm,通气帽高出水箱顶 0.5m。

水箱一般设置在采光及通风良好的设备间内,其安装间距见表 7-1。大型公共建筑或高层建筑应将水箱分格或分设两个水箱,以保证安全供水。对有管道敷设的地面、水箱底与地面距离应不小于 800mm,以便于安装管道和进行检修,水箱底可置于工字钢或混凝土支墩上,金属箱底与支墩接触面之间应衬橡胶板或塑料垫片等绝缘材料以防腐蚀。水箱有结冻与结露可能时,要采取保温措施。此外,水箱应加盖,应有保护其不受污染的防护措施。

表 7-1 水箱之间及水箱与建筑结构之间的最小距离 m

给水水箱 形式	箱外壁至墙面的净距		水箱之间的 距离	箱底至建筑 结构最低点 的距离	人孔盖顶至 房间顶板的 距离	最低水位至 水管上止回 阀的距离
	有管道一侧	无管道一侧				
圆形	1.0	0.7	0.7	0.8	0.8	1.0
矩形	1.0	0.7	0.7	0.8	0.8	1.0

2）水箱的类型

（1）不锈钢给水箱

① 组合式不锈钢板给水箱

组合式不锈钢板给水箱箱体采用食品级不锈钢经专用模具冲压成标准板块，经氩弧焊焊接成型，箱体整体强度高，有较好的耐腐蚀性。可用于符合生活饮用水卫生标准的冷水、热水等，水温不高于 60℃，不宜用于开水、软化水、地热水等储存。其外形如图 7-5 所示。

② 装配式不锈钢板给水箱

装配式不锈钢板给水箱箱体采用食品级不锈钢经专用模具冲压成标准板块，螺栓连接，压紧密封材料拼装而成。可用于生活用水、雨水、中水、循环水和工业用水的储存。其外形如图 7-6 所示。

（2）装配式 SMC 给水箱

装配式 SMC 给水箱箱体采用玻璃纤维增强塑料（SMC）模压单板，用密封材料拼装而成，重量轻，防腐性能好，可用于生活用水、雨水、中水、循环水等储水，也可用于有腐蚀性的用水储水。

（3）装配式搪瓷钢板给水箱

装配式搪瓷钢板给水箱箱体采用成型钢板，进行搪瓷处理后，用紧固螺栓拼装而成。可用于生活用水、雨水、中水、循环水和工业用水等储水，也可用于有腐蚀性的用水储水。

（4）冲压式内喷涂钢板给水箱

冲压式内喷涂钢板给水箱箱体由 SUS304-2B 不锈钢板冲压成带肋壳体，经焊接成整体而成，钢板内喷涂 NE-508 涂料。可用于水温不高于 55℃ 的用水储存。

3）水箱的有效容积及设置高度

（1）有效容积

低位储水箱的有效容积应按进水量与用水量变化曲线经计算确定；当资料不足时，可按建筑物最高日用水量的 20%～25% 确定。

水箱的有效容积主要根据它在给水系统中的作用来确定。若水箱仅作为水量调节之用，其有效容积即为调节容积。水箱的调节容积理论上应根据室外给水管网或水泵向水箱供水和水箱向建筑内给水系统输水的曲线，经分析后确定，但因以上曲线不易获得，实际工程中可按水箱进水的不同情况按以下经验公式计算确定。

① 由室外给水管网直接供水

计算公式为

$$V = Q_{\mathrm{L}} T_{\mathrm{L}} \tag{7-3}$$

式中，V——水箱的有效容积，m^3；

Q_{L}——水箱供水的最大连续平均小时用水量，m^3/h；

T_{L}——水箱供水的最大连续时间，h。

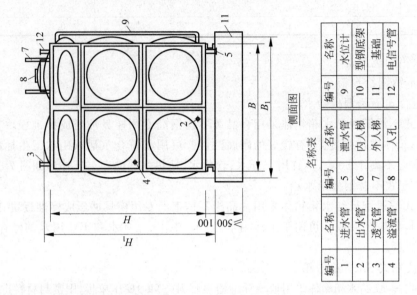

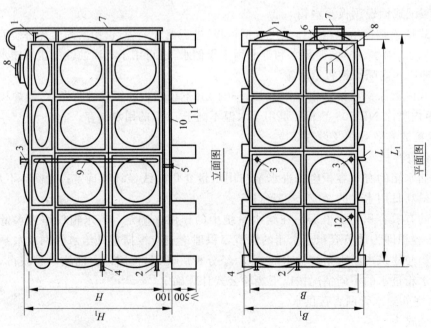

名称表

编号	名称	编号	名称	编号	名称
1	进水管	5	泄水管	9	水位计
2	出水管	6	内人梯	10	型钢底架
3	透气管	7	外人梯	11	基础
4	溢流管	8	人孔	12	电信号管

图 7-5 组合式不锈钢板给水箱外形

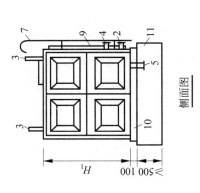

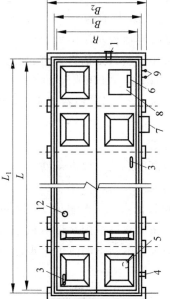

编号	名称	编号	名称	编号	名称
1	进水管	5	泄水管	9	水位计
2	出水管	6	内人梯	10	型钢底架
3	透气管	7	外人梯	11	基础
4	溢流管	8	人孔	12	电信号管

名称表

图 7-6　装配式不锈钢板给水箱外形

② 由人工操作水泵进水

计算公式为

$$V = \frac{Q_d}{n_b} - T_b Q_p \qquad (7\text{-}4)$$

式中,V——水箱的有效容积,m^3;

$\quad$ Q_d——最高日用量,m^3/d;

$\quad$ n_b——水泵每天启动次数,次/d;

$\quad$ T_b——水泵启动一次的最短运行时间,由设计确定,h;

$\quad$ Q_p——水泵运行时间 T_b 内的建筑平均时用水量,m^3/h。

③ 水泵自动启动供水

计算公式为

$$V = \frac{Cq_b}{4K_b} \qquad (7\text{-}5)$$

式中,V——水箱的有效容积,m^3。

$\quad$ q_b——水泵出水量,m^3/h。

$\quad$ K_b——水泵 1h 内最大启动次数,根据水泵电机容量及其启动方式、供电系统大小和
$\qquad$ 负荷性质等确定。一般选用 4~8 次/h。在水泵可以直接启动,且对供电系统
$\qquad$ 无不利影响时,可选用较大值(6~8 次/h)。

$\quad$ C——安全系数,其值为 1.25。

用以上公式计算所得水箱调节容积较小,必须在确保水泵自动启动装置安全可靠的条
件下采用。也可用经验数据估算水箱的容积。生活用水水箱容积的确定方法为:当水泵采
用自动控制时,不得小于日用水量的 5%;当水泵采用人工控制时,不得小于日用水量的
10%。仅在夜间进水的水箱,应按用水人数和用水定额确定。生产事故备用水量可按工艺
要求确定。

(2) 设置高度

水箱的设置高度应满足以下条件:

$$h \geqslant (H_2 + H_4)/10 \qquad (7\text{-}6)$$

式中,h——水箱最低水位至配水最不利点静水压,m;

$\quad$ H_2——水箱出水口至配水最不利点的总水头损失,kPa;

$\quad$ H_4——配水最不利点的流出水头,kPa。

2. 储水池

储水池是储存和调节水量的构筑物,其有效容积应根据生活(生产)调节水量、消防储备
水量和生产事故备用水量确定,若水池(箱)仅起调节水量作用,则其有效容积不计储备水
量。一般按下式计算:

$$V \geqslant T_b(Q_b - Q_g) + V_s \qquad (7\text{-}7)$$

$$Q_g T_t \geqslant T_b(Q_b - Q_g)$$

式中,V——储水池有效容积,m^3;

Q_b——水泵出水量，m^3/h；

Q_g——水池进水量，m^3/h；

T_b——水泵最长连续运行时间，h；

T_t——水泵运行的间隔时间，h；

V_s——事故备用水量，m^3。

用于生活饮用水的储水池（箱）则不应考虑其他用水的储备水量，并应与其他用水的水池（箱）分开设置。埋地式生活饮用水的储水池周围10m以内，不得有化粪池、污水处理构筑物、渗水井、垃圾堆放点等污染源；周围2m以内不得有污水管和污染物。否则应采取措施。建筑物内的生活饮用水水池（箱）体应采用独立结构形式，不得利用建筑物的本体结构作为水池（箱）的壁板、底板及顶盖。生活饮用水水池（箱）与其他用水水池（箱）并列设置时，应有独立的分隔墙，不得共用一幅分隔墙，隔墙与隔墙之间应有排水措施。

当资料不足时，生活（生产）调节水量 $T_b(Q_b-Q_g)$ 可按最高日用水量的15%～20%确定。若储水池仅起调节水量作用，则储水池有效容积不计 V_s。

生产事故备用水量应根据用户安全供水要求、中断供水后果和城市给水管网可能停水等因素确定。

储水池应设进/出水管、溢流管、泄水管和水位信号装置，溢流管宜比进水管大一级。其设置的位置及配管均应满足水质防护要求，特别是用于生活饮用水的储水池（箱）的人孔、通气管、溢流管应有防止昆虫爬入等措施。

7.3 气压给水设备

气压给水设备是一种利用密闭带压储罐内空气的可压缩性进行水的储存、调节和压送水量的给水增压设备，它所起的作用相当于高位水箱或水塔。气压给水技术应用于给水加压领域在我国已有数十年历史。早在中华人民共和国成立前，在我国东北和上海等地就已有使用。中华人民共和国成立后，气压给水设备也有了相应发展，并在20世纪80年代得到大量的推广，其专用技术也得到了提高。实际运用的气压给水技术有：全自动自平衡限量补气和水力自动定量补气技术、各种形状和材质的气压水罐隔膜。此外，还有专门用于消防领域的氮气顶压和增压稳压给水设备等。

由于气压给水设备系统中的供水压力由罐内压缩空气维持，故罐体的安装高度可不受限制，因而在不宜设置水塔和高位水箱的场所，如隐蔽的国防工程、地震区的建筑物、建筑艺术要求较高以及消防要求较高的建筑物都可采用。这种设备的优点是投资少，建设速度快，容易拆迁，使用灵活、简便，又因系统是密闭的，所以水质不易受到污染。但其缺点是调节能力小，一般调节水量仅占总容积的15%～35%，且运行费用高，耗用钢材较多，而且变压式的供水压力变化较大，对给水附件的寿命有一定的影响，不适于用水量大和要求水压稳定的用水对象，因而其使用受到一定限制。

1. 分类

气压给水设备可按输水压力稳定性和罐内气水接触方式分类。按气压给水设备输水压力稳定性不同，可分为变压式和定压式；按罐内气水接触方式不同，可分为补气式和隔膜式。

1）变压式气压给水设备

其工作过程为：罐内空气的起始压力高于管网所需的设计压力，水在压缩空气的作用下被送至管网。随着水量的减少，水位下降，罐内的空气体积增大，压力逐渐减小，当压力小到规定的下限值时，水泵便在压力继电器作用下启动，将水压入罐内，同时供入管网。当罐内水位上升到规定的上限值时，水泵又在压力继电器作用下停止工作，如此往复。变压式气压给水设备常用在中小型给水系统中。

2）定压式气压给水设备

当要使管网获得稳定的压力时，可采用定压式单罐给水设备。目前，常见的做法是在气、水同罐的单罐变压式气压给水设备的供水管上安装压力调节阀，将出口水压控制在要求范围内，使供水压力相对稳定。也可在气、水分罐的双罐变压式气压给水设备的压缩空气连通管上安装压力调节阀，将阀出口气压控制在要求范围内，以使供水压力稳定。

3）补气式气压给水设备

补气式气压给水设备在气压水罐中气、水直接接触，设备运行过程中，部分气体溶于水中，随着气量的减少，罐内压力下降，不能满足设计需要，为保证给水系统的设计工况，需设补气调压装置。

4）隔膜式气压给水设备

隔膜式气压给水设备在气压水罐中设置弹性隔膜，将气水分离，不但水质不易污染，气体也不会溶入水中，故不需设补气调压装置。隔膜主要有帽形、囊形两类，囊形隔膜又有球、梨、斗、筒、折、胆囊之分，两类隔膜均固定在罐体法兰盘上，如图7-7所示。囊形隔膜的安装省去了固定隔膜的大法兰，气密性好，调节容积大，且隔膜受力合理，不易损坏，因此，优于帽形隔膜。

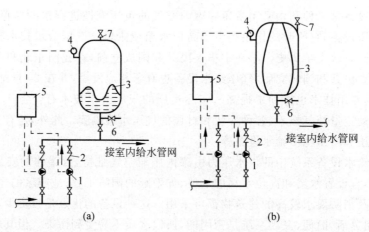

1—水泵；2—止回阀；3—隔膜式气压水罐；4—压力信号器；5—控制器；6—泄水阀；7—安全阀

图7-7　隔膜式气压给水设备

（a）帽形隔膜；（b）囊形隔膜

2. 组成

气压给水设备由下面几个基本部分组成：

（1）气压水罐：其内部充满空气和水。

（2）水泵：用于将水送到罐内及管网。

（3）管路系统：包括水管及气管。

（4）电控系统：用于启动水泵或空气压缩机。

除此之外，补气式和隔膜式气压给水设备分别附有补气调压装置和隔膜。供生活用水的各类气压给水设备均应有水质防护措施，隔膜应用无毒橡胶制作，气压水罐和补气罐内壁应涂无毒防腐涂料，补气罐或空气压缩机的进气口都要设空气过滤装置，并应采用无油润滑型空气压缩机。为保证安全供水，气压给水设备要有可靠的电源，并装设安全阀、压力表、泄水管和密闭人孔，安全阀也可装在靠近气压给水设备进出水管的管路上。为防止停电时水位下降，罐内气体进入管道，补气式气压水罐进水管上要装止气阀。考虑到维护检修，气压水罐罐顶空间高度不得小于1m，罐与罐、罐与墙面的净距不宜小于0.7m。

7.4 给水泵房的布置

水泵机组一般设在水泵房内，泵房应远离防振、防噪声要求较高的房间，室内要有良好的通风、采光、防冻和排水措施。水泵的布置要便于起吊设备的操作，管道连接力求管线短，弯头少，其间距要保证检修时能拆卸、放置电机和泵体，并满足维修要求。水泵机组应设高出地面不小于0.1m的基础。水泵启闭尽可能采用自动控制，间接抽水时应优先采用自灌吸水方式，以便水泵及时启动。

为保证安全供水，生活水泵应设置备用泵，生产用水泵也应根据生产工艺要求设置备用泵。多台水泵共用吸水管时，吸水管应管顶平接。每台水泵吸水管上要设阀门，出水管上要设闸阀、止回阀和压力表，并宜有防水锤措施，如采用缓闭止回阀、气囊式水锤消除器等。

为减小水泵运行时振动所产生的噪声，应选用低噪声水泵机组；在水泵及其吸水管、出水管上均应设隔振装置，通常在水泵机组的基础下设橡胶、弹簧减振器或橡胶隔振垫，在吸水管、出水管中装设可曲挠橡胶接头等装置，参见图7-8。

目前，建筑给水设备已有多种成熟的成套产品，设计中可以根据需求直接选用。

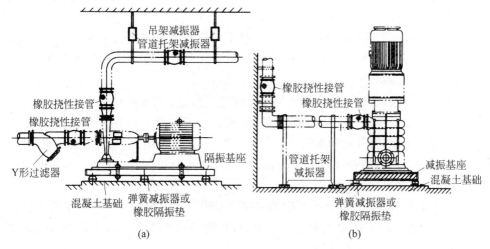

图 7-8 水泵减振安装结构示意图

第8章

给水系统水质防护

从城市给水管网引入小区和建筑的水,其水质一般都符合《生活饮用水卫生标准》(GB 5749—2006),但若小区和建筑内的给水系统设计、施工安装和管理维护不当,就可能造成水质被污染的现象,导致供水水质不合格,危害人民的健康。所以,必须重视和加强水质保护,确保供水安全。

8.1 水质污染的现象及原因

(1) 输配、蓄储的过程中与水接触的材料对水质的污染。如制作材料或防腐涂料含有毒物质,逐渐溶于水中,将直接污染水质。金属管道内壁的氧化锈蚀亦直接污染水质。

(2) 水在储水池(箱)中停留的时间过长使水腐败变质。由于水在储水池(箱)中停留时间过长,水中余氯被耗尽,导致有害微生物生长繁殖,使水腐败变质。

(3) 储水池(箱)管理不当造成污染。如水池(箱)的人孔不严密,通气口和溢流口敞开设置,尘土、蚊虫、鼠类、雀鸟等均可能通过以上孔口进入水中游动或溺死池(箱)中,造成污染。

(4) 生活饮用水管道因回流造成污染。当生活给水管道产生负压或压力下降时,污水或被污染的水有可能回到生活给水管道内造成污染。形成回流污染的主要原因有:埋地管道或阀门等附件连接不严密、渗漏,当饮用水断流,管道中出现负压时,被污染的地下水或阀门井汇总的积水即会通过渗漏处,进入给水系统造成污染;放水附件安装不当,出水口设在卫生器具或用水设备溢流位下,或溢流管堵塞,而器具或设备中留有污水,室外给水管网又因事故供水压力下降,当开启防水附件时,污水即会在负压作用下,吸入给水管道造成污染;给水管道与大便器(槽)的冲洗管直接相连,并用普通阀门控制冲洗,当给水系统压力下降时,开启阀门时也会出现回流污染现象。

(5) 生活饮用水管道与非饮用水管道混接造成污染。饮用水与非饮用水管道直接连接的给水系统,当非饮用水压力大于饮用水压力,且连接管中的止回阀或其他阀门密闭性差时,则非饮用水会渗入饮用水管道造成污染。

8.2 水质防护措施

随着社会的不断进步与发展,人们对生活质量的要求日益提高,保健意识在不断增强,对工业产品的质量也极为重视。为防止不合格水质对人们带来的种种危害,当今市面上大大小小、各式各样的末端给水处理设备以及各种品牌的矿泉水、纯净水、太空水应运而生。但是,这些都不能从根本上保证社会大量的、合格的民用与工业用水,因此,通过专业技术人员在设计、施工中采用合理的方案,使社会生活具有良好的保证供水水质体系,具有重要的社会意义。生活饮用水系统的水质,应符合现行国家标准《生活饮用水卫生标准》(GB 5749—2006)的规定。当采用中水为生活杂用水时,生活杂用水系统的水质应符合现行国家标准《城市污水再生利用 城市杂用水水质》(GB/T 18920—2002)的规定;当采用回用雨水为生活杂用水时,生活杂用水系统的水质应符合所供用途的水质要求,并应符合现行国家标准《建筑与小区雨水控制及利用工程技术规范》(GB 50400—2016)的规定。一般的水质防护技术措施有以下几种。

(1) 卫生器具和用水设备等的生活饮用水管配水件出水口应符合下列规定:

① 出水口不得被任何液体或杂质所淹没;

② 出水口高出承接用水容器溢流边缘的最小空气间隙,不得小于出水口直径的2.5倍。

(2) 生活饮用水水池(箱)进水管应符合下列规定:

① 进水管口最低点高出溢流边缘的空气间隙不应小于进水管管径,且不应小于25mm,可不大于150mm;

② 当进水管从最高水位以上进入水池(箱),管口处为淹没出流时,应采取真空破坏器等防虹吸回流措施;

③ 不存在虹吸回流的低位生活饮用水储水池(箱),其进水管不受以上要求限制,但进水管仍宜从最高水面以上进入水池。

(3) 从生活饮用水管道上直接供下列用水管道时,应在用水管道的下列部位设置倒流防止器:

① 从城镇给水管网的不同管段接出两路及两路以上至小区或建筑物,且与城镇给水管形成连通管网的引入管上;

② 从城镇生活给水管网直接抽水的生活供水加压设备进水管上;

③ 利用城镇给水管网直接连接且小区引入管无防回流设施时,向气压水罐、热水锅炉、热水机组、水加热器等有压容器或密闭容器注水的进水管上。

(4) 生活饮用水管道系统上连接下列含有有害健康物质等有毒有害场所或设备时,必须设置倒流防止设施:

① 储存池(罐)、装置、设备的连接管上;

② 化工剂罐区、化工车间、三级及三级以上的生物安全实验室除按本条第①款设置外,还应在其引入管上设置有空气间隙的水箱,设置位置应在防护区外。

(5) 从小区或建筑物内的生活饮用水管道上直接接出下列用水管道时,应在用水管道上设置真空破坏器等防回流污染设施:

① 当游泳池、水上游乐池、按摩池、水景池、循环冷却水集水池等的充水或补水管道出

口与溢流水位之间应设有空气间隙,且空气间隙小于出口管径 2.5 倍时,在其充(补)水管上;

② 不含有化学药剂的绿地喷灌系统,当喷头为地下式或自动升降式时,在其管道起端;

③ 消防(软管)卷盘、轻便消防水龙;

④ 出口接软管的冲洗水嘴(阀)、补水水嘴与给水管道连接处。

(6) 在给水管道防回流设施的同一设置点处,不应重复设置防回流设施。

(7) 严禁生活饮用水管道与大便器(槽)、小便斗(槽)采用非专用冲洗阀直接连接。

(8) 生活饮用水管道应避开毒物污染区,当条件限制不能避开时,应采取防护措施。

(9) 供单体建筑的生活饮用水池(箱)与消防用水的水池(箱)应分开设置。

(10) 建筑物内的生活饮用水水池(箱)体应采用独立结构形式,不得利用建筑物的本体结构作为水池(箱)的壁板、底板及顶盖。生活饮用水水池(箱)与消防用水水池(箱)并列设置时,应有各自独立的池(箱)壁。

(11) 建筑物内的生活饮用水水池(箱)及生活给水设施,不应设置于与厕所、垃圾间、污(废)水泵房、污(废)水处理机房及其他污染源毗邻的房间内;其上层不应有上述用房及浴室、盥洗室、厨房、洗衣房和其他产生污染源的房间。

(12) 生活饮用水水池(箱)的构造和配管,应符合下列规定:

① 人孔、通气管、溢流管应有防止生物进入水池(箱)的措施;

② 进水管宜在水池(箱)的溢流水位以上接入;

③ 进出水管布置不得产生水流短路,必要时应设导流装置;

④ 不得接纳消防管道试压水、泄压水等回流水或溢流水;

⑤ 泄水管和溢流管的排水应采用间接排水方式。

⑥ 水池(箱)材质、衬砌材料和内壁涂料不得影响水质。

(13) 生活饮用水水池(箱)内储水更新时间不宜超过 48h。

(14) 生活饮用水水池(箱)应设置消毒装置。

(15) 在非饮用水管道上安装水嘴或取水短管时,应采取防止误饮误用的措施。

对于二次供水的水池(箱),除上述规定外,当水箱选用不锈钢材料时,焊接材料应与水箱材质相匹配,焊缝应进行抗氧化处理。

水池(箱)宜独立设置,且结构合理、内壁光洁、内拉筋无毛刺、不渗漏。

水池(箱)应设置在维护方便、通风良好、不结冰的房间内。

室外设置的水池(箱)及管道应有防冻、隔热措施。

当水池(箱)容积大于 50m³ 时,宜分为容积基本相等的两格,并能独立工作。

水池高度不宜超过 3.5m,水箱高度不宜超过 3m。当水池(箱)高度大于 1.5m 时,水池(箱)内外应设置爬梯。

建筑内水池(箱)侧壁与墙面间距不宜小于 0.7m,安装有管道的侧面,净距不宜小于 1.0m;水池(箱)与室内建筑凸出部分间距不宜小于 0.5m;水池(箱)顶部与楼板间距不宜小于 0.8m;水池(箱)应设进水管、出水管、溢流管、泄水管、通气管、人孔,并应符合下列规定:

(1) 出水管管底应高于水池(箱)内底,高差不小于 0.1m。

(2) 进、出水管的布置不得产生水流短路,必要时应设导流装置。

（3）进、出水管上必须安装阀门，水池（箱）宜设置水位监控和溢流报警装置。

（4）溢流管管径应大于进水管管径，宜采用水平喇叭口溢水，溢流管出口末端应设置耐腐蚀材料防护网，与排水系统不得直接连接并应有不小于 0.2m 的空气间隙。

（5）泄水管应设在水池（箱）底部，管径不应小于 DN50。水池（箱）底部宜有坡度，并坡向泄水管或集水坑。泄水管与排水系统不得直接连接并应有不小于 0.2m 的空气间隙。

（6）通气管管径不应小于 DN25，通气管口应采取防护措施。

（7）水池（箱）人孔必须加盖、带锁、封闭严密，人孔高出水池（箱）外顶不应小于 0.1m。圆形人孔直径不应小于 0.7m，方形人孔每边长不应小于 0.6m。

二次供水设施的水池（箱）应设置消毒设备。可选择臭氧发生器、紫外线消毒器和水箱自洁消毒器等，其设计、安装和使用应符合国家现行有关标准的规定。此外，臭氧发生器应设置尾气消除装置。紫外线消毒器应具备对紫外线照射强度的在线检测，以及自动清洗功能。水箱自洁消毒器宜外置。

水池（箱）必须定期清洗消毒，每半年不得少于一次，并应同时对水质进行检测。水质检测项目至少应包括色度、浊度、嗅味、肉眼可见物、pH 值、大肠杆菌、细菌总数、余氯等，水质检测取水点宜设在水池（箱）出水口，水质检测记录应存档备案。

第9章

建筑热水供应系统

9.1 热水供应系统的分类

建筑内部热水供应系统,按照热水供应范围大小分为区域性热水供应系统、集中热水供应系统和局部热水供应系统。

1. 区域性热水供应系统

区域性热水供应系统是用取自热电站、工业锅炉房等热力网的热媒,通过市政热力管网输送至整个建筑群、居住区、城市街坊或整个工业企业的热水系统。当城市热力网水质符合用水要求,热力网工况允许时,也可从热力网直接取水。

区域性热水供应系统的优点是:便于集中统一维护管理和热能的综合利用;有利于减少环境污染;设备热效率和自动化程度较高;热水成本低;设备总容量小;占地面积少;使用方便舒适,保证率高。其缺点是:设备、系统复杂,建设投资高;需要较高的维护管理水平;改建、扩建困难。

2. 集中热水供应系统

集中热水供应系统是设置在锅炉房或热交换间的加热设备集中加热冷水,通过不长的室外热水配水管网或仅设于室内的热水管网供应一座或几座建筑物各用水点的热水系统。集中热水供应系统适用于热水用量较大、用水点比较集中的建筑,如较高级居住建筑、旅馆、公共浴室、医院、疗养院、体育馆、游泳池、大型饭店等公共建筑,布置较集中的工业企业建筑等。

集中热水供应系统的优点是:加热和其他设备集中设置,便于集中维护管理;加热设备热效率较高,热水成本低;卫生器具的同时使用率低,设备总容量较小,各热水使用场所不必设置加热装置,占地总建筑面积较少;使用较为方便舒适。其缺点是:设备、系统较复杂,建筑投资较大;需要有专门的维护管理人员;管网较长,热损失较大;一旦建成后,改建、扩建较困难。

3. 局部热水供应系统

局部热水供应系统是将各种小型热水器置于建筑物卫生间、厨房等使用热水的房间,供局部范围内一个或几个配水点使用的热水系统。局部热水供应系统适用于热水用量较小且较分散的建筑,如一般单元式居住建筑,小型饮食店、理发馆、医院、诊所等公共建筑;对于大型建筑也可以采用很多局部热水供应系统分别对各个用水场所供应热水。

局部热水供应系统的优点是：热水输送管道短,热损失小;设备、系统简单,造价低;维护管理方便、灵活;改建、增设较容易。其缺点是:小型加热器热效率低,制水成本价较高;使用不够方便舒适;每个用水场所均需设置加热装置,热媒系统设施投资较高,占用建筑总面积较大。

9.2 建筑热水供应系统的组成

热水供应系统的组成因建筑类型和规模、热源情况、用水要求、加热和储存设备的供应情况、建筑对美观和安静的要求等不同情况而异。图 9-1 所示为一典型的热媒为蒸汽的集中热水供应系统,其主要由热媒系统、热水管路系统、附件三部分组成。

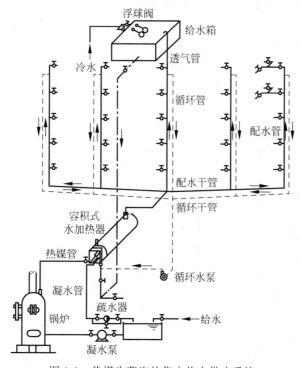

图 9-1 热媒为蒸汽的集中热水供应系统

1. 热媒系统(第一循环系统)

热媒系统由热源、水加热器和热媒管网组成。由锅炉产生的蒸汽(或高温热水)通过热媒管网送到水加热器加热冷水,蒸汽经过热交换变成冷凝水,靠余压经输水器流到冷凝水池,冷凝水和新补充的软化水经冷凝水循环泵再送回锅炉产生蒸汽,如此循环完成热的传递作用。区域性热水系统不需设置锅炉,水加热器的热媒管道和冷凝水管道直接与热力网连接。

2. 热水管路系统(第二循环系统)

热水管路系统由热水输配水管网和回水(循环)管网组成。被加热到设计温度的热水,从水加热器出来经配水管网送至各个热水配水点,而水加热器的冷水由高位水箱或给水管网供给。为保证各用水点随时都有满足设计水温的热水,在立管、水平干管或支管上设置循环水管,使一定量的热水经过循环水泵流回水加热器以补充配水管网所散失的热量。

3. 附件

附件包括蒸汽、热水的控制附件及管道的连接附件,如温度自动调节器、疏水器、减压阀、安全阀、自动排气阀、膨胀罐(箱)、管道伸缩器、闸阀、止回阀等。

9.3 建筑热水系统的供应方式

室内热水供应按照有无循环管网分为全循环、半循环和无循环方式;按热水加热方式不同,有直接加热和间接加热之分;按照循环方式分为设循环水泵的机械循环方式和不设水泵的自然循环方式;按照配水干管在建筑内的布置位置分为下行上给和上行下给方式。

1. 全循环、半循环与无循环

按热水管网的循环方式不同,有全循环、半循环(立管循环和干管循环)、无循环热水供水方式之分,如图 9-2 所示。

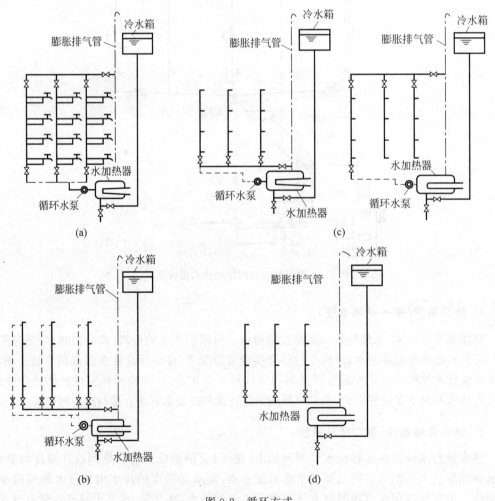

图 9-2　循环方式

(a) 全循环;(b) 立管循环;(c) 干管水泵;(d) 无循环

全循环供水方式是指配水干管、立管和分支管都设有回水管道,可以保证配水管网任意点的水温。该方式适用于建筑标准较高的宾馆、饭店、高级住宅等。

半循环供水方式,又有立管循环和干管循环之分。立管循环方式是指热水干管和热水立管均设置循环管道,保持热水循环,打开配水龙头时只需放掉热水支管中少量的存水,就能获得规定水温的热水。该方式多用于设有全日供应热水的建筑和设有定时供应热水的高层建筑中。干管循环方式是指仅热水干管设置循环管道,保持热水循环,多用于采用定时供应热水的建筑中。在热水供应前,先用循环泵把管中已冷却的存水循环加热,当打开配水龙头时只需放掉立管和支管内的冷水就可流出符合要求的热水。

无循环供水方式,是指在热水管网中不设任何循环管道,系统较小、使用要求不高的定时热水供应系统,如公共浴室、洗衣房等,可采用此方式。

2. 直接加热和间接加热

1）直接加热

图 9-3 所示为直接混合式加热方式。这种方式中设置热水箱或热水罐是为了稳定压力和调节水量。这种方式的优点是设备简单、热效率高、噪声小和工作稳定。缺点是在冷水硬度较大时,锅炉容易结垢。这种方式的热水罐安装高度,最少应使罐底高出锅炉顶部 10cm。

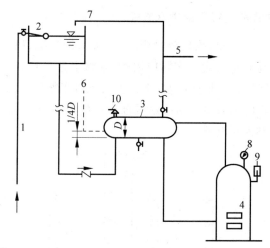

1—给水；2—给水箱；3—热水罐；4—锅炉；5—热水；6—回水；
7—膨胀管；8—压力表；9—温度计；10—安全阀
图 9-3　热水锅炉直接混合式加热方式

图 9-4 所示为蒸汽与被加热水直接混合的加热方式。它采用多孔管或蒸汽水射器输送蒸汽与冷水混合。多孔管加热冷水噪声大,水射器的噪声小。这种方式热效率高,设备简单,维修方便,但凝水不能回收,因此要求蒸汽中不能含有危害人体皮肤的杂质,否则不能直接使用。

2）间接加热

间接加热包括自然循环和机械循环两种方式。

自然循环方式,即利用热水管网中配水管和回水管内的温度差所形成的自然循环作用水头(自然压力),使管网内维持一定的循环流量,以补偿热损失,保持一定的供水温度。因

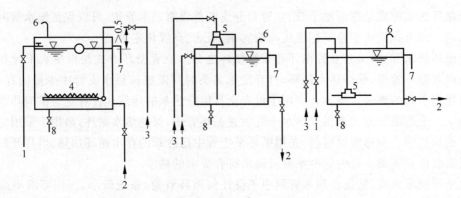

1—给水；2—热水；3—蒸汽；4—多孔管；5—消声汽水混合器；6—排气管；7—溢水管；8—泄水管

图 9-4　汽、水直接混合加热方式

一般配水管与回水管内的水温差仅为 5～10℃，自然循环作用水头值很小，所以实际使用自然循环的很少，尤其是中、大型建筑采用自然循环有一定的困难。

机械循环方式，即利用水泵强制水在热水管网内循环，造成一定的循环流量，以补偿管网热损失，维持一定的水温。目前实际运行的热水供应系统，多数采用这种循环方式。

3. 下行上给供水方式和上行下给供水方式

选用何种热水供水方式，应根据建筑物用途、热源供给情况、热水用量和卫生器具的布置情况进行技术和经济比较后确定。实际应用时，常将上述各种方式按照具体情况进行组合。图 9-5 所示为热水锅炉直接加热冷水、下行上给机械半循环热水供应方式，适用于定时供水的公共建筑。图 9-6 所示为蒸汽与冷水混合制备热水，干管上行下给不循环方式，适用于公共浴室等定时供应热水的建筑。

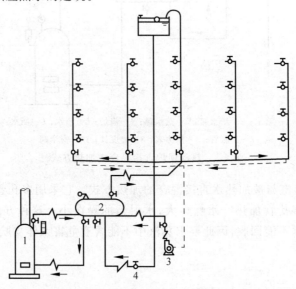

1—热水锅炉；2—热水储罐；3—循环泵；4—给水管

图 9-5　热水锅炉直接加热干管下行上给机械半循环方式

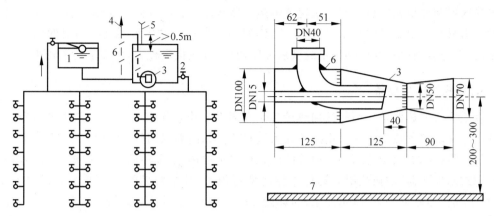

1—冷水箱；2—加热水箱；3—消声喷射器；4—排气阀；5—透气管；6—蒸汽管；7—热水箱底

图 9-6 蒸汽与冷水混合直接加热上行下给方式

热水供应系统方式，必须根据建筑物性质、需供应热水的卫生器具种类和数量、热水用水量标准、热源的情况、冷水供给方式等多种因素来确定。

9.4 加热设备、管材及附件

9.4.1 加热设备

热水系统中，将冷水加热到设计需要温度的热水，通常采用加热设备来完成。加热设备是热水系统的重要组成部分，必须根据工程当地所具备的热源条件和系统要求，合理选择加热设备，以保证热水系统的安全、经济、适用。

热水供应系统的加热方式可分为一次换热和二次换热。一次换热是热源将常温水一次性热交换到所需温度的热水，其主要加热设备有燃煤（燃油、燃气）热水锅炉、燃气热水器、电热水器等。二次换热是热源第一次先生产出热媒（饱和蒸汽或高温热水），热媒再通过换热设备进行第二次热交换，其主要设备有容积式水加热器、快速式水加热器、半容积式水加热器和半即热式水加热器等。此外还有太阳能热水器。

1. 燃煤热水锅炉

燃煤热水锅炉有立式和卧式两种，立式锅炉有横水管、横火管（考克兰）、直水管、弯水管之分；卧式锅炉有外燃回水管、内燃回水管（兰开夏）、快装卧式内燃锅炉等几种。燃煤锅炉使用燃料的价格低，成本低，但存在烟尘和煤渣，会对环境造成污染，不适于在建筑内设备层中使用。燃煤锅炉中，快装卧式（KZG）内燃锅炉具有热效率较高、体积小和安装方便等优点。

2. 燃油（燃气）锅炉

燃油（燃气）锅炉具有体积小，燃烧器工作全部自动化，传热充分，供水系统简单，排污总量少，管理方便等优点，热效率高达 90% 以上。对环境有一定要求的建筑物可考虑选用。

3. 电热水器

电热水器是把电能通过电阻丝变成热能加热冷水的设备，常用的电热水器可分为快速式电热水器和容积式电热水器。快速式电热水器无储水容器或储水容器较小,不需预热,可随时产出具有一定温度的热水,使用方便,体积小。容积式电热水器具有一定的储水容积,使用前需预热,当储备水达到一定温度后才能使用,其热损失较大,但要求功率较小。

4. 容积式水加热器

容积式水加热器是一种间接加热设备。内部设有换热管束并具有一定储热容积,既可加热冷水又能储备热水。常采用的热媒为饱和蒸汽和高温水,有立式和卧式之分,图 9-7 所示为卧式容积式加热器的结构。但传统的容积式水加热器(采用两行程 U 形管为换热元件的容积式水加热器)的换热能力远低于导流型容积式(其结构见图 9-8)或半容积式水加热器,由于其传热效果差,有冷水滞水区,耗能、耗材、占地大,因此逐渐被导流型容积式或半容积式水加热器所取代。

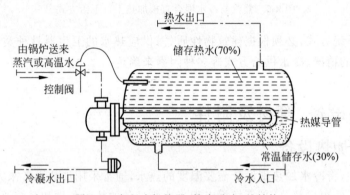

图 9-7 容积式加热器(管壳卧式)的结构

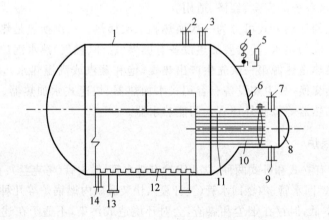

1—罐体;2—安全阀接管口;3—热水出水管管口;4—压力表;5—温度表;
6—温包管管口;7—热媒入口管口;8—管箱;9—热媒出口管口;10—U 形换热管;
11—固定板;12—导流装置;13—支座;14—冷水进水兼排污泄水管口
图 9-8 卧式导流型容积式水加热器的结构

5. 快速式水加热器

快速间接加热方式也是一种常用的加热方式,适用于有热力网用水量大的工业或公共建筑。其优点是占地少、热效率高；缺点是水温变化快。为克服水温变化快的缺点，可配置热水储罐。快速加热器有汽-水和水-水两种类型，前者采用的热媒为蒸汽，后者采用的热媒为水。按结构的不同，快速加热器又可分为多管式及单管式两种，如图9-9和图9-10所示。

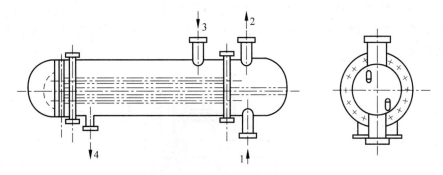

1—冷水；2—热水；3—蒸汽；4—凝水

图9-9　多管式汽-水快速加热式加热器的结构

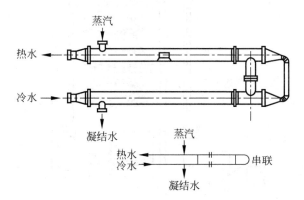

图9-10　单管式汽-水快速加热式加热器的结构

快速加热和容积式加热方式，都是在密闭有压设备中加热冷水。也可以在开式水箱中设置加热盘管或排管来加热冷水。

6. 半容积式水加热器

半容积式水加热器是具有适量储存和调节容积的内藏式容积式水加热器，其储热水管与快速换热器隔离，被加热水在快速换热器内迅速加热后进入储热水罐，当管网中热水用水量小于设计用水量时，热水一部分流入管底被重新加热。其结构如图9-11所示。

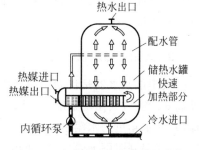

图9-11　半容积式水加热器的结构

7. 半即热式水加热器

半即热式水加热器是带有超前控制，具有少量储存容积的快速式水加热器，其结构如图9-12所示。热媒蒸汽经控制阀和底部入口通过立管进入各并联管，冷凝水入立管后由底部流出，冷水从底部经孔板入罐，同时有少量冷水进入分流管。入罐冷水经转向器均匀进入罐底并向上流过盘底得到加热，热水由上部出口流出。部分热水在顶部进入感温管开口端,冷水以与热水用量成比例的流量由分流管同时入感温管,感温元件读出热水输出温度。只要一有热水需求,热水出口处的水温尚未下降,感温元件就能发出信号开启控制阀,具有预测性。由于加热盘管内的热媒不断改向,加热时盘管颤动,形成局部紊流区,属于"紊流加热",故传热系数大,换热速度快,又具有预测温控装置,所以其热水储存容量小,仅为半容积式水加热器的1/5。同时,由于盘管内外温差的作用,盘管不断收缩、膨胀,可使传热面上的水垢自动脱落。

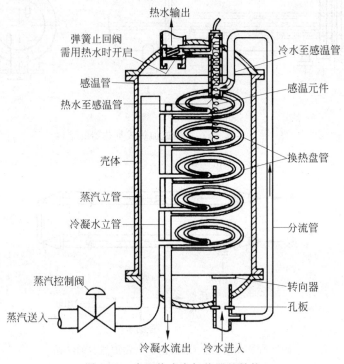

图 9-12　半即热式水加热器的结构

半即热式水加热器具有使用快速加热杯加热水、浮动盘管自动除垢的优点,其热水出水温度一般能控制在±2.2℃内,且体积小,节省占地面积,适用于各种不同负荷需求的机械循环热水供应系统。

8. 太阳能热水器

太阳能热水器是将太阳能转换成热能并将水加热的装置。其工作原理是:太阳能集热器高效地吸收太阳辐射能,由此转变的热能流经集热板中的水箱,通过上、下循环形成自然流动,使水箱里的水温不断升高。水箱外面有保温层,可使水箱内的水温在12h内降温不到5℃。若遇到阴雨天,自动电加热部分选择性的启闭,可最大限度地节约电能。其优点是:结构简单,维护方便,安全卫生,不存在环境污染问题;不需人操作,可满足宾馆、旅馆、学校等单位人员同时用热水;安装在楼顶上,有隔热效果;保温热水箱有蓄水作用,供停水时使用;使用期长达14~15年,既经济又方便,太阳能产生的热水可以用来煮饭菜、洗衣服、洗碗碟、烧开水等,可节约大量的电费和燃料。其缺点是:受天气、季节、地理位置等影响不能连续稳定运行,为满足用户要求需配置储热和辅助加热措施,占地面积较大,因此布置受到一定的限制。

太阳能热水器按组合形式分为装配式和组合式两种。装配式太阳能热水器一般为小型热水器,即将集热器、储热水箱和管路由工厂装配出售,它适用于家庭和分散使用场所,目前市场上有多种产品,见图9-13。组合式太阳能热水器,即将集热器、储热水箱、循环水泵、辅助加热设备按系统要求分别设置而组成,它适用于大面积供应热水系统和集中供应热水系统,见图9-14、图9-15、图9-16。

图 9-13　装配式太阳能热水器

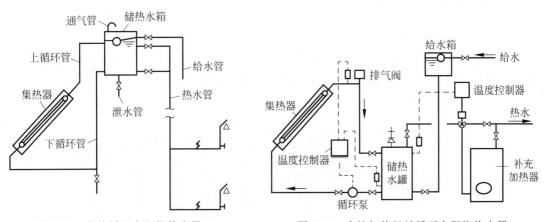

图 9-14　自然循环太阳能热水器　　　　图 9-15　直接加热机械循环太阳能热水器

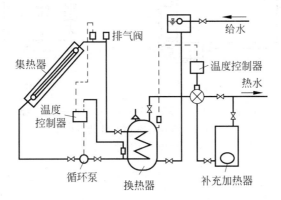

图 9-16　间接加热机械循环太阳能热水器

9.4.2　常用管材

热水系统采用的管材和管件应符合现行产品标准的要求。管道的工作压力和工作温度不得大于产品标准标定的允许工作压力和工作温度。

热水管道应选用耐腐蚀和安装连接方便可靠的管材,可采用薄壁不锈钢管、薄壁铜管、塑料热水管、复合热水管等。

可选择的管材要求如下:

(1) 聚丙烯(PP-R)管应采用公称压力不低于 2.0MPa 等级的管材、管件。

(2) 交联聚乙烯(PEX)管的使用温度与允许工作压力及使用寿命参见有关规定。

(3) PVC-C 管:多层建筑可采用 S5 系列,高层建筑可采用 S4 系列(不得用于主干管和泵房),室外可采用 S5 系列。

当选用塑料热水管或塑料和金属复合热水管材时,应符合下列要求:

(1) 管道的工作压力应按相应温度下的允许工作压力选择。

(2) 设备机房内的管道不应采用塑料热水管。

9.4.3　附件

1. 排气装置

上行下给式系统的配水干管的最高处及向上抬高的管段应设自动排气阀,阀下设检修用阀门。下行上给式系统可利用最高配水点放气,当入户支管上有分户计量表时,应在各供水立管顶设自动排气阀。图 9-17(a)所示为自动排气阀的结构,图 9-17(b)所示为其装设位置。

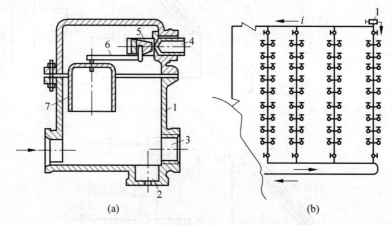

(a)　　　　　　　　　　　　(b)

1—排气阀体;2—直角安装出水口;3—水平安装出水口;4—阀座;5—滑阀;6—杠杆;7—浮钟

图 9-17　自动排气阀及其装设位置

(a) 结构;(b) 装设位置

2. 泄水装置

在热水管道系统的最低点及向下凹的管段应设泄水装置或利用最低配水点泄水。

3. 自动温度调节装置

水加热设备的热媒管道上均应安装温度自动调节装置,如图 9-18 所示,其温度调节范围有:0~50℃,20~70℃,50~100℃,70~120℃,100~150℃。

容积式、半容积式水加热器内被加热水的温度波动幅度应≤±5℃；半即热式、快速式水加热器内被加热水的温度波动幅度应≤±3℃。带有自动控制的燃油、燃气热水机组必须配套装设完善可靠的温度自动调节装置。

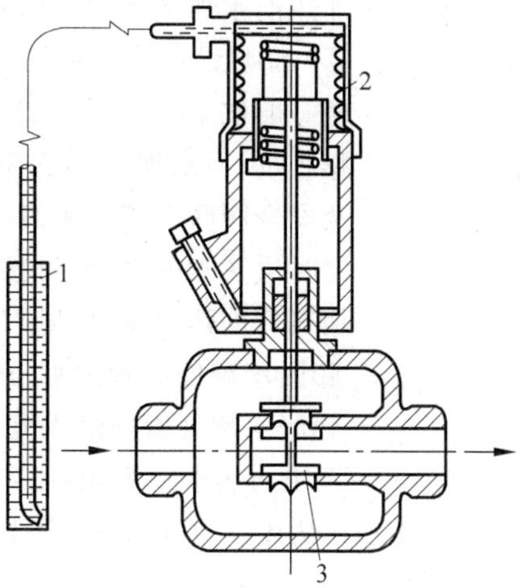

4. 温度计

水加热设备、储水器和冷热水混合器上以及水加热间的热水供回水干管上均应安装温度计，温度计的刻度范围应为工作温度范围的 2 倍。

温度计安装的位置应方便读取数据。

5. 压力表

密闭系统中的水加热器、储水器、锅炉、分汽缸、分水器、集水器、压力容器设备均应装设压力表。此外，热水加压泵、循环水泵的出水管上（必要时含吸水管）应装设压力表。压力表的精度不应低于 2.5 级，即允许误差为表刻度极限值的 1.5%。压力表盘刻度极限值宜为工作压力的 2 倍，表盘直径不应小于 100mm。用于水蒸气介质的压力表，在压力表与设备之间应装存水弯管。

装设位置应便于操作人员观察与清洗，且应避免受辐射热、冻结或振动的不利影响。

1—温包；2—感温元件；3—调压阀
图 9-18　温度自动调节器的结构

6. 安全阀

日用热水量≤10m³ 的热水供应系统可采用安全阀泄压的措施。承压热水锅炉应设安全阀，并由制造厂配套提供。

水加热器宜采用微启式弹簧安全阀，安全阀应设防止随意调整螺丝的装置。安全阀的开启压力，一般取热水系统工作压力的 1.1 倍，但不得大于水加热器本体的设计压力。（注：水加热器的本体设计压力一般分为 0.6MPa、1.0MPa、1.6MPa 三种规格。）

安全阀的直径应比计算值放大一级；一般实际工程应用中，对于水加热器用的安全阀，其阀座内径可比水加热器热水出水管管径小 1 号。安全阀应直立安装在水加热器的顶部。安全阀与设备之间不得装取水管、引气管或阀门。

安全阀装设位置应便于检修，其排出口应设导管将排泄的热水引至安全地点。

7. 膨胀水罐

膨胀水罐用以吸收储热设备及管道内水升温时的膨胀量，防止系统超压，保证系统的安全运行。一般形式为隔膜式压力膨胀水罐、胶囊式压力膨胀水罐。通常设置在水加热器和止回阀之间的冷水进水管以及热水回水管的分支管上。

膨胀水罐总容积按下式计算：

$$V = \frac{(\rho_1 - \rho_2)P_2}{(P_2 - P_1)\rho_2} V_c \tag{9-1}$$

式中：V——膨胀水罐总容积，L。

ρ_1——加热前水加热储热器内水的密度，kg/L。相应 ρ_1 的水温可按下述情况设计计算：加热设备为多台的全日制热水供应系统，可按最低热水回水温度计算，其值一般取 40～50℃。即膨胀水罐只考虑正常供水状态下吸收系统内水温升的膨胀量，而水加热设备开始升温阶段的膨胀量及其引起的超压可由膨胀水罐及安全阀联合工作来解决，借以减少膨胀水罐的容积。加热设备为单台，且为定时供热水的系统，可按进加热设备的冷水温度 t_L 计算。

ρ_2——加热后的热水密度，kg/L。

P_1——膨胀水罐处的管内水压力（绝对压力），MPa。

P_2——膨胀水罐处管内最大允许压力（绝对压力），MPa，其数值可取 $1.05\rho_1$。

V_c——系统内热水总容积，L。当管网系统不大时，V_c 可按水加热设备的容积计算。

表 9-1 所示为 $V_c=1000\text{L}$ 时，不同压力变化条件下的 V 值，可供设计计算参考。

表 9-1　不同压力变化时的 V 值

$\dfrac{\rho_2}{\rho_2-\rho_1}$	10	12	14	16	18	20	22	24	26	28	30
V_1/L	71	85	100	114	128	142	157	171	185	199	241
V_2/L	168	201	235	265	302	335	369	402	436	470	503

注：V_1 为按水加热设备加热前、后的水温 45℃、60℃计算的总容积 V 值；V_2 为按水加热设备加热前、后的水温 10℃、60℃计算的总容积 V 值。

8. 疏水器

在蒸汽的凝结水管段上应装设疏水器，这样既可使蒸汽凝结水及时排放，又能防止蒸汽漏失。热水系统通常采用高压疏水器，分为浮筒式、吊桶式、热动力式、脉冲式、温调式等。

图 9-19 所示为吊桶式疏水器。其工作原理为：动作前吊桶下垂，阀孔开启，吊桶上的快速排气孔也开启。当凝结水进入后，吊桶内、外的凝结水由阀孔排出。一旦凝结水中混有蒸汽进入疏水器，则吊桶内的双金属片受热膨胀而把吊桶上的孔眼关闭。进入疏水器中的蒸汽越多，吊桶内充气也越多，疏水器内逐渐增多的凝结水会浮起吊桶。吊桶上浮，关闭了阀孔，即阻止蒸汽和凝结水排出。随着吊桶内蒸汽因散热变为冷凝水，吊桶内双金属片又收缩而打开吊桶孔眼，吊桶内的充气被排放，吊桶下落而开启阀孔排凝结水。如此反复间歇工作，就可以起到排出凝结水，阻止蒸汽流出的作用。

图 9-20 所示为热动力式疏水器。它的工作原理是：利用进入阀体的蒸汽和凝结水使阀片上下两边产生压力差而使阀片升、落，从而排出凝结水，阻止蒸汽流出。

在用蒸汽作热媒间接加热的水加热器、开水器的凝结水回水管上，应每台单独设疏水器。但能确保凝结水出水温度不大于 80℃ 的设备可以不装疏水器。蒸汽管向下凹处的下部、蒸汽立管底部应设疏水器，以及时排掉管中积存的凝结水。疏水器前应设过滤器以确保其正常工作，一般不装旁通阀。仅作排出管中冷凝积水用的疏水器可选用 DN15、DN20 的疏水器。

疏水器宜在靠近用汽设备并便于维修的地方装设。疏水器后的少量凝结水直接排放时，应将泄水管引至排水沟等有排水设施的地方。

倒吊桶式疏水阀动作步骤示意

■蒸汽 ■凝结水 ▨空气 ▨闪蒸蒸汽

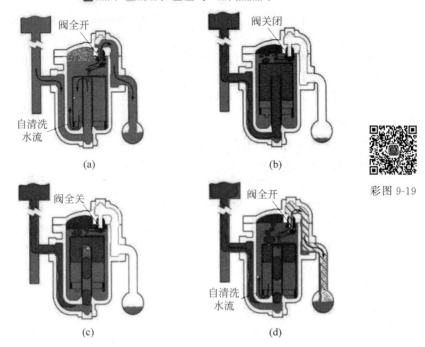

(a)

(b)

彩图 9-19

(c)

(d)

图 9-19 吊桶式疏水器

(a) 蒸汽疏水阀安装在蒸汽加热设备与凝结水回水集管之间。开车时,桶在底部、阀门全开,凝结水进入疏水阀后流到桶底,充满阀体,全部浸没桶体,然后,凝结水通过全开阀门排至回水集管。(b) 蒸汽也从桶体底部进入疏水阀,占据桶体内的顶部,产生浮力。桶体慢慢升起,逐渐向阀座方向移动杠杆,直到完全关闭阀门。空气和二氧化碳气体通过桶体的排气小孔,聚集在疏水阀的顶部,从排气孔排出的蒸汽,都会因疏水阀的散热而凝结。(c) 当进来的凝结水开始充满桶体时,桶体开始对杠杆产生一个拉力。随着凝结水位不断升高,产生的力不断增加,直到能够克服压差,打开阀门。(d) 阀门开始打开,作用在阀瓣上的压差就会减小,桶体将迅速下降,使阀门全开。积聚在疏水阀顶部的不凝性气体先排出,然后凝结水排出。水流从桶体流出时,带动污物一起流出疏水阀。凝结水排放的同时,蒸汽重新开始进入疏水阀,新的一个周期开始了。

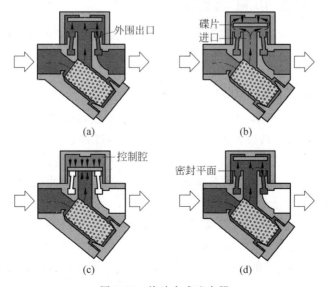

(a)

(b)

(c)

(d)

图 9-20 热动力式疏水器

9. 分水器、集水器、分汽缸

多个热水、多个蒸汽管道系统或多个较大热水、蒸汽用户均应设置分水器、分汽缸，凡设分水器、分汽缸的热水、蒸汽系统的回水管上宜设集水器。分水器、分汽缸、集水器宜设置在热交换间、锅炉房等设备用户内，以方便维修、操作。

10. 热水供应系统管道的阀门设置

在下列管道上应设置阀门：
(1) 配水立管和回水立管上；
(2) 居住建筑和公共建筑中从立管接出的支管上；
(3) 配水点超过 5 个的支管上；
(4) 加热设备、储水器、自动温度调节器和疏水器等的进、出水管上；
(5) 配水干管上根据运行管理和检修要求应设置适当数量的阀门。
在下列管道上应设置止回阀：
(1) 水回热器、储水器的冷水供水管上；
(2) 机械循环系统的第二循环回水管上；
(3) 加热水箱与冷水补充水箱的连接管上；
(4) 混合器的冷、热水供水管上；
(5) 有背压的疏水器后面的管道上；
(6) 循环水泵的出水管上。

11. 水表

为计算热水总用水量，应在水加热设备的冷水供水管上装设冷水表；对成组和个别用水点，可在其热水供水支管上装设热水水表。水表应安装在便于观察及维修的地方。

9.5 热水管网的布置与敷设

热水管网的布置与敷设，除了满足给(冷)水管网敷设的要求外，还应注意由于水温高带来的体积膨胀、管道伸缩补偿、保温和排气等问题。

9.5.1 热水管网的布置

对于下行上给的热水管网，水平干管可敷设在室内底沟内，或地下室顶部。对于上行下给的热水管网，水平干管可敷设在建筑最高吊顶或专用设备技术层内。干管的直线段应设置足够的伸缩器，上行下给式系统配水干管最高点应设置排气装置，下行上给式配水系统可利用最高配水点放气。下行上给式系统设有循环管道时，其回水立管可在最高点以下(约 0.5m)与配水立管连接；上行下给式系统可将循环管道与各立管连接。为便于排气和泄水，热水横管均应有与水流相反的坡度，其值一般 ≥0.003，并在管网的最低处设泄水阀门，以便检修时泄空管网存水。为保证配水点的水温需平衡冷水水压，热水管道通常与冷水管道平行布置，热水管道在上、左，冷水管道在下、右。为使整个热水供应系统的水温均匀，可按同程式方式来进行管网布置。

高层建筑热水供应系统应与冷水给水系统一样,采用竖向分区,这样才能保证系统内的冷热水压力平衡,便于调节冷、热水混合龙头的出水温度,且要求各区的水加热器和储水器的进水均应由同区的给水系统供应。若需减压则减压的条件和采取的具体措施与高层建筑冷水给水系统相同。

9.5.2 热水管网的敷设

(1) 热水管网的敷设,根据建筑的使用要求,可采取明装和暗装两种形式。明装管道尽可能敷设在卫生间、厨房,沿墙、梁、柱敷设。暗装管道可敷设在管道竖井或预留沟槽内。

(2) 热水立管与横管(水平干管)连接处,为避免管道伸缩应力破坏管网,立管与横管相连应采用"乙"字形弯管,如图 9-21 所示。

(3) 热水管道在穿楼板、基础和墙壁处应设套管,让其可以自由伸缩。穿楼板的套管应视其地面是否积水来判断其位置。若地面有积水可能时,套管应高出地面 50~100mm,以防止顺套管缝隙向下流水。

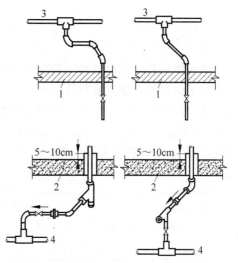

1—给水;2—热水;3—蒸汽;4—多孔管

图 9-21 热水立管与水平干管的连接方式

(4) 水加热设备的上部、热媒出口管上、储热水罐和冷热水混合器,应装温度计、压力表;热水循环的进水管上应装温度计及控制循环泵开停的温度传感器;热水箱应装温度计、水位计;压力容器设备应装安全阀,安全阀的接管直径应经计算确定,并应符合锅炉及压力容器的有关规定,安全阀的泄水管应引至安全处且不得在泄水管上装设阀门。

(5) 有集中供应热水的住宅应装设分户热水水表。

(6) 为调节及平衡热水管网的循环流量和检修时缩小停水范围,热水管网应在下列管段上装设阀门:

① 与配水、回水干管连接的分支干管;

② 配水立管和回水立管;

③ 从立管接出的直管;

④ 室内热水管道向住户、公用卫生间等接出的配水管的起端;

⑤ 与水加热设备、水处理设备的进、出水管及系统用于温度、流量、压力等控制阀件连接处的管段上按其安装要求配置阀门。

(7) 热水管应在如图 9-22 所示的管段上装设止回阀。

9.5.3 热水供应系统的保温

热水供应系统中的水加热设备,储水型热水器、热水箱,热水供水管、立管,机械循环的回水干、立管,有冰冻可能的自然循环回水干、立管,均应保温,其主要目的在于减少介质传送过程中的热损失。

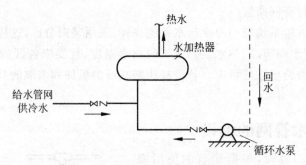

图 9-22　热水管道上止回阀的位置

热水供应系统保温材料应符合导热系数小、具有一定的机械强度、质量小、没有腐蚀性、易于加工成型及可就地取材等要求。

热水配/回水管、热媒水管常用的保温材料为岩棉、超细玻璃棉、硬聚氨酯、橡塑泡棉等材料,其保温层厚度可参照表 9-2 采用。蒸汽管用珍珠岩管壳保温时,其厚度见表 9-3。水加热器、开水器等设备采用岩棉制品、硬聚氨酯发泡塑料等保温时,保温层厚度可为 35mm。

表 9-2　热水配/回水管、热媒水管保温层厚度

管道直径 DN/mm	热水配/回水管				热媒水、蒸汽凝结水管	
	15～20	25～50	65～100	＞100	≤50	＞50
保温层厚度/mm	20	30	40	50	40	50

表 9-3　蒸汽管保温层厚度

管道直径 DN/mm	≤40	50～65	≥80
保温层厚度/mm	50	60	70

管道和设备在保温之前,应进行防腐蚀处理。保温材料与管道或设备的外壁紧密相贴密实,并在保温层外面做防护层。如遇管道转弯处,其保温应做伸缩缝,缝内填柔性材料。

9.6　水温、水质及热水用水量定额

9.6.1　热水用水温度

1. 冷水的计算温度

冷水的计算温度,应以当地最冷月平均水温资料确定。当无水温资料时,可按表 9-4 采用。

表 9-4　冷水计算温度

地　　区	地面水温度/℃	地下水温度/℃
黑龙江、吉林、内蒙古的全部,辽宁的大部分,河北、山西、陕西偏北部分,宁夏偏东部分	4	6～10

续表

地　　区	地面水温度/℃	地下水温度/℃
北京、天津、山东全部，山西、陕西的大部分，河北北部，甘肃、宁夏、辽宁的南部，青海偏东和江苏偏北的一小部分	4	10～15
上海、浙江全部，江西、安徽、江苏的大部分，福建北部，湖南、湖北东部、河南南部	5	15～20
广东、台湾省全部，广西大部分，福建、云南的南部	10～15	20
重庆、贵州全部，四川、云南的大部分，湖南、湖北的西部，陕西和甘肃秦岭以南地区，广西偏北的一小半部分	7	15～20

2. 热水供水温度和使用温度

热水（供水）温度，是指热水供应设备（如热水锅炉、水加热器）的出口温度。最低供水温度，应保证热水管网最不利配水点的水温不低于使用水温要求，一般不低于55℃。最高供水温度，应便于使用，过高的供水温度虽可增加蓄热量，减少热水供应量，但也会增大加热设备和管道的热损失，增加管道腐蚀和结垢的可能性，并易引发烫伤等事故。根据水质处理情况，加热设备出口的最高水温和配水点最低水温可按表9-5采用。

表 9-5　直接供应热水的热水锅炉、热水机组或水加热器出口的最高水温和配水点的最低水温

水质处理情况	热水锅炉、热水机组或水加热器出口的最高水温/℃	配水点最低水温/℃
原水水质无须软化处理，原水水质需水质处理且进行水质处理	75	50
原水水质需水质处理但未进行水质处理	60	50

注：当热水供应系统只供淋浴和盥洗用水，不供洗涤盆（池）洗涤用水时，其相应的所需水温参见表9-6。

表 9-6　盥洗用、淋浴用的热水水温

用 水 对 象	热水水温/℃
盥洗用（包括洗脸盆、盥洗槽、洗手盆用水）	30～35
淋浴用（包括浴盆、淋浴器用水）	37～40
洗涤用（包括洗涤盆、洗涤池用水）	≈50

9.6.2　热水水质

生活用热水的水质，应符合现行《生活饮用水卫生标准》（GB 5749—2006）的要求。由于水在加热后钙、镁离子受热析出，在设备和管道内结垢，水中的溶解氧也因受热而逸出，会加速金属管材的腐蚀，因此，对被加热水，应根据水量、水质、使用要求与管理、工程投资及设备维修和设备折旧率等多种因素，来确定是否需要进行水质处理。

生产用热水的水质，应根据生产工艺要求确定。

（1）洗衣房日用热水量（按60℃计）大于或等于10m³且原水总硬度（以碳酸钙计）大于

300mg/L 时,应进行水质软化处理;原水总硬度(以碳酸钙计)为 150～300mg/L 时,宜进行水质软化处理。

(2) 其他生活日用热水量(按 60℃计)大于或等于 10m³ 且原水总硬度(以碳酸钙计)大于 300mg/L 时,宜进行水质软化或稳定处理。

(3) 经软化处理后的水质总硬度宜为:洗衣房用水 50～100mg/L;其他用水 75～150mg/L。

(4) 水质稳定处理应根据水的硬度、适用流速、温度、作用时间或有效长度及工作电压等选择合适的物理处理或化学稳定剂处理方法。

(5) 系统对溶解氧控制要求较高时,宜采用除氧措施。

传统的水质软化处理方法有药剂法和离子交换法两类。近年来,国内已开发生产出聚磷酸盐水稳剂、超强磁水器、静电除垢器、电子除垢器、碳铝水处理器、防腐消声处理器等多种新型的水处理装置,除氧装置也在一些热水用水量较大的高级宾馆等建筑中采用。

9.6.3　热水用水定额

热水用水定额分生产和生活两大类。生产用水量按生产工艺确定。集中供应热水时,生活用热水用水定额,按照《建筑给水排水设计标准》(GB 50015—2019)的规定确定,见表 9-7。如以建筑物内卫生器具确定热水用量,则可按卫生器具一次和小时热水用水定额计,见表 9-8。

表 9-7　热水用水定额

序号	建筑物名称		单位	用水量/L		使用时间/h
				最高日	平均日	
1	普通住宅	有自备热水供应和淋浴设备	每人每日	40～80	20～60	24
		有集中热水供应和淋浴设备		60～100	25～70	
2	别墅		每人每日	70～110	30～80	24
3	酒店式公寓		每人每日	80～100	65～80	24
4	宿舍	居室内设卫生间	每人每日	70～100	40～55	24 或定时供应
		设公用盥洗卫生间		40～80	35～45	
5	招待所、培训中心、普通旅馆	设公用盥洗室	每人每日	25～40	20～30	24 或定时供应
		设公用盥洗室和淋浴室		40～60	35～45	
		设公用盥洗室、淋浴室和洗衣室		50～80	45～55	
		设单独卫生间、公用洗衣室		60～100	50～70	
6	宾馆客房	旅客	每床位每日	120～160	110～140	24
		员工	每人每日	40～50	35～40	8～10

续表

序号	建筑物名称		单位	用水量/L		使用时间/h
				最高日	平均日	
7	医院住院部	设公共盥洗室	每一病床每日	60～100	40～70	24
		设公用盥洗室和淋浴室	每一病床每日	70～130	65～90	24
		病房设单独卫生间	每一病床每日	110～200	110～140	24
		医务人员	每人每班	70～130	65～90	8
	门诊部、诊疗所	患者	每患者每次	7～13	3～5	8～12
		医务人员	每人每班	40～60	30～50	8
		疗养院、休养所住房部	每床位每日	100～160	90～110	24
8	养老院、托老所	全托	每床位每日	50～70	45～55	24
		日托		25～40	15～20	10
9	幼儿园、托儿所	有住宿	每儿童每日	25～50	20～40	24
		无住宿		20～30	15～20	10
10	公共浴室	淋浴	每顾客每次	40～60	35～40	12
		淋浴、浴盆		60～80	55～70	
		桑拿浴（淋浴、按摩池）		70～100	60～70	
11	理发室、美容院		每顾客每次	20～45	20～35	12
12	洗衣房		每千克干衣	15～30	15～30	8
13	餐饮业	中餐酒楼	每顾客每次	15～20	8～12	10～12
		快餐店、职工及学生食堂		10～12	7～10	12～16
		酒吧、咖啡厅、茶座、卡拉OK房		3～8	3～5	8～18
14	办公楼	坐班制办公	每人每班	5～10	4～8	8～10
		公寓式办公	每人每日	60～100	25～70	10～24
		酒店式办公		120～160	55～140	24
15	健身中心		每人每次	15～25	10～20	8～12
16	体育场（馆）	运动员淋浴	每人每次	17～26	15～20	4
17	会议厅		每座位每次	2～3	2	4

注：（1）热水温度按60℃计；

（2）表内所列用水定额均已包括在给水用水定额中；

（3）本表以60℃热水水温为计算温度，卫生器具的使用水温见表9-8。

表9-8 卫生器具的一次和小时热水用水定额及水温

序号	卫生器具名称		一次用水量/L	小时用水量/L	使用水温/℃
1	住宅、旅馆、别墅、宾馆、酒店式公寓	带有淋浴器的浴盆	150	300	40
		无淋浴器的浴盆	125	250	
		淋浴器	70～100	140～200	37～40
		洗脸盆、盥洗槽水嘴	3	30	30
		洗涤盆（池）	—	180	50

序号	卫生器具名称		一次用水量/L	小时用水量/L	使用水温/℃
2	集体宿舍、招待所、培训中心	淋浴器 有淋浴小间	70～100	210～300	37～40
		淋浴器 无淋浴小间	—	450	37～40
		盥洗槽水嘴	3～5	50～80	30
3	餐饮业	洗涤盆(池)	—	250	50
		洗脸盆 工作人员用	3	60	30
		洗脸盆 顾客用	—	120	30
		淋浴器	40	400	37～40
4	幼儿园、托儿所	浴盆 幼儿园	100	400	35
		浴盆 托儿所	30	120	35
		淋浴器 幼儿园	30	180	35
		淋浴器 托儿所	15	90	35
		盥洗槽水嘴	15	25	30
		洗涤盆(池)	—	180	50
5	医院、疗养院、休养所	洗手盆	—	15～25	35
		洗涤盆(池)	—	300	50
		淋浴器	—	200～300	37～40
		浴盆	125～150	250～300	40
6	公共浴室	浴盆	125	250	40
		淋浴器 有淋浴小间	100～150	200～300	37～40
		淋浴器 无淋浴小间	—	450～540	37～40
		洗脸盆	5	50～80	35
7	办公楼洗手盆		—	50～100	35
8	理发室、美容院洗脸盆		—	35	35
9	实验室	洗脸盆	—	60	50
		洗手盆	—	15～25	30
10	剧场	淋浴器	60	200～400	37～40
		演员用洗脸盆	5	80	35
11	体育场馆淋浴器		30	300	35
12	工业企业生活间	淋浴器 一般车间	40	360～540	37～40
		淋浴器 脏车间	60	180～480	40
		洗脸盆 一般车间	3	90～120	30
		盥洗槽水嘴 脏车间	5	100～150	35
13	净身器		10～15	120～180	30

注：(1) 一般车间是指现行《工业企业设计卫生标准》(GBZ 1—2010)中规定的 3、4 级卫生特征的车间,脏车间指该规定中的 1、2 级卫生特征的车间;

(2) 学生宿舍等建筑的淋浴间,当使用 IC 卡计费用水时,其一次用水量和小时用水量可按表中数值的 25%～40% 取值。

9.7 耗热量、热水量、热媒耗量计算

耗热量、热水量和热媒耗量是热水供应系统中选择设备和进行管网计算的主要依据。

9.7.1 耗热量计算

《建筑给水排水设计标准》(GB 50015—2019)规定的设计小时耗热量应按下列规定计算。

(1) 设有集中热水供应系统的居住小区的设计小时耗热量,应按下列规定计算:

① 当居住小区内配套公共设施的最大用水时时段与住宅的最大用水时时段一致时,应按两者的设计小时耗热量叠加计算;

② 当居住小区内配套公共设施的最大用水时时段与住宅的最大用水时时段不一致时,应按住宅的设计小时耗热量加配套公共设施的平均小时耗热量叠加计算。

集中热水供应系统的设计小时耗热量,应根据用水情况和冷、热水温差计算。

(2) 全日供应热水的宿舍(居室内设卫生间)、住宅、别墅、酒店式公寓、招待所、培训中心、旅馆、宾馆的客房(不含员工)、医院住院部、养老院、幼儿园、托儿所(有住宿)、办公楼等建筑的集中热水供应系统的设计小时耗热量应按下式计算:

$$Q_h = K_h \frac{m q_r C (t_r - t_l) \rho_r}{T} C_r \qquad (9\text{-}2)$$

式中,Q_h——设计小时耗热量,kJ/h;

m——用水计算单位数,人数或床位数;

q_r——热水用水定额,L/(人·天)或 L/(床·天)等,按表 9-7 选用;

C——水的比热容,$C = 4.187$ kJ/(kg·℃);

t_r——热水温度,$t_r = 60$℃;

t_l——冷水计算温度,℃,按表 9-4 选用;

ρ_r——热水密度,kg/L;

K_h——热水小时变化系数,可按表 9-9 采用。

C_r——热水供应系统的热损失系数,$C_r = 1.10 \sim 1.15$。

表 9-9 热水小时变化系数 K_h 值

类别	住宅	别墅	酒店式公寓	宿舍(居室内设卫生间)	招待所培训中心、普通旅馆	宾馆	医院、疗养院	幼儿园、托儿所	养老院
热水用水定额/[L/人(床)·d]	60~100	70~110	80~100	70~100	25~40 40~60 50~80 60~100	120~160	60~100 70~130 110~200 100~160		50~70
使用人(床)数	100~6000	100~6000	150~1200	150~1200	150~1200	150~1200	50~1000	50~1000	50~1000
K_h	4.8~2.75	4.21~2.47	4.00~2.58	4.80~3.20	3.84~3.00	3.33~2.60	3.63~2.56	4.80~3.20	3.20~2.74

(3) 定时集中供应热水的工业企业生活间、公共浴室、宿舍(设公用盥洗卫生间)、剧院化妆间、体育场(馆)运动员休息室等建筑的集中热水供应系统及局部热水供应系统的设计小时耗热量应按下式计算:

$$Q_h = \sum q_h C(t_{rl} - t_l) \rho_r n_0 b_g C_r \qquad (9\text{-}3)$$

式中,Q_h——设计小时耗热量,kJ/h。

q_h——卫生器具热水的小时用水定额,L/h,应按表 9-8 选用。

n_0——同类型卫生器具数。

b_g——卫生器具的同时使用百分数。住宅、旅馆、医院、疗养院病房,卫生间内浴盆或淋浴器可按 70%～100% 计,其他器具不计,但定时连续供水时间应不小于 2h;工业企业生活间、公共浴室、宿舍(设公用盥洗卫生间)、剧院、体育馆(场)等的浴室内的淋浴器和洗脸盆均按表 6-2 的上限取值;住宅一户带多个卫生间时,只按一个卫生间计算。

t_{r1}——使用温度,℃,按表 9-8"使用水温"取用。

(4) 具有多个不同使用热水部门的单一建筑或具有多种使用功能的综合性建筑,当其热水由同一热水供应系统供应时,设计小时耗热量可按同一时间内出现水高峰的主要用水部门的设计小时耗热量加其他用水部门的平均小时耗热量计算。

9.7.2　热水量的计算

建筑内集中热水供应系统中的设计小时热水供应量,理论上应根据日热水用量小时变化曲线、换热方式、锅炉及换热器的工作制度确定。无上述资料时按下式计算:

$$q_{rh} = \frac{Q_h}{(t_{r2} - t_1)C\rho_r C_r} \tag{9-4}$$

式中,q_{rh}——设计小时热水量,L/h;

t_{r2}——设计热水温度,℃;

其他符号同前。

9.7.3　热源、热媒耗量的计算

根据热水被加热方式的不同,热媒耗量应按下列方法计算。

1. 燃料耗量计算

(1) 日燃料耗量按下式计算:

$$G_d = K\frac{Q_d}{\eta Q} \tag{9-5}$$

式中,G_d——日燃料耗量,kg/d、Nm³/d,Nm³ 表示 0℃下 1 个标准大气压下的气体体积;

Q_d——日耗热量,kJ/d;

η——水加热设备的热效率,按表 9-10 采用;

Q——燃料发热量,kJ/kg、kJ/Nm³,按表 9-10 采用;

K——热媒管道热损失附加系数,$K = 1.05 \sim 1.10$。

表 9-10　燃料发热量及水加热设备的热效率

燃料名称	消耗量单位	燃料发热量 Q	水加热设备的热效率 $\eta/\%$	备注
煤	kg/h	16747～25121kJ/kg	35～65	
轻柴油	kg/h	41800～44000kJ/kg	≈85	指热水机组的 η
重油	kg/h	38520～46050kJ/kg		

燃料名称	消耗量单位	燃料发热量 Q	水加热设备的热效率 $\eta/\%$	备注
天然气	Nm^3/h	$34400\sim35600kJ/Nm^3$	$65\sim75(85)$	η 栏中括号内为热
城市煤气	Nm^3/h	$14653kJ/Nm^3$	$65\sim75(85)$	水机组的 η，括号外
液化石油气	Nm^3/h	$46055kJ/Nm^3$	$65\sim75(85)$	为局部热水器的 η

注：表中燃料发热量及水加热设备的热效率均系参考值，计算中应以当地热源与选用的水加热设备的实际参数为准。

（2）设计小时燃料耗量按下式计算：

$$G_h = K\frac{Q_g}{\eta Q} \tag{9-6}$$

式中，G_h——设计小时燃料耗量，kg/h。

2. 电热水器耗热量计算

（1）日耗电量按下式计算：

$$W_d = \frac{Q_d}{3600\eta} \tag{9-7}$$

式中，W_d——日耗电量，kW·h/d，即度电/d；

η——水加热设备的热效率，$95\%\sim97\%$。

（2）设计小时耗电量按下式计算：

$$W_h = \frac{Q_g}{3600\eta} \tag{9-8}$$

式中，W_h——设计小时耗电量，kW。

3. 以蒸汽作为热源时蒸汽耗量的计算

（1）采用蒸汽直接加热时，热媒耗量应按下列方法计算：

$$G_m = K\frac{Q_g}{i'' - i_r} \tag{9-9}$$

式中，G_m——蒸汽耗量，kg/h。

K——热媒管道热损失附加系数，$K=1.05\sim1.10$。

Q_g——设计小时供热量，kJ/kg。当采用蒸汽直接通入热水箱中加热水时，Q_g 可按式(9-6)或导流型容积式水加热器的 Q_g 计算；当采用汽-水混合设备直接供水而无储热水容器时，Q_g 应按设计秒流量相应的耗热量计算。

i''——饱和蒸汽的热焓，kJ/kg，按表 9-11 选用。

i_r——蒸汽与冷水混合后的热水热焓，kJ/kg，$i_r=4.187t_r$。其中 t_r 为蒸汽与冷水混合后的热水温度，℃。

表 9-11 饱和蒸汽的性质

蒸汽压力/MPa	温度/℃	热焓 i''/(kJ/kg)
0.1	120.2	2706.9
0.2	133.5	2725.5

蒸汽压力/MPa	温度/℃	热焓 i''/(kJ/kg)
0.3	143.6	2738.5
0.4	151.9	2748.5
0.5	158.8	2756.4
0.6	164.5	2762.9
0.7	169.6	2766.8
0.8	174.5	2771.8

注：蒸汽压力为相对压力。

（2）采用蒸汽间接加热时，蒸汽耗量按下式计算：

$$G_m = K \frac{Q_g}{i'' - i'} \tag{9-10}$$

式中，i'——凝结水的焓，kJ/kg，按下式计算：

$$i' = 4.187 t_{mE} \tag{9-11}$$

式中，t_{mE}——凝结水出水温度，应由经过热工性能测定的产品样本提供，也可参见表 9-12。

表 9-12 各种水加热器的主要设计参数

类型	热媒为 0.1~0.6MPa 的饱和蒸汽					热媒为 70~150℃ 的热媒水				
	传热系数 K/[W/(m²·K)]	热媒出口温度 t_{mE}/℃	被加热水温升/℃	热媒阻力损失/MPa	被加热水龙头损失/MPa	传热系数 K/[W/(m²·K)]	热媒出口温度 t_{mE}/℃	被加热水温升/℃	热媒阻力损失/MPa	被加热水龙头损失/MPa
导流型容积式水加热器	800~1100	40~70	≥40	0.1~0.2	≤0.005	500~900	50~90	≥35	0.01~0.03	≤0.005
	2100~2560				≤0.01	1150~1560			0.05~0.1	≤0.01
	1750~2890				≤0.01	1450~2260			≤0.1	≤0.01
半容积式水加热器	1150~1500	70~80	≥40	0.1~0.2	≤0.01	750~950	50~85	≥35	0.02~0.04	≤0.01
	2900~3500	30~50				1500~1860			0.03~0.1	
半即热式水加热器	2000~4500	≈50	≥40		≈0.02	1250~3000	50~90	≥35	≈0.04	≈0.02

（3）采用高温热水间接加热时，高温热水耗量按下式计算：

$$G_m = \frac{KQ_g}{(t_{mc} - t_{mE}) \rho_r C} \tag{9-12}$$

式中，G_m——热媒耗量，L/h；

t_{mc}、t_{mE}——热媒的初温、终温，℃，由经过热工性能测定的产品样本提供，也可参见表 9-12。

9.8　加热储热设备计算

9.8.1　局部加热设备计算

1. 燃气快速热水器的计算

（1）热水器的产热水量按下式计算：

$$Q_m = 1.1 \sum q_s (t_r - t_1) \times 60/25 \tag{9-13}$$

式中，Q_m——水温升高 25℃时，热水器每分钟产热水量，L/min；

$\quad q_s$——器具的额定秒流量，L/s；

$\quad t_r$——热水温度，℃，单管系统按使用水温计，双管系统按 60℃计；

$\quad t_1$——冷水温度，℃；

$\quad 25$——产品额定产热水量所对应的水温升规定值，即 25℃；

$\quad 1.1$——系数。

（2）耗气量按下式计算：

$$q_v = Q_m C(t_r - t_1) \times 3.6/Q_d \tag{9-14}$$

式中，q_v——耗气量，m^3/h；

$\quad C$——水的比热容，$C = 4.187kJ/(kg \cdot ℃)$；

$\quad Q_d$——燃气干燥基的低发热值，MJ/Nm^3，根据当地燃气品种确定，参见表 9-10 中 Q 值。

2. 燃气容积式热水器

（1）热水器的使用工况是除在使用前预热储热外，在使用过程中还继续加热。

① 根据卫生器具的一次热水定额、水温及一次使用时间，确定全天中最大连续使用时段 T_1 的用水量 Q(L)。住宅宜按沐浴设备计算，见下列公式：

$$Q = \sum qmn \tag{9-15}$$

式中，q——设定储水温度下，卫生器具的一次热水用量，L/次，按表 9-8 选用；

$\quad m$——同一种卫生器具同时使用的个数，按淋浴器同时使用，不计其他用水计算；

$\quad n$——每一个卫生器具连续使用的次数，由使用工况确定。

② 计算热水器的设计容积 $V_{设计}$(L)

按 $50\% \sim 65\%$ 的用水量 Q 计算热水器的有效容积 $V_{有效}$(L)，则：

$$V_{有效} = (50\% \sim 65\%)Q \tag{9-16}$$

$$V_{设计} = (1.1 \sim 1.2)V_{有效} \tag{9-17}$$

式中，$1.1 \sim 1.2$——容积系数。

③ 热水器的热负荷 $\Phi_{设计}$ 按下式计算：

$$\Phi_{设计} = (1.05 \sim 1.10) \times (Q - V_{有效}) \times (t_r - t_1)C\rho/(\eta T_1) \tag{9-18}$$

式中，T_1——连续用热水时间，h，依使用工况定；

$\quad t_r$——热水温度，℃；

$\quad t_1$——冷水温度，℃；

1.05~1.10——热损失系数;

C——水的比热容,$C=4.187\text{kJ}/(\text{kg}\cdot\text{℃})$;

ρ——热水的密度,kg/L;

η——热水器的效率。

④ 根据 $V_{设计}$ 和 $\Phi_{设计}$ 选择产品型号。

⑤ 校核预热时间 T_2,按下式计算:

$$T_2=(1.05\sim1.10)V_{实际}(t_r-t_1)C\rho/(\eta\Phi_{实际}) \tag{9-19}$$

(2)耗气量按下式计算:

$$q_v=\Phi_{实际}/Q_d \tag{9-20}$$

式中,q_v——耗气量,m^3/h;

$\Phi_{实际}$——产品的热负荷,kJ/Nm^3;

Q_d——燃气干燥基的低发热值,kJ/Nm^3,根据当地燃气品种确定。

3. 太阳能热水器的计算

(1)热水量计算详见 9.7.2 节。

(2)集热器采光面积的确定。集热器采光面积应根据集热器产品的性能、当地的气象条件、日照季节、日照时间、热水用量和水温等因素确定。表 9-13 列出了国内生产的几类太阳能集热器的日产量和产水水温的实测数据,可供设计时选用。

表 9-13 国内生产的几类太阳能集热器的日产水量和产水水温

集热器类型	实测季节	日产水量/[kg/(m²·d)]	产水温度/℃
钢管板	春、夏、秋有阳光天气	70~90	40~50
扁盒		80~110	40~60
铜管板		80~100	40~60
钢铝复合管板		90~120	40~65

(3)储热水箱容积的确定。根据我国实践总结,对不设辅助加热装置的直接加热循环和定温不循环太阳能热水供应系统,储热水箱容积 V 可按工况乘以该系统的集热采光面积,按下式计算:

$$V=\mu A_c\times100 \tag{9-21}$$

式中,μ——使用热水工况系数,定时使用时 $\mu=1.0$,全日制使用时 $\mu=0.65$,定温放水供应时 $\mu=0.5$;

A_c——太阳能集热采光面积,m^2;

100——常数,L/m^2。

9.8.2 集中热水供应加热设备的选择计算

1. 表面式水加热器的加热面积计算

其计算式为

$$F_{jr}=\frac{Q_g}{\varepsilon K\Delta t_j} \tag{9-22}$$

式中,F_{jr}——表面式水加热器的加热面积,m^2;

　　Q_g——设计小时供热量,kJ/h;

　　K——传热系数,kJ/($m^2 \cdot ℃ \cdot h$);

　　ε——水垢和热媒分布不均匀影响传热效率的系数,一般采用$0.6 \sim 0.8$;

　　Δt_j——热媒与被加热水的计算温度差,℃,按式(9-23)、式(9-24)计算。

（1）容积式加热器、半容积式水加热器的计算温差按下式计算:

$$\Delta t_j = 0.5(t_{mc} + t_{mz}) - 0.5(t_c + t_z) \tag{9-23}$$

式中,Δt_j——计算温差,℃;

　　t_{mc}、t_{mz}——热媒的初温和终温,℃;

　　t_c、t_z——被加热水的初温和终温,℃。

（2）快速式水加热器、半即热式水加热器的计算温差按下式计算:

$$\Delta t_j = \frac{\Delta t_{max} - \Delta t_{min}}{\ln\left(\dfrac{\Delta t_{max}}{\Delta t_{min}}\right)} \tag{9-24}$$

式中,Δt_j——计算温差,℃;

　　Δt_{max}——热媒与被加热水在水加热器一端的最大温度差,℃;

　　Δt_{min}——热媒与被加热水在水加热器另一端的最小温度差,℃。

热媒的计算温度应符合下列规定:

（1）热媒为饱和蒸汽时的热媒初温、终温的计算。

① 热媒的初温 t_{mc}:当热媒为压力大于70kPa的饱和蒸汽时,t_{mc}应按饱和蒸汽温度计算;压力小于或等于70kPa时,t_{mc}应按100℃计算。

② 热媒的终温 t_{mz}:应由经热工性能测定的产品提供,可取 $t_{mz} = 50 \sim 90℃$。

（2）热媒为热水时,热媒的初温应按热媒供水的最低温度计算;热媒的终温应由经热工性能测定的产品提供;当热媒初温 $t_{mc} = 70 \sim 100℃$ 时,可按终温 $t_{mz} = 50 \sim 80℃$ 计算。

（3）热媒为热力管网的热水时,热媒的计算温度应按热力管网供回水的最低温度计算。

加热设备加热盘管的长度,按下式计算:

$$L = \frac{F_{jr}}{\pi D} \tag{9-25}$$

式中,L——盘管长度,m;

　　D——盘管外径,m;

　　F_{jr}——水加热器的传热面积,m^2。

2. 容积式水加热器或加热水箱的容积附加系数

容积式水加热器或加热水箱的容积附加系数应符合下列规定:

（1）当冷水从下部进入、热水从上部送出时,其计算容积宜附加$20\% \sim 25\%$;

（2）当采用导流型容积式水加热器时,其计算容积宜附加$10\% \sim 15\%$;

（3）当采用半容积式水加热器,或带有强制罐内水循环装置的容积式水加热器时,其计算容积可不附加。

3. 集中热水供应系统的储水器容积

集中热水供应系统的储水器容积,应根据日用热水小时变化曲线及锅炉、水加热器的工作制度和供热能力以及自动温度控制装置等因素按积分曲线计算确定。

容积式水加热器或加热水箱、半容积式水加热器的储热量不得小于表 9-14 的要求。

表 9-14　水加热器的储热量

加热设备	以蒸汽或 95℃ 以上的高温水为热媒时		以≤95℃ 低温水为热媒时	
	工业企业淋浴室	其他建筑物	工业企业淋浴室	其他建筑物
内置加热盘管的加热水箱	$\geqslant 30minQ_h$	$\geqslant 45minQ_h$	$\geqslant 60minQ_h$	$\geqslant 90minQ_h$
导流型容积式水加热器	$\geqslant 20minQ_h$	$\geqslant 30minQ_h$	$\geqslant 30minQ_h$	$\geqslant 40minQ_h$
半容积式水加热器	$\geqslant 15minQ_h$	$\geqslant 15minQ_h$	$\geqslant 15minQ_h$	$\geqslant 20minQ_h$

注:(1) 燃油(气)热水机组所配储热水罐,其储热量宜根据热媒供应情况,按导流型容积式水加热器或半容积式水加热器确定;

(2) 表中 Q_h 为设计小时耗热量,kJ/h。

半即热式、快速式水加热器,当热媒按设计秒流量供应,且有完善可靠的温度自动控制装置时,可不设储热水罐。当其不具备上述条件时,应设储热水罐,储热量宜根据热媒供应情况按导流型容积式水加热器或半容积式水加热器确定。

初步设计或方案设计阶段,各种建筑的水加热器或储热容器的储水容积可按表 9-15 进行估算。

表 9-15　储水容积估算值

建筑类别	以蒸汽或 95℃ 以上高温水为热媒时		以≤95℃ 低温水为热媒时	
	导流型容积式水加热器	半容积式水加热器	导流型容积式水加热器	半容积式水加热器
有集中热水供应的住宅,单位:L/(人·d)	5~8	3~4	6~10	3~5
设单独卫生间的集体宿舍、培训中心、旅馆,单位:L/(床·d)	5~8	3~4	6~10	3~5
宾馆、客房,单位:L/(床·d)	9~13	4~6	12~16	6~8
医院住院部				
设公用盥洗室,单位:L/(床·d)	4~8	2~4	5~10	3~5
设单独卫生间	8~15	4~8	11~12	6~10
门诊部	0.5~1	0.3~0.6	0.8~1.5	0.4~0.8
有住宿的幼儿园、托儿所,单位:L/(床·d)	2~4	1~2	2~5	1.5~2.5
办公楼,单位:L/(人·d)	0.5~1	0.3~0.6	0.8~1.5	0.4~0.8

4. 锅炉的选择

集中热水供应系统的设计,锅炉的供热量应大于集中热水供应系统的耗热量。在经过其耗热量计算后,供热量计算如下:

$$Q_g = (1.10 \sim 1.20)Q_h \tag{9-26}$$

式中,Q_g——锅炉的供热量,kJ/h;

Q_h——供热系统设计小时耗热量,kJ/h。

1.10～1.20——热水供应系统的热损失系数。

锅炉样本中的锅炉发热量 Q_k 应大于 Q_g,其富余量的大小应根据热水供应系统的大小、锅炉位置远近、运行工况、管道与设备的绝热情况确定。

9.9 热水管网的水力计算

热水管网包括配水(供水)管网、回水(循环)管网和热媒管网,其水力计算的内容包括:确定各种管网各管段的设计流量,依此确定管径和相应的水头损失;确定循环管网所需的作用压力;选择循环水泵的型号;确定所需附件的型号等。

9.9.1 热水配水管网的水力计算

从换热器或热水储罐出来的热水进入到各用热水器具之间的管网称配水管网。热水配水管网水力计算的内容和步骤是:①按照生活给水管道设计秒流量的计算方法,用概率法、平方根法,同时使用百分数法确定配水管网各管段的设计秒流量;②确定热水管道的流速,宜按表 9-16 选用;③确定管径。

表 9-16 热水管道的流速

公称直径/mm	15～20	25～40	≥50
流速/(m/s)	≤0.8	≤1.0	≤1.2

9.9.2 热水循环管网的水力计算

从各配水管网出来的部分热水回至换热器或热水储罐的管网称循环管网。循环管网由于流程长,管网较大,为保证循环效果,多采用机械循环方式。对于全日热水供应系统和定时热水供应系统应采取不同的计算方法。

1. 全日热水供应系统机械循环管网计算

1)确定回水管管径

(1)回水干管管径

回水干管管径应按循环流量经计算确定。初步设计时可按表 9-17 选用。

表 9-17 热水循环管网回水管管径选用表

热水供水管管径/mm	25～32	40	50	65	80	100	125	150	200
热水回水干管管径/mm	20	25	32	40	40～50	50～65	65～80	80～100	100～125

注:表中热水供水管管径为 80～200mm 时,相应回水干管管径有两个值,当循环水泵流量 $q_{xh} \leq 0.25q_{rh}$(设计小时热水量)时,可选小值;当 $q_{xh} > 0.25q_{rh}$ 时,应选大值。

(2)回水立管管径

上行下给式系统供水立管下部的回水管段及下行上给式系统的回水立管的管径,当水质总硬度(以 $CaCO_3$ 计)<120mg/L 且供水温度小于 55℃时,可为 DN15,当水质总硬度

（以 $CaCO_3$ 计）$\geqslant 120mg/L$ 时，宜为 DN20。

（3）分户回水支管管径

分户回水支管管径可为 DN15。在高层建筑热水供应中，其循环管径有时与其对应的热水供水管径相同，以便改变系统的供水工况。

2）计算各管段终点水温

从加热器出水口至热水管网最不利计算点的温度降，根据热水系统的大小，一般选用 $5\sim10℃$。

各管段终点水温按下列公式计算：

$$\Delta t = M \frac{\Delta T}{\sum M} \tag{9-27}$$

$$M = \frac{t(1-\eta)}{D} \tag{9-28}$$

$$t_z = t_a - \Delta t \tag{9-29}$$

式中，Δt——管段温度降，℃；

ΔT——配水管网最大计算温度降，℃；

M——计算管段的温降因素；

$\sum M$——计算管段的温降因素之和；

t——管段长度，m；

η——保温系数，不保温时，$\eta=0$，简单的保温，$\eta=0.6$，较好的保温，$\eta=0.7\sim0.8$；

D——管径，mm；

t_z——计算管段终点水温，℃；

t_a——计算管段起点水温，℃。

3）配水管网各管段的热损失

计算公式为

$$W = \pi D l K(1-\eta)(t_m - t_k) = l(1-\eta)\Delta W \tag{9-30}$$

式中，W——计算管段热损失，W；

D——计算管段外径，m；

l——计算管段长度，m；

K——无保温时管道的传热系数，为 $11.63\sim12.21W/(m^2 \cdot ℃)$；

η——保温系数，不保温时，$\eta=0$，简单保温时，$\eta=0.6$，较好保温时，$\eta=0.7\sim0.8$；

t_m——计算管段的平均水温，℃；

t_k——计算管段周围的空气温度，℃，无资料时可按表 9-18 选用；

ΔW——不保温时单位长度管道的热损失，W/m。

表 9-18　管道周围的空气温度

管道敷设情况	$t_k/℃$	管道敷设情况	$t_k/℃$
采暖房间内明管敷设	$18\sim20$	敷设在不采暖的地下室内	$5\sim10$
采暖房间内暗管敷设	30	敷设在室内地下管沟内	35
敷设在不采暖房间的顶棚内	采用1月份室外平均温度		

（1）管网总循环流量按下式计算：

$$q_x = \frac{\sum W}{1.163\Delta t\rho}$$ (9-31)

式中，q_x——管网总循环流量，L/h；

　　$\sum W$——循环配水管网的总热损失，W，一般采用设计小时耗热量的 2%～4%，对于小区集中热水供应系统，也可采用设计小时耗热量的 3%～5%；

　　Δt——配水管道的热水温度差，℃，按系统大小确定，一般取 5～10℃，对于小区集中热水供应系统，也可取 6～12℃；

　　ρ——热水密度，kg/L。

（2）各管段的循环流量

① 从水加热器后的第一个节点开始，依次进行循环流量分配。

② 对任一节点，流向该节点的各循环流量之和等于流出该节点的各循环流量之和。

③ 对任一节点，各分支管段的循环流量与其以后全部循环配水管道的热损失之和成正比，即

$$q_{n+1} = q_n \frac{\sum W_{n+1}}{\sum W_{n+1} + \sum W_n'}$$ (9-32)

式中，q_n——流向节点 n 的循环流量，L/h；

　　q_{n+1}——流出节点 n 的正向分支管段的循环流量，L/h；

　　$\sum W_{n+1}$——正向分支管段及其以后各循环配水管段热损失之和，W；

　　$\sum W_n'$——侧向分支管段及其以后各循环配水管段热损失之和，W。

4）复核各管段的终点水温

计算公式为

$$t_z' = t_a - \frac{W}{1.163q\rho}$$ (9-33)

式中，t_z'——各管段终点水温，℃；

　　t_a——各管段起点水温，℃；

　　W——各管段的热损失，W；

　　q——各管段的循环流量，L/h；

　　ρ——热水密度，kg/L。

如果所得结果与原估算各管段终点水温相差较大，应重复进行上述计算，重复计算时，可假定各管段终点水温为

$$t_z'' = \frac{t_a + t_z'}{2}$$ (9-34)

5）计算循环管路水头损失

管路中通过循环流量时所产生的水头损失按下式计算：

$$H = h_p + h_x = \sum Rl + \sum \xi \frac{v^2 \gamma}{2g}$$ (9-35)

式中，H——最不利计算环路的总水头损失，mmH_2O；

h_p——循环流量通过配水环路的水头损失，mmH_2O；

h_x——循环流量通过回水环路的水头损失，mmH_2O；

R——单位长度沿程水头损失，mmH_2O；

l——管段长度，m；

ξ——局部阻力系数；

v——管中流速，m/s；

γ——60℃时的热水密度，kg/m^3；

g——重力加速度，m/s^2。

6）选择循环水泵

热水循环水泵通常安装在回水干管的末端，热水循环水泵宜选用热水泵，水泵壳体承受的工作压力不得小于其所承受的静水压力加水泵扬程。循环水泵宜设备用泵，交替运行。

（1）循环泵的流量按下式计算：

$$q_{xh} = K_x q_x \tag{9-36}$$

式中，q_{xh}——循环泵的流量，L/h；

K_x——相应循环措施的附加系数，其值为 1.5～2.5。

注：热水循环系统循环泵的流量与系统所采取的保证循环效果的措施有密切关系。根据工程循环流量的实算，循环流量 $q_x = (0.1 \sim 0.15)q_{rh}$，即 $q_{xh} = (0.15 \sim 0.38)q_{rh}$，因此，设计中可参考下列参数选择 q_{xh} 值：

① 采用温控循环阀、流量平衡阀等具有自控和调节功能的阀件做循环元件时，$q_{xh} = 0.15q_{rh}$。

② 采用同程布管系统、设导流三通的异程布管系统时，$q_{xh} = (0.20 \sim 0.25)q_{rh}$。

③ 采用大阻力短管的异程布管系统时，$q_{xh} \geqslant 0.3q_{rh}$。

④ 供给两个或多个使用部门的单栋建筑集中热水供应系统、小区集中热水供应系统 q_{xh} 的选值：

a. 各部门或单栋建筑热水子系统的回水分干管上设温控平衡阀、流量平衡阀时，相应子系统的 $q_{xhi} = 0.15q_{rhi}$，母系统总回水干管上的总循环泵 $q_{xh} = \sum q_{rhi}$。

b. 子系统的回水分干管上设小循环泵时，其水泵流量均按子系统的 q_{rhi} 的最大值选用，各小泵采用同一型号。总循环泵的 q_{xh} 按母系统的 q_{rh} 选择，即 $q_{xh} = 0.15q_{rh}$。

（2）循环泵的扬程应按下式计算：

$$H_b = h_p + h_x \tag{9-37}$$

式中，H_b——循环泵的扬程，kPa；

h_p——循环流量通过配水管网的水头损失，kPa；

h_x——循环流量通过回水管网的水头损失，kPa。

注：（1）当采用半即热式水加热器或快速水加热器时，循环泵扬程尚应计算水加热器的水头损失。

（2）当计算的 H_b 值较小时，可选 $H_b = 0.05 \sim 0.10MPa$。

2. 定时集中热水供应系统的循环管网计算

定时集中热水供应系统的循环是在使用热水前，采用将管网中已冷却了的存水抽回，并补充热水的循环方式。因此,定时循环热水管网只按上述计算步骤1)确定回水管管径。

其循环泵流量和扬程的计算方法如下。

(1) 循环泵流量按下式计算:

$$Q_b \geqslant (2 \sim 4)V \tag{9-38}$$

(2) 循环泵扬程按下式计算:

$$H_b \geqslant h_p + h_x + h_j \tag{9-39}$$

以上两式中,V——具有循环作用的管网容积,L,应包括配水管网和回水管网的容积,但不包括储水器、加热设备和无回水管道的各管段的容积;

$2 \sim 4$——每小时循环次数;

h_j——加热设备的水头损失,mmH_2O;

其他符号意义同前。

(3) 全日集中热水供应系统的循环泵在泵前回水总管上设温度传感器,由温度控制开停,定时热水供应系统的循环泵宜手动控制或定时自动控制。

3. 自然循环热水管网

1) 适用条件

《建筑给水排水设计规范》(GB 50015—2019)中规定集中热水供应系统均应设循环泵,采用机械循环系统,因此自然循环只适用于下列工况:

(1) 卫生间上下对应或邻近布置的多层别墅,其热水水平干管短、立管长且经管网计算满足自然循环要求的局部热水供应系统。

(2) 水加热设备配热水罐的制备热水系统。

2) 设计计算

(1) 自然循环热水管网的计算方法与机械循环方式大致相同。但在求出循环管网的总水头损失之后,应先对系统的自然循环压力值是否满足要求进行校核。

(2) 自然循环作用水头(图9-23)按下式计算:

$$H_x = \Delta h(\rho_2 - \rho_1) \tag{9-40}$$

式中,H_x——自然循环作用水头,mmH_2O;

Δh——上行横干管中点至加热器或热水罐中心的标高差,m;

ρ_1、ρ_2——配水立管和回水主立管中水的平均密度,kg/m^3。

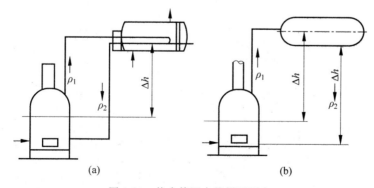

图 9-23 热水管网自然循环压力

(a) 热水锅炉与水加热连接(间接加热);(b) 热水锅炉与储水器连接(直接加热)

(3) 形成自然循环的条件:

$$H_x \geqslant 1.40(H + h_c) \tag{9-41}$$

式中, H_x ——自然循环作用水头, mmH_2O;

　　H ——最不利计算环路通过循环流量的总水头损失, mmH_2O;

　　h_c ——加热设备的水头损失, mmH_2O。

当计算结果不能满足上述条件时,可将管径适当放大,以减少水头损失,也可采取回水干管不保温,降低回水温度,增大 $\rho_2 - \rho_1$ 的措施。但是当这些措施明显不合理时,应设置循环泵机械循环。

(4) 采用自然循环的水加热设备配热水罐的循环流量和循环作用水头的计算。

连接热水锅炉与热水罐的热水管道,一般都采用自然循环,其循环流量和循环作用水头按下式计算:

$$q_x = \frac{Q_g}{(t_1 - t_2)c\rho_r} \tag{9-42}$$

式中, q_x ——循环流量, L/h;

　　Q_g ——热水锅炉的设计小时供热量, kJ/h;

　　t_1 、 t_2 ——热水锅炉出水和热水罐回水的温度, ℃;

　　ρ_r ——锅炉出水、回水平均密度, kg/L。

第3篇
建筑消防

第10章

建筑消防系统与消火栓给水系统

10.1 建筑消防系统

发生在建筑物内部的火灾占据了火灾总量的大部分。建立建筑消防系统的目的就是为建筑物的火灾预防和扑灭建立一套完整、有效的体系,以提高建筑物的安全水平。

建立建筑消防系统,首先要加强对人员的消防培训和教育,做到"预防为主,防消结合"。"预防为主",就是在消防工作的指导思想上把预防火灾的工作摆在首位,动员社会力量,依靠广大群众贯彻和落实各项防火的行政措施、组织措施和技术措施,从根本上防止火灾的发生。

建筑消防设施,就是设置在建筑内部,在火灾发生时能够及时发现、确认、扑救火灾的设施,也包括用于传递火灾信息,为人员疏散创造便利条件和对建筑进行防火分隔的装置等。为了适应现代建筑中功能日趋复杂、材料日益增多、建筑结构千变万化、高度不断增加的新情况,不断提高建筑消防设施自动化程度,应采用各种形式的消防设施联合工作,才能达到一定的消防安全水平。建筑消防设施包含以下几个部分。

10.1.1 建筑防火设计

在建筑防火设计中,为了在假想失火的条件下尽量抑制火势的蔓延和发展,必须考虑以下几点:

(1) 尽量选用不燃、难燃性建筑材料,减小火灾荷载,即可燃物数量。

(2) 在布置建筑物总平面时,保证必要的防火间距,以减小火源对周围建筑的威胁,切断火灾蔓延途径。

(3) 在建筑物内的水平和竖直方向合理划分防火分区,各分区间用防火墙、防火卷帘门、防火门等进行分隔,一旦某一分区失火,可将火势控制在本防火分区内,使其不致蔓延到其他分区,以减少损失并便于扑救。

(4) 合理设计疏散通道,确保火灾时灾区人员安全逃生。

(5) 合理设计承重构件及结构,保证建筑构件有足够的耐火极限,使其在火灾中不致倒塌、失效,确保人员疏散及扑救安全,防止重大恶性倒塌事故的发生。

（6）在布置建筑物总平面时，还应保留足够的消防通道，以便于城市消防车辆靠近着火建筑展开扑救。

10.1.2　火灾自动报警系统

该系统的主要功能和设置目的，就是及时发现和确认火灾，同时向建筑内的人员警示火灾的发生，并组织人员有序疏散，联动启动相应的消防设施扑灭火灾。火灾的监测可以通过设置在各部位的火灾探测器进行自动报警以及利用手动报警按钮进行人工报警，也可以由人员直接"通信"向消防控制中心报警。

10.1.3　火灾事故广播与疏散指示系统

这些系统的作用，是为人员疏散创造必要的条件，减少火灾可能造成的人员伤亡。当火灾确认以后，为了及时通知人员撤离，避免混乱，以减少伤亡，在火灾现场特别需要清晰、明确的引导，这些任务都可以由火灾事故广播和疏散指示系统完成。

10.1.4　建筑灭火系统

建筑内按消防规范设置的灭火设施，如消火栓系统、灭火器以及其他自动灭火系统，包括自动喷水灭火系统、气体自动灭火系统、泡沫自动灭火系统以及干粉灭火系统等，其作用都是及时扑灭早期火灾。

最常用的灭火剂是水，其来源广泛，价格相当低廉，具有很高的汽化潜热和热容量，冷却性能好，而且水冷却法灭火系统具有投资小、效率高、管理费用低等优点，所以应用很广泛。

1. 水冷却法灭火系统

水冷却法灭火系统主要有下面两种形式。

1）室内消火栓系统

室内消火栓系统由水源、管网、水泵接合器、室内消火栓等组成。当室外给水管网的水压、水量不能满足消防需要时，还需设置消防水池、消防水箱和消防水泵。室内消火栓供灭火人员手工操作使用。

2）自动喷水灭火系统

最常用的是闭式湿式自动喷水灭火系统。火灾发生后，当室内温度达到喷头动作温度的设定值时，即可自动喷水灭火。这样就缩短了系统反应时间，在火灾初期即将火扑灭，提高了灭火效率。除此以外，针对不同的火灾现场，也已开发出各类自动喷水灭火系统，例如，干式自动喷水灭火系统、预作用式自动喷水灭火系统、循环启闭预作用式自动喷水灭火系统、雨淋系统、水幕系统、水喷雾系统等。

2. 气体灭火系统

以气体作为灭火介质的灭火系统称为气体灭火系统，它是传统的四大固定式灭火系统（水、气体、泡沫、干粉）之一，是根据灭火介质命名的。卤代烷灭火剂灭火效率高，但由于卤代烷气体灭火剂逐步被淘汰是大势所趋，目前在国内外获得广泛应用的气体灭火系统是二氧化碳灭火系统和卤代烷灭火剂的替代物——新型的洁净气体灭火系统。所谓洁净气体，是指它既具备卤代烷灭火剂所具备的不污染被保护对象的特点,灭火效率高,又不会破坏大气臭氧层。如洁净药剂 FM-200(CF_3CHFCF_3),其化学成分是七氟丙烷;惰性气体洁净药剂,即含有一种或多种惰性气体或二氧化碳的洁净药剂,例如 IG-541(氮气、氩气、二氧化碳)等。目前这些新型气体灭火系统已获得广泛的应用。

3. 泡沫灭火系统

泡沫灭火剂按发泡倍数分类,可分为低倍数泡沫、中倍数泡沫和高倍数泡沫三类。

低倍数泡沫是指泡沫混合液吸入空气后,体积膨胀小于 20 倍的泡沫,可用于扑救易燃、可燃液体的火灾或大面积流淌的火灾。

发泡倍数为 21～200 倍的泡沫称为中倍数泡沫,发泡倍数为 201～1000 倍的泡沫称为高倍数泡沫。高倍数、中倍数泡沫灭火系统与低倍数泡沫灭火系统相比,具有发泡倍数高、灭火速度快、水渍损失小的特点,可用淹没和覆盖的方式扑灭 A 类、B 类火灾,可有效地控制液化石油气、液化天然气的流淌火灾。尤其是高倍数泡沫,能迅速充满大空间的火灾区域,阻断隔绝燃烧蔓延,对 A 类火灾具有良好的"渗透性",可以消除淹没高度内的固体阴燃火灾,置换排出被保护区内的有毒烟气。

随着我国石油化工工业的发展,在火灾危险性大的甲、乙、丙类液体储罐区和其他危险性场所,设计、安装泡沫灭火系统的优越性越来越明显。

4. 干粉灭火系统

干粉灭火系统可根据不同的保护对象选择充装干粉灭火剂,可用于扑灭 A、B、C、D 类火灾和带电设备火灾。由于干粉能抑制中断有焰燃烧的链式反应过程,灭火迅速,但干粉的冷却作用较小,所以干粉灭火系统常和自动喷水灭火系统或其他灭火系统联用,以扑灭阴燃的余烬和深位火灾,防止复燃。

干粉不适用于扑灭精密的电子设备火灾,因干粉有一定的腐蚀性和不易清除的残留物,可能损坏此类设备。

5. 防烟排烟系统

火灾时物质燃烧会产生烟,火灾中烟气的危害很大。国内外的研究表明,大部分火灾中烟气是造成人员伤亡的主要因素。烟气可造成火场缺氧,烟气中大量的一氧化碳(CO)存在,可使人窒息而亡。烟气中还含有氢氰酸(HCN)、氯化氢(HCl),它们均有剧烈的毒性。另外,当烟气弥漫时,火场能见度大大降低,妨碍人员疏散,特别是轰燃出现以后,火焰和烟气冲出门窗孔洞,浓烟滚滚,烈火熊熊,使人感到十分恐怖。因此必须按照国家标准要求,设置机械防烟排烟设施,在灭火的同时必须进行火灾现场的排烟,特别是疏散通道的防烟,以利于人员的安全疏散,保证人员的生命安全。

现代高层建筑中普遍设有中央空调系统,通风空调系统的风管、水管往往穿越多个水平的房间和垂直楼层,一旦失火,火势及烟气易沿着管线四处扩散。因此,设计通风空调系统时应考虑设置阻火隔烟措施,如选用不燃的风管材料和保温材料,以及在适当的位置设置防火阀等,以切断火焰及烟气传播的途径。

6. 消防控制室

上述消防各子系统分别进行火灾的扑灭及人员的疏散等工作时,需要一个统一的控制指挥中心,使各子系统能紧密协调工作,发挥出最大的功能。

消防控制室是安放火灾报警控制设备和消防控制设备的专门房间,用于接收、显示、处理火灾报警信号,控制有关的消防设施。根据防火要求,凡设有火灾自动报警和自动灭火系统,或设有自动报警和机械防烟排烟设施的楼宇(如旅馆、酒店和其他公共建筑物),都应设有消防控制室(消防中心),负责整座大楼火灾的监控和消防工作的指挥。还有一些企业为便于统一管理,将防盗报警的安全监控电视系统和火灾探测报警与联动控制系统合设在同一室内,称为防灾中心。

设置建筑消防系统应坚持安全性和经济性的统一。通常系统设置越全面,手段越完善,安全性就越好,但投资也越高。由于火灾本身是一种非正常事件,一般来说发生的概率较小,所以,消防安全要综合考虑上述两方面的因素,为建筑物内的生活、生产环境提供安全保障。

建筑消防系统根据所使用灭火剂的种类,常用的灭火系统可分为水消防灭火系统、干粉灭火系统、气体灭火系统、泡沫灭火系统。按灭火方式,可分为以下灭火系统:

(1) 消火栓给水系统;

(2) 自动喷水灭火系统;

(3) 其他灭火系统,指使用非水灭火介质的固定灭火系统,如干粉灭火系统、二氧化碳灭火系统和其他气体灭火系统等。

10.2 消火栓给水系统

水是不可燃物,天然的灭火剂,资源丰富,易于获取和储存,具有使用方便、灭火效果好、价格便宜、器材简单等优点,是目前建筑消防的主要灭火剂。水在与燃烧物接触后从燃烧物中吸收热量,对燃烧物起到冷却作用,同时水在汽化的过程中产生大量水蒸气,体积大幅增加,可以隔绝空气并能稀释燃烧区内氧的含量从而减弱燃烧强度,起到灭火作用;另外,经水枪喷射出来的压力水流具有很大的动能和冲击力,可以冲散燃烧物,使燃烧强度显著减弱。水冷却法灭火系统主要有两种形式,即消火栓灭火系统和自动喷水灭火系统。消火栓灭火系统以建筑物外墙为界又分为室内消火栓灭火系统和室外消火栓灭火系统。自动喷水灭火系统尽管具有良好的灭火、控火效果,扑灭火灾迅速及时,但与消火栓灭火系统相比,工程造价高。因此,从我国经济、技术条件出发,主要的灭火系统应采用消火栓灭火系统。例如高层民用建筑,不论何种情况(不能用水扑灭的除外)都必须设置室内和室外消火栓灭火系统。室内消火栓灭火系统已成为高层民用建筑最基本的灭火设备。

10.2.1 消火栓给水系统的设计原则

消防给水和消防设施的设置应根据建筑的用途及其重要性、火灾危险性、火灾特性和环境条件等因素综合确定。

城镇(包括居住区、商业区、开发区、工业区等)应沿可通行消防车的街道设置市政消火栓系统。民用建筑、厂房、仓库、储罐（区）和堆场周围应设置室外消火栓系统。用于消防救援和消防车停靠的屋面上,应设置室外消火栓系统。

耐火等级不低于二级且建筑体积不大于 $3000m^3$ 的戊类厂房,居住区人数不超过 500 人且建筑层数不超过两层的居住区,可不设置室外消火栓系统。

10.2.2　消火栓给水系统的组成

建筑消火栓给水系统一般由水源、供水设施、配水管网及阀门和消火栓四大部分组成,如图 10-1 所示。

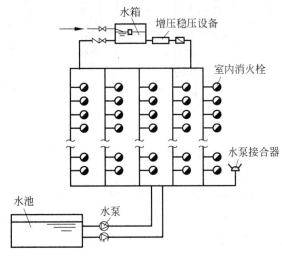

图 10-1　室内消火栓给水系统

1. 消防水源

消防水源指储存消防用水的供水设施,要求能够供给足够的消防用水量,并有可靠的保证措施。

消防水源大致分三类:第一类是城镇的市政管网。市政管网是城市消防水源的主体,利用其上的消火栓为消防部门提供消防用水,或者通过进户管为建筑物提供消防用水。第二类是消防水池。这是人工建造的储存消防用水的设施,是对市政管网的补充。第三类是天然水源。例如消防用水量较大的企业,如有丰富的地面水资源,可利用天然水源作为消防水源,这样可以大大节省投资。

2. 消防供水设施

设置消防供水设施的目的是对消防水源提供的用水加压,使其满足灭火时对水压和水量的要求,包括消防水箱、消防水泵、气压给水设备和水泵接合器。可以设置固定式或移动式供水设备。其中消防车水泵是最常用的移动式消防水泵。

3. 配水管网及阀门

配水管网担负着输送消防用水的任务,如市政管网,在给水系统中,只有管网埋在地下,主要包括进水管、水平干管、消防竖管等。

4. 消火栓设备

消火栓设备是由水枪、水带和消火栓组成的灭火设备,均安装在消火栓箱内,如图 10-2 所示。

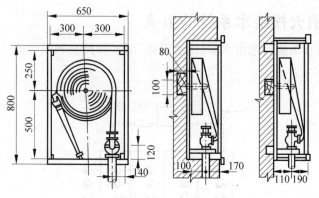

图 10-2　消火栓箱

水枪一般为直流式,水枪的喷嘴口径有 13mm、16mm、19mm 三种。口径 13mm 的水枪配备直径 50mm 的水带,口径 16mm 的水枪可配 50mm 或 65mm 的水带,口径 19mm 的水枪配备 65mm 的水带。低层建筑的消火栓可选用 13mm 或 16mm 口径水枪。

水带口径有 50mm、65mm 两种,水带长度一般为 15m、20m、25m、30m 四种;水带材质有麻织和化纤两种,有衬胶与不衬胶之分,衬胶水带阻力较小。水带长度应根据消火栓的布置和水力计算来确定。

消火栓均为内扣式接口的球形阀式龙头,并有单出口和双出口之分。双出口消火栓直径为 65mm,如图 10-3 所示;单出口消火栓直径有 50mm 和 65mm 两种。当每支水枪最小流量小于 5L/s 时选用直径 50mm 的消火栓;最小流量≥5L/s 时选用直径 65mm 的消火栓。

室内消火栓的选型应根据使用者、火灾危险性、火灾类型和不同灭火功能等因素综合确定。

室内消火栓的选用应符合以下要求:

(1)室内消火栓 SN65 可与消防软管卷盘一同使用。

(2)SN65 的消火栓应配置公称直径 65mm 有内衬里的消防水带,每根水带的长度不宜超过 25m;消防软管卷盘应配置内径不小于 19mm 的消防软管,其长度宜为 30m。

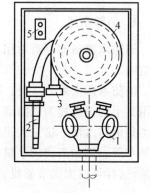

1—消火栓;2—水枪;3—水带接口;
4—水带;5—按钮
图 10-3　双出口消火栓

(3)SN65 的消火栓宜配当量喷嘴直径 16mm 或 19mm 的消防水枪,但当消火栓设计流量为 2.5L/s 时宜配当量喷嘴直径 11mm 或 13mm 的消防水枪;消防软管卷盘应配当量喷嘴直径 6mm 的消防水枪。

10.2.3　消防水源

消防水源有天然水源和人工水源两大类。天然水源是指自然形成的并有输水或蓄水条件的江、河、湖、海、池塘等。人工水源是指人工修建的给水管网、水池、水井、沟渠、水库等。石油化工企业的消防用水一般均由人工水源供给,即由专门修建的给水管网供给,如管网中的水量和水压无法满足时,则设消防水池和消防水泵来保证。通常,消火栓系统的消防水源可分为市政给水、消防水池和天然水源及其他等途径。

1. 市政给水

当市政给水管网连续供水时,消防给水系统可采用市政给水管网直接供水。

用作两路消防供水的市政给水管网应符合下列要求:

(1)市政给水厂应至少有两条输水干管向市政给水管网输水。

(2)市政给水管网应为环状管网。

(3)应至少有两条不同的市政给水干管上有不少于两条引入管向消防给水系统供水。

2. 消防水池

符合下列规定之一时,应设置消防水池:

(1)当生产、生活用水量达到最大时,市政给水管网或入户引入管不能满足室内、室外消防给水设计流量。

(2)采用一路消防供水或只有一条入户引入管,且室外消火栓设计流量大于20L/s或建筑高度大于50m。

(3)市政消防给水设计流量小于建筑室内外消防给水设计流量。

消防水池用于无室外消防水源情况下,储存火灾持续时间内的室内消防用水量。消防水池可设于室外地下或地面上,也可设在室内地下室,或与室内游泳池、水景水池兼用。消防水池应设有水位控制阀的进水管和溢水管、通气管、泄水管、出水管及水位指示器等附属装置。

消防水池有效容积的计算应符合下列规定:

(1)当市政给水管网能保证室外消防给水设计流量时,消防水池的有效容积应满足在火灾延续时间内室内消防用水量的要求。

(2)当市政给水管网不能保证室外消防给水设计流量时,消防水池的有效容积应满足火灾延续时间内室内消防用水量和室外消防用水量不足部分之和的要求。

消防水池进水管应根据其有效容积和补水时间确定,补水时间不宜大于48h,但当消防水池有效总容积大于2000m³时,不应大于96h。消防水池进水管管径应经计算确定,且不应小于DN100。

当消防水池采用两路消防供水且在火灾情况下连续补水能满足消防要求时,消防水池的有效容积应根据计算确定,但不应小于100m³,当仅设有消火栓系统时不应小于50m³。

火灾时消防水池连续补水应符合下列规定:

(1)消防水池应采用两路消防给水。

(2)火灾延续时间内的连续补水流量应按消防水池最不利进水管供水量计算,并可按下式计算:

$$q_f = 3600Av \tag{10-1}$$

式中,q_f——火灾时消防水池的补水流量,m³/h;

A——消防水池进水管断面面积,m^2;

v——管道内水的平均流速,m/s。

(3)消防水池进水管管径和流量应根据市政给水管网或其他给水管网的压力、入户引入管管径、消防水池进水管管径,以及火灾时其他用水量等经水力计算确定,当计算条件不具备时,给水管的平均流速不宜大于1.5m/s。

消防水池的总蓄水有效容积大于500m^3时,宜设两个能独立使用的消防水池;其有效容积大于1000m^3时,应设置能独立使用的两座消防水池。每格(或座)消防水池应设置独立的出水管,并应设置满足最低有效水位的连通管,且其管径应能满足消防给水设计流量的要求。

储存室外消防用水的消防水池或供消防车取水的消防水池,应符合下列规定:

(1)消防水池应设置取水口(井),且吸水高度不应大于6.0m。

(2)取水口(井)与建筑物(水泵房除外)的距离不宜小于15m。

(3)取水口(井)与甲、乙、丙类液体储罐等构筑物的距离不宜小于40m。

(4)取水口(井)与液化石油气储罐的距离不宜小于60m,当采取防止辐射热保护措施时,可为40m。

消防用水与其他用水共用的水池,应采取确保消防用水量不作他用的技术措施。

消防水池的出水、排水和水位应符合下列规定:

(1)消防水池的出水管应保证消防水池的有效容积被全部利用。

(2)消防水池应设置就地水位显示装置,并应在消防控制中心或值班室等地点设置显示消防水池水位的装置,同时应有最高和最低报警水位。

(3)消防水池应设置溢流水管和排水设施,并应采用间接排水。

消防水池的通气管和呼吸管等应符合下列规定:

(1)消防水池应设置通气管。

(2)消防水池通气管、呼吸管和溢流水管等应采取防止虫鼠等进入消防水池的技术措施。

高位消防水池的最低有效水位应能满足其所服务的水灭火设施所需的工作压力和流量,且其有效容积应满足火灾延续时间内所需消防用水量,应符合下列规定:

(1)除可一路消防供水的建筑物外,向高位消防水池供水的给水管不应少于两条。

(2)当高层民用建筑采用高位消防水池供水的高压消防给水系统时,高位消防水池储存室内消防用水量确有困难,但火灾时补水可靠,其总有效容积不应小于室内消防用水量的50%。

(3)高层民用建筑高压消防给水系统的高位消防水池总有效容积大于200m^3时,宜设置蓄水有效容积相等且可独立使用的两个;当建筑高度大于100m时应设置独立的两个。每个(或座)应有一条独立的出水管向消防给水系统供水。

(4)高位消防水池设置在建筑物内时,应采用耐火极限不低于2.00h的隔墙和1.50h的楼板与其他部位隔开,并应设甲级防火门,且消防水池及其支承框架与建筑构件应连接牢固。

3. 天然水源及其他

井水等地下水源可作为消防水源。但其作为消防水源向消防给水系统直接供水时,其最不利水位应满足水泵吸水要求,其最小出流量和水泵扬程应满足消防要求,且当需要两路消防供水时,水井不应少于两眼,每眼井的深井泵的供电均应采用一级供电负荷。

江、河、湖、海、水库等天然水源的设计枯水流量保证率应根据城乡规模和工业项目的重要性、火灾危险性和经济合理性等因素综合确定,宜为90%~97%。但村镇的室外消防给水水源的设计枯水流量保证率可根据当地水源情况适当降低。

当室外消防水源采用天然水源时,应采取防止冰凌、漂浮物、悬浮物等物质堵塞消防水泵的技术措施,并应采取确保安全取水的措施。

当天然水源等作为消防水源时,应符合以下规定:

(1)当地表水作为室外消防水源时,应采取确保消防车、固定和移动消防水泵在枯水位取水的技术措施;当消防车取水时,最大吸水高度不应超过6.0m。

(2)当井水作为消防水源时,还应设置探测水井水位的水位测试装置。

天然水源消防车取水口的设置位置和设施,应符合现行国家标准《室外给水设计规范》(GB 50013—2018)中有关地表水取水的规定,且取水头部宜设置格栅,其栅条间距不宜小于50mm,也可采用过滤管。

设有消防车取水口的天然水源,应设置消防车到达取水口的消防车道和消防车回车场或回车道。

10.2.4 消火栓系统的供水设施

1. 消防水泵

消防水泵宜根据可靠性、安装场所、消防给水设计流量和扬程等因素综合确定水泵的形式,水泵驱动器宜采用电动机或柴油机直接传动,消防水泵不应采用双电动机或基于柴油机等组成的双动力驱动水泵。

消防水泵机组应由水泵、驱动器和专用控制柜等组成;一组消防水泵可由同一消防给水系统的工作泵和备用泵组成。

消防水泵生产厂商应提供完整的水泵流量扬程性能曲线,并应标示流量、扬程、气蚀余量、功率和效率、转速、噪声,以及安装场所的环境要求等。

消防水泵的选择和应用应符合下列规定:

(1)消防水泵的性能应满足消防给水系统所需流量和压力的要求。

(2)消防水泵所配驱动器的功率应满足所选水泵流量扬程性能曲线上任何一点运行所需功率的要求。

(3)当采用电动机驱动的消防水泵时,应选择电动机干式安装的消防水泵。

(4)流量扬程性能曲线应为无驼峰、无拐点的光滑曲线,零流量时的压力不应大于设计工作压力的140%,且宜大于设计工作压力的120%。

(5)当出流量为设计流量的150%时,其出口压力不应低于设计工作压力的65%。

(6)泵轴的密封方式和材料应满足消防水泵在低流量时运转的要求。

(7)消防给水同一泵组的消防水泵型号应一致,且工作泵不宜超过3台。

(8)多台消防水泵并联时,应校核流量叠加对消防水泵出口压力的影响。

消防水泵的主要材质应符合下列规定:

（1）水泵外壳宜为球墨铸铁。

（2）叶轮宜为青铜或不锈钢。

当采用柴油机消防水泵时应符合下列规定：

（1）柴油机消防水泵应采用压缩式点火型柴油机。

（2）应校核海拔高度和环境温度对柴油机功率的影响。

（3）柴油机消防水泵应具备连续工作的性能，试验运行时间不应小于 24h。

（4）柴油机消防水泵的蓄电池应保证消防水泵随时自动启泵的要求。

（5）柴油机消防水泵的供油箱应根据火灾延续时间确定，且油箱最小有效容积应按 1.5L/kW 配置，柴油机消防水泵油箱内储存的燃料不应小于 50% 的储量。

轴流深井泵宜安装于水井、消防水池和其他消防水源上，并应符合下列规定：

（1）轴流深井泵安装于水井时，其淹没深度应满足其可靠运行的要求，在水泵出流量为 150% 设计流量时，其最低淹没深度应是第一个水泵叶轮底部水位线以上不少于 3.20m，且海拔高度每增加 300m，深井泵的最低淹没深度应至少增加 0.30m。

（2）轴流深井泵安装在消防水池等消防水源上时，其第一个水泵叶轮底部应低于消防水池的最低有效水位线，且淹没深度应根据水力条件经计算确定，并应满足消防水池等消防水源有效储水量或有效水位能全部被利用的要求；当水泵设计流量大于 125L/s 时，应根据水泵性能确定淹没深度，并应满足水泵气蚀余量的要求。

（3）轴流深井泵的出水管与消防给水管网连接应符合：一组消防水泵应设置不少于两条输水干管与消防给水环状管网连接，当其中一条输水管检修时，其余输水管应仍能供应全部消防给水设计流量。

（4）轴流深井泵出水管的阀门设置应符合：①消防水泵的吸水管上应设置明杆闸阀或带自锁装置的蝶阀，但当设置暗杆阀门时应设有开启刻度和标志；当管径超过 DN300 时，宜设置电动阀门。②消防水泵的出水管上应设止回阀、明杆闸阀；当采用蝶阀时，应带有自锁装置；当管径大于 DN300 时，宜设置电动闸门。

（5）当消防水池最低水位低于离心水泵出水管中心线或水源水位不能保证离心水泵吸水时，可采用轴流深井泵，并应采用湿式深坑的安装方式安装于消防水池等消防水源上。

（6）当轴流深井泵的电动机露天设置时，应有防雨功能。

（7）其他应符合现行国家标准《室外给水设计标准》（GB 50013—2018）的有关规定。

消防水泵应设置备用泵，其性能应与工作泵性能一致，但下列建筑除外：

（1）建筑高度小于 54m 的建筑和室外消防给水设计流量小于等于 25L/s 的建筑。

（2）室内消防给水设计流量小于等于 10L/s 的建筑。

一组消防水泵应在消防水泵房内设置流量和压力测试装置，并应符合下列规定：

（1）单台消防水泵的流量不大于 20L/s、设计工作压力不大于 0.50MPa 时，泵组应预留测量用流量计和压力计接口，其他泵组宜设置泵组流量和压力测试装置。

（2）消防水泵流量检测装置的计量精度应为 0.4 级，最大量程的 75% 应大于最大一台消防水泵设计流量值的 175%。

（3）消防水泵压力检测装置的计量精度应为 0.5 级，最大量程的 75% 应大于最大一台消防水泵设计压力值的 165%。

（4）每台消防水泵出水管上应设置 DN65 的试水管，并应采取排水措施。

消防水泵吸水应符合下列规定：

(1) 消防水泵应采取自灌式吸水。

(2) 消防水泵从市政管网直接抽水时，应在消防水泵出水管上设置有空气隔断的倒流防止器。

(3) 当吸水口处无吸水井时，吸水口处应设置旋流防止器。

离心式消防水泵吸水管、出水管和阀门等，应符合下列规定：

(1) 一组消防水泵，吸水管不应少于两条，当其中一条损坏或检修时，其余吸水管应仍能通过全部消防给水设计流量。

(2) 消防水泵吸水管布置应避免形成气囊。

(3) 一组消防水泵应设不少于两条的输水干管与消防给水环状管网连接，当其中一条输水管检修时，其余输水管应仍能供应全部消防给水设计流量。

(4) 消防水泵吸水口的淹没深度应满足消防水泵在最低水位运行安全的要求，吸水管喇叭口在消防水池最低有效水位下的淹没深度应根据吸水管喇叭口的水流速度和水力条件确定，但不应小于 600mm；当采用旋流防止器时，淹没深度不应小于 200mm。

(5) 消防水泵的吸水管上应设置明杆闸阀或带自锁装置的蝶阀，但当设置暗杆阀门时应设有开启刻度和标志；当管径超过 DN300 时，宜设置电动阀门。

(6) 消防水泵的出水管上应设止回阀、明杆闸阀；当采用蝶阀时，应带有自锁装置；当管径大于 DN300 时，宜设置电动阀门。

(7) 消防水泵吸水管的直径小于 DN250 时，其流量宜为 1.0～1.2m/s；直径大于 DN250 时，其流量宜为 1.20～2.5m/s。

(8) 消防水泵出水管的直径小于 DN250 时，其流量宜为 1.5～2.0m/s；直径大于 DN250 时，其流量宜为 2.0～2.5m/s。

(9) 吸水井的布置应满足井内水流顺畅、流速均匀、不产生涡漩的要求，并应便于安装施工。

(10) 消防水泵的吸水管、出水管道穿越外墙时，应采用防水套管；当穿越墙体和楼板时，应符合《消防给水及消火栓系统技术规范》(GB 50974—2014)第 12.3.19 条第 5 款的要求。

(11) 消防水泵的吸水管穿越消防水池时，应采用柔性套管；采用刚性防水套管时应在水泵吸水管上设置柔性接头，且管径不应大于 DN150。

当有两路消防供水且允许消防水泵直接吸水时，应符合下列规定：

(1) 每一路消防供水应满足消防给水设计流量和火灾时必须保证的其他用水。

(2) 火灾时室外给水管网的压力从地面算起不应小于 0.1MPa。

(3) 消防水泵扬程应按室外给水管网的最低水压计算，并应以室外给水的最高水压校核消防水泵的工作工况。

消防水泵吸水管可设置管道过滤器，管道过滤器的过水面积应大于管道过水面积的 4 倍，且孔径不宜小于 3mm。

临时高压消防给水系统应采取防止消防水泵低流量空转过热的技术措施。

消防水泵吸水管和出水管上应设置压力表，并应符合下列规定：

(1) 消防水泵出水管压力表的最大量程不应低于其设计工作压力的 2 倍，且不应低于 1.60MPa。

（2）消防水泵吸水管宜设置真空表、压力表或真空压力表，压力表的最大量程应根据工程具体情况确定，但不应低于 0.70MPa，真空泵的最大量程宜为－0.10MPa。

（3）压力表的直径不应小于 100mm，应采用直径不小于 6mm 的管道与消防水泵进出口管相接，并应设置关断阀门。

2. 高位水箱

消防水箱对扑救初期火灾起着重要作用，为确保其自动供水的可靠性，应在建筑物的最高部位设置重力自流的消防水箱；若采用消防用水与其他用水合并的水箱，应有消防用水不作他用的技术措施；水箱的安装高度应满足室内最不利点消火栓所需的水压要求。

1）有效容积的要求

临时高压给水系统的高位消防水箱的有效容积应满足初期火灾消防用水量的要求，并应符合下列规定：

（1）一类高层公共建筑，不应小于 $36m^3$，但当建筑高度大于 100m 时，不应小于 $50m^3$，当建筑高度大于 150m 时，不应小于 $100m^3$；

（2）多层公共建筑、二类高层建筑的一类高层住宅，不应小于 $18m^3$，当一类高层住宅建筑高度超过 100m 时，不应小于 $36m^3$；

（3）二类高层住宅，不应小于 $12m^3$；

（4）建筑高度大于 21m 的多层住宅，不应小于 $6m^3$；

（5）工业建筑室内消防给水设计流量小于或等于 25L/s 时，不应小于 $12m^3$，大于 25L/s 时，不应小于 $18m^3$；

（6）总建筑面积大于 $1\times10^4 m^2$ 且小于 $3\times10^4 m^2$ 的商店建筑，不应小于 $36m^3$，总建筑面积大于 $3\times10^4 m^2$ 的商店，不应小于 $50m^3$，当与（1）规定不一致时应取其较大值。

2）对水压的要求

高位消防水箱的设置位置应高于其所服务的水灭火设施，且最低有效水位应满足水灭火设施最不利点处的静水压力，并应按下列规定确定：

（1）一类高层公共建筑，不应低于 0.10MPa，但当建筑高度超过 100m 时，不应低于 0.15MPa；

（2）高层住宅、二类高层公共建筑、多层公共建筑，不应低于 0.07MPa，多层住宅不宜低于 0.07MPa；

（3）工业建筑不应低于 0.10MPa，当建筑体积小于 $2\times10^4 m^3$ 时，不宜低于 0.07MPa；

（4）自动喷水灭火系统等自动灭火系统应根据喷头灭火需求压力确定，但最小不应小于 0.10MPa；

（5）当高位消防水箱不能满足第（1）～（4）款的静压要求时，应设稳压泵。

高位消防水箱可采用热浸锌镀锌钢板、钢筋混凝土、不锈钢板等建造。

3）高位消防水箱的设置要求

高位消防水箱的设置应符合下列规定：

（1）当高位消防水箱在屋顶露天设置时，水箱的人孔以及进出水管的阀门等应采取锁具或阀门箱等保护措施；

（2）严寒、寒冷等冬季冰冻地区的消防水箱应设置在消防水箱间内，其他地区宜设置在

室内,当必须在屋顶露天设置时,应采取防冻隔热等安全措施;

（3）高位消防水箱与基础应牢固连接。

高位消防水箱间应通风良好,不应结冰,当必须设置在严寒、寒冷等冬季结冰地区的非采暖房间时,应采取防冻措施,环境温度或水温不应低于5℃。

高位消防水箱应符合下列规定:

（1）高位消防水箱的有效容积、出水、排水和水位等,应符合《消防给水及消火栓系统技术规范》（GB 50974—2014）第4.3.8条和第4.3.9条的规定。

（2）高位消防水箱的最低有效水位应根据出水管喇叭口和防止旋流器的淹没深度确定,当采用出水管喇叭口时,应符合《消防给水及消火栓系统技术规范》第5.1.13条第4款的规定;当采用防止旋流器时应根据产品确定,且不应小于150mm的保护高度。

（3）高位消防水箱的通气管、呼吸管等应符合《消防给水及消火栓系统技术规范》第4.3.10条的规定。

（4）高位消防水箱外壁与建筑本体结构墙面或其他池壁之间的净距,应满足施工或装配的需要,无管道的侧面,净距不宜小于0.7m;安装有管道的侧面,净距不宜小于1.0m,且管道外壁与建筑本体墙面之间的通道宽度不宜小于0.6m;设有人孔的水箱顶,其顶面与其上面的建筑物本体板底的净空不应小于0.8m。

（5）进水管的管径应满足消防水箱8h充满水的要求,但管径不应小于DN32,进水管宜设置液位阀或浮球阀。

（6）进水管应在溢流水位以上接入,进水管口的最低点高出溢流边缘的高度应等于进水管管径,但最小不应小于100mm,最大不应大于150mm。

（7）当进水管为淹没出流时,应在进水管上设置防止倒流的措施或在管道上设置虹吸破坏孔和真空破坏器,虹吸破坏孔的孔径不宜小于管径的1/5,且不应小于25mm。但当采用生活给水系统补水时,进水管不应淹没出流。

（8）溢流管的直径不应小于进水管直径的2倍,且不应小于DN100,溢流管的喇叭口直径不应小于溢流管直径的1.5～2.5倍。

（9）高位消防水箱出水管管径应满足消防给水设计流量的出水要求,且不应小于DN100。

（10）高位消防水箱出水管应位于高位消防水箱最低水位以下,并应设置防止消防用水进入高位消防水箱的止回阀。

（11）高位消防水箱的进、出水管应设置带有指示启闭装置的阀门。

3. 稳压泵

稳压泵宜采用离心泵,并宜符合下列规定:

（1）宜采用单吸单级或单吸多级离心泵;

（2）泵外壳和叶轮等主要部件的材质宜采用不锈钢。

稳压泵的设计流量应符合下列规定:

（1）稳压泵的设计流量不应小于消防给水系统管网的正常泄漏量和系统自动启动流量;

（2）消防给水系统管网的正常泄漏量应根据管道材质、接口形式等确定,当没有管网泄漏量数据时,稳压泵的设计流量宜按消防给水设计流量的1%～3%计,且不宜小于1L/s;

（3）消防给水系统所采用报警阀压力开关等自动启动流量应根据产品确定。

稳压泵的设计压力应符合下列要求：

（1）稳压泵的设计压力应满足系统自动启动和管网充满水的要求；

（2）稳压泵的设计压力应保持系统自动启泵压力设置点处的压力在准工作状态时大于系统设置自动启泵压力值，且增加值宜为 0.07～0.10MPa；

（3）稳压泵的设计压力应保持系统最不利点处水灭火设施在准工作状态时的静水压力大于 0.15MPa。

设置稳压泵的临时高压消防给水系统应设置防止稳压泵频繁启停的技术措施，当采用气压水罐时，其调节容积应根据稳压泵启泵次数不大于 15 次/h 计算确定，但有效储水容积不宜小于 150L。

稳压泵吸水管应设置明杆闸阀，稳压泵出水管应设置消声止回阀和明杆闸阀。

稳压泵应设置备用泵。

4. 水泵接合器

下列场所的室内消火栓给水系统应设置消防水泵接合器：

（1）高层民用建筑；

（2）设有消防给水的住宅、超过 5 层的其他多层民用建筑；

（3）超过 2 层或建筑面积大于 $10000m^2$ 的地下或半地下建筑（室）、室内消火栓设计流量大于 10L/s 平战结合的人防工程；

（4）高层工业建筑和超过四层的多层工业建筑；

（5）城市交通隧道。

自动喷水灭火系统、水喷雾灭火系统、泡沫灭火系统和固定消防炮灭火系统等水灭火系统，均应设置消防水泵接合器。

消防水泵接合器的给水流量宜按每个 10～15L/s 计算。每种水灭火系统的消防水泵接合器的设置数量应按系统设计流量经计算确定，但当计算数量超过 3 个时，可根据供水可靠性适当减少。

临时高压消防给水系统向多栋建筑供水时，消防水泵接合器应在每座建筑附近就近设置。

消防水泵接合器的供水范围，应根据当地消防车的供水流量和压力确定。

消防给水为竖向分区供水时，在消防车供水压力范围内的分区，应分别设置水泵接合器；当建筑高度超过消防车供水高度时，消防给水应在设备层等方便操作的地点设置手抬泵或移动泵接力供水的吸水和加压接口。

水泵接合器应设在室外便于消防车使用的地点，且距室外消火栓或消防水池的距离不宜小于 15m，并不宜大于 40m。

墙壁消防水泵接合器的安装高度距地面宜为 0.70m；与墙面上的门、窗、孔、洞的净距离不应小于 2.0m，且不应安装在玻璃幕墙下方；地下消防水泵接合器的安装，应使进水口与井盖底面的距离不大于 0.40m，且不应小于井盖的半径。

水泵接合器处应设置永久性标志铭牌，并应标明供水系统、供水范围和额定压力。

在建筑消防给水系统中均应设置水泵接合器。水泵接合器是连接消防车向室内消防给水系统加压供水的装置，一端由消防给水管网水平干管引出；另一端设于消防车易于接近的地方。如图 10-4 所示，水泵接合器有地上、地下和墙壁式 3 种，其设计参数和尺寸见表 10-1 和表 10-2。

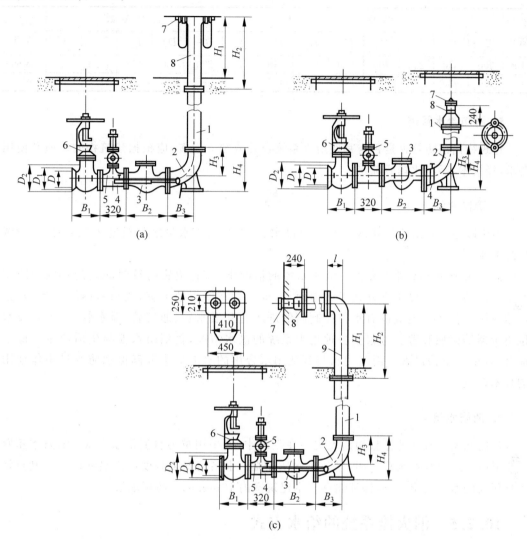

1—法兰接管；2—弯管；3—升降式单向阀；4—放水阀；5—安全阀；6—闸阀；7—进水接口；8—本体；9—法兰弯管

图 10-4　水泵接合器

（a）SQ 型地上式；（b）SQ 型地下式；（c）SQ 型墙壁式

表 10-1　水泵接合器型号及其基本参数

型号规格	形式	公称直径/mm	公称压力/MPa	进水口	
				形式	口径/(mm×mm)
SQ100	地上	100	1.6	内扣式	65×65
SQX100	地下				
SQB100	墙壁				
SQ150	地上	150			80×80
SQX150	地下				
SQB150	地壁				

表 10-2　水泵接合器基本尺寸　　　　　　　　　　　mm

公称管径	结 构 尺 寸								法 兰 参 数					消防接口
	B_1	B_2	B_3	H_1	H_2	H_3	H_4	L	D	D_1	D_2	d	N	
100	300	350	220	700	800	210	318	130	220	180	158	17.5	8	KWS65
150	350	480	310	700	800	325	465	160	285	240	212	22	8	KWS80

5. 消防给水管道

建筑物内消防管道是否与其他给水系统合并或独立设置，应根据建筑物的性质和使用要求，经技术、经济比较后确定。

6. 消防水池

当市政给水管道为枝状或只有一条进水管，且消防用水量之和超过 25L/s 时，应设置消防水池。

消防水池用于室外不能提供消防水源的情况下，储存火灾持续时间内的室内消防用水量。消防水池可设于室外地下或地面上，也可设在室内地下室，或与室内游泳池、水景水池兼用。消防水池应设有水位控制阀的进水管和溢水管、通气管、泄水管、出水管及水位指示器等附属装置。可根据各种用水系统的供水情况，将消防水池与生活或生产储水池合用，也可单独设置。消防用水与其他用水合用的水池应采取确保消防水量不作他用的技术措施。

7. 消防水箱

消防水箱可有效地扑救初期火灾。在系统中，应采用重力自流供水方式；消防水箱宜与生活（或生产）高位水箱合用，以防止水质变坏；水箱的安装高度应满足室内最不利点消火栓所需的水压要求，并应保证储存有本建筑室内 10min 的消防用水量。

10.2.5　消火栓系统的给水方式

消防给水应根据建筑的用途（功能）、体积、高度、耐火极限、火灾危险性、重要性、次生灾害、商务连续性、水源条件等因素综合确定其可靠性和供水方式，并应满足水灭火系统灭火、控火和冷却等消防功能所需流量和压力的要求。室内消火栓给水系统有下列几种给水方式：

1. 室外给水管网直接供水的消防给水方式

此种方式宜在室外给水管网提供的水量和水压在任何时候均能满足室内消火栓给水系统所需的水量、水压要求时采用，如图 10-5 所示。该方式中消防管道有两种布置形式：一种是消防管道与生活（或生产）管网共用，此时在水表处应设旁通管，水表选择应考虑能承受短历时通过的消防水量。这种形式可以节省 1 根给水干管，简化管道系统。另一种是消防管道单独设置，可以避免消防管道中由于滞留过久而腐化的水对生活（或生产）管网供水产生污染。

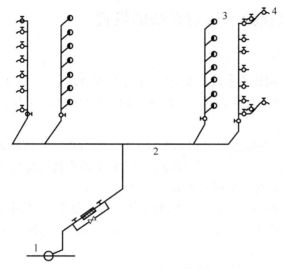

1—室外给水管网；2—室内管网；3—消火栓及立管；4—给水立管及支管

图 10-5　直接供水的消防-生活共用给水方式

2. 设水箱的消火栓给水方式

此种方式宜在室外管网一天之内有一定时间能保证消防水量、水压（或是由生活泵向水箱补水）时采用，如图 10-6 所示，消防水箱的有效容积应满足初期火灾消防水量的要求，灭火初期由水箱供水。

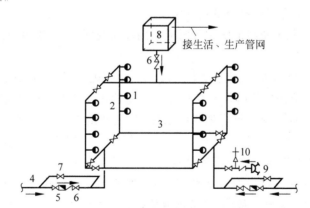

接生活、生产管网

1—室内消火栓；2—消防立管；3—干管；4—进户管；5—水表；6—止回阀；

7—旁通管及阀门；8—水箱；9—水泵接合器；10—安全阀

图 10-6　设水箱的消火栓给水系统

3. 设水泵、水箱的消火栓给水方式

此种方式宜在室外给水管网的水压不能满足室内消火栓给水系统的水压要求时采用，如图 10-1 所示。水箱由生活泵补水，消防水箱的有效容积应满足初期火灾消防水量的要求，火灾发生初期由水箱供水灭火，消防水泵启动后由消防水泵供水灭火。

10.2.6　消火栓给水管道系统的设置

1. 管道设置的原则

(1) 当市政给水管网设有市政消火栓时,应符合下列规定:

① 设有市政消火栓的市政管网宜为环状管网,但当城镇人口小于 2.5 万人时,可为枝状管网。

② 接市政消火栓的环状给水管网的管径不应小于 DN150,枝状管网的管径不应小于 DN200。当城镇人口小于 2.5 万人时,接市政消火栓的给水管网的管径可适当减少,为环状管网时不应小于 DN100,枝状管网时不宜小于 DN150。

③ 工业园区、商务区和居住区等区域采用两路消防供水,当其中一条引入管发生故障时,其余引入管在保证满足 70% 生产、生活给水的最大小时设计流量条件下,应能满足本规范规定的消防给水设计流量。

(2) 下列消防给水应采用环状给水管网:

① 向两栋或两座及以上建筑供水时。

② 向两种及以上水灭火系统供水时。

③ 采用设有高位消防水箱的临时高压消防给水系统时。

④ 向两个及以上报警阀控制的自动水灭火系统供水时。

(3) 向室外、室内环状消防给水管网供水的输水干管不应少于两条,当其中一条发生故障时,其余的输水干管应仍能满足消防给水设计流量。

(4) 室外消防给水管网应符合下列规定:

① 室外消防给水采用两路消防供水时应采用环状管网,但当采用一路消防供水时可采用枝状管网。

② 管网的直径应根据流量、流速和压力要求经计算确定,但不应小于 DN100。

③ 消防给水管道应采用阀门分为若干独立段,每段内室外消火栓的数量不宜超过 5 个。

④ 管道设计的其他要求应符合现行国家标准《室外给水设计标准》(GB 50013—2018) 的有关规定。

(5) 室内消防给水管网应符合下列规定:

① 室内消防栓系统管网应布置成环状,当室外消火栓设计流量不大于 20L/s,且室内消火栓不超过 10 个时,除第二条外,可布置成枝状。

② 当由室外生产、生活消防合用系统直接供水时,合用系统除应满足室外消防给水设计流量以及生产和生活最大小时设计流量的要求外,还应满足室内消防给水系统的设计流量和压力要求。

③ 室内消防管道管径应根据系统设计流量、流速和压力要求经计算确定;室内消火栓竖管管径应根据竖管最低流量经计算确定,但不应小于 DN100。

(6) 室内消火栓环状给水管道检修时应符合下列规定:

① 室内消火栓竖管应保证检修管道时关闭停用的竖管不超过 1 根,当竖管超过 4 根时,可关闭不相邻的 2 根。

② 每根竖管与供水横干管相接处应设置阀门。

（7）室内消火栓给水管网宜与自动喷水等其他水灭火系统的管网分开设置；当合用消防泵时，供水管路沿水流方向应在报警阀前分开设置。

消防给水管道的设计流速不宜大于 2.5m/s，自动水灭火系统管道设计流速，应符合现行国家标准《自动喷水灭火系统设计规范》（GB 50084—2017）、《泡沫灭火系统设计规范》（GB 50151—2010）、《水喷雾灭火系统技术设计规范》（GB 50219—2014）和《固定消防炮灭火系统设计规范》（GB 50338—2003）的有关规定，但任何消防管道的给水流速均不应大于 7m/s。

2. 管道设计

消防给水系统中采用的设备、器材、管材管件、阀门和配件等系统组件的产品工作压力等级，应大于消防给水系统的系统工作压力，且应保证系统在可能最大运行压力时安全可靠。

低压消防给水系统的系统工作压力应根据市政给水管网和其他给水管网等的系统工作压力确定，且不应小于 0.60MPa。

高压和临时高压消防给水系统的系统工作压力应根据系统在供水时可能的最大运行压力确定，并应符合下列规定：

（1）高位消防水池、水塔供水的高压消防给水系统的系统工作压力，应为高位消防水池、水塔最大静压；

（2）市政给水管网直接供水的高压消防给水系统的系统工作压力，应根据市政给水管网的工作压力确定；

（3）根据高位消防水箱稳压的临时高压消防给水系统的系统工作压力，应为消防水泵零流量时的压力与水泵吸水口最大静水压力之和；

（4）采用稳压泵稳压的临时高压消防给水系统的系统工作压力，应取消防水泵零流量时的压力、消防水泵吸水口最大静压二者之和与稳压泵维持系统压力时两者中的较大值。

埋地管道宜采用球墨铸铁管、钢丝网骨架塑料复合管和加强防腐的钢管等管材，室内外架空管道应采用热浸锌镀锌钢管等金属管材，并应按下列因素对管道的综合影响选择管材和设计管道：

（1）系统工作压力；

（2）覆土深度；

（3）土壤的性质；

（4）管道的耐腐蚀能力；

（5）可能受到土壤、建筑基础、机动车和铁路等其他附加荷载的影响；

（6）管道穿越伸缩缝和沉降缝。

埋地管道的选择：当系统工作压力不大于 1.20MPa 时，宜采用球墨铸铁管或钢丝网骨架塑料复合管给水管道；当系统工作压力大于 1.20MPa 小于 1.60MPa 时，宜采用钢丝网骨架塑料复合管、加厚钢管和无缝钢管；当系统工作压力大于 1.60MPa 时，宜采用无缝钢管。钢管连接宜采用沟槽连接件（卡箍）和法兰，当采用沟槽连接件连接时，公称直径小于或等于 DN250 的沟槽式管接头系统工作压力不应大于 2.50MPa，公称直径大于或等于 DN300 的沟槽式管接头系统工作压力不应大于 1.60MPa。

埋地金属管道的管顶覆土应符合下列规定：

（1）管道最小管顶覆土应按地面荷载、埋深荷载和冰冻线对管道的综合影响确定；

（2）管道最小管顶覆土不应小于 0.70m，但当在机动车道下时管道最小管顶覆土应经计算确定，并不宜小于 0.90m；

（3）管道最小管顶覆土应至少在冰冻线以下 0.30m。

埋地管道采用钢丝网骨架塑料复合管时应符合下列规定：

（1）钢丝网骨架塑料复合管的聚乙烯（PE）原材料不应低于 PE80。

（2）钢丝网骨架塑料复合管的内环向应力不应低于 8.0MPa。

（3）钢丝网骨架塑料复合管的复合层应满足静压稳定性和剥离强度的要求。

（4）钢丝网骨架塑料复合管及配套管件的熔体质量流动速率（MFR），应按现行国家标准《热塑性塑料熔体质量流动速率和熔体体积流动速率的测定》（GB/T 3682—2018）规定的试验方法进行试验时，加工前后 MFR 变化不应超过±20%。

（5）管材及连接管件应采用同一品牌产品，连接方式应采用可靠的电熔连接或机械连接。

（6）管材耐静压强度应符合现行行业标准《埋地塑料给水管道工程技术规程》（CJJ 101—2016）的有关规定和设计要求。

（7）钢丝网骨架塑料复合管道最小管顶覆土深度，在人行道下不宜小于 0.80m，在轻型车行道下不应小于 1.0m，且应在冰冻线下 0.30m；在重型汽车道路或铁路、高速公路下应设置保护套管，套管与钢丝网骨架塑料复合管的净距不应小于 100mm。

（8）钢丝网骨架塑料复合管道与热力管道间的距离，应在保证聚乙烯管道表面温度不超过 40℃的条件下计算确定，但最小净距不应小于 1.50m。

架空管道的选择：当系统工作压力小于或等于 1.20MPa 时，可采用热浸锌镀锌钢管；当系统工作压力大于 1.20MPa 时，应采用热浸镀锌加厚钢管或热浸镀锌无缝钢管；当系统工作压力大于 1.60MPa 时，应采用热浸镀锌无缝钢管。

架空管道的连接宜采用沟槽连接件（卡箍）、螺纹、法兰、卡压等方式，不宜采用焊接连接。当管径小于或等于 DN50 时，应采用螺纹和卡压连接，当管径大于 DN50 时，应采用沟槽连接件连接、法兰连接，当安装空间较小时应采用沟槽连接件连接。

架空充水管道应设置在环境温度不低于 5℃的区域，当环境温度低于 5℃时，应采取防冻措施；对于室外架空管道，当温差变化较大时应校核管道系统的膨胀和收缩，并应采取相应的技术措施。

埋地管道的地基、基础、垫层、回填土压实密度等的要求，应根据刚性管或柔性管管材的性质，结合管道埋设处的具体情况，按现行国家标准《给水排水管道工程施工及验收规范》（GB 50268—2008）和《给水排水工程管道结构设计规范》（GB 50332—2002）的有关规定执行。当埋地管直径不小于 DN100 时，应在管道弯头、三通和堵头等位置设置钢筋混凝土支墩。

消防给水管道不宜穿越建筑基础，当必须穿越时，应采取防护套管等保护措施。

埋地钢管和铸铁管，应根据土壤和地下水腐蚀性等因素确定管外壁防腐措施；海边、空气潮湿等空气中含有腐蚀性介质的场所的架空管道外壁，应采取相应的防腐措施。

3. 阀门及其他

消防给水系统的阀门选择应符合下列规定：

(1) 埋地管道的阀门宜采用带启闭刻度的暗杆闸阀,当设置在阀门井内时可采用耐腐蚀的明杆闸阀;

(2) 室内架空管道的阀门宜采用蝶阀、明杆闸阀或带启闭刻度的暗杆闸阀等;

(3) 室外架空管道宜采用带启闭刻度的暗杆闸阀或耐腐蚀的明杆闸阀;

(4) 埋地管道的阀门应采用球墨铸铁阀门,室内、室外架空管道的阀门应采用球墨铸铁或不锈钢阀门。

消防给水系统管道的最高点处宜设置自动排气阀。

消防水泵出水管上的止回阀宜采用水锤消除止回阀,当消防水泵供水高度超过24m时,应采用水锤消除器。当消防水泵出水管上设有囊式气压水罐时,可不设水锤消除设施。

减压阀的设置应符合下列规定:

(1) 减压阀应设置在报警阀组入口前,当连接两个及以上报警阀组时,应设置备用减压阀;

(2) 减压阀的进口处应设置过滤器,过滤器的孔网直径不宜小于4～5目/cm²,过流面积不应小于管道截面积的4倍;

(3) 过滤器和减压阀前后应设压力表,压力表的表盘直径不应小于100mm,最大量程宜为设计压力的2倍;

(4) 过滤器前和减压阀后应设置控制阀门;

(5) 减压阀后应设置压力试验排水阀;

(6) 减压阀应设置流量监测测试接口或流量计;

(7) 垂直安装的减压阀,水流方向宜向下;

(8) 比例式减压阀宜垂直安装,可调式减压阀宜水平安装;

(9) 减压阀和控制阀门宜有保护或锁定调节配件的装置;

(10) 接减压阀的管段不应有气堵、气阻。

室内消防给水系统由生活、生产给水系统管网直接供水时,应在引入管处设置倒流防止器。当消防给水系统采用有空气隔断的倒流防止器时,该倒流防止器应设置在清洁卫生的场所,其排水口应采取防止被水淹没的技术措施。

在寒冷、严寒地区,室外阀门井应采取防冻措施。

消防给水系统的室内外消火栓、阀门等的设置位置,应设置永久性固定标识。

10.2.7 消火栓的设置

1. 室外消火栓的设置

室外消火栓按位置分地上式、地下式。

1) 地上式消火栓

地上式消火栓大部分露出地面,具有易寻找、出水操作方便等优点,适用于我国冬季气温较高的地区。但地上式消火栓容易冻结、易损坏,有些场合还妨碍交通。一般情况下消火栓宜采用地上式。

地上式消火栓由本体、进水弯管、阀塞、出水口和排水口等组成,消火栓应有一个直径为150mm或100mm和两个直径为65mm的栓口。

2）地下式消火栓

地下式消火栓设置在消火栓井内，具有不易损坏、不易冻结、方便交通等优点，适用于北方寒冷地区使用。但其缺点是操作不便、目标不明显。因此，应在有防冻或建筑美观要求时采用。在地下式消火栓周围应设置明显的标志。

地下式消火栓由弯头、排水口、阀塞、丝杆、丝杆螺母、出水口等组成，消火栓应有一个直径为 100mm 和一个直径为 65mm 的栓口。

另外，按压力条件室外消火栓系统可分为低压消火栓和高压消火栓。低压消火栓设置在室外低压消防给水系统的管网上，不能直接向火场供水；高压消火栓设置在室外高压或临时高压消防给水系统的管网上，可直接向火场供水。

室外消火栓的设置应符合以下要求：

（1）室外消火栓应沿消防车道靠建筑侧均匀布置，且不能集中布置在建筑物的一侧。其间距不应大于 120m，保护半径不应大于 150m，距建筑物外墙不少于 5m 且不大于 40m，距路边不宜大于 2m。

（2）建筑物室外消火栓的数量应按其保护半径和室外消防用水量经综合计算确定，每个室外消火栓的用水量应按 10～15L/s 取用。与保护对象的距离在 5～40m 范围内的消火栓，可计入室外消火栓的数量内。

（3）消防车吸水管长度为 3～4m，应能直接从消火栓取水。消火栓布置应避免消防车碾压水带，周围应留有消防员操作的场地，两个室外消火栓之间的最小距离不宜小于 10m。

（4）人防工程室外消火栓距人防工程出入口不宜小于 5m；停车场的室外消火栓宜沿停车场周边设置，且距离最近一排汽车不宜小于 7m，距加油站或油库不宜小于 15m。

2．室内消火栓的设置

1）室内消火栓的设置要求

按照我国《建筑设计防火规范（2018 年版）》（GB 50016—2014）的规定，下列建筑应设置室内消火栓系统：

（1）建筑占地面积大于 300m² 的厂房和仓库；

（2）高层公共建筑和建筑高度大于 21m 的住宅建筑（建筑高度不大于 27m 的住宅建筑，设置室内消火栓系统确有困难时，可只设置干式消防竖管和不带消火栓箱的 DN65 的室内消火栓）；

（3）体积大于 5000m³ 的车站/码头/机场的候车（船、机）建筑、展览建筑、商店建筑、旅馆建筑、医疗建筑、老年人照料设施和图书馆建筑等单、多层建筑；

（4）特等、甲等剧场，超过 800 个座位的其他等级的剧场和电影院等以及超过 1200 个座位的礼堂、体育馆等单、多层建筑；

（5）建筑高度大于 15m 或体积大于 10000m³ 的办公建筑、教学建筑和其他单、多层民用建筑。

下列建筑物可不设消火栓给水系统，但宜设置消防软管卷盘或轻便消防水龙：

（1）耐火等级为一、二级且可燃物较少的单、多层丁、戊类厂房（仓房）。

（2）耐火等级为三、四级且建筑体积不大于 3000m³ 的丁类厂房；耐火等级为三、四级且建筑体积不大于 5000m³ 的戊类厂房（仓房）。

（3）粮食仓库、金库、远离城镇且无人值班的独立建筑。

（4）存有与水接触能引起燃烧爆炸的物品的建筑。

（5）室内无生产、生活给水管道，室外消防用水取自储水池且建筑体积不大于 $5000\mathrm{m}^3$ 的其他建筑。

根据规范要求设消火栓消防给水系统的建筑内，包括设备层在内的各层均应设置消火栓。消火栓的间距布置应满足《消防给水及消火栓系统技术规范》(GB 50974—2014)的要求。

（1）建筑高度≤24m，且体积≤5000m³ 的多层库房，建筑高度≤54m 且每单元设置一部疏散楼梯的住宅，以及可采用 1 支消防水枪的场所，可采用 1 支消防水枪的 1 股充实水柱到达室内任何部位，如图 10-7(a)、(c)所示，其布置间距按下列公式计算：

$$S_1 \leqslant 2\sqrt{R^2 - b^2} \tag{10-2}$$

$$R = CL_d + h \tag{10-3}$$

式中，S_1——消火栓间距，m。

R——消火栓保护半径，m。

C——水带展开时的弯曲折减系数，一般取 $0.8\sim0.9$。

L_d——水带长度，m，每条水带的长度不应大于 25m。

h——水枪充实水柱倾斜 45°时的水平投影距离，m。对一般建筑（层高为 $3\sim3.5$m），由于两楼板间的限制，一般取 $h = 3.0$m；对于工业厂房和层高大于 3.5m 的民用建筑应按 $h = H_m\sin45°$ 计算，其中 H_m 为水枪充实水柱长度。

b——消火栓的最大保护宽度，应为一个房间的长度加走廊的宽度，m。

对于双排及多排消火栓，其间距按图 10-7(c)、(d)所示布置。

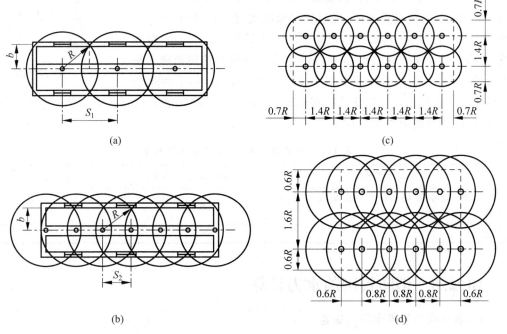

图 10-7 消火栓布置间距

(a) 单排 1 股水柱到达室内任何部位；(b) 单排 2 股水柱到达室内任何部位；

(c) 多排 1 股水柱到达室内任何部位；(d) 多排 2 股水柱到达室内任何部位

（2）对于民用建筑,应保证有 2 支水枪的充实水柱到达同层内任何部位,如图 10-7(b)、(d)所示,其布置间距按下列公式计算:

$$S_2 \leqslant \sqrt{R^2 - b^2} \tag{10-4}$$

式中：S_2——消火栓间距(2 股水柱到达同层任何部位),m;

R、b 同式(10-3)。

消火栓按 2 支消防水枪的 2 股充实水柱布置的建筑及工业厂房等场所,消火栓的布置间距不应大于 30m;消火栓按 1 支消防水枪的 1 股充实水柱布置的建筑物,消火栓的布置间距不应大于 50m。

（3）消火栓口距地面安装高度为 1.1m,栓口宜向下或与墙面垂直安装。同一建筑内应选用同一规格的消火栓、水带和水枪,以方便使用,每条水带的长度不应大于 25m。为保证及时灭火,每个消火栓处应设置可直接启动消防水泵的按钮或报警信号装置。

（4）建筑室内消火栓的设置位置应满足火灾扑救要求,一般消火栓应设在位置明显且操作方便的过道内,宜靠近疏散方便的通道口处、楼梯间内等便于取用和火灾扑救的位置。建筑物设有消防电梯时,其前室应设消火栓。冷库内的消火栓应设置在常温穿堂内或楼梯间内。在建筑物屋顶应设 1 个消火栓,以便于消防人员经常试验和检查消防给水系统是否能正常运行,同时还能保护本建筑物免受邻近建筑火灾的波及。在寒冷地区,屋顶消火栓可设在顶层出口处、水箱间或采取防冻技术措施。

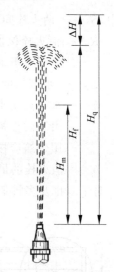

图 10-8　垂直射流组成

2）水枪充实水柱的要求

消火栓设备的水枪射流,要求有一定强度的密实水流。如图 10-8 所示,所谓充实水柱,是指从水枪喷嘴起至射流 90% 的水柱水量穿过直径 380mm 圆孔处的一段射流长度。根据实验数据统计,当水枪充实水柱长度小于 7m 时,火场的辐射热使消防人员无法接近着火点;当水枪的充实水柱长度大于 15m 时,会因射流的反作用力而使消防人员无法把握水枪,影响灭火。表 10-3 所示为各类建筑要求水枪充实水柱长度,设计时可参照选用。

表 10-3　各类建筑要求水枪充实水柱长度

建筑物类别	火栓栓口动压/MPa	充实水柱长度/m
高层建筑、厂房、库房和室内净空高度超过 8m 的民用建筑等场所	≥0.35	13
其他场所	≥0.25	10

10.2.8　消防管网的水力计算

1. 消火栓口所需水压的确定

消防管网的水力计算的目的是确定消防给水管网的管径、计算或校核消防水箱的设置高度以及选择消防水泵型号等。在进行消防管网水力计算时,遵循以下步骤:

（1）应首先选择最不利立管和最不利消火栓，以此确定计算管路，并按照消防规范规定的室内消防用水量进行流量分配，低层建筑消防立管流量分配应按附录 G 确定。

（2）在最不利点水枪射流量按式（10-11）确定后，以下各层水枪的实际射流量应根据消火栓口处的实际压力计算。在确定了消防管网中各管段的流量后，便可按流量公式计算出各段管径。消火栓给水管道中的一般设计流速以 1.4～1.8m/s 为宜，不允许大于 2.5m/s。消防管道沿程水头损失的计算方法与给水管网计算相同，其局部水头损失按管道沿程水头损失的 10% 采用。对于环状管网，可假定某管段发生故障，仍按枝状网进行计算。

（3）系统中设有消防水箱时，应以水箱的最低水位作为计算管路的起点，并进行水头损失计算和确定管径、水箱的设置高度或补压设备。

（4）采用消防水泵时，应以消防水池最低水位作为起点选择计算管路，计算管径和水头损失，确定消防水泵的扬程。

消火栓口所需的水压按下列公式计算（参见图 10-8）：

$$H_{xh} = H_q + H_d + H_k \tag{10-5}$$

式中：H_{xh}——消火栓口的水压，kPa；

H_q——水枪喷嘴处的压力，kPa；

H_d——水带的水头损失；kPa；

H_k——消火栓栓口水头损失，取 20kPa。

理想的射流高度（即不考虑空气对射流的阻力）为

$$H_q = \frac{v^2}{2g} \tag{10-6}$$

式中，v—水流在喷嘴口处的流速，m/s；

g——重力加速度，m/s²；

H_q——水枪喷嘴处的压力，kPa。

实际射流对空气的阻力为

$$\Delta H = H_q - H_f = \frac{K_1}{d_f} \cdot \frac{v^2}{2g} \cdot H_f \tag{10-7}$$

将式（10-6）代入式（10-7）得

$$H_q - H_f = \frac{K_1}{d_f} H_q \cdot H_f$$

$$H_q = \frac{H_f}{1 - \dfrac{K_1}{d_f} \cdot H_f}$$

设 $\dfrac{K_1}{d_f} = \varphi$，则

$$H_q = \frac{H_f}{1 - \varphi H_f} \tag{10-8}$$

式中，K_1——由实验确定的阻力系数；

d_f——水枪喷嘴口径，m；

H_f——垂直射流高度，m；

φ——与水枪喷嘴口径有关的阻力系数,可按经验公式 $\varphi = \dfrac{0.25}{d_f + (0.1d_f)^3}$ 计算,其值
已列入表10-4;

H_q 同式(10-6)。

表 10-4　系数 φ 值

d_f/mm	13	16	19
φ	0.0165	0.0124	0.0097

计算时需考虑压力(kPa)与水柱(m)的换算关系。

水枪充实水柱高度 H_m 与垂直射流高度 H_f 的关系式为

$$H_f = a_f H_m \tag{10-9}$$

式中,a_f——实验系数,$a_f = 1.19 + 80(0.01H_m)^4$,其取值可查表10-5;

H_m、H_f 同前。

表 10-5　系数 a_f 值

H_m/m	6	7	8	9	10	11	12	13	14	15	16
a_f	1.19	1.19	1.19	1.20	1.20	1.20	1.21	1.21	1.22	1.23	1.24

将式(10-9)代入式(10-8)可得水枪喷嘴处的压力与充实水柱高度的关系为

$$H_q = \frac{a_f H_m \times 10}{1 - \varphi a_f H_m} \tag{10-10}$$

水枪在使用时常倾斜 $45° \sim 60°$。由试验得知充实水柱长度基本与倾角无关,在计算时充实水柱长度与充实水柱高度可视为相等。

水枪射出流量与喷嘴压力之间的关系可用下列公式计算:

根据孔口出流公式

$$q_{xh} = \mu \frac{\pi d_f^2}{4} \cdot \frac{\sqrt{2gH_q}}{1000} = 0.003477\mu d_f^2 \cdot \sqrt{H_q}$$

令 $B = (0.003477\mu \cdot d_f^2)^2$,则

$$q_{xh} = \sqrt{BH_q} \tag{10-11}$$

式中,q_{xh}——水枪的射流量,L/s;

μ——孔口流量系数,采用 $\mu = 1.0$;

B——水枪水流特性系数,与水枪喷嘴口径有关,可查表10-6;

H_q 同式(10-10)。

表 10-6　水枪水流特性系数 B

水枪喷口直径/mm	13	16	19	22
B	0.346	0.793	1.577	2.834

为了方便使用,根据式(10-10)、式(10-11)制成表 10-7,根据水枪口径和充实水柱长度可查出水枪的射流量和压力值。

表 10-7 H_m、H_q、q_{xh} 技术数据

充实水柱/m	水枪喷口直径/mm					
	13		16		19	
	H_q/mH_2O	$q_{xh}/(L/s)$	H_q/mH_2O	$q_{xh}/(L/s)$	H_q/mH_2O	$q_{xh}/(L/s)$
6	8.1	1.7	7.8	2.5	7.7	3.5
7	9.7	1.8	9.3	2.7	9.1	3.8
8	11.3	2.0	10.8	2.9	10.5	4.1
9	13.1	2.1	12.5	3.1	12.1	4.4
10	15.0	2.3	14.1	3.3	13.6	4.6
11	16.9	2.4	15.8	3.5	15.1	4.9
12	19.1	2.6	17.1	3.9	16.9	5.2
13	21.2	2.7	19.5	3.9	18.6	5.4
14	23.9	2.9	21.7	4.1	20.5	5.7
15	26.5	3.0	23.9	4.4	22.5	6.0
16	29.5	3.2	26.3	4.6	24.6	6.2

水带水头损失应按下列公式计算:

$$h_d = A_z L_d q_{xh}^2 \times 10 \qquad (10\text{-}12)$$

式中,h_d——水带水头损失,kPa;

L_d——水带长度,m;

A_z——水带阻力系数,见表 10-8;

q_{xh} 同式(10-11)。

表 10-8 水带阻力系数 A_z 值

水带材料	水带直径/mm		
	50	65	80
麻织	0.01501	0.00430	0.00150
衬胶	0.00677	0.00172	0.00075

2. 消防水池、水箱的容积确定

1) 消防储水池

在下列情况下应设置消防水池:

(1) 当生产、生活用水量达到最大,市政给水管网引入管不能满足室内、外消防用水量时;

(2) 当采用一条管道供消防供水,只有一条引入管,且室外消火栓设计流量大于 20L/s 或建筑高度大于 50m 时;

(3) 市政消防给水设计流量小于建筑的消防给水设计流量时。

当市政给水管网能保证室外消防给水设计流量时,消防水池的有效容积应满足在火灾延续时间内室内消防用水量的要求。

当市政给水管网不能保证室外消防给水设计流量时,消防水池的有效容积应满足火灾延续时间内室内消防用水量和室外消防用水量不足部分之和的要求。消防水池的消防储存水量应按下式确定:

$$V_f = 3.6(Q_f - Q_L)T_x \qquad (10\text{-}13)$$

式中,V_f——消防水池储存消防水量,m^3;

Q_f——室内消防用水量与室外给水管网不能保证的室外消防用水量之和,L/s;

Q_L——市政管网可连续补充的水量,L/s;

T_x——火灾延续时间,h,详见附录 H。

消防水池的给水管应根据其有效容积和补水时间确定,补水时间不宜大于 48h,但当消防水池的有效容积大于 $2000m^3$ 时不应大于 96h。当消防水池采用两条管道供水且在火灾情况下连续补水能满足消防要求时,消防水池的有效容积应根据计算确定,但不应小于 $100m^3$,当仅设有消防栓系统时不应小于 $50m^3$。

消防水池的总蓄水有效容积大于 $500m^3$ 时,宜设两个独立使用的消防水池,并应设置满足最低有效水位的连通管;但当总蓄水有效容积大于 $1000m^3$ 时,应设置能独立使用的两座消防水池,每座消防水池应设置独立的出水管,并设置满足最低有效水位的连通管。

消防用水与其他用水共用的水池,应采取确保消防用水不作他用的技术措施。

2) 消防水箱

按照我国建筑防火规范规定,消防水箱应储存 10min 的室内消防用水总量,以供扑救初期火灾之用。计算公式为

$$V_x = 0.6Q_x \qquad (10\text{-}14)$$

式中,V_x——消防水箱储存消防水量,m^3;

Q_x——室内消防用水总量,L/s;

0.6——单位换算系数,$V_x = Q_x \times 10 \times 60/1000 = 0.6Q_x$。

第11章

自动喷水灭火系统

11.1 自动喷水灭火系统的设置原则

当发生火灾时,自动喷水灭火系统能自动喷水灭火并同时发出火警信号。尤其是扑灭初期火灾其功效较高。

根据我国消防规定,设置各类自动喷水灭火系统的原则见表11-1。

表 11-1 设置各类自动喷水灭火系统的原则

系统类型	设 置 原 则
闭式喷水灭火系统	(1) 厂房或生产部位:不小于 5 万纱锭的棉纺厂的开包、清花车间;不小于5000 锭的麻纺厂的分级、梳麻车间,火柴厂的考梗、筛选部位;占地面积大于 $1500m^2$ 或建筑面积大于 $3000m^2$ 的单/多层制鞋、制衣、玩具及电子等类似生产的厂房;占地面积大于 $1500m^2$ 的木器厂房;泡沫塑料厂的预发、成型切片、压花部位;高层乙、丙类厂房;建筑面积大于 $500m^2$ 的地下或半地下丙类厂房。 (2) 仓库:每座占地面积大于 $1000m^2$ 的棉、毛、丝、麻、化纤、毛皮及其制品的仓库;每座占地面积大于 $600m^2$ 的火柴仓库、邮政建筑内建筑面积大于 $500m^2$ 的空邮袋库;可燃、难燃物品的高架仓库和高层仓库;设计温度高于 $0℃$ 的高架冷库,设计温度高于 $0℃$ 且每个防火分区建筑面积大于 $1500m^2$ 的非高架冷库;总建筑面积大于 $500m^2$ 的可燃物品地下仓库;每座占地面积大于 $1500m^2$ 或总建筑面积大于 $3000m^2$ 的其他单层或多层丙类物品仓库。 (3) 高层民用建筑或场所:一类高层公共建筑(除游泳池、溜冰场外)及其地下、半地下室;二类高层公共建筑及其地下、半地下室的公共活动用房、走道、办公室和旅馆的客房、可燃物品库房、自动扶梯底部;高层民用建筑内的歌舞娱乐放映游艺场所;建筑高度大于 100m 的住宅建筑。 (4) 单、多层民用建筑或场所:特等、甲等剧场,超过 1500 个座位的其他等级的剧场,超过 2000 个座位的会堂或礼堂,超过 3000 个座位的体育馆,超过 5000 人的体育场的室内人员休息室与器材间等;任一层建筑面积大于 $1500m^2$ 或总建筑面积大于 $3000m^2$ 的展览、商店、餐饮和旅馆建筑以及医院中同样建筑规模的病房楼、门诊楼和手术部;设置送回风道(管)的集中空气调节系统且总建筑面积大于 $3000m^2$ 的办公建筑等;藏书量超过 50 万册的图书馆;大、中型幼儿园、老年人照料设施;总建筑面积大于 $500m^2$ 的地下或半地下商店;设置在地下或半地下或地上四层及以上楼层的歌舞娱乐放映游艺场所(除游泳场所外),设置在首层、二层和三层且任一层建筑面积大于 $300m^2$ 的地上歌舞娱乐放映游艺场所(除游泳场所外)

系统类型	设 置 原 则
水幕系统	(1) 特等、甲等剧场,超过 1500 个座位的其他等级的剧场,超过 2000 个座位的会堂或礼堂和高层民用建筑内超过 800 个座位的剧场或礼堂的舞台口,以及上述场所内与舞台相连的侧台、后台的洞口; (2) 应设置防火墙等防火分隔物而无法设置的局部开口部位; (3) 需要防护冷却的防火卷帘或防火幕的上部。 注:舞台口也可采用防火幕进行分隔,侧台、后台的较小洞口宜设置乙级防火门、窗
雨淋喷水灭火系统	(1) 火柴厂的氯酸钾压碾厂房,建筑面积大于 100m^2 且生产或使用硝化棉、喷漆棉、火胶棉、赛璐珞胶片、硝化纤维的厂房; (2) 乒乓球厂的轧坯、切片、磨球、分球检验部位; (3) 建筑面积大于 60m^2 或储存量大于 2t 的硝化棉、喷漆棉、火胶棉、赛璐珞胶片、硝化纤维的仓库; (4) 日装瓶数量大于 3000 瓶的液化石油气储配站的灌瓶间、实瓶库; (5) 特等、甲等剧场,超过 1500 个座位的其他等级剧场和超过 2000 个座位的会堂或礼堂的舞台葡萄架下部; (6) 建筑面积不小于 400m^2 的演播室,建筑面积不小于 500m^2 的电影摄影棚
水喷雾灭火系统	(1) 单台容量在 40MV·A 及以上的厂矿企业油浸变压器,单台容量在 90MV·A 及以上的电厂油浸变压器,单台容量在 125MV·A 及以上的独立变电站油浸变压器; (2) 飞机发动机试验台的试车部位; (3) 充可燃油并设置在高层民用建筑内的高压电容器和多油开关室。 注:设置在室内的油浸变压器、充可燃油的高压电容器和多油开关室,可采用细水雾灭火系统

11.2　自动喷水灭火系统的种类

自动喷水灭火系统是由洒水喷头、报警阀组、水流报警装置等组件,以及管道、供水设施等组成的能在发生火灾时喷水的自动灭火系统。根据喷头的开、闭形式和管网充水与否分为以下几种系统。

11.2.1　湿式自动喷水灭火系统

如图 11-1 所示,湿式自动喷水灭火系统是指准工作状态时配水管道内充满用于启动系统的有压水的闭式系统。其特点是系统管网中为常压水,喷头为常闭。当建筑物发生火灾,火点温度达到开启闭式喷头时,水从喷头喷出进行灭火。由于管网中充有有压水,因此对管道系统的安装与维护均有较高的要求。

1. 系统组成

湿式喷水灭火系统由闭式喷头、报警装置(水力警铃、压力开关)、湿式报警阀、管道及供水设施等组成。

湿式喷水灭火系统的主要部件见表 11-2。

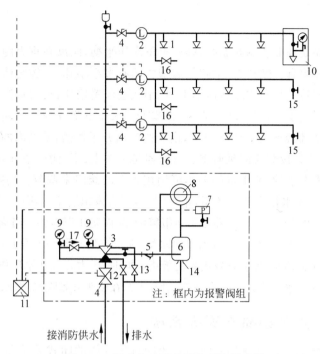

图 11-1 湿式自动喷水灭火系统示意图

表 11-2 湿式喷水灭火系统主要部件

编 号	名 称	用 途
1	闭式喷头	感知火灾、出水灭火
2	水流指示器	输出电信号,指示火灾区域
3	湿式报警阀	系统控制阀,输出报警水流信号
4	信号阀	供水控制阀,关闭时输出电信号
5	过滤器	过滤水中杂质
6	延迟器	延迟报警时间,克服水压波动引起的误报警
7	压力开关	报警阀开启时,输出电信号
8	水力警铃	报警阀开启时,发出音响信号
9	压力表	指示报警阀前、后的水压
10	末端试水装置	试验系统末端水压及联动功能
11	火灾报警控制器	接收报警信号并发出控制指令
12	泄空阀	系统检修时排空放水
13	试验阀	试验报警阀功能及警铃报警功能
14	节流阀	节流排水,与延迟器共同工作
15	试水阀	分区放水试验及试验系统联动功能
16	泄水阀	配水管道检修放水
17	止回阀	单向补水,防止压力变化引起报警阀误动作

2. 适用范围

湿式喷水灭火系统适合安装在室内温度不低于 4℃、不高于 70℃ 且能用水灭火的建筑物、构筑物中,如饭店、办公楼、医院、企业厂房、仓库等场所。

3. 工作原理

湿式喷水灭火系统在非喷水状态时,阀瓣上下水压平衡,阀瓣在重力的作用下,紧压在瓣槽上。瓣槽下的阀体内有一圈空腔,空腔与瓣槽之间有多个小孔,空腔阀体有一个出管接口,接向延时器和水力警铃。当阀瓣压在瓣槽上时,小孔被阀瓣堵住,没有水流入空腔,因此水力警铃不动作。当火灾发生时,喷头动作喷水,阀瓣上部水压下降,阀瓣下部的水压就大于上部水压,将阀瓣顶起,水流经阀腔向喷头供水,由于阀瓣离开了瓣槽,瓣槽内的小孔就敞开,水经小孔流入空腔,汇集后经接管流向延时器。延时器是一个上、下、侧三个方向有接管口的筒形体。下部接管是用来泄水的,泄水量的大小可用接管上的阀门来调节。当侧向接口由报警阀流来的水很少时,由于泄水量大于入流量,水被泄走,不会发出警报。所以,当管网压力稍有波动,阀瓣有瞬时抬升,少量水流入延时器是不会报警的,从而防止误报警。当火灾发生后,阀瓣抬起,一定量的水流入延时器内,若流入量大于泄水量,则水在延时器中上升并经上方出口涌向水力警铃,推动警铃的水力透平,使警铃发出敲击警声。同时,压力开关在水压作用下接通电流,发出电信号报警,并启动供水水泵。这一系列的动作,大约在喷头开始喷水后 30s 内即可完成。

11.2.2　干式自动喷水灭火系统

准工作状态时配水管内充满用于启动系统的有压气体的闭式系统称为干式灭火系统,如图 11-2 所示。当火灾火点温度达到开启闭式喷头时,该系统的灭火过程为:喷头开启,排气,充水、灭火。该系统的特点为灭火不如湿式系统及时,但对建筑物装饰无影响,对环境温度也无要求,适用于无采暖的场所。

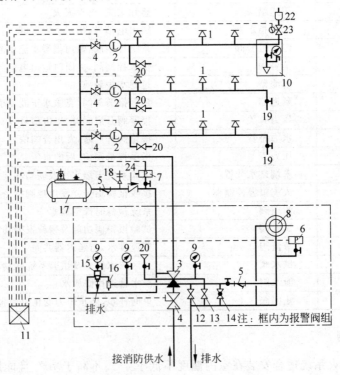

图 11-2　干式自动喷水灭火系统示意图

1. 系统组成

干式喷水灭火系统由闭式喷头、管道系统、干式报警阀、报警装置、充气设备和供水设施等组成。干式喷水灭火系统的主要部件见表 11-3。

表 11-3　干式喷水灭火系统主要部件

编　号	名　称	用　途
1	闭式喷头	感知火灾,出水灭火
2	水流指示器	输出电信号,指示火灾区域
3	干式报警阀	系统报警阀,输出报警水流信号
4	信号阀	供水控制阀,关闭时输出电信号
5	过滤器	过滤水中杂质
6	压力开关	报警阀开启时,输出电信号
7	压力开关	上限控制系统补齐,下限控制系统排气进水
8	水力警铃	报警阀开启时,发出音响信号
9	压力表	显示水压或气压
10	末端试水装置	试验系统末端水压及联动功能
11	火灾报警控制器	接收报警信号并发出控制指令
12	泄空阀	系统检修时排空放水
13	试验阀	试验报警阀功能及警铃报警功能
14	自动滴水球阀	排出系统微渗的水,接通大气密封干式阀阀瓣
15	加速器	加速开启干式报警阀
16	抗洪装置	防止报警阀开启时水进入加速器
17	空压机	供给系统压缩空气
18	安全阀	防止系统超压
19	试水阀	分区放水试验及试验系统联动功能
20	泄水阀	配水管道检修放水
21	注水口	向报警阀内注水以密封阀瓣
22	快速排气阀	报警阀开启后系统排气
23	电动阀	平时关闭,报警阀开启后,开启控制排气
24	止回阀	控制补气方向,防止水进入补气系统

2. 特点及适用范围

干式喷水灭火系统的特点是在干式报警阀前的管道内充有压力水,在干式报警阀后的管道内充以压力气体(空气或氮气),因此不受温度影响。

干式喷水灭火系统的适用范围:环境温度低于 4℃ 或高于 70℃ 的场所。

11.2.3　预作用喷水灭火系统

预作用喷水灭火系统是准工作状态时配水管道内不充水,发生火灾时由火灾自动报警系统、充气管道上的压力开关联锁控制预作用装置和启动消防水泵,向配水管道供水的闭式系统,如图 11-3 所示。其特点是:由火灾探测器报警,自动控制系统进行后续动作,启动闸门排气、充水,使原系统由干式变为湿式系统;只有当着火点温度达到开启闭式喷头时,才开始喷水灭火。相比之下,该系统更适用于建筑装饰要求高、灭火要求及时的建筑物。随着电子技术的发展,该系统将成为自动灭火系统的主流。

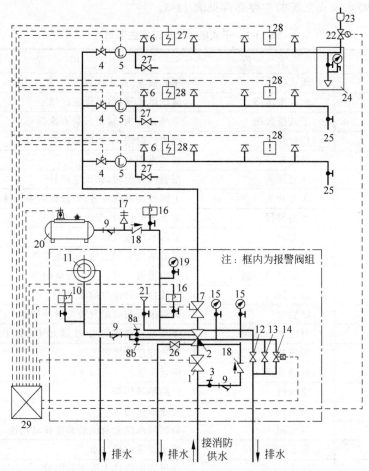

图 11-3　预作用喷水灭火系统示意图

1. 系统组成

预作用喷水灭火系统由作用阀门、闭式喷头、管网、报警装置、供水设施以及探测和控制系统组成。预作用喷水灭火系统的主要部件见表 11-4。

表 11-4　预作用喷水灭火系统主要部件

编　号	名　称	用　途
1	信号阀	供水控制阀,关闭时输出电信号
2	预作用报警阀	控制系统进水,开启时可输出报警水流信号
3	控制腔供水阀	平时常开,关闭时切断控制腔供水
4	信号阀	区域检修控制阀,关闭时输出电信号
5	水流指示器	水流动作时,输出电信号,指示火灾区域
6	闭式喷头	火灾发生时,开启出水灭火
7	试验信号阀	检修调试用阀,平时常开,关闭时输出电信号

编　号	名　称	用　途
8a	水力警铃控制阀	切断水力警铃声,平时常开
8b	水力警铃测试阀	手动打开后,可在雨淋阀关闭状态下试验警铃
9	过滤器	过滤水中或气体中的杂质
10	压力开关	报警阀开启时,输出电信号
11	水力警铃	报警阀开启时,发出音响信号
12	试验放水阀	系统调试或功能试验时打开
13	手动开启阀	手动开启预作用阀
14	电磁阀	电动开启预作用阀
15	压力表	显示水压
16	压力开关	低气压报警,控制空压机启停
17	安全阀	防止系统超压
18	止回阀	防止水倒流
19	压力表	显示系统气压
20	空压机	供给系统压缩空气
21	注水口	向报警阀内注水以密封阀瓣
22	电动阀	电动控制开启排气阀
23	自动排气阀	快速排气功能
24	末端试水装置	试验水压及系统联动功能
25	试水阀	分区放水试验及试验系统联动功能
26	泄空阀	系统排空放水
27	泄水阀	配水管道检修放水
28	火灾探测器	感知火灾,自动报警
29	火灾报警控制器	接收报警信号并发出控制指令

2. 特点及适用范围

预作用喷水灭火系统的特点是将湿式喷水灭火系统与自控技术相结合,集湿式和干式喷水灭火系统的长处于一身,提高了系统的安全可靠性。

预作用喷水灭火系统适用于冬季结冻和不能采暖的建筑物内,以及不允许有误喷而造成水渍损失的建筑物。

预作用喷水灭火系统的关键是其报警系统必须提前,即火灾探测器的动作必须先于喷头的动作。其管道内的充水时间不宜超过3min,为了使该系统在火灾探测器发生故障时仍能正常工作,应设有系统手动操作装置。

3. 工作原理及工作程序

预作用喷水灭火系统的工作原理是:当发生火灾时,探测器启动,发出报警信号,启动预作用阀,使整个系统充满水而变成湿式系统,以后的工作程序即与湿式喷水灭火系统完全相同。

11.2.4　雨淋喷水灭火系统

雨淋喷水灭火系统是由开式洒水喷头、雨淋报警阀组等组成,发生火灾时由火灾自动报警系统或传动管控制,自动开启雨淋报警阀组和启动消防水泵,用于灭火的开式系统,如图11-4所示。该系统具有出水量大、灭火及时的优点,适用于火灾危险性大的建筑或部位。

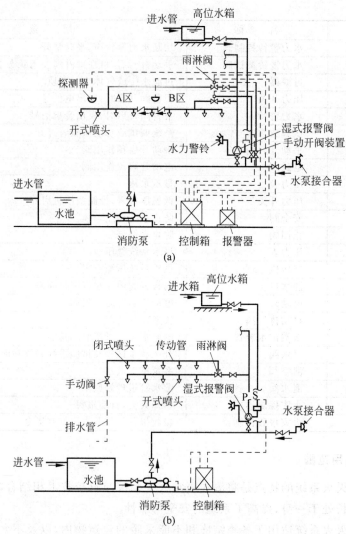

图 11-4　雨淋喷水灭火系统示意图

（a）电动启动；（b）传动管启动

1. 系统组成

雨淋喷水灭火系统由雨淋阀、开式喷头、管网、供水设施及探测系统和报警系统组成，其主要部件见表 11-5。

表 11-5　雨淋喷水灭火系统主要部件

编号	名称	用途	工作状态	
			平时	失火时
1	闸阀	进水总阀	常开	开
2	雨淋阀	自动控制消防供水	常闭	自动开启
3	闸阀	系统检修用	常开	开
4	截止阀	雨淋管网充水	微开	微开
5	截止阀	系统放水	常闭	闭

续表

编号	名称	用途	工作状态	
			平时	失火时
6	闸阀	系统试水	常闭	闭
7	截止阀	系统溢水	微开	微开
8	截止阀	检修	常开	开
9	止回阀	传动系统稳压	开	开
10	截止阀	传动管注水	常闭	闭
11	带小孔闸阀	传动管补水	阀闭孔开	阀闭孔开
12	截止阀	试水	常闭	常闭
13	电磁阀	电动控制系统动作	常闭	开
14	截止阀	传动管网检修	常开	开
15	压力表	测传动管水压	两表相等	水压小
16	压力表	测供水管水压	两表相等	水压大
17	手动旋塞	人工控制泄压	常闭	人工开启
18	火灾报警控制箱	接收电信号发出指令		
19	开式喷头	雨淋灭火	不出水	喷水灭火
20	闭式喷头	探测火灾,控制传动管网动作	闭	开
21	火灾探测器	发出火灾信号		
22	钢丝绳			
23	易熔锁封	探测火灾	闭锁	熔断
24	拉紧弹簧	保持易熔锁封受拉力250N	拉力250N	拉力为0
25	拉紧连接器			
26	固定挂钩			
27	传动阀门	传动管网泄压	常闭	开启
28	截止阀	放气	常闭	常闭

2. 系统特点及应用范围

雨淋喷水灭火系统的特点是:该系统和预作用喷水灭火系统类似,都采用了雨淋阀、探测报警系统。但不同点是,预作用喷水灭火系统为闭式喷头,而雨淋系统为开式喷头,且雨淋阀后的管道内平时充有压缩气体(也可为空管);而雨淋喷水灭火系统在雨淋阀之后的管道平时为空管。

雨淋喷水灭火系统的应用范围:一般说来,凡严重危险级的建筑物、构筑物,如生产和使用硝化棉、喷漆棉、火胶棉、赛璐珞胶片、硝化纤维的厂房以及储存这些物品的库房,剧院、会堂、礼堂的舞台葡萄架下部,大型演播室和电影摄影棚等火势燃烧猛烈、蔓延迅速的场所,均采用雨淋喷水灭火系统。

3. 工作原理

雨淋喷水灭火系统的工作原理是:当火灾发生时,探测器动作,向控制箱发出报警信号,报警箱接到信号后,经过确认,发出指令,打开雨淋阀上的电磁卸压阀,使所有的开式喷头喷水灭火,同时启动水泵供水。

11.2.5　水幕系统

水幕系统的最大特点是:喷头沿线布置,当发生火灾时主要起阻火、冷却、隔离作用,如

图 11-5 所示。该系统适用于需防火分区的交界处,如舞台与观众之间的隔离水帘、消防防火卷帘的冷却等。

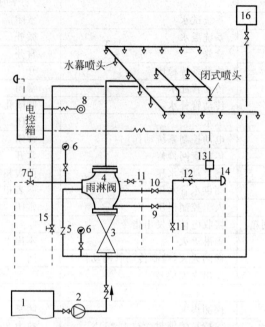

1—水池;2—水泵;3—供水闸阀;4—雨淋阀;5—止回阀;6—压力表;7—电磁阀;8—按钮;9—试警铃阀;
10—警铃管阀;11—放水阀;12—滤网;13—压力开关;14—警铃;15—手动开关阀;16—水箱

图 11-5　水幕系统示意图

1. 系统组成

水幕系统由雨淋阀、水幕喷头(包括窗口、檐口、台口等各种类型)、供水设施、管网及探测系统和报警系统等组成,水幕系统的主要部件见表 11-6。

表 11-6　水幕系统主要部件

编　号	名　称	用　途
1	水池	
2	水泵	
3	水泵接合器	
4	总控制阀	检修用
5	雨淋阀	自动控制消防供水(平时常闭、失火时自动开启)
6	水幕喷头	出水、隔火、阻火
7	开式喷头	雨淋灭火(平时不出水,失火时喷水灭火)
8	手动阀	手动开启阀门
9	电磁阀	电动控制系统动作
10	控制箱	接以电信号,并发出指令

2. 系统特点及适用范围

水幕系统是开式的水幕喷头,喷出的水形成水帘状。因此,它不是直接用来扑灭火灾,而是与防火卷帘、防火幕配合使用。

水幕系统可以作防火分隔或防火分区用,如用在大型剧场、会堂、礼堂的舞台口或其他高层建筑的门窗、洞口等。

11.2.6 水喷雾灭火系统

该系统的作用是用喷雾喷头把水粉碎成细小的水雾之后,喷射到正在燃烧的物质表面,通过表面冷却、窒息以及乳化、稀释的共同作用实现灭火。由于水喷雾具有多种灭火机理,因此其适用范围较广。一般在扑灭可燃液体火灾、电气火灾中得到广泛的应用,如飞机发动机试验台、各类电气设备、石油加工场所等。

11.3 系统的主要组件

1. 喷头

闭式喷头的喷口用由热敏元件特制的释放机构组件封闭,受温度控制能自动开启(如玻璃爆炸、易熔合金脱离)。其构造按溅水盘的形式和安装位置有直立型、下垂型、边墙型、普通型、吊顶型和干式下垂型洒水喷头之分(如图11-6所示),各种喷头的适用场所见表11-7。

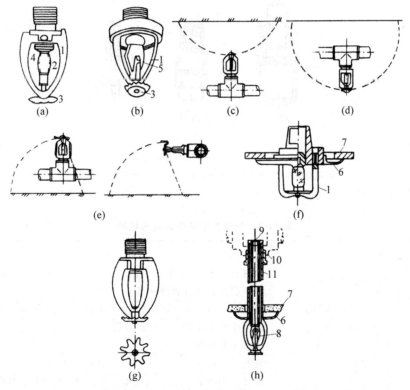

1—支架;2—玻璃球;3—溅水盘;4—喷水口;5—合金锁片;6—装饰罩;

7—吊顶;8—热敏元件;9—钢球;10—钢球密封圈;11—套筒

图 11-6 闭式喷头构造示意图

(a)玻璃球洒水喷头;(b)易熔合金洒水喷头;(c)直立型;(d)下垂型;

(e)边墙型(立式、水平式);(f)吊顶型;(g)普通型;(h)干式下垂型

　　开式喷头分为开启式、水幕、喷雾三种,其构造如图 11-7 所示,各种喷头的适用场所见表 11-7。

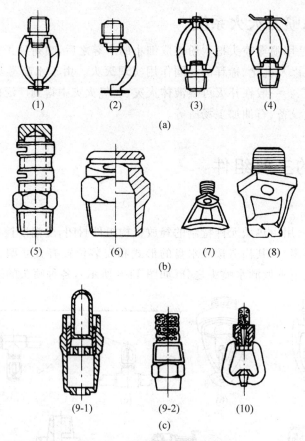

图 11-7　开式喷头构造示意图

（a）开启式洒水喷头:(1)双臂下垂型,(2)单臂下垂型,(3)双臂直立型,(4)双臂边墙型;(b)水幕喷头:
(5)双隙式,(6)单隙式,(7)窗口式,(8)檐口式;(c)喷雾喷头:(9-1)、(9-2)高速喷雾式,(10)中速喷雾式

表 11-7　各种类型喷头的适用场所

喷头类别		适 用 场 所
闭式喷头	玻璃球洒水喷头	因具有外形美观、体积小、重量轻、耐腐蚀的特点,适用于宾馆等要求美观及具有腐蚀性场所
	易熔合金洒水喷头	适用于外观要求不高、腐蚀性不大的工厂、仓库和民用建筑
	直立型洒水喷头	适用于安装在管路下经常有移动物体的场所,尘埃较多的场所
	下垂型洒水喷头	适用于各种保护场所
	边墙型洒水喷头	安装空间狭窄、通道状建筑适用此种喷头
	吊顶型喷头	属装饰型喷头,可安装于旅馆、客厅、餐厅、办公室等建筑中
	普通型洒水喷头	可直立,下垂安装,适用于有可燃吊顶的房间
	干式下垂型洒水喷头	专用于干式喷水灭火系统的下垂型喷头
开式喷头	开启式洒水喷头	适用于雨淋喷水灭火和其他开式系统
	水幕喷头	凡需保护的门、窗、洞、檐口、舞台口等应安装这类喷头
	喷雾喷头	用于保护石油化工装置、电力设备等

续表

喷头类别		适用场所
特殊喷头	自动启闭洒水喷头	这种喷头具有自动启闭功能,凡需降低水渍损失场所均适用
	快速反应洒水喷头	这种喷头具有短时启动效果,凡要求启动时间短场所均适用
	大水滴洒水喷头	适用于高架库房等火灾危险等级高的场所
	扩大覆盖洒水喷头	喷水保护面积可达 $30\sim36m^2$,可降低系统造价

上述各种喷头的技术性能和色标参见表 11-8。

表 11-8　各类型喷头的技术参数

喷头类别	喷头公称口径/mm	动作温度(℃)和颜色	
		易熔元件喷头	玻璃球喷头
闭式喷头	10、15、20	57~77—本色 80~107—白 121~149—蓝 163~191—红 204~246—绿 260~302—橙 320~343—黑	57—橙、68—红 79—黄、93—绿 141—蓝、182—紫红 227—黑、343—黑
开式喷头	10、15、20		
水幕喷头	6、8、10、12.7、16、19		

2. 报警阀组

报警阀组是开启和关闭管道系统中的水流,同时传递控制信号到控制系统并启动水力警铃直接报警的组件。根据使用条件有湿式、干式、干湿式和雨淋式四种类型,如图 11-8 所示,报警阀的规格有 DN50mm、65mm、80mm、100mm、150mm、200mm 等多种。

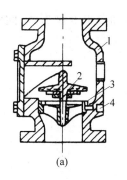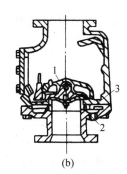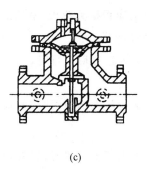

(a)　　　　　　　　　　(b)　　　　　　　　　　(c)

图 11-8　报警阀构造示意图

(a)座圈型湿式阀:1—阀体,2—阀瓣,3—沟槽,4—水力警铃接口;
(b)差动式干式阀:1—阀瓣,2—水力警铃接口,3—弹性隔膜;(c)雨淋阀

3. 水流报警装置

水流报警装置有水力警铃、压力开关和水流指示器。

水力警铃在水流冲动叶轮时打铃报警,在系统中不得由电动报警装置替代。

在湿式喷水灭火系统中,当某个喷头开启喷水或管网发生水量泄漏时,管道中的水产生流动,导致指示中桨片随水流而动作,并接通延时电路 20～30s 之后,继电器触电吸合发出区域水流电信号。通常将水流指示器安装于各楼层的配水干管或支管上。

压力开关也是一种直接报警装置,一般垂直安装于延迟器和水力警铃之间的管道上。在水力警铃报警的同时,由水压的升高自动完成电动报警,向消防控制室传送电信号并直接启动消防水泵。现在用于控制稳压泵,并能调节启停压力。

4. 延迟器

延迟器用来防止由于水压的波动而引起报警阀开启导致的误报。报警阀开启后,水流需经 30s 左右充满延迟器后方可冲打水力警铃。

5. 火灾探测器

目前常用的有烟感和温感两种探测器,烟感探测器是对烟雾浓度进行探测并执行动作,温感探测器是通过火灾引起的温升产生反应。火灾探测器通常布置在房间或走道的天花板下面,其数量应根据其技术规格和保护面积计算而定。

11.4 喷头及管网布置

11.4.1 喷头布置

火灾发生时,喷头的布置间距应满足在所保护的区域内任何部位都能得到规定强度的水量。喷头的具体位置可设于建筑的顶板下、吊顶下,喷头距顶板、梁及边墙的距离可参考附录Ⅰ。

喷头应根据天花板、吊顶的装修要求布置成正方形、长方形和菱形 3 种形式,间距应按下列公式计算:

(1) 为正方形布置时,

$$X = B = 2R\cos45° \tag{11-1}$$

(2) 为长方形布置时,要求

$$\sqrt{A^2 + B^2} \leqslant 2R \tag{11-2}$$

(3) 为菱形布置时,非常难布置,一般不布置,公式为

$$A = 4R\cos30°\sin30° \tag{11-3}$$

$$B = 2R\cos30°\sin30° \tag{11-4}$$

以上各式中,R 为喷头的最大保护半径,m。

水幕喷头布置根据成帘状的要求应成线状布置,根据隔离强度要求可布置成单排、双排和防火带形式。

图 11-9 所示为喷头布置的几种基本形式。

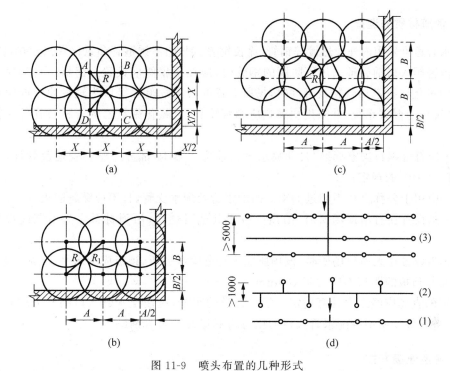

图 11-9 喷头布置的几种形式

（a）喷头正方形布置：X—喷头间距，R—喷头计算喷水半径；（b）喷头长方形布置：

A—长边喷头间距，B—短边喷头间距；（c）喷头菱形布置：A—喷头间距；B—短边喷头计算喷水半径；

（d）双排及水幕防水带平面布置：（1）单排，（2）双排，（3）防火带

11.4.2　管网的布置及安装

自动喷水灭火管网应根据建筑平面的具体情况布置，如图 11-10 所示。管网的安装应考虑以下方面。

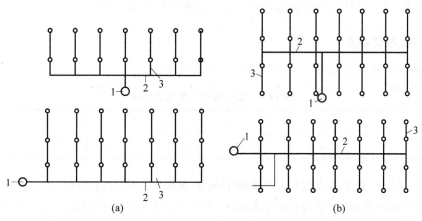

1—主配水管；2—配水管；3—配水支管

图 11-10　管网布置形式

（a）侧边布置；（b）中央布置

1. 管道材质的选择

配水管道可采用内外壁热镀锌钢管、涂覆钢管、铜管、不锈钢管和氯化聚氯乙烯（PVC-C）管。当报警阀入口前管道采用不防腐的钢管时，应在报警阀前设置过滤器。自动喷水灭火系统采用氯化聚氯乙烯管材及管件时，场所设置的火灾危险等级应为轻危险级或中危险级Ⅰ级，系统应为湿式系统，并采用快速响应洒水喷头，且氯化聚氯乙烯管材及管件应符合下列要求：

（1）应符合现行国家标准《自动喷水灭火系统　第19部分　塑料管道及管件》（GB/T 5135.19—2010）的规定；

（2）应用于公称直径不超过DN80的配水管及配水支管，且不应穿越防火分区；

（3）当设置在有吊顶场所时，吊顶内应无其他可燃物，吊顶材料应为不燃或难燃装修材料；

（4）当设置在无吊顶场所时，该场所应为轻危险级场所，顶板应为水平、光滑顶板，且喷头溅水盘与顶板的距离不应大于100mm。

管道的直径应经水力计算确定。配水管道的布置，应使配水管入口的压力均衡。轻危险级、中危险级场所中各配水管入口的压力均不宜大于0.40MPa。

2. 管道连接方式

配水管道的连接方式应符合下列要求：

（1）镀锌钢管、涂覆钢管可采用沟槽式连接件（卡箍）、螺纹或法兰连接，当报警阀前采用内壁不防腐钢管时，可采用焊接连接；

（2）铜管可采用钎焊、沟槽式连接件（卡箍）、法兰和卡压等连接方式；

（3）不锈钢管可采用沟槽式连接件（卡箍）、法兰、卡压等连接方式，不宜采用焊接；

（4）氯化聚氯乙烯管材、管件可采用黏接连接，氯化聚氯乙烯管材、管件与其他材质管材、管件之间可采用螺纹、法兰或沟槽式连接件（卡箍）连接；

（5）铜管、不锈钢管、氯化聚氯乙烯管应采用配套的支架、吊架。

3. 支架、吊架设置

在管道一定距离上设置支、吊架，其间距要求见表11-9。

表11-9　支架或吊架的最大间距

公称管径/mm	15	20	25	32	40	50	70	80	100	125	150
间距/m	2.5	3.0	3.5	4.0	4.5	5.0	5.5	6.0	7.0	7.5	8.0

配水管两侧每根配水支管控制的标准流量洒水喷头数量，轻危险级、中危险级场所不应超过8只，同时在吊顶上、下设置喷头的配水支管，上、下侧均不应超过8只。严重危险级及仓库危险级场所均不应超过6只。一般情况下每根支管上设置的喷头不宜多于8个，一个报警阀所控制的喷头不宜超过附录J所规定的数量。

11.5　自动喷水灭火系统的水力计算

11.5.1　自动喷水灭火系统设计的基本参数和设计流量

1. 设计的基本参数

自动喷水灭火系统设计的基本参数应按《自动喷水灭火系统设计规范》(GB 50084—2017)的规定选取,民用建筑和厂房采用湿式系统时的设计基本参数不应低于表 11-10 的规定,而民用建筑和厂房高大空间场所采用湿式系统的设计基本参数不应低于表 11-11 的规定。自动喷水灭火系统的持续喷水时间,应按火灾延续时间不小于 1h 确定。

表 11-10　民用建筑和厂房采用湿式系统的设计基本参数

火灾危险等级		最大净空高度 h/m	喷水强度/ $[L/(min \cdot m^2)]$	作用面积/m^2
轻危险级			4	
中危险级	Ⅰ 级	$h \leqslant 8$	6	160
	Ⅱ 级		8	
严重危险级	Ⅰ 级		12	260
	Ⅱ 级		16	

注:系统最不利点处喷头工作压力不应低于 0.05MPa。

表 11-11　民用建筑和厂房高大空间场所采用湿式系统的设计基本参数

适 用 场 所		最大净空高度 h/m	喷水强度/ $[L/(min \cdot m^2)]$	作用面积/m^2	喷头间距 s/m
民用建筑	中庭、体育馆、航站楼等	$8 < h \leqslant 12$	12	160	$1.8 \leqslant s \leqslant 3.0$
		$12 < h \leqslant 18$	15		
	影剧院、音乐厅、会展中心等	$8 < h \leqslant 12$	15		
		$12 < h \leqslant 18$	20		
厂房	衣服、鞋、玩具、木器、电子生产车间等	$8 < h \leqslant 12$	15		
	棉纺厂、麻纺厂、泡沫塑料生产车间等		20		

注:(1) 表中未列入的场所,应根据本表规定场所的火灾危险性类比确定;

(2) 当民用建筑高大空间场所的最大净空高度为 12m<h≤18m 时,应采用非仓库型特殊应用喷头。

2. 系统的设计流量

作用面积法是《自动喷水灭火系统设计规范》(GB 50084—2017)推荐的设计计算方法。在设计计算时首先按照表 11-10 中对基本设计数据的要求,确定自动喷水系统中最不利点处的作用面积(以 F 表示)的位置,此作用面积的形状宜为矩形,其长边应平行于配水支管,且不宜小于 $1.2\sqrt{F}$。

计算设计流量时,应按最不利点处作用面积内的喷头及喷水的总流量确定。对于轻危险级和中危险级建、构筑物的自动喷水灭火,计算时可假定作用面积内每个喷头的喷水量相等,均以最不利点喷头喷水量取值,且应保证作用面积内的平均喷水强度不小于表 11-10 中的规定。最不利点处的作用面积内任意 4 个喷头围合面积内的平均喷水强度,轻危险级和中危险级不应低于表 11-10 中规定的 85%;对于严重危险级建、构筑物的自动喷水灭火系统,在作用面积内每个喷头的喷水量应按喷头处的实际水压计算确定,应保证作用面积内任意 4 个喷头的实际保护面积内的平均喷水量强度不小于表 11-10 中的规定。作用面积选定后,从最不利点喷头开始,依次计算各管段的流量和水头损失,直至作用面积内最末一个喷头为止。以后管段的流量不再增加,仅计算管道水头损失。

对仅在走道内布置 1 排喷头的情形,其作用面积应按最大疏散距离所对应的走道面积确定。

雨淋喷头灭火系统和水幕系统的设计流量,应按雨淋报警阀控制的洒水喷头的流量之和确定。

11.5.2　管网水力计算

自动喷水灭火系统管网水力计算的任务是确定管网各管段管径,计算管网所需的供水压力,确定高位水箱的设置高度和选择消防水泵。

1. 设计计算步骤

(1) 根据保护对象的性质,划分其危险等级和选择系统;

(2) 确定作用面积和喷水强度;

(3) 确定喷头的布置形式和保护面积;

(4) 确定作用面积内的喷头数(可参见表 11-4);

(5) 确定作用面积的形状;

(6) 确定第一个喷头的压力和流量;

(7) 计算第一根支管上各喷头流量、支管各管段的水头损失,以及支管流量和压力,并计算出相同支管的流量系数;

(8) 根据支管的流量系数计算出配水干管各支管的流量和各管段的流量、水头损失,并计算出作用面积内的流量、压力和作用面积流量系数;

(9) 计算系统供水压力或水泵扬程(包括水泵选型);

(10) 确定系统的水源和管网的减压措施。

2. 水力计算公式

首先确定自动喷水系统中最不利点处的作用面积(以 F 表示)的位置,此作用面积的形状宜为矩形,其长边应平行于配水支管,且不宜小于 $1.2\sqrt{F}$。

1) 根据喷头工作压力求喷头的流量

计算公式为

$$q = k\sqrt{10P} \tag{11-5}$$

式中,q——喷头的流量,L/min;

　　　k——喷头的流量系数,标准喷头 $k=80$;

　　　P——喷头出口处的压力(喷头工作压力),MPa。

2）求系统的设计流量

系统的设计流量，应按最不利点处的作用面积内喷头同时喷水的总流量确定：

$$Q_s = \frac{1}{60} \sum_{i=1}^{n} q_i \tag{11-6}$$

式中，Q_s——系统的设计流量，L/s；

q_i——最不利点处的作用面积内各喷头节点的流量，L/min；

n——最不利点处的作用面积内的洒水喷头数。

3）求喷头的流量

喷头的流量可根据保护面积和喷水强度，以及喷头工作压力求出。

根据保护面积和喷水强度求喷头的出流量：

$$q = DA_s \tag{11-7}$$

式中，q——喷头的出流量，L/min；

D——相应危险等级的设计喷水强度，L/(min·m²)；

A_s——喷头的保护面积，m²。

4）求沿程水头损失和局部水头损失

沿程水头损失计算公式为

$$h = iL \tag{11-8}$$

式中，h——沿程水头损失，MPa；

i——每米管道的水头损失（管道沿程阻力系数），kPa/m；

L——管道长度，m。

$$i = 6.05 \times \frac{q_g^{1.85}}{C_h^{1.85} d_j^{4.87}} \times 10^7 \tag{11-9}$$

式中，i——每米管道的水头损失，kPa/m；

d_j——管道的计算内径，mm；

q_g——管道设计流量，L/min；

C_h——海澄-威廉系数，见表 11-12。

表 11-12 不同类型管道的海澄-威廉系数

管 道 类 型	C_h 值
镀锌钢管	120
铜管、不锈钢管	140
涂覆钢管、氯化聚氯乙烯管	150

局部水头损失计算方法如下：

局部水头损失宜采用当量长度计算，i 为同管径、同流量下的水力阻力系数，管道长度为管件的当量长度。

各种管件和阀门的当量长度见表 11-13，当采用新材料和新阀门时，应根据产品的要求确定管件的当量长度。

表 11-13　各种管件和阀门的当量长度

管件和阀门	公称直径/mm								
	25	32	40	50	65	80	100	125	150
45°弯头	0.3	0.3	0.6	0.6	0.9	0.9	1.2	1.5	2.1
90°弯头	0.6	0.9	1.2	1.5	1.8	2.1	3	3.7	4.3
90°长弯管	0.6	0.6	0.6	0.9	1.2	1.5	1.8	2.4	2.7
三通或四通(侧向)	1.5	1.8	2.4	3	3.7	4.6	6.1	7.6	9.1
蝶阀	—	—	—	1.8	2.1	3.1	3.7	2.7	3.1
闸阀	—	—	—	0.3	0.3	0.3	0.6	0.6	0.9
止回阀	1.5	2.1	2.7	3.4	4.3	4.9	6.7	8.2	9.3
异径弯头	32	40	50	65	80	100	125	150	200
	25	32	40	50	65	80	100	125	150
	0.2	0.3	0.3	0.5	0.6	0.8	1.1	1.3	1.6

注：(1) 过滤器当量长度的取值,由生产厂提供。

(2) 当异径接头的出口直径不变而入口直径提高 1 级时,其当量长度应增大 0.5 倍;提高 2 级或 2 级以上时,其当量长度应增加 1.0 倍。

(3) 当采用铜管或不锈钢管时,当量长度应乘以系数 1.33;当采用涂覆钢管、氯化聚氯乙烯管时,当量长度应乘以系数 1.51。

轻危险级、中危险级场所中配水管控制的标准喷头数见表 11-14。

表 11-14　轻危险级、中危险级场所中配水管控制的标准喷头数

公称管径/mm	控制的标准喷头数/只	
	轻危险级	中危险级
DN25	2	1
DN32	3	3
DN40	5	4
DN50	10	10
DN65	18	16
DN80	48	32
DN100		60

5) 计算系统供水压力或水泵扬程(包括水泵选型)

自动喷水灭火系统所需的水压按下式计算：

$$H = (1.20 \sim 1.40) \sum P_p + P_0 + Z - h_c \tag{11-10}$$

式中,H——水泵扬程或系统入口的供水压力,MPa。

$\sum P_p$——管道沿程和局部水头损失的累计值,MPa,报警阀的局部水头损失应按照产品样本或检测数据确定。当无上述数据时,湿式报警阀取值 0.04MPa,干式报警阀取值 0.02MPa,预作用装置取值 0.08MPa,雨淋报警阀取值 0.07MPa,水流指示器取值 0.02MPa。

P_0——最不利点处喷头的工作压力,MPa。

Z——最不利点处喷头与消防水池的最低水位或系统入口管水平中心线之间的高程差,

当系统入口管或消防水池最低水位高于最不利点处喷头时,Z 应取负值,MPa。

h_c——从城市市政管网直接抽水时城市管网的最低水压,MPa;当从消防水池吸水时,h_c 取 0。

6）配水干管的减压计算

减压孔板、节流管和减压阀的设计,应参照相关规定进行计算。

近年来,在实际工程设计中采用减压阀作为减压措施已经较为普遍。新规范特规定:

（1）减压阀应设在报警阀组入口前;

（2）入口前应设过滤器,且便于排污;

（3）当连接两个及以上报警阀组时,应设置备用减压阀;

（4）垂直设置的减压阀,水流方向宜向下;

（5）比例式减压阀宜垂直设置,可调式减压阀宜水平设置;

（6）减压阀前后应设控制阀和压力表,当减压阀主阀体自身带有压力表时,可不设置压力表;

（7）减压阀和前后的阀门宜有保护或锁定调节配件的装置。

第12章

其他灭火设施

12.1　干粉灭火系统

干粉灭火系统是指将干粉供应源通过输送管道连接到固定的喷嘴上,通过喷嘴喷放干粉的灭火系统。干粉灭火剂是一种干燥的、易于流动的细微粉末,平时储存于干粉灭火器或干粉灭火设备中,灭火时由加压气体(二氧化碳或氮气)将干粉从喷嘴射出,形成一股雾状粉流射向燃烧物,起到灭火作用。

干粉灭火剂对燃烧有抑制作用,当大量的粉粒喷向火焰时,可以吸收维持燃烧连锁反应的活性基因 H·、OH·,发生如下反应:

$$M(粉粒) + OH \cdot \longrightarrow MOH \tag{12-1}$$

$$MOH + H \cdot \longrightarrow M + H_2O \tag{12-2}$$

随着 H·、OH· 的急剧减少,使燃烧中断、火焰熄灭。此外,当干粉与火焰接触时,其粉粒受高热作用后爆成更小的微粒,从而增加了粉粒与火焰的接触面积,可提高灭火效力,这种现象称为烧爆作用。还有,使用干粉灭火剂时,粉雾包围了火焰,可以减少火焰的热辐射,同时粉末受热放出结晶水或发生分解,可以吸收部分热量及时分解生成不活泼气体。

根据用途,干粉分为以下几种:

(1)普通型(BC 类)干粉,适用于扑救易燃、可燃液体如汽油、润滑油等火灾,也可用于扑救可燃气体(如液化气、乙炔气等)和带电设备的火灾。

(2)多用途型(ABC 类)干粉,适用于扑救可燃液体、可燃气体、带电设备和一般固体物质如木材、棉、麻、竹等形成的火灾。

(3)金属专用型(D 类)干粉,适用于扑灭金属的火灾。干粉可与燃烧的金属表层发生反应而形成熔层,与周围空气隔绝,使金属燃烧窒息。

干粉灭火具有灭火历时短、效率高、绝缘好、灭火后损失小、不怕冻、不用水、可长期储存等优点。干粉灭火系统的组成如图 12-1 所示。

干粉灭火系统按其安装方式有固定式、半固定式之分;按其控制启动方法有自动控制、手动控制之分;按其喷射干粉方式有全淹没和局部应用系统之分。

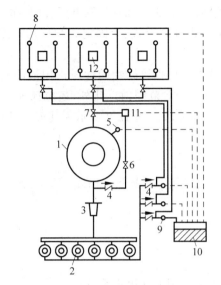

1—干粉储罐；2—氮气瓶和集气瓶；3—压力控制器；4—单向阀；5—压力传感器；6—减压阀；
7—球阀；8—喷嘴；9—启动气瓶；10—消防控制中心；11—电磁阀；12—火灾探测器

图 12-1　干粉灭火系统的组成

干粉灭火系统可用于扑救下列火灾：

（1）灭火前可切断气源的气体火灾；

（2）易燃、可燃液体和可熔化固体火灾；

（3）可燃固体表面火灾；

（4）带电设备火灾。

干粉灭火系统不得用于扑救下列物质的火灾：

（1）硝化纤维、炸药等无空气仍能迅速氧化的化学物质与强氧化剂；

（2）钾、钠、镁、钛、锆等活泼金属及其氢化物。

12.2　泡沫灭火系统

泡沫灭火的工作原理是应用灭火剂，即由一定比例的空气泡沫液、水和空气，经机械式水力撞击作用，相互混合形成充满空气的微小稠密的膜状泡沫群，其可漂浮黏附在可燃、易燃液体、固体表面，或者充满某一着火物质的空间，达到隔绝、冷却作用，使燃烧物质熄灭。空气泡沫比油品轻，能在油品液面上自由展开，隔断可燃蒸气与外界空气接触；覆盖在燃烧液面上，能有效地扑灭烃类液体的火焰和油类火灾。

泡沫灭火剂有以下类型：

（1）化学灭火剂

这种灭火剂由结晶硫酸铝 $[Al_2(SO_4)_3 \cdot H_2O]$ 和碳酸氢钠（$NaHCO_3$）组成。使用时使两者混合反应后产生 CO_2 灭火，我国目前仅装填在灭火器中手动使用。

（2）合成型泡沫灭火剂

目前国内应用较多的有凝胶型、水成膜和高倍数等三种合成型泡沫液。

泡沫灭火系统广泛用于油田、炼油厂、油库、发电厂、汽车库、飞机库、矿井坑道等场所。

泡沫灭火系统按其使用方式有固定式、半固定式和移动式之分；按泡沫发泡倍数可分为低倍、中倍和高倍等。

选用泡沫灭火系统时，首先应根据可燃物的性质选用泡沫液。其次是泡沫罐应置于通风、干燥场所储存，温度应在 $0\sim40℃$ 范围内。此外，还应保证泡沫灭火系统所需的消防用水量、水温（$T=4\sim35℃$）和水质要求。图 12-2 所示为其灭火过程框图。

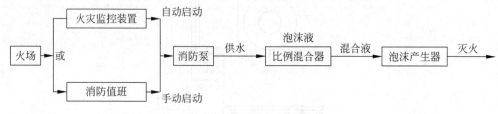

图 12-2　泡沫灭火过程框图

含有下列物质的场所，不应选用泡沫灭火系统：

(1) 硝化纤维、炸药等在无空气的环境中仍能迅速氧化的化学物质和强氧化剂；

(2) 钾、钠、烷基铝、五氧化二磷等遇水发生危险化学反应的活泼金属和化学物质。

低倍数泡沫主要通过泡沫的遮断作用，将燃烧液体与空气隔离实现灭火。中倍数泡沫灭火取决于泡沫的发泡倍数和使用方式，当以较低的倍数用于扑救甲、乙、丙类液体流淌火时，灭火机理与低倍数泡沫相同；当以较高的倍数用于全淹没方式灭火时，其灭火机理与高倍数泡沫相同。高倍数泡沫主要通过密集状态的大量高倍数泡沫封闭区域，阻断新空气的流入实现窒息灭火。

低倍数泡沫灭火系统被广泛用于生产、加工、储存、运输和使用甲、乙、丙类液体的场所。甲、乙、丙类可燃液体储罐主要采用泡沫灭火系统保护。中倍数泡沫灭火系统可用于保护小型油罐和其他一些类似场所。高倍数泡沫可用于大空间和人员进入有危险以及用水难以灭火或灭火后水渍损失大的场所，如大型易燃液体仓库、橡胶轮胎库、纸张和卷烟仓库、电缆沟及地下建筑（汽车库）等。泡沫灭火系统的设计与选型应执行现行国家标准《泡沫灭火系统设计规范》（GB 50151—2010）等的有关规定。

12.3　气体灭火系统

气体灭火系统可扑救的火灾有电气火灾、固体表面火灾、液体火灾以及灭火前能切断气源的气体火灾。但除电缆隧道（夹层、井）及自备发电机房外，K 型和其他型热气溶胶预制灭火系统不得用于其他电气火灾。

气体灭火系统不可扑救的火灾有硝化纤维、硝酸钠等氧化剂或含氧化剂的化学制品火灾；钾、钠、镁、钛、锆、铀等活泼金属火灾；氢化钾、氢化钠等金属氢化物火灾；过氧化氢、联胺等能自行分解的化学物质火灾；可燃固体物质深位火灾。

《建筑设计防火规范（2018 年版）》（GB 50016—2014）第 8.3.9 条规定：

气体灭火系统主要包括高低压二氧化碳、七氟丙烷、三氟甲烷、氮气、IG541、IG55 等灭火系统。气体灭火剂不导电，一般不造成二次污染，是扑救电子设备、精密仪器设备、贵重仪器和档案图书等纸质、绢质或磁介质材料信息载体的良好灭火剂。气体灭火系统在密闭的空间罩中有良好的灭火效果，但系统投资较高，故本规范只要求在一些重要的机房、贵重设备室、珍藏室、档案库内设置。

(1) 数据中心的主机房，按照现行国家标准《数据中心设计规范》(GB 50174—2017)的规定确定。根据《数据中心设计规范》的规定，A、B级数据中心的机房的分级为：电子信息系统运行中断将造成重大的经济损失或公共场所秩序严重混乱的机房为A级机房，电子信息系统运行中断将造成较大的经济损失或公共场所秩序混乱的机房为B级机房。图书馆的特藏库，按照国家现行标准《图书馆建筑设计规范》(JGJ 38—2015)的规定确定。档案馆的珍藏库，按照国家现行标准《档案馆建筑设计规范》(JGJ 25—2010)的规定确定。大、中型博物馆按照国家现行标准《博物馆建筑设计规范》(JGJ 66—2015)的规定确定。

(2) 特殊重要设备，主要指设置在重要部位和场所中，发生火灾后将严重影响生产和生活的关键设备。如化工厂中的中央控制室和单台容量300MW机组及以上容量的发电厂的电子设备间、控制室、计算机房及继电器室等。高层民用建筑内火灾危险性大，发生火灾后对生产、生活产生严重影响的配电室等，也属于特殊重要设备室。

(3) 从近几年二氧化碳灭火系统的使用情况看，该系统应设置在不经常有人停留的场所。

由于卤代烷灭火剂的燃烧产物 $Br \cdot$ 可在大气中存留100年，在高空中能与 O_3 发生下列反应：

$$O_3 + Br \cdot \longrightarrow BrO + O_2 \tag{12-3}$$

$$O_3 + BrO \longrightarrow 2O_2 + Br \cdot \tag{12-4}$$

使得大气臭氧层中 O_3 大量减少，严重影响了臭氧层对太阳紫外线辐射的阻碍和削弱作用。因此，卤代烷的气体灭火剂已于2010年在世界范围内禁止生产与使用。世界各国都在努力开展这方面的研究，寻找新型的气体灭火剂。

目前，已研制了气溶胶灭火系统(EBM)、七氟丙烷灭火系统(FM-200)、烟烙尽灭火系统(Inergen)等，从而取代了卤代烷(Halon)的灭火剂。这些替代物不仅在灭火性能上等于或优于卤代烷灭火剂，而且可以完全利用原有的灭火系统中的管路、喷头及设备。

气体灭火系统的类型较多，通常按灭火方式、系统结构特点、储存压力等级、管网布置形式等进行分类，具体见表12-1。

表12-1 气体灭火系统的分类及适用条件

系统类型		主要特征	适用条件
1. 按固定方式分类	半固定式气体灭火装置(预制灭火系统)	无固定的输送气体管道。由药剂瓶、喷嘴和启动装置组成的成套装置	(1) 适用于防护区少且分散的工程；(2) 保护面积不宜大于500m²，且容积不宜大于1600m³
	固定式气体灭火系统(管网灭火系统)	由储存容器、各种组件、供气管道、喷嘴及控制部分组成的灭火系统	(1) 适用于防护区多且相对集中的工程；(2) 每个防护区保护面积不宜大于800m²，且容积不宜大于3600m³

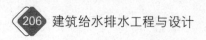
系 统 类 型		主 要 特 征	适 用 条 件
2. 按应用方式分类	全淹没灭火系统	在规定时间内,向防护区喷射一定浓度的灭火剂,并使其均匀地充满整个防护区的灭火系统	防护区应是一个开孔率不超过3%的封闭空间。防护区内除泄压口外,其余开口均应在灭火剂喷放前自动关闭
	局部应用系统	向保护对象以设计速率直接喷射灭火剂,并持续一定时间	保护区在灭火过程中不能封闭,或虽然能够封闭但不符合全淹没系统所要求的条件。适于扑灭表面火灾
3. 按系统结构特点分类	单元独立灭火系统	用一套灭火剂储存装置单独保护一个防护区或防护对象的灭火系统	适用于防护区少而又有条件设置多个钢瓶间的工程
	组合分配灭火系统	用一套灭火剂储存装置保护两个及以上防护区或防护对象的灭火系统	适用于防护区多而又没有条件设置多个钢瓶间,且每个防护区不同时着火的工程
4. 按储存方式分类	高压系统	灭火剂在常温下储存的灭火系统。CO_2 储存压力为5.17MPa;FM-200 储存压力为 2.5MPa 及 4.2MPa;烟烙尽储存压力为 15MPa	高压储存容器中灭火剂的温度随储存地点环境温度的变化而变化,储存容器必须能承受最高预期温度所产生的压力。储存容器的压力还受灭火剂密度的影响,要注意防止在最高储存温度下的充装密度过大。该系统宜用于小型消防工程
	低压系统	二氧化碳灭火剂在−18℃下储存的灭火系统。储存压力为 2.07MPa	典型的低压储存装置是压力容器外包一个密封的金属壳,壳内有绝缘体,在储存容器一端安装一个标准的空冷机装置,它的冷却蛇管装于储存容器内。该装置以电力操纵,由压力开关自动控制。宜用于环境温度在−50～−30℃之间的大型消防工程
5. 按管网布置形式分类	均衡管网系统	均衡管网系统必须具备三个条件: (1) 从储存容器到每个喷头的管道长度应大于最长管道长度的 90%; (2) 从储存容器到每个喷头的管道等效长度应大于管道等效长度的 90%(注:管道等效长度=实管长+管件的当量长度); (3) 每个喷头的平均质量流量相等	适用于储存压力低、设计灭火浓度小的系统
	非均衡管网系统	不具备均衡管网系统条件	适用于能使灭火剂迅速均化,各部分空间能同时达到设计浓度的高压系统

续表

系 统 类 型		主 要 特 征	适 用 条 件
6，按气体种类分类	氢氟烃类	储压式七氟丙烷灭火系统	对大气臭氧层损耗潜能值ODP＝0，温室效应潜能值GWP＝2050。灭火效率高，设计浓度低，灭火剂以液体储存，储存容器安全性好，药剂瓶占地面积小，灭火剂输送距离较短，驱动气体的氮气和灭火药剂储存在同一钢瓶内，综合价较高	适用于防护区相对集中、输送距离近、防护区内物品受酸性物质影响较小的工程
		备压式七氟丙烷灭火系统	与储压式不同的是驱动气体的氮气和灭火药剂储存在不同的钢瓶内。在系统启动时，氮气经减压注入药剂瓶内推动药剂向喷嘴输送，使得灭火剂输送距离大大加长	适用于能用七氟丙烷灭火且防护区相对较多、输送距离较远的场所
		三氟甲烷灭火系统	对大气臭氧层损耗潜能值ODP＝0，灭火效率高，绝缘性好，设计浓度适中，灭火剂以液体储存，储存容器安全性好，蒸气压高，不需要氮气增压，药剂瓶占地面积小	(1) 因为绝缘性能良好，最适合扑灭电气火灾； (2) 在低温下的储藏压力高，适合寒冷地区； (3) 其气体密度小，适合高空间场所
	惰性气体类	混合气体灭火系统(IG541)	是一种由氮气、氩气、二氧化碳混合而成的完全环保的灭火剂，ODP＝0，GWP＝0。对人体和设备没有任何危害。灭火效率高，设计浓度较高。灭火剂以气态储存，高压储存对容器的安全性要求较高，药剂瓶占地面积大，灭火剂输送距离长，综合价高	(1) 适用于防护区数量多且楼层跨度大，又没有条件设置多个钢瓶间的工程； (2) 防护区经常有人的场所
		氮气灭火系统(IG100)	是从大气层中提取的纯氮气，是一种非常容易制成的完全环保型灭火剂，ODP＝0，GWP＝0。对人体和设备没有任何危害。灭火效率高，设计浓度较高。灭火剂以气态储存，高压储存对容器的安全性要求较高，药剂瓶占地面积大	(1) 适用于防护区数量多且楼层跨度大，又没有条件设置多个钢瓶间的工程； (2) 防护区经常有人的场所

续表

系 统 类 型		主 要 特 征	适 用 条 件
6. 按气体种类分类	其他	高压二氧化碳(CO_2)灭火系统	是一种技术成熟且价廉的灭火剂,$ODP=0$,$GWP<1$。灭火效率高,灭火剂以液态储存。高压 CO_2 以常温方式储存,储存压力为 15MPa,高压系统有较长的输送距离,但会增加管网成本和施工难度。CO_2 本身具有低毒性,浓度达到 20% 会使人死亡	主要用于仓库等无人经常停留的场所
		低压二氧化碳(CO_2)灭火系统	与高压 CO_2 不同的是,低压 CO_2 采用制冷系统将灭火剂的储存压力降低到 2.0MPa,$-18\sim20℃$ 才能液化,要求极高的可靠性。灭火剂在释放的过程中,固态 CO_2(干冰)存在,使防护区的温度急剧下降,会对精密仪器、设备有一定影响,且管道易发生冷脆现象。灭火剂储存空间比高压 CO_2 小	(1) 主要用于仓库等无人经常停留的场所; (2) 高层建筑内一般不选用低压 CO_2 系统

12.4 水喷雾及细水雾灭火系统

12.4.1 水喷雾灭火系统

水喷雾灭火系统是由水源、供水设备、管道、雨淋报警阀(或电动控制阀、气动控制阀)、过滤器和水雾喷头等组成,向保护对象喷射水雾进行灭火或防护冷却的系统。《建筑设计防火规范》(GB 50016—2014,2018 年版)第 8.3.8 条规定了该系统的设置场所:

(1) 单台容量在 40MV·A 及以上的厂矿企业油浸变压器,单台容量在 90MV·A 及以上的电厂油浸变压器,单台容量在 125MV·A 及以上的独立变电站油浸变压器;

(2) 飞机发动机试验台的试车部位;

(3) 充可燃油并设置在高层民用建筑内的高压电容器和多油开关室。

设置在室内的油浸变压器、充可燃油的高压电容器和多油开关室,可采用细水雾灭火系统。

水喷雾灭火系统喷出的水滴粒径一般在 1mm 以下,喷出的水雾能吸收大量的热量,具有良好的降温作用,同时水在热作用下会迅速变成水蒸气,并包裹保护对象,起到部分窒息灭火的作用。水喷雾灭火系统对于重质油品具有良好的灭火效果。

(1) 变压器油的闪点一般都在 120℃ 以上,适于采用水喷雾灭火系统保护。对于缺水或严寒、寒冷地区,无法采用水喷雾灭火系统的电力变压器和设置在室内的电力变压器,可以采用二氧化碳等气体灭火系统。另外,对于变压器,目前还有一些有效的其他灭火系统可以采用,如自动喷水-泡沫联用系统、细水雾灭火系统等。

(2) 飞机发动机试验台的火灾危险源为燃料油和润滑油,设置自动灭火系统主要用于保护飞机发动机和试车台架。该部位的灭火系统设计应全面考虑,一般可采用水喷雾灭火系统,也可以采用气体灭火系统、泡沫灭火系统、细水雾灭火系统等。

1. 应用范围

(1) 可燃气体和闪点高于 60℃的可燃液体火灾;

(2) 甲、乙、丙类液体生产、储存装置的防护冷却;

(3) 电气火灾,如变压器、断油开关、电机等的火灾;

(4) 固体可燃物火灾,如纸张、木材和纺织品等的火灾。

2. 使用限制

(1) 应根据被保护物的物理和化学特性,确定在水喷雾作用下不会产生不安全因素。被保护液体的闪点、密度、黏度、混合性或可溶性,水喷雾的温度及被保护物的温度等都是需要考虑的因素。

(2) 应考虑在高温状态下水喷雾释放时容器内物质产生泡沫或溢出的可能性。对酒精等水溶性物质需要特别注意,在没有可靠数据支持的情况下,每种可溶解物都需要在实际使用条件下测试,以确定水喷雾的应用参数。

(3) 水喷雾系统不得用于遇水会发生化学反应的物质,如活泼金属锂、钠等以及液化天然气等低温液化气体。在有这些物质存在的地方,如有特殊保护措施,水喷雾可用于保护建筑的结构、设备或人员。喷雾时应考虑对保护设备的损害,如在高温状态下运行设备的变形或失灵问题。

(4) 对于非密闭、无绝缘的电气设备,水雾喷嘴或管道与该设备的最小间距应符合相关规定。

12.4.2　细水雾灭火系统

细水雾系统是以高度雾化的水来实现控制、抑制或扑灭火灾的自动消防系统。该技术起源于 20 世纪 40 年代,但直到 20 世纪 90 年代才作为哈龙气体的主要替代技术而逐步得到广泛应用。如今,该技术已广泛地用于工业和民用的各个领域,尤其是用于扑救可燃固体、可燃液体或电气设备火灾。

细水雾灭火系统适用于扑救相对封闭空间内的可燃固体表面火灾、可燃液体火灾和带电设备的火灾。

细水雾灭火系统不适用于扑救下列火灾:

(1) 可燃固体的深位火灾;

(2) 能与水发生剧烈反应或产生大量有害物质的活泼金属及其化合物的火灾;

(3) 可燃气体火灾。

12.5　固定消防炮及大空间智能型主动喷水灭火系统

12.5.1　固定消防炮灭火系统

1. 适用范围

我国消防炮标准对消防炮的定义是：水、泡沫混合液流量大于16L/s,或干粉喷射率大于7kg/s,以射流形式喷射灭火剂的装置。消防炮按其喷射介质的不同可分为消防水炮、消防泡沫炮、消防干粉炮;按照安装形式的不同可分为固定式消防炮、移动式消防炮等;按照控制方式的不同可分为手动消防炮、电控消防炮、液控消防炮等。

消防炮流量大(16～1333L/s)、射程远(50～230m),主要用于扑救石油化工企业、炼油厂、储油罐区、飞机库、油轮、油码头、海上钻井平台和储油平台等可燃易燃液体集中、火灾危险性大、消防人员不易接近的场所的火灾。

另外,当工业与民用建筑某些高大空间、人员密集场所无法采用自动喷水灭火系统时,亦可设置固定消防炮等灭火系统。

固定消防炮的设计按现行国家标准《固定消防炮灭火系统设计规范》(GB 50338—2003)执行。

2. 设置场所

(1)《建筑设计防火规范(2018年版)》(GB 50016—2014)规定:

根据本规范要求难以设置自动喷水灭火系统的展览厅、观众厅等人员密集的场所和丙类生产车间、库房等高大空间场所,应设置其他自动灭火系统,并宜采用固定消防炮等灭火系统。

(2)《固定消防炮灭火系统设计规范》(GB 50338—2003)规定:

系统选用的灭火剂应和保护对象相适应,并应符合下列规定:

① 泡沫炮系统适用于甲、乙、丙类液体及固体可燃物火灾场所;

② 干粉炮系统适用于液化石油气、天然气等可燃气体火灾场所;

③ 水炮系统适用于一般固体可燃物火灾场所;

④ 水炮系统和泡沫炮系统不得用于扑救遇水发生化学反应而引起燃烧、爆炸等物质的火灾。

(3) 设置在下列场所的固定消防炮灭火系统宜选用远控炮系统:

① 有爆炸危险性的场所;

② 有大量有毒气体产生的场所;

③ 燃烧猛烈、产生强烈辐射热的场所;

④ 火灾蔓延面积较大,且损失严重的场所;

⑤ 高度超过8m,且火灾危险性较大的室内场所;

⑥ 发生火灾时,灭火人员难以及时接近或撤离固定消防炮位的场所。

12.5.2 大空间智能型主动喷水灭火系统

1. 概述

大空间智能型主动喷水灭火系统是由大空间灭火装置、信号阀组、水流指示器等组件以及管道、供水设施等组成,能在发生火灾时自动探测着火部位并主动喷水的灭火系统。这是我国科技人员独立研制开发的一种全新的喷水灭火系统。其与传统的采用由感温元件控制的被动灭火方式的闭式自动喷水灭火系统以及手动或人工喷水灭火系统相比,具有以下特点:

(1) 具有人工智能,可主动探测寻找并早期发现及判定火源;

(2) 可对火源的位置进行定点定位并报警;

(3) 可主动开启系统定点定位喷水灭火;

(4) 可迅速扑灭早期火灾;

(5) 可持续喷水、主动停止喷水并可多次重复启闭;

(6) 适用空间高度范围广;

(7) 安装方式灵活,不需贴顶安装,不需设置集热板及挡水板;

(8) 射水型灭火装置(自动扫描射水灭火装置及自动扫描射水高空水炮灭火装置)的射水量集中,扑灭早期火灾效果好;

(9) 洒水型灭火装置(大空间智能灭火装置)的喷头洒水水滴颗粒大,对火场穿透能力强,不易雾化等;

(10) 可对保护区域实行全方位连续监视。

该系统与利用各种探测装置控制自动启动的开式雨淋系统相比,具有以下优点:

(1) 探测定位范围更小、更准确,可以根据火场火源的蔓延情况分别或成组地开启灭火装置喷水,既可达到雨淋系统的灭火效果,又不必像雨淋系统一样一开一片。在有效扑灭火灾的同时,可减少由水灾造成的损失。

(2) 当多个(组)喷头(高空水炮)的临界保护区域发生火灾时,只会引起周边几个(组)喷头(高空水炮)同时开启,喷水量不会超过设计流量,不会出现雨淋系统两个或几个区域同时开启导致喷水量成倍增加而超过设计流量的情况。

该系统的设置场所和适用范围:

(1) 设置大空间智能型主动喷水灭火系统场所的环境温度不应低于 4℃,且不应高于 55℃。

(2) 大空间智能型主动喷水灭火系统适用于扑灭大空间场所的 A 类火灾。

(3) 凡按照国家有关消防设计规范的要求应设置自动喷水灭火系统,火灾类别为 A 类,但由于空间高度较高,采用其他自动喷水灭火系统难以有效探测、扑灭及控制火灾的大空间场所应设置大空间智能型主动喷水灭火系统。

大空间智能型主动喷水灭火系统不适用于以下场所:

(1) 在正常情况下采用明火生产的场所;

(2) 火灾类别为 B、C、D、E、F 类火灾的场所;

(3) 存在较多遇水发生爆炸或加速燃烧的物品的场所;

（4）存在较多遇水发生剧烈化学反应或产生有毒有害物质的物品的场所；

（5）存在较多因洒水而导致喷溅或沸溢的液体的场所；

（6）存放遇水将受到严重损坏的贵重物品的场所，如档案库、贵重资料库、博物馆珍藏室等；

（7）严禁管道漏水的场所；

（8）因高空水炮的高压水柱冲击造成重大财产损失的场所；

（9）其他不宜采用大空间智能型主动喷水灭火系统的场所。

2．大空间灭火装置分类

1）大空间智能灭火装置

灭火喷水面为一个圆形面，能主动探测着火部位并开启喷头喷水灭火的智能型自动喷水灭火装置，由智能型探测组件、大空间大流量喷头、电磁阀组三部分组成。其中智能型探测组件与大空间大流量喷头及电磁阀组均为独立设置。

2）自动扫描射水灭火装置

灭火射水面为一个扇形面的智能型自动扫描射水灭火装置，由智能型探测组件、扫描射水喷头、机械传动装置、电磁阀组四大部分组成。其中智能型探测组件、扫描射水喷头和机械传动装置为一体化设置。

3）自动扫描射水高空水炮灭火装置

灭火射水面为一个矩形面的智能型自动扫描射水高空水炮灭火装置，由智能型探测组件、自动扫描射水高空水炮（简称高空水炮）、机械传动装置、电磁阀组四大部分组成。其中智能型探测组件、自动扫描射水高空水炮和机械传动装置为一体化设置。

12.6　厨房设备自动灭火装置

1．设置场所

《建筑设计防火规范（2018 年版）》（GB 50016—2014）第 8.3.11 条规定：

设计应注意选用能自动探测与自动进行灭火动作且灭火前能自动切断燃料供应、具有防复燃功能且灭火效能（一般应以保护面积为参考指标）较高的产品，且必须在排烟管道内设置喷头。有关装置的设计、安装可执行中国工程建设标准化协会标准《厨房设备灭火装置技术规程》（CECS 233—2007）的规定。8.3.11 条规定的餐馆根据国家现行标准《饮食建筑设计标准》（JGJ 64—2017）的规定确定，餐厅为餐馆、食堂中的就餐部分，"建筑面积大于 $1000\mathrm{m}^2$"为餐厅总的营业面积。

2．厨房设备自动灭火装置的技术标准现状

（1）目前，我国尚未颁布厨房设备自动灭火装置的设计、施工、验收和运营维护的国家标准。

（2）公安部颁布的现行国家行业标准《厨房设备灭火装置》（GA 498—2012）中，对厨房设备灭火装置产品的分类、型号编制、技术指标、试验方法和检验原则等进行了规定，但无相关的设计、施工、验收和维护管理要求。

（3）四川省地方标准《厨房设备细水雾灭火系统设计、施工及验收规范》（DB 51/T 592—2006）对厨房设备细水雾灭火装置的设计、施工、验收和运营维护等方面提出了系统性的技术要求，为贯彻执行《建筑设计防火规范（2018年版）》（GB 50016—2014）提供了技术支撑。

（4）中国工程建设标准化协会标准《厨房设备灭火装置技术规程》（CECS 233—2007）对采用灭火剂的厨房设备灭火装置提出了要求。目前采用专用灭火剂的厨房设备自动灭火装置种类较多，不同产品之间的性能差异很大，专用灭火剂产品涉及企业专利，一般按产品的企业标准进行设计、施工和运营维护。

3. 厨房设备火灾的发生原因、特点和分类

1）厨房设备火灾发生的原因

（1）烹饪期间，食用油在锅内持续加热达到其闪点，自燃后燃烧，引发火灾；

（2）厨房灶台的燃料泄漏引发火灾；

（3）焦油烟罩、排油烟管道内积累的油烟垢遇明火，引发火灾。

2）厨房设备火灾的特点

（1）常用食用油的闪点范围为160～282℃，自燃温度范围为315～445℃，食用油的平均燃烧速度比其他燃油高；

（2）具有节能技术的厨房烹饪设备采用保温措施以降低燃料成本，火灾发生时则会产生负面作用，阻碍食用油的散热；

（3）在烹饪加热期间，食用油的成分也会有所变化，从而形成新的自燃温度，它可能比原始自燃温度低28℃；除非把食用油冷却到成分变化后新的自燃温度以下，否则火被扑灭后又会发生复燃，这也是用灭火器扑灭了油锅火灾后又重新燃烧的重要原因。

3）厨房设备火灾的分类

（1）由于食用油火灾具有与其他易燃液体火灾不同的特性，厨房火灾是一种很复杂的火灾，不能用 A、B、C、D 类火灾来标定。

（2）国际上把烹饪器具内的烹饪物（如动植物油脂）火灾定义为 F 类系火灾。

第4篇
建筑排水

第13章

排水管道系统的分类与排放规定

13.1 排水系统的分类

1. 按建筑排水来源分类

建筑排水系统是将建筑内生活、生产中使用过的水收集并排放到室外的污水管道系统。根据系统接纳的污、废水类型,可分为四大类。

1) 生活排水系统

生活排水系统用于排出居住、公共建筑及工厂生活间的盥洗、洗涤和冲洗便器等污废水。也可进一步分为生活污水排水系统和生活废水排水系统。

2) 工业废水排水系统

工业废水排水系统用于排出生产过程中产生的工业污废水。由于工业生产门类繁多,所排水质极为复杂,根据其污染程度又可分为生产污水排水系统和生产废水排水系统。

3) 雨水排水系统

用于收集和排出建筑屋面上的雨雪水。

4) 其他排水系统

其他排水系统还包括消防排水系统和医疗排水系统等。

2. 按照排水方式分类

1) 重力排水

重力排水是地面上建筑最常用的一种排水方式,主要依靠管道坡度自流排水。

2) 压力排水

压力排水是指依靠排水泵提升的排水方式,主要用于不能自流或发生倒灌的区域。

3) 真空排水

真空排水是指依靠真空泵抽吸形成管道负压来输送污水的压力排水方式。

3. 按照通气方式分类

根据建筑排水系统通气管设置情况可以分为设通气管系的排水系统、特殊单立管排水系统和不通气的排水系统。设通气管系的排水系统可以根据通气形式分为伸顶通气的排水系统、设专用通气立管的排水系统、环形通气排水系统和器具通气排水系统。特殊单立管排水系统又可以分为特殊管件的单立管排水系统、特殊管材的单立管排水系统和管件管材均特殊的单立管排水系统。

13.2　排水体制

建筑内部排水体制分为分流制和合流制两种，分别称为建筑内部分流排水和建筑内部合流排水。

建筑内部分流排水是指居住建筑和公共建筑中的粪便污水和生活废水分别排至建筑物外；工业建筑中的生产污水和废水各自由单独的排水管道系统排出。

建筑内部合流排水是指建筑中两种或两种以上的污、废水合用一套排水管道系统排出。

建筑物应当设置独立的屋面雨水排水系统，迅速、及时地将雨水排至室外雨水管渠或地面。

13.3　排水系统类型

1. 单立管排水系统

单立管排水系统是指只有一根排水立管的排水系统，伸顶通气适用于生活排水管道的立管，如图 13-1(a)～(d)所示。单立管排水系统利用排水立管本身及其连接的横支管和附件进行气流交换。只有当底层生活排水管道单独排出且住宅排水管以户排出、最大卫生器具数量少、排水横管长度不应大于 12m 等条件下才可不设置通气管。特殊情况无法设置伸顶通气时，需采用符合标准规定要求的侧墙通气、自循环通气系统、吸气阀等方案。

(1) 一般多层建筑采用有通气的普通单立管排水系统。排水立管向上延伸，穿出屋顶与大气连通。

(2) 特制配件单立管排水系统。在横支管与立管连接处，设置特制配件（称上部特制配件）代替一般的三通；在立管底部与横干管或排出管连接处设置特制配件（称下部特制配件）代替一般的弯头。在排水立管管径不变的情况下改善管内水流与通气状态，增强排水能力。这种内通气方式由于利用特殊结构改变水流方向和状态，所以也叫诱导式内通气。它适用于各类多层、高层建筑。

(3) 特殊管材单立管排水系统。符合规范要求的单立管排水系统，可采用特殊管材满足特定降噪要求，立管采用内壁有螺旋导流槽的塑料管，配套使用偏心三通。它也适用于各类多层、高层建筑。

2. 双立管排水系统

双立管排水系统也叫两管制系统，由一根排水立管和一根通气立管组成，如图 13-1(e)所示。双立管排水系统利用排水立管与另一根立管进行气流交换，所以叫外通气。该系统适用于污废水合流的各类多层和高层建筑。

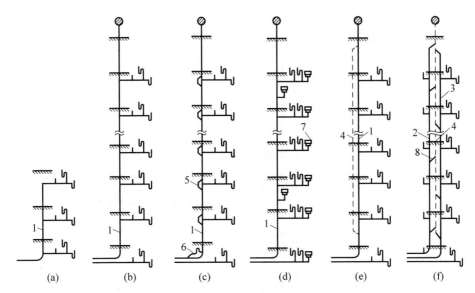

1—排水立管；2—污水立管；3—废水立管；4—通气立管；5—上部特制配件；

6—下部特制配件；7—吸气阀；8—结合通气管

图 13-1 污废水排水系统类型

（a）无通气单立管；（b）普通单立管；（c）特制配件单立管；（d）吸气阀单立管；（e）双立管；（f）三立管

3. 三立管排水系统

三立管排水系统也叫三管制系统，由三根立管组成，分别为生活污水立管、生活废水立管和通气立管，如图 13-1(f)所示。两根排水立管共用一根通气立管。三立管排水系统适用于生活污水和生活废水需分别排出室外的各类多层、高层建筑。

13.4 排放规定

为了保证城市排水管道的稳定运行，保持环境卫生，保护水环境不遭受污水的污染，必须遵守国家和地方的有关规定。污水排入城市排水管道时，应执行《污水排入下水道水质标准》(GB/T 31962—2015)；排入地面水体时，应根据《污水综合排放标准》(GB 8978—2002)确定排放水量和污染物浓度。

13.5 建筑排水系统的基本原则

一个完善的建筑排水系统必须满足以下基本要求：

（1）管道布置合理，排水系统能迅速畅通地将污废水排到室外；

（2）管道系统内气压稳定，避免有毒有害气体进入室内；

（3）管道及设备的安装必须牢固，避免管道污水渗漏；

（4）尽可能做到清污分流，为污水综合利用提供有利条件。

为满足上述要求，建筑内部排水系统的基本组成部分为卫生器具和生产设备受水器、排水管道、通气管系统和清通设备，见图 13-2。在一些特殊情况下，排水系统中还应设置污废水的提升设备和局部处理构筑物。

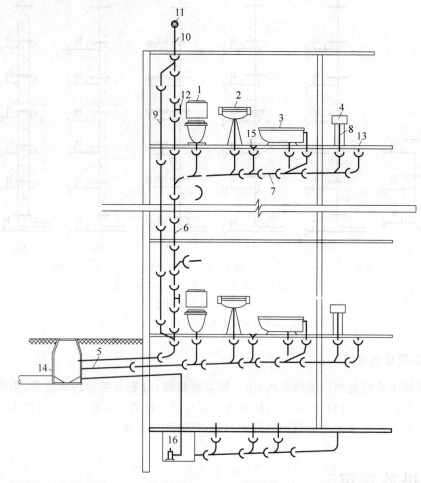

1—坐便器；2—洗脸盆；3—浴盆；4—厨房洗涤盆；5—排水出户管；6—排水立管；7—排水横支管；
8—器具排水管（含存水弯）；9—专用通气管；10—伸顶通气管；11—通风帽；12—检查口；
13—清扫口；14—排水检查井；15—地漏；16—污水泵

图 13-2 建筑内部排水系统的组成

13.6 建筑排水系统的选择和性能要求

1. 建筑排水系统的选择

应根据污水性质、污染程度,结合建筑外部排水系统体制,有利于综合利用、污水的处理和中水开发等方面的因素综合考虑,以确定建筑内部排水体制。工业污废水中含有大量的污染物质,应首先考虑回收利用,变废为宝。生活排水系统采用分流制或合流制排水方式,需根据污水性质、建筑标准与特征、是否有中水或污水处理,并结合总体条件和市政接管要求确定。同时为减少环境污染,其排水系统宜采取分质分流。

（1）当城市有污水处理厂时,生活废水与粪便污水宜采用合流制排出。但厨房废水应单独排出。

（2）当城市无污水处理厂时，粪便污水与生活废水一般宜采用分流制排出，生活污水应经污水处理，达标后排放。

（3）当建筑物采用中水系统或标准较高时，选用的排水系统宜按排水水质分流排出。

（4）当冷却废水量较大而需循环或重复使用时，宜将其设置成单独的管道系统。

（5）生活污水和工业废水，如按污水净化标准或按处理构筑物的污水净化要求允许或需要混合排出时，可合流排出。

（6）密闭的雨水系统内不允许排入生产废水及其他污水。

（7）在居住建筑物和公共建筑物内，生活污水管道和消防排水、机房排水、厨房排水以及雨水管道一般均单独设置。生活污水不得和雨水合流排出，其他非生活排水除消防排水等清洁废水外，宜排入室外生活排水管道。

（8）当市政排水管道为雨水和污水合流时，需设置化粪池处理生活污水，才能排入市政合流制下水道，生活污水与雨水尽量设置不同的管道排出。公共食堂的污水应经隔油处理后，方能排入生活污水管道。

（9）在无生活污水排水管道时，需获得当地环保部门审核批准后才能将洗浴水排入室外雨水管道，通常只允许清洁废水排入雨水管道。

（10）较洁净的废水如空调凝结水和消防试验排水可排入室外雨水管道。但必须是间接排水，并采取有效措施防止雨水倒流至室内。

（11）重力管道与压力管道应分开设置。

（12）真空排水应单独设置系统。

（13）建筑物雨水管道应单独设置，雨水回收利用可按现行《建筑与小区雨水控制及利用工程技术规范》（GB 50400—2016）执行。

2. 建筑排水系统的要求

下列情况下的建筑排水应单独排至水处理设施或构筑物：

（1）公共餐饮业厨房排水及含有大量油脂的生活废水；

（2）汽车冲洗台及汽车修理间排出的含有泥沙、矿物质及大量机油类的废水；

（3）超标含有大量致病菌、放射性元素的医院污水；

（4）燃油锅炉房、柴油发电机房的油箱间的地面排水；

（5）排水温度超过 40℃ 的锅炉、水加热器等设备的排污水；

（6）可重复利用的冷却水；

（7）中水系统需要回用的生活废水；

（8）含酸碱、有毒有害物质的工业排水。

第14章

排水系统的组成

14.1　排水系统的基本组成情况

1. 卫生器具(受水器)

卫生器具又称卫生设备或卫生洁具,是收纳、排出人们在日常生活中产生的污废水或污物的容器或装置。生产设备受水器是接受、排出工业企业在生产过程中产生的污废水或污物的容器或装置。

2. 排水管道

排水管道包括器具排水管(含存水弯)、横支管、立管、埋地干管和排出管。其作用是将各个用水点产生的污废水及时、迅速地输送到室外。

3. 清通设备

清通设备一般用来清除管道内沉积、附着的固体杂物和油脂。清通设备包括设在横支管顶端的清扫口、设在立管或较长横干管上的检查口和设在室内较长的埋地横干管上的检查井。清扫口装设在排水横支管上,用于单向清通管道的维修;检查口装设在排水立管及较长水平管段上,可做检查和双向清通管道用;检查井通常设于室外埋地管道上。

4. 提升设备

标高较低的场所,如工业与民用建筑的地下室、人防建筑、高层建筑的地下技术层和地铁等,产生和收集的污废水不能自流排出室外,需设置污废水提升设备。

5. 污水局部处理构筑物

设污水局部处理构筑物,用以处理建筑内部未经处理的污水,如处理民用建筑生活污水的化粪池,降低锅炉、加热设备排污水水温的降温池,去除含油污水的隔油池,以及以消毒为主要目的的医院污水处理设施等。

6. 通气系统

建筑内部排水管道内是水气两相流。通常需要设置与大气相通的通气管道系统,使管道系统内压力稳定,阻止有毒有害气体进入室内。通气系统由排水立管延伸到屋面上的伸顶通气管、专用通气管以及专用附件组成。

14.2　卫生器具和生产设备受水器

建筑内部需设便溺器具、洗涤器具、洗浴设备等卫生器具收集和排出污废水,同时用来满足日常生活和生产过程中各种卫生要求。卫生器具的结构、形式和材料各不相同,应根据其用途、设置地点、维护条件和安装条件选用。

卫生器具一般由不透水、无气孔、表面光滑、耐腐蚀、耐磨损、耐冷热、便于清扫且有一定强度的材料制造,如陶瓷、搪瓷生铁、塑料、水磨石、复合材料等。为防止污物堵塞管道,除了大便器外,所有卫生器具均应在排水口处设栏栅。常见卫生器具如表14-1所示。

表 14-1　常见卫生器具的构造及功能、特点

卫生器具类型		构　造　图	功能、特点
坐便器	旋涡式虹吸		冲水管道设计在便池下方,出水口位于便池底部的对角边缘,冲水时形成"旋涡"或"涡流",水面高出排污口达到一定数值时,产生虹吸现象完成排污
	喷射式虹吸		在池壁底部存水平面下增加一个喷射孔,通过喷射孔的喷射作用,加大对水和污物的冲力,减少产生虹吸结构的等待时间,提高排污能力。用水量小、相对静音、排污彻底
	冲落式		利用水流的冲力排出脏物,一般池壁较陡,存水面积较小,水力集中,冲水速度快,冲力大,用水少,冲污效率高,声音较大;管道较大,弧度小

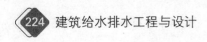

卫生器具类型	构　造　图	功能、特点
蹲便器　自带存水弯	完成地面 340~360 毛坯地坪	安全、防臭、清洁方便,本体安装高度需高出地坪 340~360mm
蹲便器　不带存水弯	完成地面 220~240 毛坯地坪	排出口须单独配置存水弯,本体安装高度需高出地坪 220~240mm
小便器　自带存水弯		小便器有立式和挂式两种,挂式小便器有下排式和后排式,立式小便器一般采用下排式
小便器　不带存水弯		本体不带存水弯,小便器排出口须配置管道存水弯

14.2.1　便溺器具

便溺器具包括大便器、小便器和冲洗设备等。

1. 大便器

大便器主要包括坐式大便器(称坐便器)、蹲式大便器和大便槽三种。

坐便器主要用于住宅、宾馆、高档办公楼以及某些公共场所(机场、医院的住院部等)。按冲洗的水力原理分为冲洗式和虹吸式两种,见图 14-1。低水箱坐便器安装图如图 14-2 所示。

蹲式大便器的使用相对比较少,一般用于集体宿舍和公共建筑物的公用厕所及防止接触传染的医院内厕所。

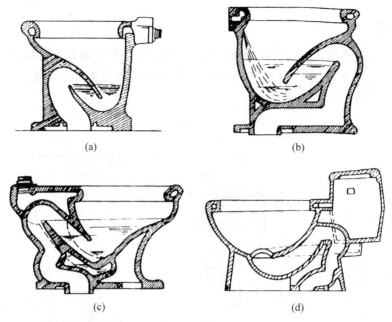

1—冲洗式；2—虹吸式；3—喷射虹吸式；4—旋涡虹吸式

图 14-1 坐式大便器

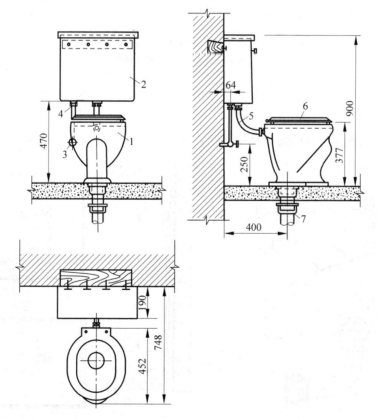

1—坐式大便器；2—低水箱；3—角阀；4—给水管；5—冲水管；6—木盖；7—排水管

图 14-2 低水箱坐便器安装图

2. 小便器

　　小便器主要包括挂式、立式和小便槽三类，一般设于公共建筑的男厕所内。其中立式小便器用于标准高的建筑，小便槽用于工业企业、公共建筑和集体宿舍等建筑。图 14-3 所示为立式小便器和挂式小便器安装图。

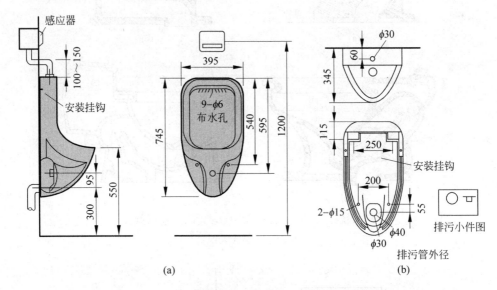

图 14-3　小便器安装图

（a）立式小便器；（b）挂式小便器

3. 冲洗设备

　　冲洗设备是便溺器具的配套设备，见图 14-4。

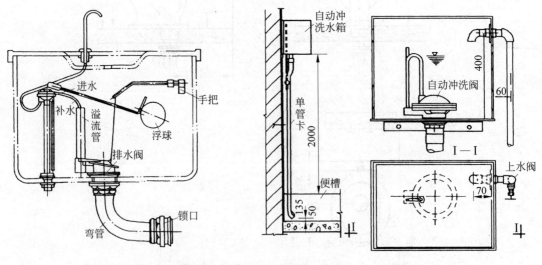

图 14-4　双挡冲水箱/自动冲水箱

14.2.2 洗涤器具

1. 洗涤盆

洗涤盆主要用来洗涤餐具、蔬菜等,一般装设在厨房或公共食堂内。洗涤盆有单格和双格之分,双格洗涤盆一格洗涤,另一格泄水。

2. 拖布盆(污水盆)

拖布盆主要用来洗涤拖把、打扫厕所或倾倒污水,一般装设在公共建筑的厕所和盥洗室内。其安装图见图 14-5。

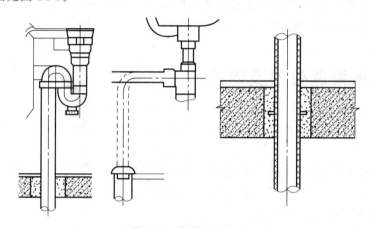

图 14-5　拖布盆安装图

淋浴室内一般用地漏排水,地漏直径按表 14-2 选用;当采用排水沟排水时,8 个淋浴器可设 1 个直径为 100mm 的地漏。

表 14-2　淋浴室地漏直径

地漏直径/mm	淋浴器数量/个
50	1、2
75	3
100	4、5

14.2.3 洗浴器具

1. 洗脸盆

洗脸盆主要有长方形、椭圆形和三角形三种,一般装设在浴室、卫生间、理发室和盥洗室内;安装方式有墙架式、柱脚式和台式。

2. 浴盆

浴盆一般装设在住宅、宾馆、医院等卫生间或公共浴室。浴盆配有冷热水管或混合龙头,有的还配有淋浴设备。

3. 淋浴器

淋浴器多用于工厂、学校、机关、部队的公共浴室和集体宿舍、体育馆内,有成品和现场安装的两种。

4. 盥洗槽

盥洗槽设置在同时有多人使用的地方,如集体宿舍、车站、工厂生活间等。

5. 净身盆

净身盆与大便器配套安装,供便溺后洗下身用,适合妇女和痔疮患者使用。一般用于宾馆高级客房的卫生间和医院、工厂的妇女卫生室内。

14.3　排水管道材料及附件

排水管道包括器具排水管(含存水弯)、排水横支管、立管、埋地干管和排出管等。按管道设置地点、条件及污水的性质和成分,建筑内部排水管材主要有塑料管、铸铁管、钢管等。

建筑内部排水管道应采用建筑排水塑料管或柔性接口机制排水铸铁管及相应管件。当连续排水温度大于 40℃ 时,应采用金属排水管或耐热型塑料排水管。压力排水管道可采用耐压塑料管、金属管或钢塑复合管。

14.3.1　铸铁管及钢管

1. 铸铁管

目前建筑内部排水系统最常用的管材是排水铸铁管,规范要求主要采用柔性接口排水铸铁管及相应管件,如图 14-6 所示。

GP-1 型铸铁管是我国目前最常用的一种柔性抗震排水铸铁管,如图 14-7 所示。它采用橡胶圈密封,螺栓紧固,具有较好的曲挠性、伸缩性、密封性及抗震性能,且便于施工。近年来一般采用新型柔性抗震排水铸铁管,如图 14-8 所示。它采用橡胶圈及不锈钢卡箍连接,具有装卸简便、易于安装和维修等优点。

2. 钢管

镀锌钢管是一种常用的金属排水管材,一般用于有压排水和高温排水。工厂车间内振动较大的地点也可采用钢管代替铸铁管。值得注意的是钢管不能输送会腐蚀金属管道的工业废水。

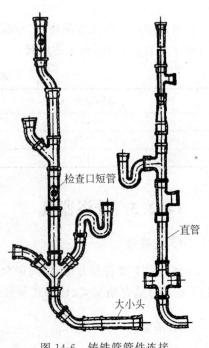

检查口短管

直管

大小头

图 14-6　铸铁管管件连接

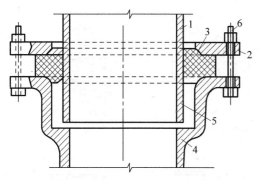

1—直管、管件直部；2—法兰压盖；3—橡胶密封圈；

4—承口端头；5—插口端头；6—定位螺栓

图 14-7 柔性排水铸铁管件接口

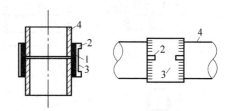

1—橡胶圈；2—卡紧螺栓；

3—不锈钢带；4—排水铸铁管

图 14-8 排水铸铁管接头

14.3.2 排水塑料管

目前在建筑内使用的排水塑料管是硬聚氯乙烯塑料管（PVC-U 管）。它具有重量轻、耐腐蚀、不结垢、内壁光滑、水流阻力小、外表美观、容易切割、便于安装、节省投资和节能等优点。但塑料管也有缺点，如强度低、耐温差（使用温度在 $-5 \sim 50$ ℃之间）、线性膨胀量大、立管会产生噪声、易老化、防火性能差等。排水塑料管通常标注公称外径 D_e，其规格见表 14-3。

表 14-3 排水硬聚氯乙烯塑料管规格

公称直径/m	40	50	75	100	150
外径/mm	40	50	75	110	160
壁厚/mm	2.0	2.0	2.3	3.2	4.0
单位长度质量/(g/m)	341	431	751	1535	2803

排水塑料管的管件较齐备，共有 20 多个品种，70 多个规格，应用非常方便。如图 14-9 所示为一些常用塑料排水管件。

在使用塑料排水管道时，应注意以下几个问题：

（1）塑料排水管道的水力条件比铸铁管好，泄流能力大，确定管径时，应使用塑料排水管的参数进行水力计算或查相应的水力计算表。

（2）应考虑环境温度或污水温度变化引起的伸缩长度。

（3）设置伸缩节可以消除塑料排水管道因温度变化引起的伸缩量。排水立管和排水横支管上伸缩节的设置和安装如图 14-10 所示。

当排水管道采用橡胶密封配件或在室内采用埋地敷设时，可不设伸缩节。

伸缩节的设置和安装应符合下列规定：

（1）当层高小于或等于 4m 时，污水立管和通气立管应每层设一伸缩节；当层高大于 4m 时，应根据管道设计伸缩量和伸缩节最大允许伸缩量确定。伸缩节设置应靠近水流汇合管件，并可按下列情况确定：

① 排水支管在楼板下方接入时，伸缩节设置于水流汇合管件之下（图 14-10(a)、(f)）；

② 排水支管在楼板上方接入时，伸缩节设置于水流汇合管件之上（图 14-10(b)、(g)）；

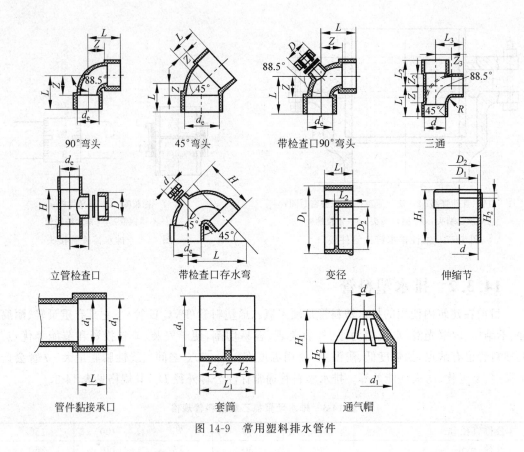

90°弯头　　　　45°弯头　　　　带检查口90°弯头　　　　三通

立管检查口　　　带检查口存水弯　　　　变径　　　　伸缩节

管件黏接承口　　　　套筒　　　　通气帽

图 14-9　常用塑料排水管件

③ 立管上无排水支管接入时,伸缩节按设计间距宜置于楼层任何部位(图 14-10(c)、(e)、(h));

④ 排水支管同时在楼板上、下方接入时,宜将伸缩节置于楼层中间部位(图 14-10(d))。

(2) 污水横支管、器具通气管、环形通气管上合流管件至立管的直线管段长度超过 2m 时,应设伸缩节,但两个伸缩节的最大间距不得超过 4m,横管上设置伸缩节应设于水流汇合管件上游端(图 14-10(i))。

(3) 立管在穿越楼层处固定时,立管在伸缩节处不得固定;在伸缩节处固定时,立管穿越楼层处不得固定。

(4) Ⅱ型伸缩节安装完毕,应将限位块拆除。

14.3.3　管道附件及附属构筑物

1. 水封装置

存水弯可以在内部形成一定高度的水封(50～100mm),阻止有毒有害气体或虫类进入室内,一般设置在排水口以下。存水弯的水封深度不得小于 50mm。严禁采用活动机械密封替代水封。医疗卫生机构内门诊、病房、化验室、试验室等不在同一房间内的卫生器具不得共用存水弯。卫生器具排水管段上不得重复设置水封。存水弯的类型主要有 S 形和 P 形两种,如图 14-11 所示。

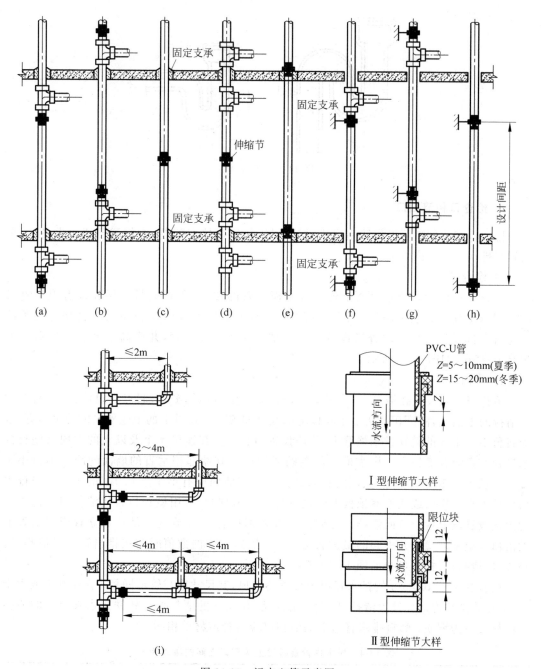

图 14-10　污水立管示意图

　　S 形存水弯常用在排水支管与排水横管垂直连接部位。

　　P 形存水弯常用在排水支管与排水横管和排水立管不在同一平面位置而需连接的部位。

　　当需要把存水弯设在地面以上时,为满足美观要求,存水弯还有不同类型,如瓶式存水弯、存水盒等。

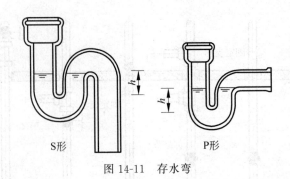

图 14-11　存水弯

2. 检查口和清扫口

检查口和清扫口可以保障室内排水管道畅通,解决堵塞问题,它们属于清通设备,一般设置在排水立管和横管上。

1) 检查口

检查口应设置在排水立管上连接排水横支管的楼层、立管的最底层和设有卫生器具的二层以上建筑物的最高层,当立管水平拐弯或有乙字弯管时应在该层立管拐弯处和乙字弯管上部设检查口。检查口设置高度一般距地面 1m 为宜,并应高于该层卫生器具上边缘 0.15m,如图 14-6 所示。

2) 清扫口

清扫口一般设置在横管上,当横管上连接的卫生器具较多时,起点应设清扫口(有时用可清掏的地漏代替)。在连接 2 个及以上的大便器或 3 个及以上的卫生器具的污水横管、水流转角小于 135°的铸铁排水横管上,均应设置清扫口。在连接 4 个及以上的大便器塑料排水横管上宜设置清扫口。排水横管起点的清扫口与其端部相垂直的墙面的距离不得小于 0.2m;排水管起点设置堵头代替清扫口时,堵头与墙面应有不小于 0.4m 的距离。当排水横管悬吊在转换层或地下室顶板下设置清扫口有困难时,可用检查口替代清扫口。污水横管的直线管段上检查口或清扫口之间的最大距离按表 14-4 确定。从污水立管或排出管上的清扫口至室外检查井中心的最大长度,大于表 14-5 中的数值时应在排出管上设清扫口。检查口、清扫口、检查口井如图 14-12 所示。

在管径小于 100mm 的排水管道上设置清扫口,其尺寸应与管道同径;管径等于或大于 100mm 的排水管道上设置清扫口,应采用直径 100mm 的清扫口。铸铁排水管道上的清扫口的材质应为铜质;塑料排水管道上的清扫口应与管道材质相同。

表 14-4　排水横管直线段上清扫口之间的最大距离

管道直径/mm	清扫设备种类	距离/m	
		生活废水	生活污水
50~75	检查口	15	12
	清扫口	10	8
100~150	检查口	20	15
	清扫口	15	10
200	检查口	25	20

表 14-5 排水立管或排出管上的清扫口至室外检查井中心的最大长度

管径/mm	50	75	100	100 以上
最大长度/m	10	12	15	20

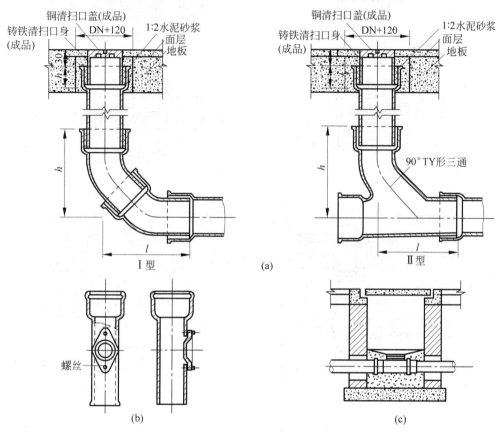

图 14-12 清通设备
(a) 清扫口；(b) 检查口；(c) 检查口井

3. 地漏

地漏是一种特殊的排水装置，一般设置在经常有水溅落的地面、有水需要排出的地面和经常需要清洗的地面(如淋浴间、盥洗室、厕所、卫生间等)。《住宅设计规范》(GB 50096—2011)中规定，布置洗浴器和布置洗衣机的部位应设置地漏，并要求布置洗衣机的部位宜采用能防止溢流和干涸的专用地漏或洗衣机排水存水弯，排水管道不得接入室内雨水管道。地漏应设置在易溅水的卫生器具附近的最低处，其地漏算子应低于地面5～10mm，带有水封的地漏，其水封深度不得小于50mm，直通式地漏下必须设置存水弯，严禁采用钟罩式(扣碗式)地漏。

(1) 普通地漏，其水封深度较浅，当仅用来排出溅落水时，应注意经常注水防止水封蒸发。该种地漏有圆形和方形两种，材质为铸铁、塑料，采用黄铜、不锈钢、镀铬算子，如图 14-13 所示。

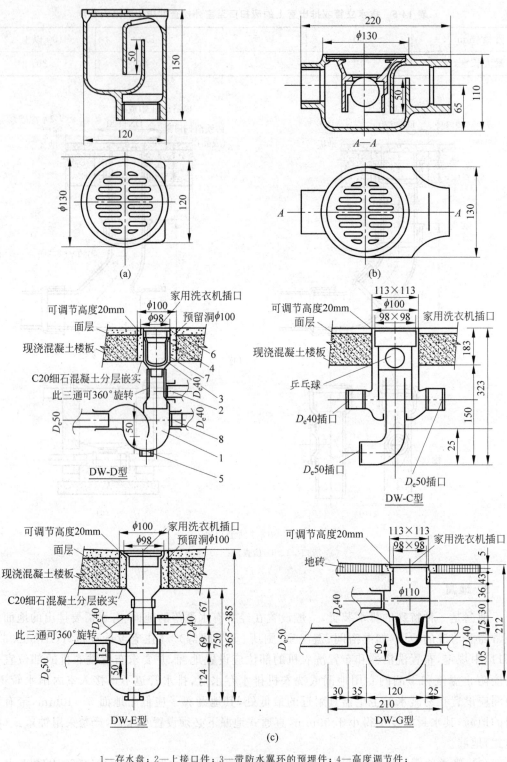

1—存水盘；2—上接口件；3—带防水翼环的预埋件；4—高度调节件；
5—清扫口堵头；6—洗衣机插口盖板；7—滤网斗；8—下接口件

图 14-13　地漏

（a）普通地漏；（b）多通道地漏；（c）ABS 塑料多通道地漏

（2）多通道地漏，有一通道、二通道、三通道等多种形式，而且通道位置可不同，使用方便，主要用于卫生间内。设有洗脸盆、洗手盆、浴盆和洗衣机时，多通道可连接多根排水管。这种地漏应设有塑料球封住通向地面的通道，以防止卫生器具排水造成的地漏反冒，如图 14-13 所示。

（3）存水盒地漏的盖为盒状，并设有防水翼环，可随不同地面做法需要调节安装高度，施工时将翼环放在结构板上。这种地漏还附有单侧通道和双侧通道，供按实际情况选用，如图 14-14 所示。

（4）双算杯式地漏，其内部水封盒用塑料制成，形如杯子，便于清洗、干净卫生、排泄量大、排水快，采用双算有利于拦截污物。这种地漏另附塑料密封盖，完工后去除，以避免施工时发生泥砂石等杂物堵塞，如图 14-15 所示。

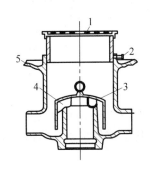

1—算子；2—调高螺栓；
3—存水盒罩，4—壳附件，5—防水翼环

图 14-14　存水盒地漏

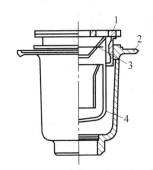

1—镀铬算子；2—防水翼环；
3—算子；4—塑料杯式水封

图 14-15　双算杯式水封地漏

（5）防回流地漏，适用于地下室，或用于电梯井排水和地下通道排水，这种地漏设有防回流装置，可防止污水倒流。一般设有塑料球，或采用防回流止回阀，如图 14-16、图 14-17 所示。

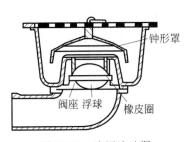

图 14-16　防回流地漏

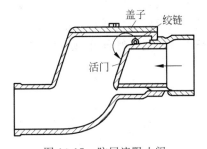

图 14-17　防回流阻止阀

淋浴室内每个淋浴器的排水流量为 0.15L/s，排水当量为 0.45，设置地漏的规格见表 14-2。废水中如夹带纤维或有大块物体，应在排水管道连接处设置格栅或带网筐地漏。

4. 其他附件

（1）隔油具。厨房或配餐间的洗碗、洗肉等含油脂污水，在排入排水管道之前应先通过隔油具进行初步的隔油处理，如图 14-18 所示。隔油具一般装设在洗涤池下面，可供几个洗涤池共用。经隔油具处理后的水排至室外后仍应经隔油池处理。

（2）滤毛器和集污器。它们常设在理发室、游泳池和浴室内，夹带着毛发或絮状物的污水先通过滤毛器或集污器后排入管道，避免堵塞管道，如图14-19、图14-20所示。

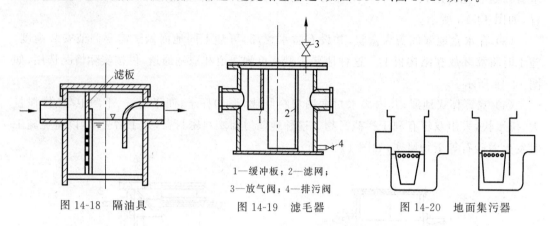

图14-18　隔油具

1—缓冲板；2—滤网；
3—放气阀；4—排污阀

图14-19　滤毛器

图14-20　地面集污器

5. 提升设备

提升设备一般用来排出民用建筑的地下室、人防建筑物、高层建筑地下技术层、某些工厂车间的地下室和地下铁道等地下建筑物的不能自流排至室外检查井的污废水。

6. 污水局部处理构筑物

当建筑内部污水未经处理不允许直接排入市政排水管网或水体时，须设污水局部处理构筑物。

7. 通气管道系统

通气管道系统可以阻止有毒有害气体进入室内，防止因气压波动造成的水封破坏。层数不高、卫生器具不多的建筑物，可将排水立管上端延长并伸出屋顶，这一段管叫伸顶通气管。对于层数较高、卫生器具较多的建筑物，因排水量大，空气的流动过程易受排水过程干扰，须将排水管和通气管分开，设专用通气管道。

第15章

建筑排水系统设计

15.1　排水系统的选择

在确定建筑内部排水体制和选择建筑内部排水系统时主要考虑下列因素：

1. 污废水的性质

不同污废水中污染物的种类决定是合流还是分流排放。当两种生产污水合流会产生有毒有害气体和其他难处理的有害物质时应分流排放；与生活污水性质相似的生产污水可以和生活污水合流排放。不含有机物且污染轻微的生产废水可排入雨水排水系统。

2. 污废水污染程度

为便于轻污染废水的回收利用和重污染废水的处理，污染物种类相同，但浓度差别较大的两种污水宜分流排出。

3. 污废水综合利用的可能性和处理要求

工业废水中常含有能回收利用的贵重工业原料，为减少环境污染、变废为宝，宜采用清浊分流、分质分流，否则会影响回收价值和处理效果。

对卫生标准要求较高，设有中水系统的建筑物，生活污水与废水宜采用分流排放。含油较多的公共饮食业厨房的洗涤废水和洗车台冲洗水，含有大量致病病毒、细菌或放射性元素超过排放标准的医院污水，水温超过40℃的锅炉和水加热器等加热设备排水，可重复利用的冷却水以及用作中水水源的生活排水应单独排放。

15.2　卫生间布置

卫生间是人们使用频率最高的房间之一，在设计时需要合理规划、周密考虑。特别是考虑卫生间的面积大小，设备用具的完善度。另外还要考虑到今后的发展，留有余地。

15.2.1　卫生器具的选用

卫生器具材料应具有坚硬密实、耐腐蚀、不渗水、表面光滑、易于清洗的特点。其构造形式应根据种类、用途而不同。为了便于冲洗、不藏污纳垢,卫生器具内部应为流线形。颜色多为白色,高级器具可用彩色。材质现在多用陶瓷、铁胎搪瓷、塑料及玻璃钢等,水磨石制者为下品。

选用卫生器具时,需选取表面光滑,无干裂、火刺,便于冲洗,色泽均匀及体形美观者。选用彩色者要成套,并与室内其他设备相互协调。

1. 卫生器具必须具备的性能特点

(1) 外观:不允许出现开裂、坯裂、釉裂、棕眼、大釉泡、色斑、坑包等缺陷,同一件产品或配套产品之间应无明显色差。

(2) 厚度:卫生陶瓷产品任何部位的坯体厚度不应小于 6mm。

(3) 吸水率:瓷质卫生陶瓷产品的吸水率≤0.5%。

(4) 耐荷重:经耐荷重性测试后,应无变形、无任何可见结构破损。

① 坐便器和净身器应能承受 3.0kN 的荷重;

② 壁挂式洗面器、洗涤槽、洗手盆应能承受 1.1kN 的荷重;

③ 壁挂式小便器应能承受 0.22kN 的荷重;

④ 淋浴盆应能承受 1.47kN 的荷重。

(5) 排污口:

① 坐便器排污口安装距离:下排式坐便器排污口安装距墙面应为 305mm,有需要时可为 200mm 或 400mm;后排落地式坐便器排污口安装距墙面应为 180mm 或 100mm。

② 下排式坐便器排污口外径应不大于 100mm,后排落地式坐便器排污口外径应为 102mm;蹲便器排污口外径应不大于 107mm。

(6) 水封深度及表面尺寸:

① 所有带整体存水弯便器的水封深度不应小于 50mm;

② 坐便器水封表面尺寸不应小于 100mm×85mm。

(7) 存水弯最小通径:

① 坐便器存水弯、带整体存水弯的蹲便器水道应能通过直径为 41mm 的固体球。

② 带整体存水弯的喷射虹吸式小便器和冲落式小便器的水道应能通过直径为 23mm 的固体球,或水道截面积应大于 4.2cm²;其他类型小便器的水道应能通过直径为 19mm 的固体球,或水道截面积应大于 2.8cm²。

(8) 便器用水量:便器名义用水量应符合表 15-1 的规定,实际用水量应不大于名义用水量。

表 15-1　便器名义用水量　L

产品名称	普通型	节水型	高效节水型
坐便器	≤6.4	≤5.0	≤4.0
蹲便器	单冲式:≤8.0;双冲式:≤6.4	≤6.0	≤5.0
小便器	≤4.0	≤3.0	≤L9

幼儿型便器用水量应符合节水型产品的规定。

（9）坐便器冲洗噪声：冲洗噪声的累计百分数声级 L50≤55dB（A），累计百分数声级 L10 应不超过 65dB（A）。

（10）污水置换功能：单冲式坐（蹲）便器、小便器的稀释率应不低于 100 倍；双冲式坐（蹲）便器，只进行半冲水的污水置换实验，稀释率应不低于 25 倍。

（11）水封回复功能：水封回复不得小于 50mm，若为虹吸式坐（小）便器每次均应有虹吸产生。

（12）承压能力：卫生器具给水配件承受的最大工作压力不大于 0.6MPa。

2. 各类场所卫生器具配置要求及选用原则

不同类型建筑卫生洁具设置的数量见相关建筑设计规范。

（1）居住类建筑卫生器具配置见表 15-2。

表 15-2　居住类建筑卫生器具配置

卫生器具	住宅			宾馆、客房		宿舍	养老建筑
设置数量、规定等参考规范	《住宅设计规范》（GB 50096—2011）			《旅馆建筑设计规范》（JGJ 62—2014）、《旅游饭店星级的划分与评定》（GB/T 14308—2010）		《宿舍建筑设计规范》（JGJ 36—2016）	《养老设施建筑设计规范》（GB 50867—2013）
	普通住宅	高级住宅	别墅	一、二级旅馆	三、四、五级旅馆		宜采用同层排水，排水立管应采取降低噪声的措施
大便器	√	√	√	√	√	√	宜采用坐便器
净身盆或智能坐便器		√	√		√		
洗脸盆	√	√	√	√	√	√	居住空间应采用杠杆式或掀压式单把龙头，宜采用恒温阀；公共场所宜采用感应式水嘴
淋浴/浴缸	√	√	√	√	√	√	宜采用软管淋浴器，应有防烫伤措施，宜采用恒温阀
洗涤盆	√	√	√				
洗衣机	√	√	√				

注："√"指此卫生器具需设置。

（2）公共建筑卫生器具设置要求见表15-3。

表 15-3　公共建筑卫生器具设置要求

卫生器具	公共厕所	中小学校	托儿所、幼儿园	医　　院
设置数量、规定等参考规范	《城市公共厕所设计标准》(CJJ 14—2016)	《中小学校设计规范》(GB 50099—2011)	《托儿所、幼儿园建筑设计规范》(GJ 39—2016,2019 年修订)	《综合医院建筑设计规范》(GB 51039—2014)
大便器	应以蹲便器为主,宜采用具有水封功能的前冲式蹲便器,每次冲水量≤4L 的冲水系统	每层均应设男、女学生卫生间及男、女教师卫生间	宜采用蹲便器,采用儿童型坐便器,感应式冲洗装置;乳儿班至少有保育员厕位1个	坐式大便器坐圈宜采用不易被污染、易消毒的类型,进入蹲式大便器隔间不应有高差
小便器	宜采用半挂式便斗和每次冲水量≤5L 的冲水系统	卫生间应设前室,男、女卫生间不得共用一个前室。可采用成品大、小便器或者大、小便槽	采用儿童型小便器,宜设感应式冲洗装置	蹲式大便器宜采用脚踏式自闭冲洗阀或感应冲洗阀
大、小便池	一、二类公共厕所大、小便池应采用自动感应或人工冲便装置		宜设置感应冲洗装置	
洗手龙头	应采用非接触式器具,所有龙头应采用节水龙头		配置形式、尺寸应符合幼儿人体尺度和卫生防疫要求,宜设感应式冲洗装置	护士站、治疗室、洁净室和消毒供应中心、监护病房和烧伤病房等房间的洗手盆,应采用自动感应、膝动或肘动开关水龙头;其他各处采用感应式水龙头
淋浴/浴缸			夏热冬冷和夏热冬暖地区托儿所、幼儿园建筑的幼儿生活单元内宜设淋浴室;寄宿制幼儿生活单元内应设置淋浴室,并应独立设置	浴缸宜采取防虹吸措施
实验室化验盆		排水口应敷设耐腐蚀的挡水箅,排水管道应采用耐腐蚀材料		
饮水处		每层设饮水处,每处应按每 40～45 人设置一个饮水嘴计算水嘴的数量	应设置饮用水开水炉,宜采用电开水炉。开水炉应设置在专用房间内,并应设置防止幼儿接触的保护措施	
拖布池(清洁池)	应设置在独立的清洁间内,应坚固易清洗	卫生间内或卫生间附近应设置	乳儿班至少应设洗涤池 2 个、污水池 1 个	

15.2.2 卫生间的布置

在卫生间和公共厕所布置卫生器具时,为了便于维护和管理,需要综合考虑卫生器具类型、尺寸、管线长度、排水是否通畅等因素。图 15-1 所示为住宅卫生间、宾馆卫生间和公共建筑的卫生器具平面布置图。

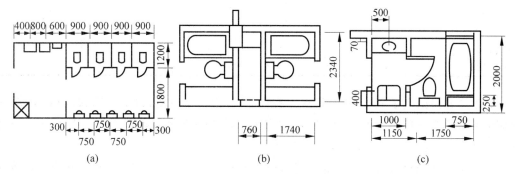

图 15-1 卫生间平面布置图
(a) 公共建筑;(b) 宾馆;(c) 住宅

卫生间和公共厕所内的地漏应设在地面最低处,易溅水的卫生器具附近。地漏不宜设在排水支管顶端,以防止卫生器具排放的固形杂物在最远卫生器具和地漏之间的横支管内沉淀。

卫生器具的设置必须符合卫生标准,满足使用要求。各种建筑的卫生器具配置标准参见表 15-4 及表 15-5。卫生间布置时要考虑使用者的方便和活动范围、卫生用具的类型和尺寸、安装的高度、器具之间的距离及相互位置等。同时还要考虑给排水管道位置和布线的简短,务使供水方便、排水通畅及便于检修。卫生间是住宅中最重要的房间之一,应具有合理的面积以免使用不便,特别是近年来随着生活水平的提高,卫生间中放置的家用电器(洗衣机、电冰箱、热水器等)逐渐增加,使得卫生间的面积必须适当扩大。此外家用电器逐渐增加,洗衣机、电冰箱、热水器等已成为家庭常备的设备,因此厨房、卫生间的面积必须适当扩大。卫生器具也不宜太简单,即使目前尚无条件安装,也要预留位置,以便将来适应人们卫生水平提高的需要。

表 15-4 公共建筑卫生器具设置标准 个

建筑类别	大便器		小便器	洗脸盆	盥洗龙头	淋浴器
	男	女				
集体宿舍	18	12	18	一般厕所内至少应设洗脸盆或污水盆一个	5	20~40
旅馆	18	12	18		由设计决定	由设计决定
医院	12~20	12~20	25~40			
门诊部	100	75	50			
办公楼	50	25	50			
学校	35~50	25	30~40			
车站	500	300	100			
百货公司	100	80	80		—	—
餐厅	80	60	80		—	—
电影院	200	100	100			
剧院、俱乐部	75	50	25~40	100		

表 15-5　中小学校、幼儿园卫生器具设置标准　　　　　　　个

幼儿园		中小学校			
总人数/人	大便器	总人数/人	大便器		小便器
			男	女	
20 以下	8	100 以下	25	20	20
21～30	12	100～200	30	25	25
31～75	15	201～300	35	30	30
76～100	17	301～400	50	35	35
101～125	21				

　　装配式建筑的盒子卫生间,因是整体吊装,布置应尽量紧凑,以节省面积,减轻重量,但也应保证最基本的使用要求,一般具有三件卫生设备的卫生间其面积不应小于 2.5m² ,如考虑有其他设备如洗衣机等,面积还应适当增加。

　　以上是居住建筑的情况。在公共建筑和工业企业中的器具布置,应符合建筑设计要求和《工业企业设计卫生标准》(GBZ 1—2010)。表 15-6 和表 15-7 所示为工业企业生活间卫生器具设置标准以及建筑淋浴用水量及淋浴器设置标准。

表 15-6　工业企业生活间卫生器具设置标准

男		女			
使用人数/人	大便器/个	使用人数/人	大便器/个	使用人数/人	卫生盆/个
20 以下	1	10 以下	1	200～250	1
21～50	2	11～30	2	251～400	2
51～75	3	31～50	3	400 以上	
76～100	4	51～75	4		每增加 100～200 人,增设 1 个
101～1000	每增加 50 人,增设 1 个	76～100	5		
1000 以上	每增加 60 人,增设 1 个	101～1000	每增加 35 人,增设 1 个		
		1000 以上	每增加 45 人,增设 1 个		

表 15-7　工业企业建筑淋浴用水量及淋浴器设置标准

分级	车间特征			用水量/(升/人或班)	每个淋浴器可供使用人数/人
	有毒物质	产生粉尘	其 他		
1	极易经皮肤吸收引起中毒的剧毒物质(有机磷、三硝基甲苯、四乙基铅等)		处理传染性材料、动物原料(皮毛等)	60	3～4
2	易经皮肤吸收或有恶臭的物质、高毒物质(丙烯、吡啶苯酚等)	严重污染全身或对皮肤产生刺激的粉尘(炭黑、玻璃棉)	高温作业、井下工作		5～8
3	其他毒物	一般粉尘(棉尘)	重作业	40	9～12
4	不接触有毒物质及粉尘,不污染或轻度污染身体(金属加工、机械加工等)				13～24

15.3 排水管道的布置与敷设

15.3.1 同层排水与异层排水

按照室内排水横支管所设位置,可将排水系统分为异层排水系统和同层排水系统。

1. 异层排水

异层排水是一种传统的排水横支管敷设方式,是指室内卫生器具的排水支管穿过本层楼板后接下层的排水横管,再接入排水立管的敷设方式。其优点是排水通畅,安装方便,维修简单,土建造价低,配套管道和卫生器具市场成熟。主要缺点是会对下层造成不利影响,譬如易在穿楼板处造成漏水,下层顶板处排水管道多、不美观、有噪声等。

2. 同层排水

同层排水是指卫生间器具排水管不穿越楼板,排水横管在本层套内与排水立管连接,安装检修不影响下层的一种排水方式。同层排水具有如下三个特点:第一,产权明晰,卫生间排水管路系统布置在本层中,不干扰下层;第二,卫生器具的布置不受限制,楼板上没有卫生器具的排水预留孔,用户可以自由布置卫生器具的位置,满足卫生器具个性化的要求,从而提高房屋品味;第三,排水噪声小,渗漏概率小。

同层排水作为一种新型的排水安装方式,可以适用于任何场合下的卫生间。当下层设计为卧室、厨房、生活饮用水池,以及存放遇水会引起燃烧、爆炸的原料、产品和设备时,应设置同层排水。

同层排水的技术有多种,可归纳如下。

1) 降板式同层排水

这种技术将卫生间的结构板下沉300～400mm,排水管敷设在楼板下沉的空间内,是简单、实用,而且较为普遍的方式。但排水管的连接形式有所不同:

(1) 采用传统的接管方式,即用 P 弯和 S 弯连接浴缸、洗面盆、地漏。这种传统方式维修比较困难,一旦垃圾杂质堵塞弯头,不易清通。

(2) 采用多通道地漏连接,即将洗脸盆、浴缸、洗衣机、地平面的排水收入多通道地漏,再排入立管。采用多通道地漏连接,无须安装存水弯装置,杂质也可通过地漏内的过滤网收集和清除。很显然,该方式易于疏通检修,但相对的下沉高度要求较高。

(3) 采用接入器连接,即用同层排水接入器连接卫生器具排水支管、排水横管。除大便器外,其他卫生器具无须设置存水弯,水封问题在接入器本身解决,接入器设有检查盖板、检查口,便于疏通检修。该方式综合了多通道地漏和苏维脱排水系统中混合器的优点,可以减少降板高度,做成局部降板卫生间。

2) 不降板的同层排水

不降板同层排水,即将排水管敷设在卫生间地面或外墙。

(1) 排水管设在卫生间地面,即在卫生器具后方砌一堵假墙,排水支管不穿越楼板而在假墙内敷设,并在同一楼层内与主管连接,坐便器采用后出口,洗面盆、浴盆、淋浴器的排水横管敷设在卫生间的地面上,地漏设置在仅靠立管处,其存水弯设在管井内。此种方式在卫生器具的选型、卫生间的布置方面都有一定的局限性,且卫生间难免会有明管。

（2）排水管设于外墙,就是将所有卫生器具沿外墙布置,器具采用后排水方式,地漏采用侧墙地漏,排水管在地面以上接至室外排水管,排水立管和水平横管均明装在建筑外墙。此种方式的优点是整洁、噪声小;但由于排水管设于外墙,不能在有冰冻期的地区使用,也会影响建筑物的外观。

3）隐蔽式安装系统的同层排水

隐蔽式的同层排水是一种隐蔽式卫生器具安装的墙排水系统。在墙体内设置隐蔽式支架,卫生器具与支架固定,排水与给水管道也设置在支架内,并与支架充分固定。采用该方式的卫生间因只明露卫生器具本体和配水嘴,而整洁、干净,适合于高档住宅装修品质的要求,是同层排水设计和安装的趋势。

15.3.2　排水管道的布置原则

在排水管道的设计过程中,应首先保证排水畅通和室内良好的生活环境。一般情况下,排水管不允许布置在有特殊生产工艺和卫生要求的厂房以及食品和贵重商品仓库、通风室和配电间内,也不应布置在食堂,尤其是锅台、炉灶、操作主副食烹调上方。更不允许布置在遇水会引起燃烧/爆炸或损坏原料、产品和设备的上面。

1. 排水立管

为了使污水尽快排出室外、减少噪声,排水立管应布置在污水量最大、水质最差的排水口处,并且不能传入卧室、病房等卫生要求高、需要保持安静的房间,还应尽量避免放置在卧室内墙。

2. 排水横支管

一般在本层地面上或楼板下明设,有特殊要求、考虑影响美观时,可做吊顶,隐蔽在吊顶内。为了防止排水管（尤其是存水弯部分）的结露,必须采取防结露措施。

3. 排水出户管（排水横干管）

一般按坡度要求埋设于地下。如果排水出户管须与给水引入管布置在同一处时,两根管道的外壁水平距离不应小于1.5m。

15.3.3　排水管道的敷设原则

排水管敷设应做到以下几点:

（1）埋入地下的排水管与地面应有一定保护距离,而且管道不得穿越生产设备的基础。

（2）排水管不要穿过风道、烟道及橱柜等。最好避免穿过伸缩缝,必须穿越时,应加套管。如遇有沉降缝时,应另设一路排水管分别排出。

（3）排水管穿过承重墙或基础处应预留孔洞，使管顶上部净空不小于建筑物的沉降量，一般不小于 0.15m。

（4）为了防止管道受机械损坏，在一般的厂房内，排水管的最小埋设深度见表 15-8。

表 15-8 排水管的最小埋设深度

管材	管顶至地面的距离/m	
	素土夯实，砖石地面	水泥、混凝土、沥青混凝土地面
排水铸铁管	0.70	0.40
混凝土管	0.70	0.50
带釉陶土管	1.00	0.60
硬聚氯乙烯管	1	0.6

厨房排水管道的布置应考虑下面几个问题：

（1）分设地面清扫排水、灶前小明沟与单格洗涤盆排水、双格洗涤池排水，且各自独立接至隔油池。

（2）含油量较大的洗涤池及锅灶排水先经就近设置的隔油箱，再排入下水道。隔油箱最好为不锈钢制，参考尺寸为 500mm×350mm×400mm（长×宽×高）。

为了设备维护和构筑物卫生，某些设备和构筑物的污水不能直接排入下水道，一般必须排入漏斗、泄水池，保持一定的空气间隙，然后排入下水道。如生活饮用水储水箱的泄水和溢流管的泄水、厨房内蒸锅的排水、医疗消毒设备的排水、开水炉的泄水和溢水等。一般先排入泄水池（坑）后，再出泄水池（坑）排入下水道。

15.4 通气管布设

15.4.1 通气系统的布置与敷设

在排水立管顶端设置伸顶通气管，并且在顶端装设风帽或网罩可以排出污水管道内的有毒有害气体，保持压力稳定，避免杂物落入排水立管。伸顶通气管的设置高度与周围环境、当地的气象条件、屋面使用情况有关，伸顶通气管高出屋面不小于 0.3m，但应大于该地区最大积雪厚度；屋顶有人停留时，高度应大于 2.0m；若在通气管口周围 4m 以内有门窗时，通气管口应高出窗顶 0.6m 或引向无门窗一侧；通气管口不宜设在建筑物挑出部分（如屋檐檐口、阳台和雨篷等）的下面。

建筑标准要求较高的多层住宅和公共建筑、10 层及 10 层以上高层建筑的生活污水立管宜设置专门的通气管道系统。通气管道系统包括通气支管、通气立管、结合通气管和汇合通气管等，如图 15-2 所示。

通气支管有环形通气管和器具通气管两类。当排水横支管较长、连接的卫生器具较多时（连接 4 个及 4 个以上卫生器具且长度大于 12m，或连接 6 个及 6 个以上大便器）应设置环形通气管。环形通气管在横支管起端的两个卫生器具之间接出，连接点在横支管中心线以上，与横支管呈垂直或 45° 连接。对卫生和安静程度要求较高的建筑物宜设置器具通气管，器具通气管在卫生器具的存水弯出口端接出。环形通气管和器具通气管与通气立管连接,连接处的标高应在卫生器具上边缘 0.15m 以上,且有不小于 0.01 的上升坡度。

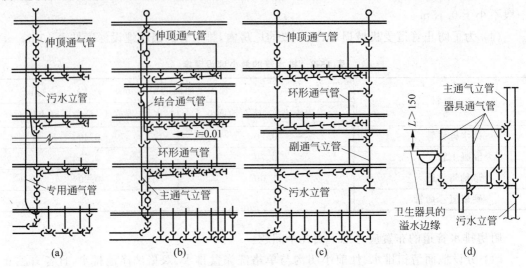

图 15-2 通气管道系统图示

(a)专用通气立管;(b)主通气立管与环形通气管;(c)副通气立管与环形通气管;(d)主通气立管与器具通气管

通气立管有专用通气立管、主通气立管和副通气立管三类。系统不设环形通气管和器具通气管时,通气立管通常叫专用通气立管;系统设有环形通气管和器具通气管,通气立管与排水立管相邻布置时,叫主通气立管;通气立管与排水立管相对布置时,叫副通气立管。

为在排水系统中形成空气流通环路,通气立管与排水立管间需设结合通气管(或 H管件),专用通气立管每隔 2 层设一个,主通气立管宜每隔 8～10 层设一个。结合通气管的上端在卫生器具上边缘以上不小于 0.15m 处与通气立管以斜三通连接,下端在排水横支管以下与排水立管以斜三通连接。当污水立管与废水立管合用一根通气立管时,结合通气管可隔层分别与污水立管和废水立管连接,但最低横支管连接点以下应装设结合通气管。

当不能将每根通气立管单独伸出屋面时,可以将若干根通气立管在室内汇合后,再设一根伸顶通气管伸出屋面。

若建筑物不允许设置伸顶通气管时,可设置自循环通气管道系统,如图 15-3 所示。该管路不与大气直接相通,而是通过自身管路的连接方式变化来平衡排水管路中的气压波动,是一种安全、卫生的新型通气模式。当采取专用通气立管与排水立管连接时,自循环通气系统的顶端应在卫生器具上边缘以上不小于0.15m 处采用两个 90°弯头相连,通气立管下端应在排水横管或排出管上采用倒顺水三通或倒斜三通相接,每层采用结合通气管与排水立管相连,如图 15-3(a)所

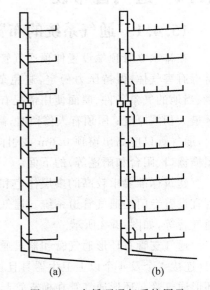

图 15-3 自循环通气系统图示

(a)专用通气立管与排水立管相连的自循环;

(b)主通气立管与排水横管相连的自循环

示。当采取环形通气管与排水横支管连接时,顶端仍应在卫生器具上边缘以上不小于0.15m处采用两个90°弯头相连,且从每层排水支管下端接出环形通气管,应在高出卫生器具上边缘不小于0.15m处与通气立管相接,如图15-3(b)所示;当横支管连接卫生器具较多且横支管较长时,需设置支管的环形通气管。通气立管的结合通气管与排水立管连接间隔不宜多于8层。

通气立管不得接纳污水、废水和雨水,不得与风道和烟道连接。

15.4.2 通气管设置条件

1. 通气管的设置目的

重力排水管中常有气体存在,当排水时,空气随着污水、废弃物向下流动,导致管内压力为正压或者负压。当正压过大时,会使卫生器具内的存水弯喷射涌出。当负压过大时,则会产生虹吸效应,破坏存水弯水封。无论正压还是负压均会使污浊气体进入室内。

为平衡室内排水管内的气压变化,在布置排水管道时应同时设置通气管,其目的有4个:

(1) 保护排水管中的水封,防止排水管内的有害气体进入室内,维护室内的环境卫生;

(2) 排出排水管内的腐蚀性气体,延长管道使用寿命;

(3) 降低排水时产生的噪声;

(4) 增大排水立管的通水能力。

2. 各种通气管的定义

常用的通气管系统见图15-4。

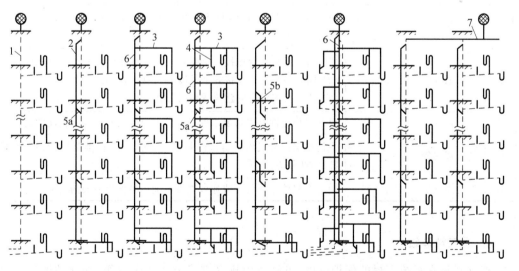

1—伸顶通气管;2—专用通气管;3—环形通气管;4—器具通气管;
5a—结合通气管(H管);5b—结合通气管(共轭管);6—主通气立管;7—汇合通气管

图15-4 常用的通气管系统

(1) 伸顶通气管：排水立管与最上层排水横支管连接处向上垂直延伸至室外通气用的管段。美国规范称为"立管通气管"。

(2) 专用通气管：与排水立管连接，或同时与环形通气管连接，为排水立管内或包括排水横支管内空气流通而设置的垂直通气管道。美国规范称为"通气立管"。

(3) 环形通气管：在多个卫生器具的排水横支管上，从最始端卫生器具的下游端接至专用通气管的通气管段。

(4) 器具通气管：从卫生器具存水弯出口端接至专用通气管或环形通气管的管段。

(5) 结合通气管：排水立管与通气立管的连接管段。普通 H 管有返流现象，有条件时采用共轭管，管道井较小时采用防返流 H 管。

(6) 主通气立管：连接环形通气管和排水立管，为排水横支管和排水立管内空气流通而设置的垂直管道。

(7) 汇合通气管：连接数根通气立管或排水立管顶端通气部分，并延伸至室外接通大气的通气管段。

3. 通气管形式与适用条件。

各种通气管的形式与条件见表 15-9。

表 15-9　通气管形式与适用条件

序号	形　式	适　用　条　件
1	伸顶通气管	用于排水横支管较短，连接卫生器具较少的多层居住类等排水系统
2	专用通气管	用于减缓高层建筑排水系统的气压波动，一般设在 10 层及以上卫生间排水系统
3	主通气立管	用于设有环形通气管，并且环形通气管与排水立管接入同一通气立管的排水系统
4	环形通气管	(1) 同一污水支管连接 4 个及以上卫生器具且污水支管较长时； (2) 同一污水支管连接 6 个及以上大便器时； (3) 使用要求较高的建筑或高层公共建筑
5	器具通气管	对水封稳定性有严格要求的场所。对卫生间安静要求较高的建筑
6	结合通气管	平衡排水立管气压波动。有 H 管(尺寸较小，标准低)与共轭管(标准高)两种方式
7	汇合通气管	用于多根伸顶通气管或通气立管不能单独伸出屋面的情况

4. 通气管等级

根据对排水系统水封的保护程度，可将通用排气方式分为 4 个等级，即伸顶通气、专用通气、环形通气和器具通气。各通气方式的优缺点比较见表 15-10。

表 15-10 常用通气方式优缺点比较

形式	伸顶通气	专用通气	环形通气	器具通气
系统图示	伸顶通气管	专用通气管	环形通气管	器具通气管
优点	通气管材少,造价低,有一定通气效果	可减缓排水立管气压波动,增大通水能力	提高排水支管通畅性,减缓排水系统压力波动	通气效果最佳,能平衡排水系统气压变化
缺点	平衡排水系统气压波动效果差	需专门设一根通气立管,占用管道井面积	通气管材用量多,占用空间较多	造价较高,施工安装复杂,通气管道耗量大
稳定性	水封易破坏	水封较不易破坏	水封不易破坏	水封难破坏
卫生性	卫生间空气质量差	卫生间空气质量较好	卫生间空气质量好	卫生间空气质量最好

15.4.3 通气管管材和管径选定

1. 通气管管材

通气管的管材宜与排水管道一致,可采用塑料排水管(如 PVC-U 管、HDPE 管)和柔性接口机制排水铸铁管。

2. 通气理论和通气管管径

卫生器具排水时,由于排水立管内的空气受到水流的压缩或抽吸,会导致正压或负压变化,如果压力变化幅度过大,超过了存水弯水封深度,就会破坏水封。当污水沿排水立管流下时,会携带管道中的空气一起向下流动,当空气受到阻挡时,例如水流从排水横支管进入排水立管瞬间,就会对随水流下来的空气产生反压作用,此时空气受到压缩,只要压缩到 1/400,就会产生约 $25\text{mmH}_2\text{O}$ 的压差,危及排水系统的水封安全。因此控制排水系统中立管、横支管、出户管的压力波动在安全范围内,是设置各种通气管的基本原则。

计算通气管管径,先要设定通气管的压力损失不超过 $25\text{mmH}_2\text{O}$ 压差,根据空气流量、通气管径、摩阻系数,可近似求出通气管的最大容许长度,见式(15-1):

$$L_1 = 13575 \times \frac{d^{4.75}}{q^{1.75}}$$

(15-1)

式中，L_1——通气管的最大容许长度，m；

   d——通气管管径，m；

   q——空气流量，m^3/s。

例 15-1 某项目 DN100 专用通气管中空气流量为 22L/s，按最大压力损失不大于 25mmH₂O，求通气管的最大容许长度。

  解 根据式(15-1)，$d=100/1000m=0.1m$，$q=22/1000 m^3/s=0.022 m^3/s$，则通气管的最大容许长度为

$$L_1=13575\times\frac{0.1^{4.75}}{0.022^{1.75}}m\approx 192m$$

所求的 192m 是最大容许长度，是从最低最远的排水管接入处至通气管出口的展开长度。

3. 空气流量

规范规定，高峰流量时排水立管中水流占 7/24 管道横截面积，空气占 17/24 管道横截面积，而水平管道中污水和空气各占一半，即管道上半部为空气，下半部为水，见表 15-11。

表 15-11 排水立管与横管中空气流量

管径 DN/mm	立管		横管	
	空气流量/(L/s)	污水流量/(L/s)	空气流量/(L/s)	坡度/%
50	3.5	1.43	0.5	2.08
75	10	4.21	1.5	2.08
100	22	9.07	2.3	1.04
150	65	26.7	4.3	1.04
200	140	57.6	15.1	1.04

4. 横支管环形通气管计算

通气横支管计算公式中，日本规定压力损失不宜超过 10mmH₂O，见式(15-2)：

$$L_{支}=13575\times\frac{10}{25}\times\frac{d^{4.75}}{q^{1.75}} \tag{15-2}$$

式中，$\dfrac{10}{25}$——允许压力波动的转换系数，即 0.4；

   d——通气管管径，m；

   q——空气流量，m^3/s。

例 15-2 某工程改造项目需增加一个卫生间，距原有排水系统的伸顶通气管位置约 60m。卫生间排水流量为 2.3L/s，排水管管径为 DN100，设 DN50 环形通气管接至原有排水系统通气管，展开长度为 113m，考虑局部阻力，折合当量长度为 50%展开长度，试校验通气管管径 DN50 是否合适。

  解 由式(15-2)，$d=0.05m$，$q=0.0023 m^3/s$，则

$$L_{支}=13575\times\frac{10}{25}\times\frac{0.05^{4.75}}{0.0023^{1.75}}m\approx 148m$$

此值小于 $113\times(1+50\%)m\approx 170m$，说明通气管管径 DN50 偏小，需放大通气管管径至

DN75。则

$$L_支 = 13575 \times \frac{10}{25} \times \frac{0.075^{4.75}}{0.0023^{1.75}} \text{m} \approx 1019\text{m} > 170\text{m}$$

说明通气管管径放大至 DN75 合适。

5. 各种通气方式的管径

1）伸顶通气管管径

（1）单独伸顶通气管管径，应与排水立管管径相同，例如多层住宅建筑排水立管为 DN100，则伸顶通气管出屋面也是 DN100，包括顶端通气帽，其有效开孔面积不得小于 DN100 的断面面积。

（2）多根立管排水系统

同一个排水系统，通气管出口总面积不应小于排水管出口总面积，规范规定：所有通气管出口的总面积应不小于服务的建筑物排水管出口的面积。

例 15-3 公寓楼有 4 根 DN100 的排水立管，出户管管径均为 DN100，汇合通气出屋面为 DN200，复核通气管出口面积是否满足要求。

解 排出管总面积

$$F_排 = \frac{\pi}{4} D_P^2 \times 4 = 0.785 \times (100)^2 \times 4\text{mm}^2 = 31400\text{mm}^2$$

通气管出口面积

$$F_气 = \frac{\pi}{4} D_P^2 = 0.785 \times (200)^2 \times 4\text{mm}^2 = 31400\text{mm}^2$$

通气管出口面积满足要求。

2）专用通气管和结合通气管管径

（1）当通气立管高度<50m 时，其管径一般可比排水立管小一号，当同时连接环形通气管时，其管径应与排水立管管径相同。当通气立管高度≥50m 时，其管径应与排水立管管径相同。

（2）结合通气管是连接排水立管与通气立管的管段，其管径应不小于两者中较小者。

3）通气管最小管径

通气管管径除了应根据排水管流量或通气流量、通气管长度计算外，还不能小于表 15-12 所示值。

表 15-12　通气管最小管径　　　　　　　　　　mm

通气管名称	排水管管径			
	50	75(90)	100(110)	150(160)
器具通气管	32	—	50	
环形通气管	32	40	50	—
通气立管	40	50	75	100

注：（1）（　）内数字为塑料管的值；

（2）两根污、废水立管共用通气立管时，应以最大一根排水立管管径确定通气立管管径；

（3）在严寒地区（最冷月平均气温低于−13℃）伸顶通气管应在室内平顶或吊顶以下 0.3m 处将管径放大一级。

4）污水集水井通气管管径

污水集水井应当设置管径合适的通气管。当排水泵不运行时,通气管与外界大气连通,采用自然通风可以排出集水井中的污浊气体;当排水泵运行时,空气经通气管吸入补充井内空气。污水集水井通气管应单独成系统接至室外。污水集水井通气管管径与排水泵流量有关,排水泵流量越大,则通气管管径也应越大,而通气管的最大容许长度与排水泵流量和管径有关。同样流量,管径增大,通气管的最大容许长度也增大;同一管径,流量增大,通气管的最大容许长度反而缩小。污水集水井通气管管径计算如表 15-13 所示。

表 15-13　污水集水井通气管管径计算表

通气管的最大容许长度/m ＼ 通气管管径 DN/mm ＼ 排水泵流量/(L/s)	40	50	65	75	100
2.5	49				
3.8	23	82			
5.0	12	46	116		
6.3	8	30	76		
9.5	3	13	34	113	
13		6	18	64	
16		3	11	40	
19		3	7	27	116
25			3	3	64
32				7	40

注:(1) 表中第 2～6 列左边空格表示其相应的通气管径不小于规范允许值,右边的空格意味着"不受限制"。

(2) 若排水泵流量不在范围内,可用内插法估算相应管径的允许长度。

(3) 表格使用方法:第一步,根据排水泵流量选择通气管管径;第二步,复核工程项目污水集水井通气管展开长度;第三步,将展开长度乘以 1.5,比较选定的通气管管径最大容许长度,如果小于表中数值,则选型合适。

6. 通气管屋顶出口要求

通气管终端出口相当于一个总开关,承担着空气的吸入与排出功能,为确保通气管畅通,发挥其作用,应注意以下几点。

1）防止通气口堵塞

通气管穿出屋面,在端口上须设通气帽,且与管道固定,通气帽开孔面积不宜小于同管径断面积的 1.5 倍。通气管需要日常维护,要经常清理树叶等杂物以防遮盖通气帽,防止形成鸟巢。

2）防止结霜封闭

在寒冷地区,伸顶通气管因受天寒影响而部分结霜,严重时会全部结霜封闭,导致通气管通气量不足,甚至丧失作用。预防措施有:

(1) 尽量减少通气管超出屋面的长度或者对超出部分进行保温防冻工作;

(2) 在伸出屋面之前,增大通气管管径;

(3) 在向阳面或有遮挡北风设施处设置通气管。

3）防止雷电、破坏

尤其是伸出屋面 2m 及以上的金属通气管,要采取防雷击设施,如设避雷带或避雷针。

4）卫生防护措施

经上海市疾病控制中心测试证明：医院通气管口的细菌总数在 $3000\sim4000CFU/m^3$，且存在致病菌；传染病医院通气管口金黄色球菌呈阳性，因此医院，尤其是传染病医院排水管通气口应进行灭菌消毒，使细菌总数、真菌总数均 $\leqslant500CFU/m^3$。

5）建筑景观协调配合

当屋顶为屋顶花园时，可将高出屋面的通气管做成景观柱、照明柱小品。

6）远离风口，防大风倒灌通气管

美国、英国、日本等国家均要求通气管距风口水平距离 3m 以上，垂直距离不小于 600mm。

15.4.4　通气管连接方式

通气管的连接方式主要有如下几种：通气立管与排水立管连接（见图 15-5）、环形通气管与通气立管连接（见图 15-6）、器具通气管连接方式（见图 15-7）、排水偏置管通气方式（见图 15-8）、利用排水立管进行通气（见图 15-9），其中排水立管通气模式只局限于底层居住类建筑。图 15-10 给出了环形通气管的错误布置与正确布置方式对比，图 15-11 给出了器具通气管的错误设置与正确设置对比。

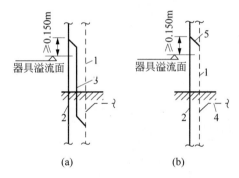

1—排水立管；2—通气立管；
3—共轭管；4—排水支管；5—H 管
图 15-5　通气立管连接排水立管方式
（a）标准方式；（b）可采用的方式

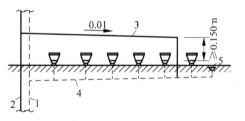

1—排水立管；2—通气立管；
3—环形通气管；4—排水横支管；5—清扫口
图 15-6　环形通气管连接通气立管方式

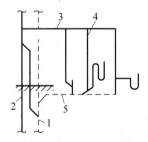

1—排水立管；2—通气立管；3—环形通气管；
4—器具通气管；5—排水横支管
图 15-7　器具通气管连接方式

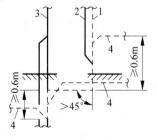

1—排水立管；2—通气立管；
3—偏置通气管；4—排水横支管
图 15-8　偏置管上部和下部单独通气方式

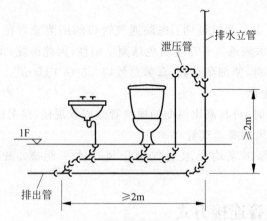

图 15-9 底层卫生间排水利用排水立管通气方式

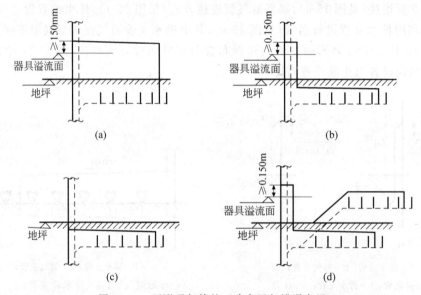

图 15-10 环形通气管的正确布置与错误布置

(a) 正确布置；(b) 条件不允许时可采用的布置；(c)、(d) 错误布置

15.4.5 无法伸顶通气的措施

受建筑体所限，当生活排水管道的立管不能伸出屋面时，可以采取如下措施。

1. 侧墙式通气

当仅底层有排水管道或受建筑物形体条件限制时，可采用侧墙式通气，见图 15-12。

应注意的是：①侧墙式通气口要远离进风口、窗、门，避免设在阳台板等挑檐下面，以防止污浊气体回流和积聚；②要和建筑设计协商，尽量不影响建筑立面美观。

侧墙式通气装置宜采用不锈钢等永久性材料制作，其出口处通气净面积应不小于通气管断面积的 1.5 倍。排出口应有防止侧墙雨水进入的挡水措施。

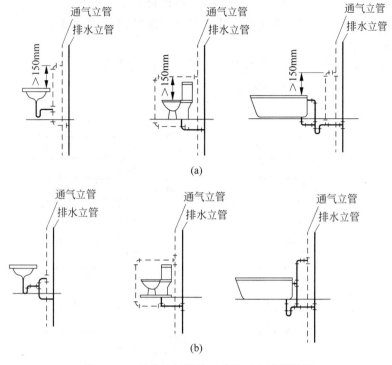

图 15-11　器具通气管的正确设置与错误设置

（a）正确设置；（b）错误设置

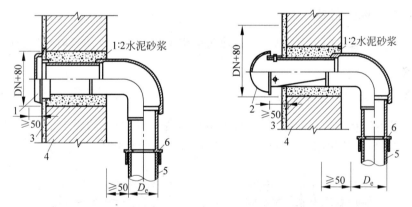

1—通气盖板；2—通气盖帽；3—外墙面层；4—墙身；5—塑料管；6—转换接头

图 15-12　侧墙式通气

2. 设置自循环通气管道系统

（1）采用排水立管与通气立管连接时，必须符合下列要求：

① 顶端应在检查口以上或最高卫生器具上边缘≥0.15m 采用两个 90°弯头相连。

② 结合通气管应每层与排水立管和通气立管连接，结合通气管下端宜在排水横支管以下与排水立管以斜三通连接。

③ 通气立管管径应和排水立管管径相同。

（2）采用环形通气管与排水横支管连接时，必须符合下列要求：

① 环形通气管应从其最始端两个卫生器具之间接出，并在排水支管中心线以上与排水支管呈垂直或 45°连接。

② 环形通气管应在最高层卫生器具上边缘 0.15m 或检查口以上按不小于 0.01 的上升坡度敷设，与通气立管连接，见图 15-13。

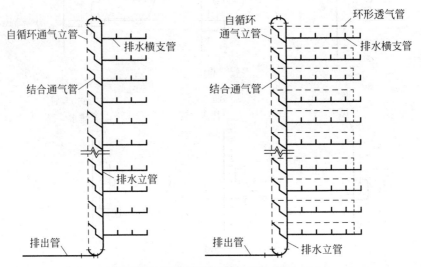

图 15-13　自循环通气管道系统连接方式

15.4.6　吸气阀

侧墙式通气易受风雨天气的影响，当建筑结构无法升出屋顶通气时，可选择建筑排水系统用的吸气阀。

1. 吸气阀的构造与工作原理

吸气阀采用的是重力压差原理，当排水系统为负压时，吸气阀吸入空气，正压时密封不逸出（见图 15-14）。其作用是：防止负压破坏排水系统的水封。

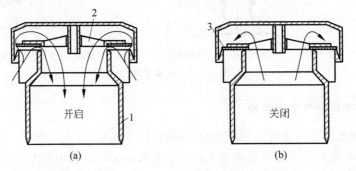

1—阀体，由上阀体、下阀体和导杆组成；2—阀瓣，由圆盘和密封环组成；3—密封环

图 15-14　吸气阀的构造与工作原理

（a）负压时阀瓣上升开启（吸气）；（b）正压时阀瓣下落关闭（密封）

2. 对吸气阀的基本要求

吸气阀产品应通过国家认证的检验机构检测,符合现行行业标准的要求。其主要性能指标如下:①开启压力0~−150Pa;②在(−250±10)Pa压力下,最小吸气量见表15-14。

表 15-14　吸气阀最小吸气量　　　　　　　　　　　　　　L/s

排水管公称 直径 DN/mm	立管用吸气阀	支管用吸气阀	排水管公称 直径 DN/mm	立管用吸气阀	支管用吸气阀
32		1.2	75	16	6.0
40		1.5	90	22	6.8
50	4	1.5	110	32	7.5

15.5　特殊单立管排水系统

20世纪70年代末和80年代初,我国的北京、上海、太原、天津、长沙、广州等地的民用建筑中应用过苏维脱特殊单立管排水系统,使用情况良好,其排水能力普遍优于普通单立管排水系统。但特殊单立管排水系统由于没有定型产品供应,没有相应的工程建设标准和标准设计图集配套,并且受到传统习惯的影响,目前没有能够在更大范围得到推广。

15.5.1　特殊单立管排水系统的适用条件和组成

1. 适用条件

建筑内部排水系统设置专门的通气管系统,改善了水力条件,提高了排水能力,减少了排水管道内气压波动幅度,因此有效地防止了水封破坏,并且保证了室内良好的环境卫生。但是由此形成的双立管系统等致使管道繁杂,增加了管材耗量,导致多占用了面积,施工困难,造价高。

20世纪60年代以来,瑞士、日本、法国、韩国等国先后成功研制了多种特殊的单立管排水系统,即苏维脱排水系统、旋流排水系统(又称塞克斯蒂阿系统)、芯形排水系统(又称高奇马排水系统)、UPVC螺旋排水系统等。

特殊单立管排水系统适用于高层、超高层建筑内部排水系统,能有效解决高层建筑内部排水系统中排水横支管多、卫生器具多、排水量大等原因形成的水舌和水塞现象,克服了排水立管和排出管或横干管连接处的强烈冲激流形成的水跃,使得整个排水系统气压稳定,有效地防止了水封破坏,提高了排水能力。

建筑内部排水系统在下列5种情况下宜设置特殊单立管排水系统:排水流量超过了普通单立管排水系统排水立管最大排水能力时;横管与立管的连接点较多时;同层接入排水立管的横支管数量较多时,卫生间或管道井面积较小时;建筑难以设置专用通气管时。

2. 组成

特殊单立管排水系统,即在排水立管与横干管或排出管的连接处安装下部特殊配件,在建筑内部排水管道系统中每层排水横支管与排水立管的连接处安装上部特殊配件,如图 15-15 所示。

15.5.2　特殊单立管排水系统配件及构造

1. 上部特殊配件及构造

(1)气水混合器,由上流入口、乙字弯管、隔板小孔、横支管流入口、隔板、混合室和排出口组成,如图 15-16 所示。自立管下降的污水经乙字弯管时,水流经撞击分散与周围空气混合成水沫状气水混合物,密度变小,下降速度减缓,减小抽吸力。横支管排出的水受隔板阻挡,不能形成水舌,从而保持立管中气流通畅,气压稳定。

(2)旋流接头,由盖板和底座组成,盖板上设有固定的导旋叶片,底座支管和立管接口处沿立管切线方向有导流板,如图 15-17所示。横支管污水通过导流板沿立管断面的切线方向以旋流状态进入立管,当立管污水每流过下一层旋流接头时,会经过导旋叶片导流,增加旋流,污水受离心力作用贴附管内壁流至立管底部,这样立管中心就会气流通畅,气压稳定。

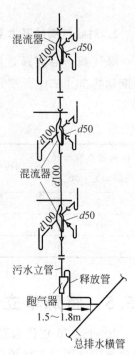

图 15-15　单立管排水系统混流器和跑气器安装示意

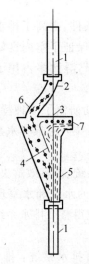

1—立管;2—乙字弯管;3—孔隙;4—隔板;
5—混合室;6—气水混合物;7—空气

图 15-16　气水混合器

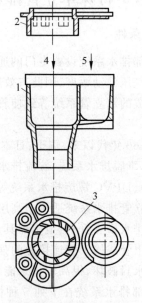

1—底座;2—盖板;3—叶片;
4—接立管;5—接大便器

图 15-17　旋流接头

（3）环流器，由上部立管插入内部的倒锥体和 2～4 个横向接口组成，如图 15-18 所示。插入内部的内管起隔板作用，以防止横支管出水形成水舌。立管污水经环流器进入倒锥体后形成扩散，气水混合成水沫，相对密度减轻、下落速度减缓，这样立管中心就会气流通畅，气压稳定。

2. 下部特殊配件

（1）气水分离器，由流入口、突块、分离室、顶部通气口、排出口、跑气管组成，如图 15-19 所示。从立管下落的气水混合液遇突块后溅散并冲到对面斜内壁上，起到消能和水、气的分离作用，分离出的气体经跑气管引入干管下游一定距离，使得水跃减轻，底部正压减小，气压稳定。

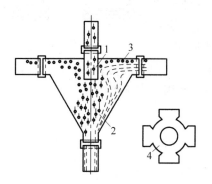

1—内管；2—气水混合物；
3—空气；4—环形通路
图 15-18 环流器

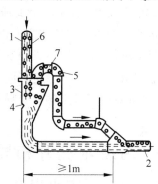

1—立管；2—横管；3—空气分离室；
4—突块；5—跑气管；6—水气混合物；7—空气
图 15-19 气水分离器

（2）特殊排水弯头，为内部装有导向叶片的 45°弯头，如图 15-20 所示。立管下落的水流经导向叶片后流向弯头对壁，使水流沿弯头下部流入横干管或排出管，避免或减轻水跃，从而避免形成过大正压。

（3）角笛弯头，为一个带检查口的 90°弯头，如图 15-21 所示。自立管下落的水流因过流断面扩大而速度减缓，使气、水得以分离，同时能消除水跃和壅水，避免形成过大正压。

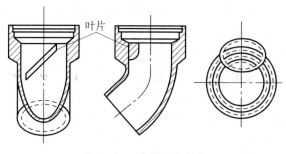

图 15-20 特殊排水弯头

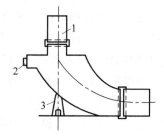

1—立管；2—检查口；3—支墩
图 15-21 角笛弯头

3. 特殊配件的选型（配置）

苏维脱排水系统是 1961 年由瑞士的苏玛（Fritz Sommer）研制成功的，该系统将气水混合器装设在排水立管与排水横支管的连接处，气水分离器装设在排水立管与横干管或排出管的连接处。

旋流排水系统又称塞克斯蒂阿系统(Sextia system),是 1967 年由法国的勒格(Roger Legg)、理查(Georges Richard)和鲁夫(M. Louve)共同研制的,该系统将旋流接头装设在排水立管与排水横支管的连接处,特殊排水弯头上端与排水立管连接,下端与横干管或排出管连接。

芯形排水系统又称高奇马排水系统,是 1973 年由日本的小岛德厚研制成功的,该系统将环流器装设在排水立管与排水横支管的连接处,角笛弯头装设在排水立管与横干管或排出管的连接处。

PVC-U 螺旋排水系统是韩国在 20 世纪 90 年代开发研制的,如图 15-22 的偏心三通所示。由排水横管排出的污水经偏心三通由圆周切线方向进入立管,旋流下落,经立管中的导流螺旋线的导流,管内壁形成较稳定的水膜旋流,

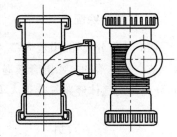

图 15-22　偏心三通

立管中心气流通畅,气压稳定。同时由于横支管水流由圆周切线的方向流入立管,减少了撞击,从而有效克服了排水塑料管噪声大的缺点。目前我国已有生产。

15.6　污废水提升和局部处理

15.6.1　污废水提升

若民用和公共建筑的地下室、人防建筑、消防电梯底部集水坑内以及工业建筑内部标高低于室外地坪的车间和其他用水设备房间排放的污废水,则污废水不能自流排至室外检查井时,必须提升排出,以保持室内良好的环境卫生。建筑内部污废水提升包括污水泵的选择和污水集水池容积确定。当建筑物室内地面低于室外地面时应设置污水集水池、污水泵或成品污水提升装置。由于集水池和水泵通常为一体,室内排水设计一般会为污水排水设置专门设备间,而很少专门设计排水泵房。

1.　排水泵

建筑物内使用的排水泵有潜水排污泵、液下排水泵、立式污水泵和卧式污水泵等。因潜水排污泵和液下排水泵在水面以下运行,有无噪声和振动、水泵在集水池内、不占场地等优点,自灌问题也自然解决,所以,应优先选用潜水排污泵和液下排水泵,其中液下排水泵一般在重要场所使用。当潜水排污泵电机功率大于等于 7.5kW 或出水口管径大于等于 DN100 时,可采用固定式;当潜水排污泵电机功率小于 7.5kW 或出水口管径小于 DN100 时,可采用软管移动式。立式和卧式污水泵因占用场地,必须设隔振装置,且必须设计成自灌式,所以使用较少。

排水泵的流量应当按生活排水设计秒流量选定;当需要排水量调节时,可按生活排水最大小时流量选定。消防电梯集水池内的排水泵流量不小于 10L/s。排水泵的扬程按提升高度、管道水头损失和 0.02~0.03MPa 的附加自由水头确定。排水泵吸水管和出水管流速应在 0.7~2.0m/s 之间。

公共建筑内应以每个生活排水集水池为单元设置一台备用泵,平时宜交互运行。设有

两台及两台以上排水泵排出地下室、设备机房、车库冲洗地面的水时可不设备用泵。

为使水泵各自独立、自动运行,各水泵应有独立的吸水管。当提升带有较多杂质的污、废水时,在不同集水池内的潜水排污泵出水管不应合并排出。当提升一般废水时,可按实际情况考虑不同集水池的潜水排污泵出水管合并排出。排水泵较易堵塞,其部件易磨损,需要经常检修,所以,当两台或两台以上的水泵共用一条出水管时,应在每台水泵出水管上装设阀门和止回阀;单台水泵排水有可能产生倒灌时,应设止回阀。不允许压力排水管与建筑内重力排水管合并排出。

如果集水池不设事故排出管,水泵应有不间断的动力供应;如果能关闭排水进水管时,可不设不间断动力供应装置,但应设置报警装置。排水泵应能自动启闭或现场手动启闭。多台水泵可并联交替运行,也可分时段投入运行。

2. 集水池

在地下室最底层卫生间和淋浴间的底板下或邻近位置、地下室水泵房和地下车库内、地下厨房和消防电梯井附近、人防工程出口处应设集水池,消防电梯集水池池底低于电梯井底不小于0.7m。为避免生活饮用水受到污染,集水池与生活给水储水池的距离应在10m以上。

集水池容积不宜小于最大一台水泵5min的出水量,且水泵1h内启动次数不宜超过6次。设有调节容积时,有效容积不得大于6h生活排水平均小时流量。消防电梯井集水池的有效容积不得小于2.0m³,工业废水按工艺要求定。

为保持泵房内的环境卫生,防止管理和检修人员中毒,设置在室内地下室的集水池池盖应密闭并设有与室外大气相连的通气管;汇集地下车库、空调机房、泵房等处地面排水的集水池和地下车库坡道处的雨水集水井可采用敞开式集水池(井),但应设强制通风装置。

集水池的有效水深一般选用1～1.5m,保护高度选用0.3～0.5m。因生活污水中有机物分解成酸性物质,腐蚀性大,所以生活污水集水池内壁应采取防腐、防渗漏措施。池底应坡向吸水坑,坡度不小于0.05,池底需设冲洗管,利用水泵出水进行冲洗,防止污泥沉淀。为防止堵塞水泵,收集含有大块杂物排水的集水池入口处应设格栅,敞开式集水池(井)顶应设置格栅盖板,否则,潜水排污泵应带有粉碎装置。为便于操作管理,集水池应设置水位指示装置,必要时应设置超警戒水位报警装置,将信号引至物业管理中心。污水泵、阀门、管道等应选择耐腐蚀、大流通量、不易堵塞的设备器材。

15.6.2 污废水局部处理

1. 化粪池

化粪池是一种利用沉淀和厌氧发酵原理,以去除生活污水中悬浮性有机物的处理设施,是一种初级的过渡性生活污水处理构筑物。生活污水中含有大量粪便、纸屑、病原菌,悬浮物固体浓度为100～350mg/L,有机物浓度BOD_5在100～400mg/L之间,其中悬浮性的有机物浓度BOD_5为50～200mg/L。污水进入化粪池经过12～24h的沉淀,可去除50%～60%的悬浮物。沉淀下来的污泥需要经过3个月以上的厌氧消化,使污泥中的有机物分解成稳定的无机物,易腐败的生污泥转化为稳定的熟污泥,改变了污泥的结构,降低了污泥的含水率。这样方便定期将污泥清掏外运,填埋或用作肥料。

污水在化粪池中的停留时间是影响化粪池出水的重要因素。在一般平流式沉淀池中，污水中的悬浮固体的沉淀效率在 2h 内最显著。但是，因为化粪池服务人数较少，排水量少，进入化粪池的污水不连续、不均匀；矩形化粪池的长宽比和宽深比很难达到平流式沉淀池的水力条件；化粪池配水不均匀，容易形成短流；同时，池底污泥厌氧消化产生的大量气体上升，破坏水流的层流状态，从而干扰了颗粒的沉降。所以，化粪池的停留时间取 12～24h，污水量大时取下限，生活污水单独排入时取上限。

污泥清掏周期是指污泥在化粪池内的平均停留时间。污泥清掏周期与新鲜污泥发酵时间有关。而新鲜污泥发酵时间又受污水温度的控制，其关系见表 15-15，也可用下式计算：

$$T_h = 482 \times 0.87^t \tag{15-3}$$

式中，T_h——新鲜污泥发酵时间，h；

t——污水温度，℃，可按冬季平均给水温度再加上 2～3℃ 计算。

表 15-15 污水温度与污泥发酵时间关系

污水温度/℃	6	7	8.5	10	12	15
污泥发酵时间/d	210	180	150	120	90	60

为安全起见，污泥清掏周期应在污泥发酵时间基础上再延长一定时间，一般为 3～12 个月。清掏污泥后应保留 20% 的污泥量，以便为新鲜污泥提供厌氧菌种，保证污泥腐化分解效果。

化粪池多设于接户管的下游端，便于机动车清掏的位置。化粪池的位置应尽量隐蔽，宜设在建筑物背向大街一侧靠近卫生间的地方，不宜设在人们经常活动之处。化粪池距建筑物的净距不小于 5m，因化粪池出水处理不彻底，含有大量细菌，为防止污染水源，化粪池距地下取水构筑物的距离不得小于 30m。

化粪池的设计主要是计算化粪池容积，按《给水排水专业国家标准图集目录》(S 000—2014)选用化粪池标准图。化粪池总容积由有效容积 V 和保护层容积 V_0 组成，保护层高度一般为 250～450mm。有效容积由污水所占容积 V_1 和污泥所占容积 V_2 组成：

$$V = V_1 + V_2 = \frac{aNqt}{24 \times 1000} + \frac{aNa'T(1-b)Km}{(1-c) \times 1000} \tag{15-4}$$

式中，V——化粪池有效容积，m³。

V_1——污水部分容积，m³。

V_2——污泥部分容积，m³。

N——化粪池服务总人数（或床位数、座位数）。

a——使用卫生器具人数占总人数的百分比，%，与人们在建筑内停留时间有关。医院、疗养院、养老院和有住宿的幼儿园取 100%；住宅、旅馆、集体宿舍取 70%；办公室、教学楼、工业企业生活间、实验楼取 40%；职工食堂、影剧院、体育场、餐饮业、商场和其他类似公共场所（按座位计）取 5%～10%。

q——每人每日污水量。生活污水与生活废水合流排出时，为用水量的 0.85～0.95 倍；生活污水单独排放时，生活污水量取 15～20L/(人·d)。

a'——每人每日污泥量。生活污水与生活废水合流排放时取 0.7L/(人·d)，生活污水单独排放时取 0.4L/(人・d)。

t——污水在化粪池内停留时间,h。一般取 12～24h,当化粪池作为医院污水消毒前的预处理时,停留时间不小于 36h。

T——污泥清掏周期,宜采用 90～360d。当化粪池作为医院污水消毒前的预处理时,污泥清掏周期宜为一年。

b——新鲜污泥含水率,取 95%。

c——污泥发酵浓缩后的含水率,取 90%。

K——污泥发酵后体积缩减系数,取 0.8。

m——清掏污泥后遗留的熟污泥量容积系数,取 1.2。

将 b、c、K、m 值代入式(15-4),则化粪池有效容积计算公式简化为

$$V = \frac{aN}{1000}\left(\frac{qt}{24} + 0.48a'T\right) \tag{15-5}$$

化粪池有 13 种规格,容积从 2～100m³,各种规格化粪池具有最大允许实际使用人数,设计时可根据设计人数选用。

化粪池主要有矩形和圆形两种。对于矩形化粪池,当日处理污水量小于或等于 10m³ 时,采用双格化粪池,其中第一格占总容积的 75%;当日处理水量大于 10m³ 时,采用 3 格化粪池,第一格容积占总容积的 60%,其余两格各占 20%。化粪池的长度与深度、宽度的比例应按污水中悬浮物的沉降条件和积存数量经水力计算确定,但深度(水面至池底)不得小于 1.3m,宽度不得小于 0.75m,长度不得小于 1.0m;圆形化粪池直径不得小于 1.0m。图 15-23 所示为矩形化粪池构造简图。

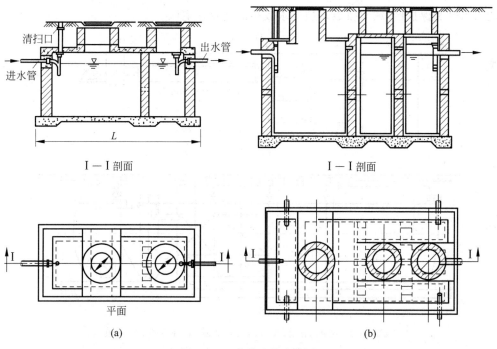

I—I 剖面　　　　　　　　　　I—I 剖面

平面

(a)　　　　　　　　　　(b)

图 15-23　化粪池构造简图

(a) 双格化粪池;(b) 三格化粪池

化粪池具有便于管理、不消耗动力、结构简单和造价低的优点,在我国已推广使用多年。但是,实践中发现化粪池存在着许多致命的缺点,如有机物去除率低,仅为20%左右;沉淀和厌氧消化在一个池内进行,污水与污泥接触,使化粪池出水呈酸性,有恶臭。另外,化粪池距建筑物较近,清掏污泥时臭气扩散,影响环境卫生。

对于没有污水处理厂的城镇,居住小区内的生活污水是否采用化粪池作为分散或过渡性处理设施,应按当地有关规定执行;而新建居住小区若远离城镇,或由于其他原因污水无法排入城镇污水管道,污水应处理达标后才能向水体排放时,是否选用化粪池作为生活污水处理设施,应根据各地区具体情况慎重进行技术、经济比较后确定。

为了克服化粪池存在的缺点,人们发明了一些新型的生活污水局部处理设施,图 15-24(a) 所示为一种小型无动力污水局部处理构筑物。这种处理工艺经过沉淀池去除体积较大的悬浮物后,污水进入厌氧消化池,经水解和酸化作用,将复杂的大分子有机物水解成小分子溶解性有机物,提高污水的可生化性。然后污水进入兼性厌氧生物滤池,将溶解氧浓度保持在 $0.3 \sim 0.5 \text{mg/L}$,阻止污水中甲烷细菌的产生。生成气体主要是 CO_2 和 H_2。出水经氧化沟进一步的好氧生物处理,由单独设立或与建筑物内雨水管连接的拔风管供氧,溶解氧浓度在 $1.5 \sim 2.8 \text{mg/L}$ 之间。实际运行结果表明,这种局部生活污水处理构筑物具有不耗能、处理效果好(去除率可达 90%)、造价低、水头损失小(0.5m)、无噪声、产泥量少、不需常规操作、不占地表面积的特点。

图 15-24(b)所示为一种小型一体化埋地式污水处理装置示意图,这种装置由水解调节池、接触氧化池、二沉池、消毒池和好氧消化池组成,其优点是占地少、剩余污泥量小、噪声低、处理效率高和运行费用低。处理后的出水水质可达到污水排放标准,可用于无污水处理厂的风景区和保护区,或对排放水质要求较高的新建住宅区。

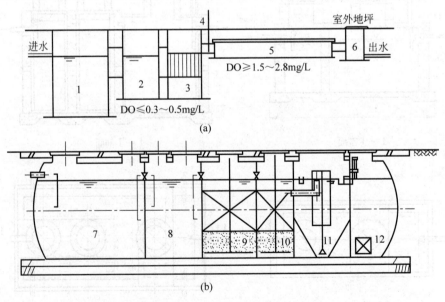

1—沉淀池;2—厌氧消化池;3—厌氧生物滤池;4—拔风管;5—氧化沟;
6—进气出水井;7、8、11—沉淀室;9、10—接触氧化室;12—消毒室

图 15-24 新型生活污水局部处理设施

(a) 小型无动力污水局部处理构筑物;(b) 小型一体化埋地式污水处理装置

2. 隔油池

公共食堂和饮食业排放的污水中含有大量的植物油和动物油脂。污水中含油量的多少与地区及人们的生活习惯有关,一般在 $50\sim150$mg/L 之间。厨房洗涤水中含油约 750mg/L。据调查,含油量超过 400mg/L 的污水进入排水管道后,随着水温的下降,污水中夹带的油脂颗粒开始凝固,并黏附在管壁上,使管道过水断面减小,最后完全堵塞管道。所以,公共食堂和饮食业的污水在排入城市排水管网前,应去除污水中的可浮油(占总含油量的 $65\%\sim70\%$),目前一般采用隔油池去油。设置隔油池还可以回收废油脂,制造工业用油,变废为宝。

汽车库、汽车洗车台以及其他类似场所排放的污水中含有汽油、煤油、柴油等矿物油。汽油等轻油进入管道后会挥发并聚集于检查井,达到一定浓度后会发生爆炸引起火灾,破坏管道,所以也应设隔油池进行处理。

图 15-25 所示为隔油池构造图,含油污水进入隔油池后,过水断面增大,水平流速减小,污水中密度小的可浮油自然上浮至水面,可将其进行收集后去除。

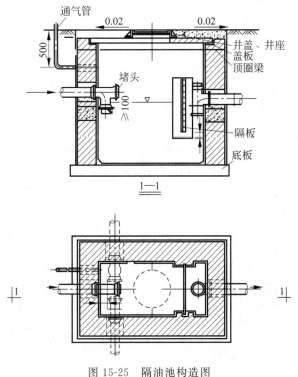

图 15-25　隔油池构造图

隔油池设计的控制条件是污水在隔油池内停留时间 t 和污水在隔油池内水平流速 v,隔油池的设计计算可按下列公式进行:

$$V = 60Q_{\max}t \tag{15-6}$$

$$A = \frac{Q_{\max}}{v} \tag{15-7}$$

$$L = \frac{V}{A} \tag{15-8}$$

$$b = \frac{A}{h} \tag{15-9}$$

$$V_1 \geqslant 0.25V \tag{15-10}$$

式中,V——隔油池有效容积,m³;

    Q_{max}——含油污水设计流量,按设计秒流量计,m³/s;

    t——污水在隔油池中停留时间,含食用油污水的停留时间为 2~10min,含矿物油污水的停留时间为 10min;

    v——污水在隔油池中水平流速,m/s,一般不大于 0.005m/s;

    A——隔油池中过水断面积,m²;

    b——隔油池宽,m;

    h——隔油池有效水深,即隔油池出水管底至池底的高度,m,取大于 0.6m;

    V_1——储油部分容积,是指出水挡板的下端至水面油水分离室的容积,m³。

对夹带有杂质的含油污水,应在隔油井内设沉淀部分,生活污水和其他污水不得排入隔油池内,以便使隔油池正常工作。

3. 隔油器

隔油器主要用于餐饮废水的隔油。近年来,随着城市经济的快速发展,商业的建筑越来越多,餐饮成了商业建筑中的重要组成部分。餐饮厨房排放的油污水量很大,根据有关规定,餐饮废水不允许直接排放到市政污水管道内,因此在室内(地下室)合理设置油水分离装置成为亟须解决的问题。目前,隔油器是处理餐饮废水的主要设施之一。餐饮废水隔油器由固液分离区、油水分离区和浮油收集装置组成,用于分离和收集餐饮废水中的固体污物和油脂。隔油器按结构形式可分为方形和圆形两种,如图 15-26、图 15-27 所示。餐饮废水隔油器选型参见《餐饮废水隔油器》(CJ/T 295—2008)。

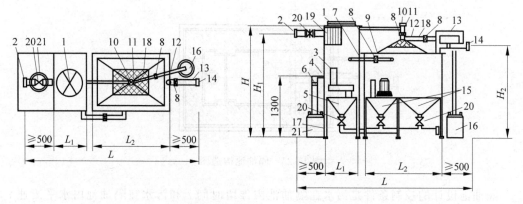

1—检修口;2—进水管;3—无堵塞泵(内/外置);4—排渣管;5—一级沉砂斗;6—手动蝶阀;
7—连通管;8—电动蝶阀;9—微气泡发生器(内/外置);10—通气管;11—加热装置;
12—排油管;13—溢流管;14—出水管;15—二级沉砂斗;16—集油桶;17—放空管;
18—透明管;19—格栅;20—闸阀;21—排渣桶口

图 15-26　方形隔油器示意图

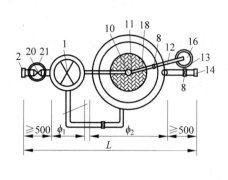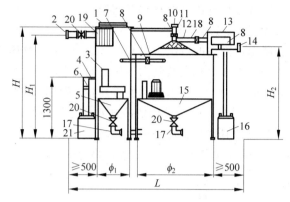

1—检修口；2—进水管；3—无堵塞泵(内/外置)；4—排渣管；5—一级沉砂斗；6—手动蝶阀；7—连通管；

8—电动蝶阀；9—微气泡发生器(内/外置)；10—通气管；11—加热装置；12—排油管；13—溢流管；

14—出水管；15—二级沉砂斗；16—集油桶；17—放空管；18—透明管；19—格栅；20—闸阀；21—排渣桶口

图 15-27　圆形隔油器示意图

4. 小型沉淀池

汽车库冲洗废水中含有大量的泥沙,为防止堵塞和淤积管道,在污废水排入城市排水管网之前应进行沉淀处理,一般宜设小型沉淀池。

小型沉淀池的有效容积包括污水和污泥两部分的容积,应根据车库存车数、冲洗水量和设计参数确定。沉淀池有效容积应按下式计算:

$$V = V_1 + V_2 \tag{15-11}$$

式中,V——沉淀池有效容积,m^3;

$\qquad V_1$——污水部分容积,m^3;

$\qquad V_2$——污泥部分容积,m^3。

污水停留容积 V_1 按下式计算:

$$V_1 = \frac{q n_1 t_2}{1000 t_1} \tag{15-12}$$

式中,q——每辆汽车每次冲洗水量,L,大型车取 $400 \sim 600L$,小型车取 $250 \sim 400L$。

$\qquad n_1$——同时冲洗车数。当存车数小于 25 辆时,n_1 取 1；当存车数为 $25 \sim 50$ 辆时,设两个洗车台,n_1 取 2。

$\qquad t_1$——冲洗一台汽车所用时间,一般取 $10min$。

$\qquad t_2$——沉淀池中污水停留时间,取 $10min$。

污泥停留容积 V_2 按下式计算:

$$V_2 = q n_2 t_3 k / 1000 \tag{15-13}$$

式中,n_2——每天冲洗汽车数量；

$\qquad t_3$——污泥清除周期,d,一般取 $10 \sim 15d$；

$\qquad k$——污泥容积系数,指污泥体积占冲洗水量的百分数,按车辆的大小取 $2\% \sim 4\%$。

5. 降温池

对于温度高于 40℃ 的废水,在排入城镇排水管道之前需要进行降温处理,否则,会影响维护管理人员身体健康和管材的使用寿命。一般采用设于室外的降温池处理。对于温度较高的废水,宜考虑将其所含热量回收利用。

降温池降温的方法主要有二次蒸发、水面散热和加冷水降温。以锅炉排污水为例,当锅炉内的工作压力骤然减到大气压力时,锅炉排出的污水中一部分热污水汽化蒸发(即二次蒸发),同时减少了排污水量和所带热量,再将冷却水加入剩余的热污水中混合,使污水温度降到 40℃ 后排放。降温采用的冷却水应尽量为低温废水。

降温池有虹吸式和隔板式两种类型,如图 15-28 所示。虹吸式主要适用于靠自来水冷却降温,隔板式常用于由冷却废水降温的情况。

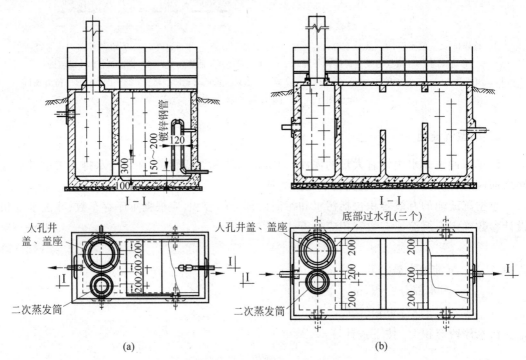

图 15-28 降温池构造图
(a)虹吸式降温池;(b)隔板式降温池

降温池的容积与废水的排放形式有关,如果废水间断排放,按一次最大排水量与所需冷却水量的总和计算有效容积;如果废水连续排放,应保证废水与冷却水充分混合。

降温池的容积 V 由三部分组成:

$$V = V_1 + V_2 + V_3 \tag{15-14}$$

式中,V——降温池容积,m^3;

V_1——存放排废水的容积,m^3;

V_2——存放冷却水的容积,m^3;

V_3——保护容积,m^3。

存放排废水的容积 V_1 与排放的热废水量 Q 以及蒸发的热废水量 q 有关:

$$V_1 = \frac{Q - k_1 q}{\rho} \tag{15-15}$$

式中,Q——一次排放的废水量,kg;

　　q——蒸发带走的废水量,kg;

　　k_1——安全系数,取 0.8;

　　ρ——锅炉工作压力下水的密度,kg/m^3。

二次蒸发带走的废水量 q 与排放的热废水量 Q 及设备工作压力(大于大气压力)下热废水的热焓有关,设 i_1 为设备工作压力下的热废水热焓,i_1 和 i_2 分别为大气压力下饱和蒸汽热焓和热废水热焓,由热量平衡式

$$Qi_1 = qi + (Q-q)i_2 \tag{15-16}$$

整理得

$$q = \frac{i_1-i_2}{i-i_2}Q \tag{15-17}$$

在大气压力下,水与蒸汽的热焓差等于汽化热 γ:

$$i-i_2 = \gamma \tag{15-18}$$

不同压力下的热焓差近似等于温度差与比热容的乘积,即

$$i_1-i_2 = C_B(t_1-t_2) \tag{15-19}$$

将式(15-17)和式(15-18)代入式(15-19)得

$$q = \frac{(t_1-t_2)QC_B}{\gamma} \tag{15-20}$$

式中,q——蒸发的水量,kg;

　　Q——排放的废水量,kg;

　　t_1——设备工作压力下排放的废水温度,℃;

　　t_2——大气压力下热废水的温度,℃;

　　C_B——水的比热容,$C_B = 4.19$kJ/(℃·kg)。

存放冷却水部分的容积 V_2 可按下式计算:

$$V_2 = \frac{t_2-t_y}{t_y-t_1}KV_1 \tag{15-21}$$

式中,t_y——允许排放的水温,一般取 40℃;

　　t_1——冷却水温度,取该地最冷月平均水温,℃;

　　K——混合不均匀系数,取 1.5;

　　其他参数意义同前。

保护容积按保护高度 $I = 0.3 \sim 0.5$m 计算确定。

6. 医院污水处理

医院污水处理包括医院放射性污水处理、重金属污水处理、污水消毒处理、废弃药物污水处理和污泥处理。其中消毒处理是最基本的处理,也是最低要求的处理。

需要消毒处理的医院污水是指医院(包括综合医院、专科医院、传染病医院、疗养病院)和医疗卫生的教学及科研机构排放的被病毒、病菌、螺旋体和原虫等病原体污染了的水。这些水如果不进行消毒处理,排入水体后会污染水源,导致传染病流行,危害很大。

1) 医院污水水量和水质

医院污水包括住院病房排水,门诊、化验部制剂,洗衣房、厨房的排水。医院污水排水量

按病床床位计算,日平均排水量标准和时变化系数与医院的性质、规模、医疗设备完善程度有关,见表 15-16。

表 15-16　医院污水排水量标准和时变化系数

医院类型	病床床位/个	平均日污水量/[L/(床·d)]	时变化系数 K
设备齐全的大型医院	>300	400～600	2.0～2.2
一般设备的中型医院	100～300	300～400	2.2～2.5
小型医院	<100	250～300	2.5

医院污水的水质与每张病床每日排放的污染物量有关,应实测确定,无实测资料时,每张病床每日污染物排放量可按下列数值选用:BOD_5 为 60g/(床·d),COD 为 100～150g/(床·d),悬浮物为 50～100g/(床·d)。

医院污水经消毒处理后,应连续三次取样 500mL 进行检测,不得检出肠道致病菌和结核杆菌;每升污水的总大肠杆菌数不得大于 500 个;若采用氯消毒时,接触时间和余氯量应满足表 15-17 的要求。达到这三个要求后方可排放。

表 15-17　医院污水消毒接触时间表

医院污水类别	接触时间/h	余氯量/(mg/L)
医院、兽医院污水,医疗机构含病原体污水	>2.0	>2.0
传染病、结核杆菌污水	>1.5	>5.0

医院污水处理过程中产生的污泥须进行无害化处理,使污泥中蛔虫卵死亡率大于95%,粪大肠菌值不小于 10^{-2};每 10g 污泥中不得检出肠道致病菌和结核杆菌。

2) 医院污水处理

医院污水处理由预处理和消毒两部分组成。预处理可以节约消毒剂用量和使消毒彻底。医院污水所含的污染物中有一部分是还原性的,如果不进行预处理去除这些污染物,直接进行消毒处理,会增加消毒剂用量。医院污水中含有大量的悬浮物,这些悬浮物会把病菌、病毒和寄生虫卵等致病体包藏起来,阻碍消毒剂作用,使消毒不彻底。

根据医院污水的排放去向,预处理方法可分为一级处理和二级处理。当医院污水处理是以解决生物性污染为主,消毒处理后的污水排入有集中污水处理厂的城市排水管网时,可采用一级处理。一级处理的主要目的是去除漂浮物和悬浮物,主要构筑物有化粪池、调节池等,工艺流程如图 15-29 所示。

一级处理去除的悬浮物比例较高,一般为 50%～60%,去除的有机物较少,BOD_5 仅去除 20% 左右。在后续消毒过程中,消毒剂耗费多,接触时间长,工艺流程简单,基建投资和运转费用少,因此当医院所在城市有污水处理厂时,宜采用一级处理。

当医院污水处理后直接排入水体时,应采用二级处理或三级处理。医院污水二级处理设备主要由调节池、沉淀池和生物处理构筑物组成,工艺流程如图 15-30 所示。医院污水经二级处理后,有机物去除率在 90% 以上,所以,消毒剂用量少,仅为一级处理的 40%,且消毒彻底。为了防止造成环境污染,中型以上的医疗卫生机构污水处理设施的调节池、初次沉淀池、生化处理构筑物、二次沉淀池、接触池等应分两组,每组按 50% 的负荷计算。

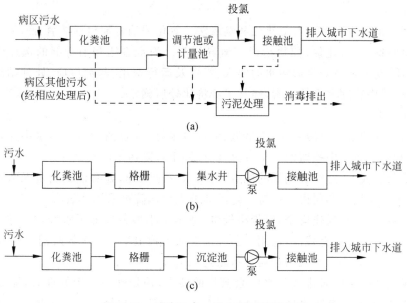

图 15-29 医院污水一级处理工艺流程图

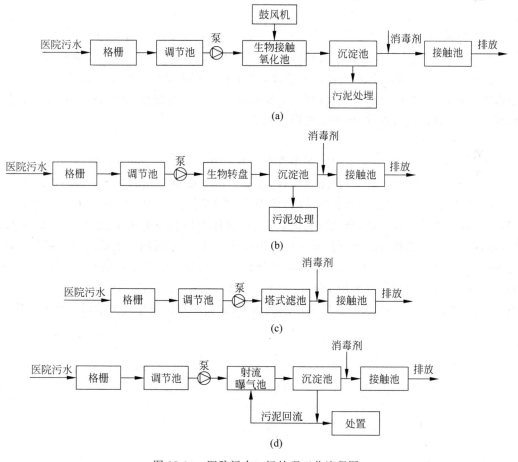

图 15-30 医院污水二级处理工艺流程图

3）消毒方法

医院污水消毒方法主要有氯化法和臭氧法。氯化法消毒剂包括液氯、商品次氯酸钠、现场制备次氯酸钠、二氧化氯、漂粉精或三氯异尿酸。消毒方法和消毒剂的选择应根据污水量、污水水质、受纳水体对排放污水的要求、投资及运行费用、药剂供应、处理站离病房和居民区的距离、操作管理水平等因素，经技术经济比较后确定。

（1）氯化法

氯化法具有消毒剂货源充沛、价格低、消毒效果好，并且消毒后在污水中保持一定的余氯，能抑制和杀灭污水中残留的病菌，已广泛应用于医院污水消毒处理。

液氯法具有成本、运行费用低的优点，但要求安全操作，如有泄漏会危及人身安全。所以，污水处理站与病房和居民区保持一定距离的大型医院可采用液氯法。

漂粉精投配方便，操作安全，但价格较贵，适用于小型或局部污水处理。漂白粉含氯量低，操作条件差，投加后有残渣，适用于县级医院或乡镇卫生院。次氯酸钠法安全可靠，但运行费用高，适用于处理站离病房和居民区较近的情况。

为满足表 15-17 中对排放污水中余氯量的要求，预处理为一级处理时，加氯量为 30～50mg/L；预处理为二级处理时，加氯量为 15～25mg/L。加氯量并不是越多越好。处理后水中余氯过多，会形成氯酚等有机氯化物，造成二次污染。而且，余氯过多也会腐蚀管道和设备。

（2）臭氧法

臭氧消毒灭菌具有快速和全面的特点，不会生成危害很大的三氯甲烷，能有效去除水中色、臭、味及有机物，降低污水的浊度和色度，增加水中的溶解氧。但臭氧法也存在投资大，制取成本高，工艺设备腐蚀严重，管理水平要求高的缺点。当处理后污水排入有特殊要求的水域，不能用氯化法消毒时，可考虑选用臭氧法。

4）污泥处理

医院污水处理过程中产生的污泥中含有大量的病原体，所有污泥必须经过有效的消毒处理。经消毒处理后的污泥不得随意弃置，也不得用于根块作物的施肥。处理方法有加氯法、高温堆肥法、石灰消毒法和加热法，也可用干化和焚烧法处理。当污泥采用氯化法消毒时，加氯量应通过试验确定，当无资料时，可按单位体积污泥中有效氯投加量为 2.5g/L 设计，消毒时应充分搅拌，混合均匀，并保证有不小于 2h 的接触时间。当采用高温堆肥法处理污泥时，堆温保持在 60℃以上不小于 1d，并保证堆肥的各部分都能达到有效消毒。当采用石灰消毒时，石灰投加量可采用 15g/L[以 Ca(OH)$_2$ 计]。污泥的 pH 值在 12 以上的时间不少于 7d。若有废热可以利用，可采用加热法消毒，但应有防止臭气扩散污染环境的措施。

第16章

建筑内部排水系统的设计计算

16.1 排水系统中的水气运动规律

16.1.1 建筑内部排水的流动特点

建筑内部排水管道系统的设计流态和流动介质与室外排水管道系统相同,都是按重力非满流设计的,污水中都含有固体杂物,都是水、气、固三种介质的复杂运动。其中,固体物较少,可以简化为水、气两相流。但建筑内部排水的流动特点与室外排水不同,例如:

(1)水量、气压变化幅度大。

与室外排水相比,建筑内部排水管网接纳的排水量少、不均匀,排水历时短,高峰流量时可能充满整个管道断面,而大部分时间管道内可能没有水。管内自由水面和气压不稳定,水、气容易掺和。

(2)流速变化剧烈。

建筑外部排水管绝大多数为水平横管,只有少量跌水,且跌水深度不大,管内水流速度沿水流方向递增,但变化很小,水气不易掺和,管内气压稳定。建筑内部横管与立管交替连接,当水流由横管进入立管时,流速急骤增大,水气混合;当水流由立管进入横管时,流速急骤减小,水气分离。

(3)事故危害大。

室外排水不畅时,污废水会溢出检查井,有毒有害气体进入大气,影响环境卫生,因其发生在室外,对人体直接危害小。建筑内部排水不畅,污水外溢到室内地面,或管内气压波动,有毒有害气体进入房间,将直接危害人体健康,影响室内环境卫生,事故危害性更大。

为合理设计建筑内部排水系统,既要使排水安全畅通,又要做到管线短、管径小、造价低,需专门研究建筑内部排水管系中的水气流动规律。

16.1.2 水封的作用及其破坏原因

1. 水封的作用

水封是设在卫生器具排水口下,用来抵抗排水管内气压变化,防止排水管道系统中气体窜入室内的一定高度的水柱,通常用存水弯来实现。水封高度 A 与管内气压变化、水蒸发率、水量损失、水中固体杂质的含量及相对密度有关,不能太大也不能太小。若水封高度太大,污水中固体杂质容易沉积在存水弯底部,堵塞管道;水封高度太小,管内气体容易克服水封的静水压力进入室内,污染环境。国内外一般将水封高度定为 50~100mm。

2. 水封破坏

因静态和动态原因造成存水弯内水封高度减小,不足以抵抗管道内允许的压力变化值时(一般为±25mmH₂O),管道内气体进入室内的现象叫水封破坏。在一个排水系统中,只要有一个水封破坏,整个排水系统的平衡就会被打破。水封的破坏与存水弯内水量损失有关。水封水量损失越多,水封高度越小,抵抗管内压力波动的能力越弱。水封内水量的损失主要有以下 3 个原因。

1)自虹吸损失

卫生设备在瞬时大量排水的情况下,存水弯自身充满水而形成虹吸,排水结束后,存水弯内水封的实际高度低于应有的高度 A。这种情况多发生在卫生器具底盘坡度较大、呈漏斗状,存水弯的管径小,无延时供水装置,采用 S 形存水弯或连接排水横支管较长(大于 0.9m)的 P 形存水弯中。

2)诱导虹吸损失

某卫生器具不排水时,其存水弯内水封的高度符合要求。当管道系统内其他卫生器具大量排水时,系统内压力发生变化,使该存水弯内的水上下振动,引起水量损失。水量损失的多少与存水弯的形状,即存水弯流出端断面积与流入端断面积之比 K、系统内允许的压力波动值有关。当系统内允许的压力波动值一定时,K 值越大,水量损失越小;K 值越小,水量损失越大。

3)静态损失

静态损失是因卫生器具较长时间不使用造成的水量损失。在水封流入端,水封水面会因自然蒸发而降低,造成水量损失。在流出端,因存水弯内壁不光滑或粘有油脂,会在管壁上积存较长的纤维和毛发,产生毛细作用,造成水量损失。蒸发和毛细作用造成的水量减少属于正常水量损失,水量损失的多少与室内温度、湿度及卫生器具使用情况有关。

16.1.3　横管内水流状态

建筑内部排水系统所接纳的排水点少,排水时间短(几秒到 30s 左右),具有断续的非均匀流特点。水流在立管内下落过程中会夹带大量空气一起向下运动,进入横管后变成横向流动,其能量、管内压力、流动状态以及排水能力均发生变化。

1. 能量

竖直下落的污水具有较大的动能,进入横管后,由于改变流动方向,流速减小,转化为具有一定水深的横向流动,其能量转换关系式为

$$K \frac{v_0^2}{2g} = h_e + \frac{v^2}{2g}$$

(16-1)

式中，v——竖直下落末端水流速度，m/s；

　　　h_e——横管断面水深，m；

　　　v——水深 h_e 时水流速度，m/s；

　　　K——与立管和横管间连接形式有关的能量损失系数。

公式中横管断面水深和流速的大小，与排放点的排水流量、管径、高度、卫生器具类型有关。

2．水流状态

根据国内外的实验研究，污水由竖直下落进入横管后，横管中的水流状态可分为急流段、水跃及跃后段和逐渐衰减段，如图 16-1 所示。急流段流速大，水深较浅，冲刷能力强。急流段末端由于管壁阻力使得流速减小，水深增加形成水跃。在水流继续向前运动的过程中，由于管壁阻力，能量逐渐减小，水深逐渐减小，趋于均匀流。

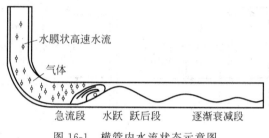

图 16-1　横管内水流状态示意图

3．管内压力

竖直下落的大量污水进入横管形成水跃，管内水位骤然上升，以致充满整个管道断面，使水流中夹带的气体不能自由流动，短时间内横管中压力突然增加。

1）横支管内压力变化

排水横支管内压力的变化与排水横支管的位置（立管的上部还是下部）和是否还有其他横支管同时排水有关。横支管连接了 A、B、C 三个卫生器具，当中间卫生器具 B 突然排水时，我们将其分为三种情况分析横支管内压力的变化情况。

图 16-2 为立管内没有其他排水情况下，横支管内流态和压力变化示意图。在与卫生器具 B 连接处的排水横支管内，水流呈八字形，在其前后形成水跃。因 AB 段内气体不能自由流动，形成正压，使 A 卫生器具存水弯进水端水面上升；因没有其他横支管排水，立管上部与大气相通，BD 段内气体可以自由流动，管内压力变化极小，C 卫生器具存水弯进水端水面较稳定。随着 B 卫生器具排水量逐渐减少，在横支管坡度作用下，水流向 D 点作单向运动，A 点形成负压抽吸，带走少量水，使存水弯水面下降。

当排水横支管位于立管的上部，且立管内同时还有其他排水时，在立管上部和 BD 段内形成负压（参见图 16-5），对 B 卫生器具的排水有抽吸作用，减弱了 AB 段的正压；C 卫生器具存水弯进水段水面下降，带走少量水。在 B 卫生器具的排水末期，三个卫生器具存水弯进水端水面均会出现下降，如图 16-3 所示。

若排水横支管位于立管的底部，如图 16-4 所示，立管内同时还有其他排水，在立管底部

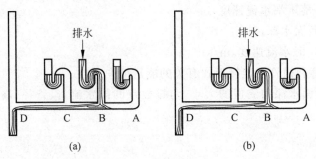

图 16-2　无其他排水时横支管内流态与压力变化

(a) 排水初期；(b) 排水末期

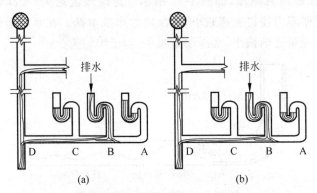

图 16-3　有其他排水时上部横支管内流态与压力变化

(a) 排水初期；(b) 排水末期

和 BD 段内形成正压(参见图 16-5)，既阻碍 B 卫生器具排水，又使 A 和 C 卫生器具存水弯进水端水面升高；其他卫生器具排水结束后，三个卫生器具存水弯进水端水面下降，而后横支管内压力趋于稳定。

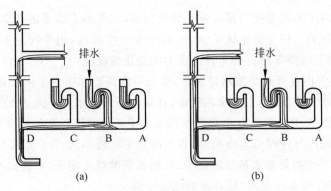

图 16-4　有其他排水时下部横支管内流态与压力变化

(a) 排水初期；(b) 排水末期

以上分析说明，横支管内的压力变化与横支管的位置关系较大。但是，卫生器具距横支管的高差较小(小于 1.5m)，污水由卫生器具落到横支管时的动能小，导致形成的水跃低。所以，排水横支管自身排水造成的管内的压力波动不大，存水弯内水封高度降低的很少，一般情况下不会造成水封破坏。

2）横干管内压力变化

横干管连接立管和室外排水检查井,接纳的卫生器具多,存在着多个卫生器具同时排水的可能,所以排水量大。另外,排水横支管距横干管的高差大,下落污水在立管与横干管连接处动能大,在横干管起端所产生的冲击流强烈,水跃高度大,水流有可能充满横干管断面。当上部水流不断下落时,立管底部与横干管之间的空气不能自由流动,空气压力骤然上升,使下部几层横支管内形成较大的正压,有时会将存水弯内的水喷溅至卫生器具内。

16.1.4 立管中水流状态

排水立管上接各层的排水横支管,下接横干管或排出管,立管内水流呈竖直下落流动状态,水流能量转换和管内压力变化很剧烈。排水立管的设计合理与否,会直接影响排水系统的造价和正常使用,所以,世界各国都非常重视排水立管内水流状态和压力变化的研究。

1. 排水立管的水流特点

由于卫生器具的排水特点和对建筑内部排水安全可靠性能的要求,污水在立管内的流动有以下几个特点。

1）断续的非均匀流

卫生器具的使用是间断的,排水是不连续的。卫生器具使用后,污水由横支管流入立管初期,立管中流量有个递增过程,在排水末期,流量有个递减过程。当没有卫生器具排水时,立管中流量为零,被空气充满。所以,排水立管中流量是断断续续、时大时小的。

2）水、气两相流

为防止排水管道系统内气压波动太大,破坏水封,排水立管是按非满流设计的。水流在下落过程中会夹带管内气体一起流动,因此,立管中存在水、空气和固形污物三种介质的复杂运动,因固体污物相对较少,影响较小,可简化为水、气两相流,水中有气团,气中有水滴,气水间的界限不是十分明显。

3）管内压力变化

图 16-5 为普通伸顶通气单立管排水系统中压力分布示意图。污水由横支管进入立管竖直下落过程中会夹带一部分气体一起向下流动,若不能及时补充带走的气体,在立管的上部会形成负压。夹气水流进入横干管后,因流速减小,夹带的气体析出,水流形成水跃,充满横干管断面,从水中分离出的气体不能及时排走,在立管的下部和横干管内会形成正压。沿水流方向,立管中的压力由负到正,由小到大逐渐增加,零压点靠近立管底部。

最大负压发生在排水的横支管下部,最大负压值的大小与排水的横支管高度、排水量和通气量大小有关。排水的横支管距立管底部越远,排水量越大,通气量越小,形成的负压越大。

2. 水流流动状态

在部分充满水的排水立管中,水流运动状态与排水量、管径、水质、管壁粗糙度、横支管与立管连接处的几何形状、立管高度及同时向立管排水的横支管数目等因素有关。其中,排水量和管径是主要因素。通常用充水率表示,充水率是指水流断面积与管道断面积的比值。

通过对单一横支管排水,立管上端开口通大气,立管下端经排出横干管接室外检查井通大气的情况进行实验研究发现,随着流量的不断增加,立管中水流状态主要经过附壁螺旋流、水膜流和水塞流3个阶段,如图16-6所示。

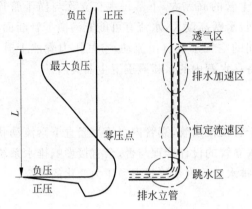

图16-5 排水立管和横干管内压力分布示意图

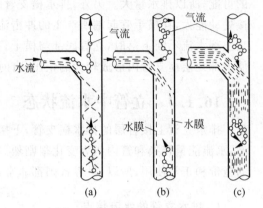

图16-6 排水立管水流状态图
(a) 附壁螺旋流;(b) 水膜流;(c) 水塞流

1) 附壁螺旋流

当横支管排水量较小时,横支管的水深较浅,水平流速较小。因排水立管内壁粗糙,固(管道内壁)液(污水)两相间的界面力大于液体分子间的内聚力,进入立管的水不能以水团形式脱离管壁在管中心坠落,而是沿管内壁周边向下作螺旋流动。因螺旋流动产生离心力,使水流密实,气液界面清晰,水流夹气作用不明显,立管中心气流正常,管内气压稳定,如图16-6(a)所示。

随着排水量的增加,当水量足够覆盖立管的整个管壁时,水流改为附着于管壁向下流动。因没有离心力作用,只有水与管壁间的界面力,这时气液两相界面不清晰,水流向下有夹气作用。但因排水量较小,管中心气流仍旧正常,气压较为稳定。这种状态历时很短,很快会过渡到下一个阶段。经实验,在设有专用通气立管的排水系统中,当充水率 $a<1/4$ 时,立管内为附壁螺旋流。

2) 水膜流

当流量进一步增加,由于空气阻力和管壁摩擦力的共同作用,水流沿管壁作下落运动,形成有一定厚度的带有横向隔膜的附壁环状水膜流。附壁环状水膜流与其上部横向隔膜连在一起向下运动,如图16-6(b)所示。附壁环状水膜流与横向隔膜的运动方式不同,环状水膜形成后比较稳定,向下作加速运动,水膜厚度近似与下降速度成正比。随着水流下降流速的增加,水膜所受管壁摩擦力也增加。当水膜所受向上的摩擦力与重力达到平衡时,水膜的下降速度和水膜厚度不再变化,这时的流速叫终限流速(V_t),从排水横支管水流入口至终限流速形成处的高度叫终限长度(L_t)。

横向隔膜不稳定,在向下运动过程中,隔膜下部管内压力不断增加,压力达到一定值时,管内气体将横向隔膜冲破,管内气压又恢复正常。在继续下降的过程中,又形成新的横向隔膜,横向隔膜的形成与破坏交替进行。由于水膜流时排水量不是很大,形成的横向隔膜厚度较薄,横向隔膜破坏的压力小于水封破坏的控制压力(水封破坏的控制压力波动范围是±245Pa)。在水膜流阶段,立管内的充水率在 1/4～1/3 之间,立管内气压有波动,但其变化不会破坏水封。

3) 水塞流

随着排水量继续增加,充水率超过 1/3 后,横向隔膜的形成与破坏越来越频繁,水膜厚度不断增加,隔膜下部的压力不能冲破水膜,最后形成较稳定的水塞,如图 16-6(c)所示。水塞向下运动,管内气体压力波动剧烈,超过 245Pa 时水封破坏,整个排水系统不能正常使用。

排水立管内水的流动状态影响着排水系统的安全可靠程度和工程造价,若选用附壁螺旋流状态,优点是系统内压力稳定,安全可靠,室内环境卫生好,缺点是管径大,造价高;若选用水塞流状态,优点是管径小,造价低,缺点是系统内压力波动大,水封容易破坏,污染室内环境卫生。所以,在同时考虑安全因素和经济因素的情况下,各国都选用水膜流作为设计排水立管的依据。

3. 水膜流运动的力学分析

为确定水膜流阶段排水立管在允许的压力波动范围内的最大允许排水能力,为建筑内部排水立管的设计提供理论依据,应该对排水立管中的水膜流运动进行力学分析。

在水膜流时,水沿管壁呈环状水膜竖直向下运动,环中心是空气流(气核),管中不存在水的静压。水膜和中心气流间没有明显的界线,水膜中混有空气,含气量从管壁向中心逐渐增加,气核中也含有下落的水滴,含水量从管中心向四周逐渐增加。这样立管中流体的运动分为两种特性不同的两相流,一种是气核区以气为主的气、水两相流,另一种是水膜区以水为主的水、气两相流。为便于研究,水膜区中的气可以忽略,气核区中的水也可忽略。管道内复杂的两类两相流简化为两类单相流。水流运动和气流运动可以用能量方程和动量方程来描述。

排水立管中水膜可以近似看作中空的环状物体,这个环状物体在变加速下降过程中,同时受到向下的重力 W 和向上的管壁摩擦力 P 的作用。取一个长度为 ΔL 的基本小环,如图 16-7 所示。根据牛顿第二定律,有

$$F = ma = m\frac{\mathrm{d}v}{\mathrm{d}t} = W - P \tag{16-2}$$

式中重力的表达式为

$$W = mg = Q\rho tg \tag{16-3}$$

式中,m——t 时刻内通过该断面水流的质量,kg;

W——重力,N;

g——重力加速度,m/s^2;

Q——下落水流流量,m^3/s;

ρ——水的密度,kg/m^3;

t——时间,s。

表面摩擦力 P 的表达式为

$$P = \tau\pi d_\mathrm{j} \cdot \Delta L \tag{16-4}$$

式中,P——表面摩擦力,N。

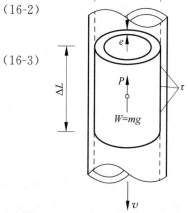

图 16-7 环状水膜隔离体

d_j——立管内径，m。

ΔL——中空圆柱体长度，m。

τ——水流内摩擦力，以单位面积上的平均切应力表示，N/m^2。在紊流状态下，水流内摩擦力 τ 可表示为

$$\tau = \frac{\lambda}{8}\rho v^2 \tag{16-5}$$

式中，λ 为沿程阻力系数。由实验分析可知，λ 值的大小与管壁的粗糙高度 K_p(m)和水膜的厚度 e(m)有关：

$$\lambda = 0.1212\left(\frac{K_p}{e}\right)^{\frac{1}{3}} \tag{16-6}$$

将式(16-3)～(16-6)代入式(16-2)，整理得

$$m\frac{\mathrm{d}v}{\mathrm{d}t} = Q\rho tg = \frac{0.1212\pi}{8} \cdot \left(\frac{K_p}{e}\right)^{\frac{1}{3}}\rho v^{\frac{1}{2}}d_j\Delta L \tag{16-7}$$

等式两侧同除以 $t\rho$，且令 $\dfrac{\Delta L}{t} = v$，则式(16-7)变为

$$\frac{m}{\rho t} \cdot \frac{\mathrm{d}v}{\mathrm{d}t} = Qg = \frac{0.1212\pi}{8} \cdot \left(\frac{K_p}{e}\right)^{\frac{1}{3}}v^3 d_j \tag{16-8}$$

当水流下降速度达到终限流速 v_t 时，水膜厚度 e 达到终限流速 v_t 时的水膜厚度 e_t，此时水流下降速度恒定不变，加速度 $a = \dfrac{\mathrm{d}v}{\mathrm{d}t} = 0$，式(16-8)可整理为

$$v_t = \left[\frac{21Qg}{d_j} \cdot \left(\frac{e_t}{K_p}\right)^{\frac{1}{3}}\right]^{\frac{1}{3}} \tag{16-9}$$

终限流速 v_t 时的排水流量为终限流速 v_t 与环状过水断面积之积：

$$Q = v_t\frac{\pi}{4}\left[d_j^2 - (d_j - 2e_t)^2\right] \tag{16-10}$$

将式(16-10)右侧展开，因为 e_t^2 项很小，忽略不计，整理得

$$e_t = \frac{Q}{v_t\pi d_j} \tag{16-11}$$

将式(16-11)代入式(16-9)，得

$$v_t = 2.22\left(\frac{g^3}{K_p}\right)^{\frac{1}{10}} \cdot \left(\frac{Q}{d_j}\right)^{\frac{2}{5}} \tag{16-12}$$

将 $g = 9.81\mathrm{m/s}^2$ 代入式(16-12)，得到终限流速 v_t(m/s)与流量 Q(m^3/s)、管径 d_j(m)和管壁粗糙高度 K_p(m)之间的关系式

$$v_t = 4.4\left(\frac{1}{K_p}\right)^{\frac{1}{10}} \cdot \left(\frac{Q}{d_j}\right)^{\frac{2}{5}} \tag{16-13}$$

式(16-13)表达了在水膜流状态下，终限流速 v_t 与排水量 Q、管径 d_j 及粗糙高度 K_p 的关系。在实际应用中，终限流速 v_t 不便测定，应将其消去，找出立管通水能力 Q 与管径 d_j、充水率 a，以及粗糙高度间 K_p 的关系，便于设计中应用。

水膜流状态达到终限流速 v_t 时，水膜的厚度和下降流速保持不变，立管内通水能力为

过水断面积 w_t 与终限流速 v_t 的乘积：

$$Q = w_t v_t \tag{16-14}$$

过水断面积为

$$w_t = a w_j = \frac{a \pi d_j^2}{4} \tag{16-15}$$

式中，w_j——立管断面面积。

将式(16-13)和式(16-15)代入式(16-14)，整理得

$$Q = 7.89 \left(\frac{1}{K_p}\right)^{\frac{1}{6}} \cdot d_j^{\frac{8}{3}} \cdot a^{\frac{5}{3}} \tag{16-16}$$

将式(16-16)代入式(16-13)，整理得

$$v_t = 10.05 \left(\frac{1}{K_p}\right)^{\frac{1}{6}} \cdot d_j^{\frac{2}{3}} \cdot a^{\frac{2}{3}} \tag{16-17}$$

设 d_0 为立管内中空断面的直径，则有

$$d_0 = d_j - 2e_t \tag{16-18}$$

$$a = \frac{w_t}{w_j} = 1 - \left(\frac{d_0}{d_j}\right)^2 \tag{16-19}$$

由式(16-18)式(16-19)可得水膜厚度表达式

$$e_t = \frac{1}{2}(1 - \sqrt{1-a}) \cdot d_j \tag{16-20}$$

水膜厚度 e_t 与管内径 d_j 的比值为

$$\frac{e_t}{d_j} = \frac{1 - \sqrt{1-a}}{2} \tag{16-21}$$

在有专用通气立管的排水系统中，水膜流时 $a = 1/4 \sim 1/3$，代入式(16-20)，求出不同管径时水膜厚度见表16-1。

表 16-1　水膜流状态时的水膜厚度　　　　　　　　　　　　　　　mm

管道内径/mm	a		
	1/4	7/24	1/3
50	3.3	4.0	4.6
75	5.0	5.9	6.9
100	6.7	7.9	9.2
125	8.4	9.9	11.5
150	10.1	11.9	13.8

沿程阻力系数计算式(16-6)是在人工粗糙基础上得出来的经验公式，实际应用于排水管道时，由于材料和制作技术不同，其粗糙形状、粗糙高度及其分布是无规则的。计算时引入"当量粗糙高度"概念。当量粗糙高度是指和实际管道沿程阻力系数 λ 值相等的同管径人工粗糙管的粗糙高度。塑料管的当量粗糙高度为 15×10^{-6} m，铸铁管的当量粗糙高度为 25×10^{-5} m。

16.1.5 影响立管内压力波动的因素及防止措施

1. 影响立管内压力波动的因素

增大排水立管的通水能力和防止水封破坏是建筑内部排水系统中两个最重要的问题，这两个问题都与排水立管内的压力有关。因此，需要分析排水立管内压力变化规律，找出影响排水立管内压力变化的因素，根据这些影响因素再采取相应的解决办法和措施，增大排水立管的通水能力。

图16-8所示为普通单立管系统，水流由横支管进入立管，在立管中呈水膜流状态夹气向下流动，空气从伸顶通气管顶端补入。选取立管顶部空气入口处为基准面（0—0），另一断面（1—1）选在排水横支管下最大负压形成处。空气在两个断面上的能量方程为

$$\frac{v_0^2}{2g} + \frac{P_0}{\rho g} = \frac{v_1^2}{2g} + \frac{P_1}{\rho g} + \left(\xi + \lambda \frac{L}{d_j} + K\right)\frac{v_a^2}{2g} \tag{16-22}$$

式中，v_0——0—0断面处空气流速，m/s；

v_1——1—1断面处空气流速，m/s；

P_0——0—0断面处空气相对压力，Pa；

P_1——1—1断面处空气相对压力，Pa；

v_a——空气在通气管内流速，m/s；

ρ——空气的密度，kg/m^3；

g——重力加速度，9.81m/s^2；

ξ——管顶空气入口处的局部阻力系数，一般取0.5；

L——从管顶到排水横支管处的长度，m；

d_j——管道内径，m；

λ——管壁总摩擦系数，包括沿程损失和局部损失，一般取0.03～0.05；

K——水舌局部阻力系数。

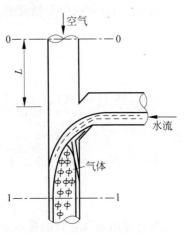

图 16-8　立管内压力分析示意图

水舌是水流在冲激流状态下，由横支管进入立管下落，在横支管与立管连接部短时间内形成的水力学现象，如图16-9所示。它沿进水流流动方向充塞立管断面，同时，水舌两侧有两个气孔作为空气流动通路。这两个气孔的断面远比水舌上方立管内的气流断面积小，在水流的拖拽下，向下流动的空气通过水舌时，造成空气能量的局部损失。在排水立管管径一定的条件下，水舌局部阻力系数K与排水量大小、横支管与立管连接处的几何形状有关。

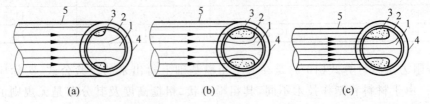

1—水舌；2—环状水膜；3—气流通道；4—立管；5—横支管

图 16-9　水舌

(a) 同径正三通；(b) 同径斜三通；(c) 异径三通

管顶空气入口处空气流速和相对压力很小,为简化计算,令 $v_0=0,P_0=0$,将式(16-22)简化整理得

$$P_1=-\rho\left[\frac{v_1^2}{2}+\left(\xi+\lambda\frac{L}{d_j}+K\right)\frac{v_a^2}{2}\right] \tag{16-23}$$

为补充夹气水流造成的真空,伸顶通气管内空气向下流动,所以,$v_a=v_1$,式(16-23)简化为

$$P_1=-\rho\left(1+\xi+\lambda\frac{L}{d_j}+K\right)\frac{v_1^2}{2} \tag{16-24}$$

式中,$1+\xi+\lambda\dfrac{L}{d_j}+K$ 为空气在通气管内的总阻力系数,令

$$\beta=1+\xi+\lambda\frac{L}{d_j}+K \tag{16-25}$$

则式(16-24)简化为

$$P_1=-\rho\beta\frac{v_1^2}{2} \tag{16-26}$$

断面1—1处为产生最大负压处,该处气核随水膜一起下落,其流速 v_1 与终限流速 v_t 近似相等,则式(16-26)变为

$$P_1=-\rho\beta\frac{v_t^2}{2} \tag{16-27}$$

将式(16-13)代入上式得

$$P_1=-9.68\rho\beta\left(\frac{1}{K_p}\right)^{\frac{1}{5}}\cdot\left(\frac{Q}{d_j}\right)^{\frac{4}{5}} \tag{16-28}$$

式中,P_1——立管内最大负压值,Pa;

　　　ρ——空气密度,kg/m^3;

　　　K_p——管壁粗糙高度,m;

　　　Q——排水流量,m^3/s;

　　　d_j——管道内径,m;

　　　β——空气阻力系数,$\beta=1+\xi+\lambda\dfrac{L}{d_j}+K$。

由式(16-27)和式(16-28)可以看出,立管内最大负压值的大小与排水立管内壁粗糙高度和管径成反比,与终限流速、排水流量以及空气总阻力系数成正比。空气总阻力系数中,水舌阻力系数 K 值最大,是 ξ 的几十倍,其他几项都很小。但是,当排水立管不伸顶通气时,局部阻力 $\xi\rightarrow\infty$,排水时造成的负压会很大,水封极易被破坏,因此对于不通气系统的最大通水能力作了严格的限制。

2. 稳定立管压力、增大通水能力的措施

当管径一定时,在影响排水立管压力波动的几个因素中,管顶空气进口阻力系数 ξ 值小,影响很小,而通气管长度 L 和空气密度 ρ 又不能随意调整改变,所以,只能改变立管流速 v 和水舌阻力系数 K 两个影响因素。目前,稳定立管压力、增大通水能力的切实可行的

技术措施有：

（1）不断改变立管内水流的方向，增加水向下流动的阻力，消耗水流的动能，减小污水在立管内的下降速度。如果每隔一定距离（5～6层），在立管设置乙字弯消能，则可减小流速50%左右。

（2）改变立管内壁表面的形状，改变水在立管内的下降流速和流动轨迹。如增加管材内壁粗糙高度K_p，使水膜与管壁间的界面力增加，增加水向下流动的阻力，减小污水在立管内的下降速度等。将光滑的排水立管内壁制作成有突起的螺旋导流槽，图16-10所示为内壁有6条间距50mm呈三角形突起的螺旋排水立管和与之配套使用的偏心三通。横支管采用普通管材，横支管的污水经偏心三通导流沿切线方向进入立管，防止形成水舌。在螺旋突起的导流下，水流形成较为密实的水膜紧贴立管管壁旋转下落，既减小了污水的竖向流速，又使立管中心保持气流畅通，管内压力稳定。因横支管的污水沿切线方向进入立管，减小了下落水团之间的相互撞击，也降低了排水时的噪声。

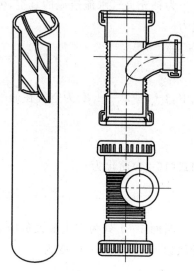

图16-10　螺旋排水立管和偏心三通

（3）设置专用通气管，改变补气方向，使向负压区补充的空气不经过水舌，由通气立管从下补气，或由器具通气管、环形通气管从上补气。

（4）改变横支管与立管连接处的构造形式，代替原来的三通，避免形成水舌或减小水舌面积，减小排水横支管下方立管内的负压值，这种管件叫上部特制配件。改变立管与排出管、横干管连接处的构造形式，代替一般的弯头，减小立管底部和排出管、横干管内的正压值，这种管件叫下部特制配件。上部特制配件要与下部特制配件配套使用。

图16-11所示为4种上部特制配件。混合器由上流入口、挡板、乙字弯、挡板上部的孔隙、横支管流入口、排出口和混合室等组成。挡板将混合器上部分隔成立管水流区和横支管水流区两部分，使立管水流和横支管水流在各自的隔间内流动，避免了冲击和干扰。自立管下降的污水经过乙字管时，水流受撞击分散与周围的空气混合，形成相对密度较小的水沫状气水混合液，下降速度减慢，可避免出现过大的抽吸力。横支管排出的污水被挡板反弹，只能从挡板右侧向下排放，而不会在立管中形成水舌，能使立管中保持气流畅通，气压稳定。挡板上部留有孔隙，可流通空气，平衡立管和横支管的压力，防止虹吸作用。混合器构造简单，维护容易，安装方便，运行可靠，可接纳来自三个方向的横支管。

侧流器由底座、盖板组成，盖板上带有固定旋流叶片，底座横支管和立管接口处，沿立管切线方向有导流板。从横支管排出的污水通过导流板由切线方向以旋转状态进入立管，立管下降水流经固定旋流叶片后，沿管壁旋转下降，随着水流的下降，旋流作用逐渐减弱，经过下一层侧流器旋流叶片的导流，又增强了旋流作用，直至立管底部。

侧流器使立管和横支管的水流同时同步旋转，在立管中心形成气流畅通的空气芯，管内压力变化很小，能有效地控制排水噪声。侧流器可以接3个横支管，构造相对更为复杂，涡流叶片容易堵塞。

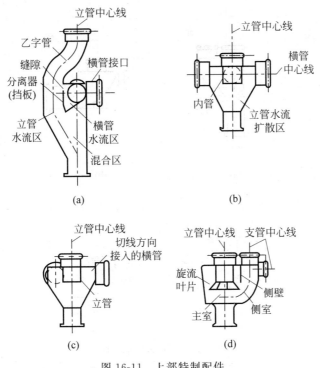

图 16-11　上部特制配件
(a) 混合器；(b) 环流器；(c) 环旋器；(d) 侧流器

环流器由倒锥体、内管和 2～4 个横向接口组成，内管叫消除横支管水流与立管水流的相互冲击和干扰。横支管排出的污水受内管阻挡反弹后，沿立管管壁向下流动；立管水流从内管流出成倒漏斗状，以自然扩散方式下落，与倒锥体内的空气混合，形成相对密度较小的水沫状气水混合液，流速减慢，沿壁呈水膜状下降，使管中气流畅通。因环流器可多向与多根横支管连接，各器具排水管可单独接入立管，减少了横管内因排水合流而产生的水塞现象，还形成环形通路，进一步加强了立管与横管中的空气流通，从而减小了管内的压力波动。

环流器构造简单，不易堵塞，可连接 4 个方向的横管，可以做到横管在地面上与立管连接，不需穿越楼板。4 个接入口还可被当作清扫口用。

环旋器的内部构造与环流器基本相同，不同点在于横支管由切线方向接入，使横支管水流进入环旋器后形成旋流，更有利于立管中心形成空气芯。但反向的两个横支管接口中心无法对准，不便于共用排水立管对称布置的卫生间采用。

图 16-12 所示为四种下部特制配件。跑气器由流入口、顶部通气口、有凸块的气体分离室、跑气管和排出口组成。自立管下降的水气混合液撞击凸块后被溅散，改变方向冲击到突块对面的斜面上，气与水分离，分离的气体经过跑气管引入干管下游，使进入横干管的污水体积减小，速度减慢，动能减小，立管底部和横干管的正压减小，管内气压稳定。跑气器常和混合器配套使用。

大曲率导向弯头是一种曲率半径大、内有导向叶片的弯头。立管中下降的附壁薄膜水流在导向叶片的导引下沿弯头下部流入横干管，避免了在横干管起端形成水跃和壅水，大大

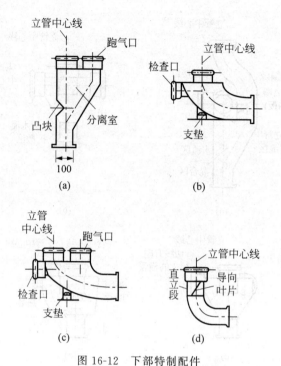

图 16-12 下部特制配件

(a) 跑气器；(b) 角笛式弯头；(c) 带跑气口角笛式弯头；(d) 大曲率导向弯头

减小了立管底部和横干管的正压力,消除了水流对弯头底部的撞击。大曲率导向弯头常和侧流器配套使用。

角笛式弯头是一种形如牛角、曲率半径大、空间大,带有检查口的弯头,有的角笛式弯头还带跑气口。由排水立管进入角笛式弯头的水流因过水断面突然扩大,流速变缓,混合在污水中的空气释出,使进入横干管的污水体积减小,速度减慢,动能减小。另外,角笛式弯头内部空间更大,可以容纳高峰瞬时流量,弯头曲率半径大,加强了排水能力,这些都有助于消除水跃和水塞现象,避免立管底部和横干管内产生过大正压。角笛式弯头常与环流器或环旋器配套使用。

16.2 排水定额和设计秒流量

建筑内部排水系统计算是在进行排水管线布置及绘制系统图后进行的,计算的目的是确定各排水管段的坡度、管径、通气管径以及各控制点的标高。

16.2.1 排水定额

建筑内部排水定额有两个,一个是以每人每日为标准,另一个是以卫生器具为标准。每人每日排放的污水量和时变化系数与气候、建筑物内卫生设备完善程度有关。因建筑内部给水量散失较少,所以生活排水定额和时变化系数与生活给水相同。最大时排水量以及生活排水平均时排水量的计算方法与建筑内部的生活给水量计算方法相同,计算结果主要用来设计污水泵、化粪池等。

卫生器具排水定额是经过实测后得来的，主要用来计算建筑内部各管段的排水设计秒流量，进而确定各管段的管径。某管段的设计流量与其接纳的卫生器具类型、数量及使用频率有关。为了便于累加计算，与建筑内部给水一样，以污水盆排水量 0.33L/s 为一个排水当量，将其他卫生器具的排水量与 0.33L/s 的比值作为该种卫生器具的排水当量。由于卫生器具排水具有突然、迅速、流速大的特点，所以，一个排水当量的排水流量是一个给水当量额定流量的 1.65 倍。各种卫生器具的排水流量和当量值见表 16-2。

表 16-2 卫生器具的排水流量、当量和排水管的管径、最小坡度

序号	卫生器具名称	排水流量/(L/s)	当量	排水管参数	
				管径/mm	最小坡度
1	洗涤盆、污水盆(池)	0.33	1	50	0.025
2	餐厅、厨房洗菜盆(池)				
	单格洗涤盆(池)	0.67	2	50	0.025
	双格洗涤盆(池)	1	3	50	0.025
3	盥洗槽(每个水嘴)	0.33	1	50~75	0.02
4	洗手盆	0.10	0.3	32~50	0.02
5	洗脸盆	0.25	0.75	32~50	0.02
6	浴盆	1	3	50	0.02
7	淋浴器	0.15	0.45	50	
8	大便器				
	高水箱虹吸式	1.5	4.5	100	0.012
	自闭式冲洗阀	1.5	4.5	100	0.012
	医用倒便器	1.5	4.5	100	0.012
9	小便器				
	感应式冲洗阀	0.10	0.3	40~50	0.02
	自闭式冲洗阀	0.1	0.30	40~50	0.02
10	大便槽				
	≤4 个蹲位	2.5	7.5	100	0.02
	>4 个蹲位	3	9	150	0.02
11	小便槽(每米长)				
	自动冲洗水箱	0.17	0.5		
	化验盆(无塞)	0.2	0.60	40~50	0.02
12	净身器	0.1	0.30	40~50	0.02
	饮水器	0.05	0.15	25~50	
13	家用洗衣机	0.5	1.5	50	

注：家用洗衣机排水软管，直径为 30mm。

16.2.2 设计秒流量

建筑内部排水各管段的管径应根据管道的设计流量来确定。建筑内部排水流量与卫生器具的排水特点和同时排水的卫生器具数量有关，其排水特点为瞬时流量大、历时短、两次

排水的时间间隔长。与给水相同,建筑内部每昼夜、每小时的排水量都是不均匀的。为保证最不利时刻的最大排水量能迅速、安全排放,排水设计流量应为建筑内部的最大排水瞬时流量,又称设计秒流量。因此,排水设计流量的确定应符合建筑内部排水规律。

建筑内部排水设计秒流量有三种计算方法:平方根法、概率法和经验法。目前,我国生活排水设计秒流量计算公式与给水相对应。

(1) 住宅、医院、旅馆、宿舍(居室内设卫生间)、幼儿园、办公楼和学校等建筑用水设备使用不集中,用水时间长,同时排水百分数随卫生器具数量增加而减少,其设计秒流量计算公式为

$$q_p = 0.12\alpha\sqrt{N_p} + q_{max} \tag{16-29}$$

式中,q_p——计算管段排水设计秒流量,L/s;

　　N_p——计算管段卫生器具排水当量总数;

　　q_{max}——计算管段上排水量最大的一个卫生器具的排水流量,L/s;

　　α——根据建筑物用途而定的系数,宜按表 16-3 确定。

用上式计算排水管网起端的管段时,由于连接的卫生器具较少,应按该管段所有卫生器具排水流量的累加值作为设计秒流量。

表 16-3　根据建筑物用途而定的系数 α 值

建筑物名称	集体宿舍、旅馆和其他公共建筑的公共洗浴室和厕所间	住宅、旅馆、医院、疗养院、休养所的卫生间
α 值	1.5	2.0~2.5

(2) 宿舍(设公用盥洗卫生间)、工业企业生活间、洗衣房、公共浴室、公共食堂、实验室、影剧院、体育场等建筑的卫生设备使用集中,排水时间集中,同时排水百分数高,其排水设计秒流量计算公式为

$$q_p = \sum q_{p0} n_0 b_p \tag{16-30}$$

式中,q_{p0}——同类型的一个卫生器具排水流量,L/s。

　　n_0——同类型卫生器具数。

　　b_p——卫生器具的同时排水百分数,冲洗水箱大便器的同时排水百分数应按 12% 计算。当计算值小于一个大便器排水流量时,应按一个大便器的排水流量计算。

16.3　排水管网的水力计算

16.3.1　排水横管的水力计算

1. 设计规定

为保证管道系统有良好的水力条件,稳定管内气压,防止水封破坏,保证良好的室内环境卫生,在横干管和横支管的设计计算中,须满足下列规定。

1) 充满度

建筑内部排水横管按非满流设计,以便使污废水释放出的有毒有害气体能自由排出;

调节排水管道系统内的压力；接纳意外的高峰流量。排水管的最大计算充满度见表16-4。

表16-4　排水管道的最大计算充满度

排水管道名称	排水管道管径/mm	最大计算充满度(以管径计)
生活污水排水管	150 以下 150~200	0.5 0.6
工业废水排水管	50~75 100~150	0.6 0.7
生产废水排水管	≥200	1.0
生产污水排水管	≥200	0.8

注：排水沟最大计算充满度为计算断面深度的0.8。

2）自净流速

污水中含有固体杂质，如果流速过小，固体物会在管内沉淀，减小过水断面积，造成排水不畅或堵塞管道，为此规定了一个最小流速，即自净流速。自净流速的大小与污废水的管径、成分、设计充满度有关。建筑内部排水横管自净流速见表16-5。

表16-5　各种排水管道的自净流速值

管道类别	生活污水在下列管径时			明渠(沟)	雨水及合流制排水管
	$d<150mm$	$d=150mm$	$d=200mm$		
自净流速/(m/s)	0.6	0.65	0.70	0.40	0.75

3）管道坡度

污废水中含有的污染物越多，管道坡度越大。因此，管道设计坡度与管径、管材和污废水性质有关。建筑内部生活排水管道的坡度有标准坡度和最小坡度两种。标准坡度为正常条件下应予保证的坡度，最小坡度为必须保证的坡度，一般情况下应采用标准坡度。当横管过长或建筑空间受限制时，可采用最小坡度。对于工业废水管道，根据水质规定了最小生活污水管道的坡度，参见表16-6。

表16-6　生活污水铸铁管道的最小坡度和标准坡度

管径/mm	标准坡度	最小坡度
50	0.035	0.025
75	0.025	0.015
100	0.020	0.012
125	0.015	0.010
150	0.010	0.007
200	0.008	0.005

对于工业废水管道，当生产污水中含有铁屑等密度大的杂质时，管道最小坡度应按照自净流速确定。铸铁排水管道坡度见表16-6和表16-7，塑料排水管道坡度见表16-8。

表 16-7 工业废水管道的最小坡度

管径/mm	生产废水	生产污水
50	0.020	0.03
75	0.015	0.02
100	0.008	0.012
125	0.006	0.01
150	0.005	0.006
200	0.004	0.004
250	0.0035	0.0035
300	0.003	0.003

表 16-8 塑料排水管坡度和最大设计充满度

外径/mm	通用坡度	最小坡度	最大设计充满度
110	0.012	0.0040	0.5
125	0.010	0.0035	
160	0.007	0.0030	
200	0.005	0.0030	0.6
250	0.005	0.0030	
315	0.005	0.0030	

注：胶圈密封接口的塑料排水横支管可调整为通用坡度。

4）最小管径

一般公共食堂厨房的排水中含有大量油脂和泥砂。选用管径时，应比实际计算管径大一号，且支管管径不得小于 75mm，干管管径不得小于 100mm。

医院污物洗涤间内洗涤盆和污水盆所接的排水管道，其管径应不小于 75mm。

因大便器的排水口不设栏栅，所以，连接大便器的支管，当仅有 1 个大便器时，其最小管径为 100mm。当小便槽连接 3 个及 3 个以上小便器的排水支管时，其管径不小于 75mm。

2. 排水横管的水力计算方法

对于横干管和连接多个卫生器具的横支管，应逐段计算各管段的排水设计秒流量，通过水力计算来确定各管段的管径和坡度。建筑内部横向管道按明渠均匀流公式计算：

$$\begin{cases} q_p = Av \\ v = \dfrac{1}{n}R^{2/3}I^{1/2} \end{cases} \tag{16-31}$$

式中，A——管道在设计充满度的过水断面，m^2；

$\quad v$——水流速度，m/s；

$\quad R$——水力半径，m；

$\quad I$——水力坡度，采用排水管的坡度；

$\quad n$——管渠粗糙系数，塑料管取 0.009，铸铁管取 0.013，钢管取 0.012。

16.3.2 排水立管的水力计算

排水立管按通气方式分为普通伸顶通气、专用通气立管通气和不通气三种情况。不通气的方式是因为建筑构造或其他原因,排水立管上端不能伸顶通气,故其通水能力大大降低。三种情况的排水立管最大允许排水流量见表 16-9,塑料管的排水立管最大排水能力见表 16-10。设计时应首先计算立管的设计秒流量,然后再查表 16-9 确定管径。

表 16-9　排水立管最大允许排水流量　　　　　　　　　　　　L/s

排水立管系统类型			排水立管管径/mm		
			75	100(110)	150(160)
伸顶通气		厨房	1.00	4.00	6.40
		卫生间	2.00		
专用通气	专用通气管 75mm	结合通气管每层连接	—	6.30	—
		结合通气管隔层连接	—	5.20	—
	专用通气管 100mm	结合通气管每层连接	—	10.00	—
		结合通气管隔层连接	—	8.00	—
	主通气立管+环形通气管		—	8.00	—
自循环通气	专用通气形式		—	4.20	—
	环形通气形式		—	3.50	—

表 16-10　塑料管排水立管最大排水能力　　　　　　　　　　L/s

管径/mm	仅设伸顶通气管	管径/mm	仅设伸顶通气管	有专用通气立管或主通气立管
50	1.2	110	5.4	10.0
75	3.0	125	7.5	16.0
90	3.8	160	12.0	28.0

在确定立管管径时还须做到排水立管管径不小于横支管管径,多层住宅厨房间排水立管管径不应小于 75mm。

16.3.3　通气管道计算

单立管排水系统的伸顶通气管管径可与污水管相同,但在寒冷地区,为防止通气管口结霜,应在室内平顶或吊顶以下 0.3m 处将管径放大一级。

双立管排水系统通气管的管径应根据排水能力、管道长度来确定,一般不宜小于污水管管径的 1/2,最小管径可按表 16-11 确定。当通气立管长度大于 50m 时,为保证排水立管内气压稳定,通气立管管径应与排水立管相同。

表 16-11　通气管最小管径　　　　　　　　　　　　　　　　mm

通气管名称	污水管管径/mm						
	32	40	50	75	100	125	150
器具通气管	32	32	32		50	50	
环形通气管			32	40	50	50	
通气立管			40	50	75	100	100

三立管排水系统和多立管排水系统中,两根及两根以上的排水立管与一根通气立管连接,应按最大一根排水立管管径查表 16-10 确定共用通气立管管径。但同时应保证共用通气立管管径不小于其余任何一根排水立管管径。结合通气管管径不宜小于通气立管管径。

有些建筑不允许伸顶通气管分别出屋顶,可用一根横向管道将各伸顶通气管汇合在一起,集中在一处出屋顶,该横向通气管称为汇合通气管。汇合通气管无须逐段变化管径,其管径可按下式计算:

$$DN \geqslant \sqrt{d_{max}^2 + 0.25 \sum d_i^2} \tag{16-32}$$

式中,DN——通气横干管和总伸顶通气管管径,mm;

$\quad d_{max}$——最大一根通气立管管径,mm;

$\quad d_i$——其余通气立管管径,mm。

例 16-1 图 16-13 所示为某住宅排水系统轴测图,共 6 层。立管 A—A′ 为公共卫生间立管,每层横支管设污水盆 1 个,自闭式冲洗阀小便器 2 个,自闭式冲洗阀大便器 3 个;其他为住宅卫生间立管,每层横支管设洗脸盆 1 个,坐便器 1 个,洗涤盆 1 个。管材为 UPVC管。试计算确定管径。

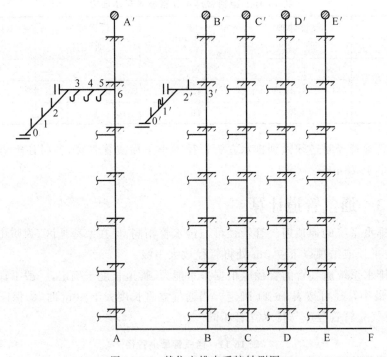

图 16-13　某住宅排水系统轴测图

解

(1) 公共卫生间立管系统计算

按式(16-29)计算排水设计秒流量,其 α 值取 2.0,卫生器具当量和排水流量按表 16-2选取,计算结果见表 16-12。

表 16-12　单层横支管计算表

| 管段编号 | 卫生器具名称、数量 | | | 排水当量总数 N_p | 设计秒流量 q_p/(L/s) | 管径/mm | 坡度 | 备 注 |
	污水盆 $N_p=1.0$	小便器 $N_p=0.3$	大便器 $N_p=4.5$					
0—1	1			1.0	0.33	50	0.026	0—1 段按表 16-2 确定；1—2 和 2—3 段按式(16-29)计算,结果大于卫生器具流量累加值,所以,设计秒流量按累加值计算
1—2	1	1		1.30	0.43	50	0.026	
2—3	1	2		1.60	0.53	50	0.026	
3—4	1	2	1	6.10	2.09	110	0.026	
4—5	1	2	2	10.60	2.28	110	0.026	
5—6	1	2	3	15.10	2.43	110	0.026	

立管接纳的排水当量总数为 $N_p=15.10\times6=90.6$。

最下部管段排水设计秒流量 $q_p=3.78\mathrm{L/s}$。

查表 16-10,可选用立管管径 DN=90mm,但立管管径不得小于横支管管径,故选用立管 DN=110mm,设计秒流量 3.78L/s 小于最大允许排水流量 5.4L/s,不需设专用通气立管。

（2）住宅卫生间立管系统计算

横支管计算结果见表 16-13。

表 16-13　住宅卫生间横支管计算表

| 管段编号 | 卫生器具名称数量 | | | 排水当量总数 N_p | 设计秒流量 q_p/(L/s) | 管径/mm | 坡度 |
	洗涤盆 $N_p=3.0$	洗脸器 $N_p=0.75$	坐便器 $N_p=6.0$				
0′—1′	1			3.0	0.99	50	0.026
1′—2′	1	1		3.75	1.24	50	0.026
2′—3′	1	1	1	9.75	2.75	110	0.026

立管接纳的排水当量总数为 $N_p=9.75\times6=58.5$。

最下部管段排水设计秒流量 $q_p=3.84\mathrm{L/s}$。

选用立管管径 DN=110mm,设计秒流量 3.84L/s 小于最大允许排水流量 5.4L/s,不需设专用通气立管。

16.3.4　横干管及排出管计算

计算各管段设计秒流量,查附录 K,得到计算结果见表 16-14。

表 16-14　横干管及排出管水力计算表

管段编号	当量总数 N_p	设计秒流量 q_p/(L/s)	管径 DN/mm	坡度 i	备 注
A—B	90.6	3.78	110	0.026	
B—C	149.1	4.93	160	0.026	
C—D	207.6	5.46	160	0.026	
D—E	266.1	5.92	160	0.026	
E—F	324.6	6.32	160	0.026	

总设计秒流量为 6.32L/s,排出管管径 DN=160mm,管道坡度为 0.026,充满度为 0.60 时,允许最大流量为 6.48L/s,流速为 0.60m/s,符合要求。

第17章

建筑雨水排水系统

17.1 建筑雨水排水系统的分类与组成

降落在建筑物屋面的雨水和雪水,特别是暴雨,在短时间内会形成积水,因此需要设置屋面雨水排水系统,将屋面雨水有组织、有系统地排到室外,以防止造成四处溢流或屋面漏水,影响人们的生活和生产活动。建筑屋面雨水排水系统的分类与管道的设置、管内的压力、水流状态和屋面排水条件等有关。其分类如下:

(1) 按建筑物内部是否有雨水管道分为内排水系统和外排水系统两类。内排水系统的定义是建筑物内部设有雨水管道,屋面设雨水斗(一种将建筑物屋面的雨水导入雨水管道系统的装置)的雨水排出系统;否则为外排水系统。内排水系统又分为架空管内排水系统和埋地管内排水系统。雨水通过室内架空管道直接排至室外的排水管(渠),室内不设埋地管的内排水系统称为架空管内排水系统。架空管内排水系统排水安全,可避免室内冒水,但需用金属管材多,易产生凝结水。雨水通过室内埋地管道排至室外,室内不设架空管道的内排水系统称为埋地管内排水系统。

(2) 按雨水在管道内的流态分为重力无压流、重力半有压流和压力流三类。重力无压流是指雨水通过自由堰流入管道,在重力作用下附壁流动,管内压力正常,这种系统也称为堰流斗系统。重力半有压流是指管内气水混合,在重力和负压抽吸双重作用下流动,这种系统也称为87雨水斗系统。压力流是指管内充满雨水,主要在负压抽吸作用下流动,这种系统也称为虹吸式系统。

(3) 按屋面的排水条件分为檐沟排水、天沟排水和无沟排水三类。檐沟排水是指当建筑物屋面面积较小时,在屋檐下设置汇集屋面雨水的沟槽。天沟排水是指在面积大且曲折的建筑物屋面设置汇集屋面雨水的沟槽,将雨水排至建筑物的两侧。而无沟排水则指降落到屋面的雨水沿屋面径流,直接流入雨水管道。

(4) 按出户埋地横干管是否有自由水面分为敞开式排水系统和密闭式排水系统两类。敞开式排水系统采用非满流的重力排水,管内有自由水面,连接埋地干管的检查井是普通检查井。该系统可接纳生产废水,省去生产废水埋地管;但是暴雨时会出现检查井冒水现象,雨水漫流室内地面,造成危害。密闭式排水系统采用满流压力排水,连接埋地干管的检查井内用密闭的三通连接,室内不会发生冒水现象;但不能接纳生产废水,需另设生产废水排水系统。

(5) 按一根立管连接的雨水斗数量分为多斗系统和单斗系统。在重力无压流和重力半有压流状态下,由于互相干扰,多斗系统中每个雨水斗的泄流量小于单斗系统的泄流量。

17.1.1 建筑雨水排水管道布设位置分类

在实际设计时,应根据建筑物的类型、建筑结构形式、屋面面积大小、当地气候条件及生产生活的要求,经过技术经济比较来选择排出方式。一般情况下,应尽量采用外排水系统或者两种排水系统综合考虑。

1. 屋檐外排水

屋面不设雨水斗,建筑物内部设有雨水管道的雨水排放方式称为外排水。按屋面有无天沟,又分为普通外排水和天沟外排水两种方式。

1) 普通外排水

普通外排水系统由雨落管和檐沟组成,见图 17-1。降落到屋面的雨水沿屋面集流到檐沟,然后流入隔一定距离沿外墙设置的雨落管排至地面或雨水口。雨落管多用镀锌铁皮管或铸铁管,镀锌铁皮管为方形,断面尺寸一般为 80mm×100mm 或 80mm×120mm,铸铁管管径为 75mm 或 100mm。根据管道和降雨量的通水能力确定 1 根雨落管服务的屋面面积,再根据屋面形状和面积确定雨落管间距。据经验,民用建筑雨落管间距为 8~12m,工业建筑为 18~24m。普通外排水方式适用于普通住宅、一般公共建筑和小型单跨厂房。

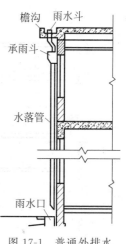

图 17-1 普通外排水

2) 天沟外排水

天沟外排水系统由天沟、雨水斗和排水立管组成,见图 17-2 和图 17-3。天沟设置在两跨中间并坡向端墙,雨水斗沿外墙布置,见图 17-4。屋面上的雨水沿坡向天沟的屋面汇集到天沟,沿天沟流至建筑物两端(女儿墙和山墙),入雨水斗,经立管排至地面或雨水井。天沟外排水系统适用于长度不超过 100m 的多跨工业厂房。

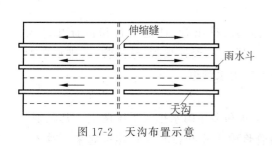

图 17-2 天沟布置示意

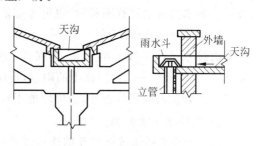

图 17-3 天沟与雨水斗连接

天沟的排水断面形式根据屋面情况而定,一般多为矩形和梯形。天沟坡度一般在0.003~0.006 之间。坡度太大,会使天沟起端屋顶垫层过厚而增加结构的荷重;坡度太小,则会使天沟抹面时局部出现倒坡,雨水在天沟中积水,造成屋顶漏水。

建筑物的伸缩缝或沉降缝处一般为天沟内的排水分水线。天沟的长度应根据地区暴雨强度、建筑物跨度、天沟断面形式等进行水力计算确定,一般不超过50m。为了防止天沟末端积水太深,在天沟顶端设置溢流口,溢流口比天沟上檐低50～100mm。

天沟外排水方式有很多优点,比如不在屋面设雨水斗,排水安全可靠,不会因施工不善造成屋面漏水或检查井冒水等,且节省管材,施工简便,有利于厂房内空间利用,也可减小厂区雨水管道的埋深。但因天沟有一定的坡度,而且较长,排水立管在山墙外,也存在着屋面垫层厚,结构负荷增大的问题,使得晴天屋面堆积灰尘多,雨天天沟排水不畅,在寒冷地区排水立管有被冻裂的可能。

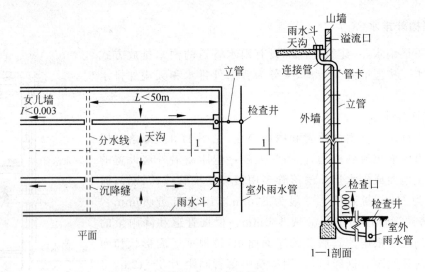

图 17-4　天沟外排水

2. 屋顶内排水

屋面设雨水斗,建筑物内部有雨水管道的雨水排水系统称为内排水。这种内排水方式适用于跨度大、特别长的多跨工业厂房,在屋面设天沟有困难的锯齿形或壳形屋面厂房及屋面有天窗的厂房。同时,对于建筑立面要求高的建筑,大屋面建筑及寒冷地区的建筑,在墙外设置雨水排水立管有困难时,也可考虑采用屋顶内排水形式。

1）内排水系统的组成

内排水系统一般由雨水斗、连接管、悬吊管、立管、排出管、埋地干管和检查井组成,如图17-5所示。降落到屋面上的雨水,沿屋面流入雨水斗,经连接管、悬吊管、入排水立管,再经排出管流入雨水检查井,或经埋地干管排至室外雨水管道。

2）内排水系统分类

（1）内排水系统按雨水斗的连接方式可分为单斗和多斗雨水排水系统两类。其区别为单斗系统一般不设悬吊管,而多斗系统中用悬吊管将雨水斗和排水立管连接起来。对于单斗雨水排水系统的水力工况,人们已经进行了一些实验研究,并获得了初步的认识,实际工程也证实了所得的设计计算方法和取用参数比较可靠。然而,多斗雨水排水系统的研究较

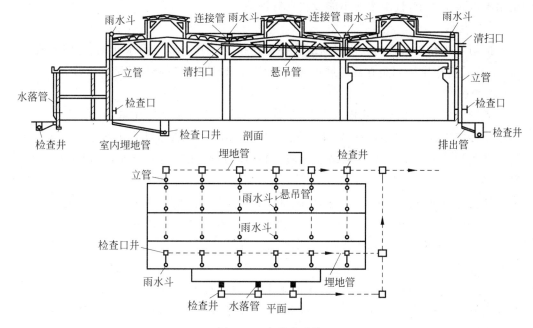

图 17-5　内排水系统

少,尚未得出定论。所以,在实际中宜采用单斗雨水排水系统。

(2)内排水系统按排出雨水的安全程度分为敞开式和密闭式两种排水系统。两种方式各有优缺点:前者利用重力排水,雨水经排出管进入普通检查井,但由于设计和施工的原因,当暴雨发生时,会出现检查井冒水现象,造成危害。敞开式内排水系统也有在室内设悬吊管、埋地管和室外检查井的做法,这种做法虽可避免室内冒水现象,但管材耗量大,且悬吊管外壁易结露。密闭式内排水系统利用压力排水,埋地管在检查井内用密闭的三通连接,当雨水排泄不畅时,室内不会发生冒水现象;其缺点是不能接纳生产废水,需另设生产废水排水系统。为了安全可靠,一般宜采用密闭式内排水系统。

3)内排水系统的布置与敷设

(1)雨水斗

雨水斗是一种专用装置,设在屋面雨水由天沟进入雨水管道的入口处。雨水斗有整流格栅装置,格栅的进水孔有效面积很大,是雨水斗下连接管面积的 $2\sim2.5$ 倍,因此能迅速排出屋面雨水。格栅还具有整流作用,可以稳定斗前水位,减少掺气,避免形成过大的旋涡,并拦隔树叶等杂物。同时,整流格栅可以拆卸,以便清理格栅上的杂物。雨水斗主要有 65 型、79 型和 87 型,及 75mm、100mm、150mm 和 200mm 四种规格。平算式雨水斗适用于阳台、花台、供人们活动的屋面及窗井处。天沟分水线一般为伸缩缝、沉降缝和防火墙,各自形成排水系统。如果分水线两侧有两个雨水斗,需连接在同一根立管或悬吊管上时,可采用伸缩接头,并保证密封不漏水。防火墙两侧雨水斗连接时,则不用伸缩接头。

布置雨水斗时,除了按水力计算确定雨水斗的间距和个数外,还应考虑建筑结构特点使立管沿墙柱布置,以固定立管。接入同一立管的雨水斗,其安装高度宜在同一标高层。当两个雨水斗连接在同一根悬吊管上时,应将靠近立管的雨水斗口径减小一级。

当采用多斗排水系统时,雨水斗宜对立管对称布置。需要注意的是一根悬吊管上连接的雨水不得多于 4 个,且雨水斗不能设在立管顶端。

（2）连接管

连接雨水斗和悬吊管的一段竖向短管称为连接管。其一般与雨水斗同径,但不宜小于 100mm,连接管应牢固固定在建筑物的承重结构上,下端用斜三通与悬吊管连接。

（3）悬吊管

悬吊管用于连接雨水斗和排水立管,是雨水内排水系统中架空布置的横向管道。其管径不小于连接管管径,也不应大于 300mm。悬吊管沿屋架悬吊,坡度不小于 0.005。在悬吊管的端头和长度大于 15m 的悬吊管上应设检查口或带法兰盘的三通,位置宜靠近墙柱,以利检修。

连接管与悬吊管宜采用 45°三通连接,而悬吊管与立管间宜采用 90°斜三通连接。在实际应用中,悬吊管采用铸铁管,用铁箍、吊卡固定在建筑物的桁架或梁上。在管道可能受震动或生产工艺有特殊要求时,可采用钢管,焊接连接。

（4）立管

雨水立管承接悬吊管或雨水斗流来的雨水,立管管径不得小于悬吊管管径,一根立管连接的悬吊管不多于两根。立管宜沿墙、柱安装,在距地面 1m 处设检查口。立管的管材和接口与悬吊管相同。

（5）排出管

立管和检查井间的一段有较大坡度的横向管道称为排出管,一般管径不得小于立管管径。排出管与下游埋地管在检查井中宜采用管顶平接,水流转角不得小于 135°。

（6）埋地管

埋地管敷设于室内地下,承接立管的雨水,并将其排至室外的雨水管道。埋地管最小管径为 200mm,最大不超过 600mm。埋地管一般采用混凝土管、钢筋混凝土管或陶土管,用生产废水管道的最小坡度值计算埋地管的最小坡度。

（7）附属构筑物

常见的附属构筑物有排气井、检查井和检查口井,用于雨水管道的清扫、检修、排气,如图 17-6 所示。检查井适用于敞开式内排水系统,设置在排出管与埋地管连接处,埋地管转弯、变径及超过 30m 的直线管路上。检查井井深不小于 0.7m,井内采用管顶平接,井底设高流槽,流槽应高出管顶 200mm。埋地管起端几个检查井与排出管间应设排气井。水流从排出管流入排气井,与溢流墙碰撞消能,流速减小,气水分离,水流经格栅稳压后平稳流入检查井,气体由放气管排出。密闭内排水系统的埋地管上设检查口,将检查口放在检查井内,便于清通检修,称检查口井。

17.1.2 建筑雨水排水管道按管内水流情况分类

1. 重力流雨水排水系统

重力流排水系统,可承接管系排水能力范围不同标高的雨水斗排水,敞开式内排水系统、檐沟外排水系统和高层建筑屋面雨水管系统都宜按重力流排水系统设计。重力流排水系统应采用重力流排水型雨水斗,其排水状态和负荷应符合表 17-1 的要求。

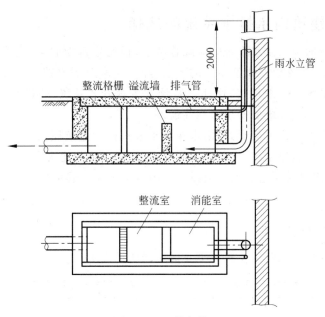

图 17-6　排气井

表 17-1　重力流多斗系统的雨水斗设计最大排水流量

项　　目	雨水斗规格/mm		
	75	100	150
流量/(L/s)	7.1	7.4	13.7
斗前水深/mm	48	50	68

注：满管压力流雨水斗应根据不同型号的具体产品确定其最大泄流量。

2. 压力流雨水排水系统

压力流排水系统的雨水斗应在同一水平面上,长天沟外排水系统宜按满管压力流设计;密闭式内排水系统,宜按满管压力流排水系统设计。其排水状态和负荷应符合表 17-2、表 17-3 的要求。

表 17-2　单斗压力流排水系统雨水斗的最大设计排水流量

雨水斗规格/mm			75	100	≥150
满管压力 (虹吸)斗	平底型	流量/(L/s)	18.6	41.0	宜定制,泄流量 应经测试确定
		斗前水深/mm	55	80	
	集水盘型	流量/(L/s)	18.6	53.0	
		斗前水深/mm	55	87	

表 17-3　满管压力流多斗系统雨水斗的设计泄流量

雨水斗规格/mm	50	75	100
雨水斗泄流量/(L/s)	4.2～6.0	8.4～13.0	17.5～30.0

17.1.3 建筑雨水排水系统的选择

选择建筑物屋面雨水排水系统时应综合考虑,根据建筑物的类型、建筑结构形式、屋面面积大小、当地气候条件以及生活生产的要求,经过技术经济比较,本着既安全又经济的原则选择雨水排水系统。一般而言,密闭式系统优于敞开式系统,外排水系统优于内排水系统。堰流斗重力流排水系统的安全可靠性最差。

屋面集水宜优先考虑天沟形式,雨水斗置于天沟内。建筑屋面内排水和长天沟外排水一般宜采用重力半有压流系统,大型屋面的厂房、库房和公共建筑内排水宜采用虹吸式有压流系统,檐沟外排水宜采用重力无压流系统。阳台雨水应自成系统排到室外,不得与屋面雨水系统相连接。

1. 按雨水管道位置分类

雨水排水系统按雨水管道位置分类及适用场所见表 17-4。

表 17-4 雨水排水系统按雨水管道位置分类及适用场所

排 水 分 类	特 点	适 用 场 所 举 例
外排水	管道均设于室外(连接管有时在室内),参见图 17-7、图 17-8	(1) 檐沟排水及承雨斗排水的建筑; (2) 50m 高度以内的住宅
内排水	仅悬吊管在室内	(1) 室内无立管设置位置; (2) 立管在外墙能实现维修; (3) 外墙立管不影响建筑美观
	全部管道在室内,参见图 17-9 中高跨部分	(1) 玻璃幕墙建筑; (2) 超高层建筑; (3) 室外不方便维修立管或不方便设立管的建筑

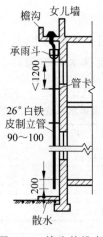

图 17-7 檐沟外排水

2. 按雨水汇水方式分类

雨水排水系统按雨水汇水方式分类及适用场所见表 17-5。

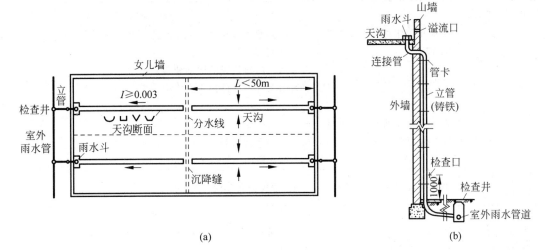

图 17-8　天沟外排水

（a）平面图；（b）剖面图

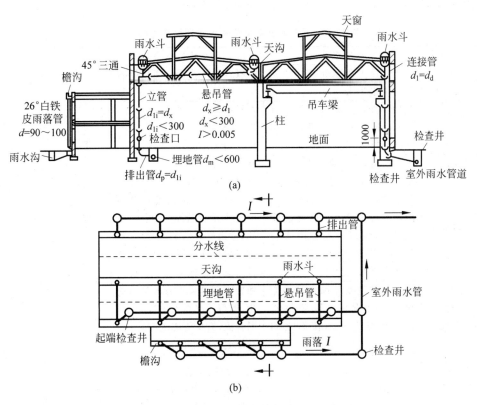

图 17-9　屋面内排水

（a）剖面图；（b）平面图

表 17-5 雨水排水系统按雨水汇水方式分类及适用场所

排水分类	特点	适用场所举例
檐沟外排水	雨水斗设于檐沟内,参见图 17-7	(1) 屋面面积较小的单层、多层住宅或体量与之相似的一般民用建筑; (2) 瓦屋面建筑或坡屋面建筑; (3) 雨水管不允许进入室内的建筑
	成品檐沟,无雨水斗	
天沟排水	雨水斗设于天沟内,参见图 17-8、图 17-9	(1) 大型厂房; (2) 轻质屋面; (3) 大型复杂屋面; (4) 绿化屋面
屋面雨水斗排水	雨水斗设于屋面,无天沟	住宅、常规公共建筑
承雨斗外排水	承雨斗设于侧墙,参见图 17-7	(1) 屋面设有女儿墙的多层住宅或 7～9 层住宅; (2) 屋面设有女儿墙且雨水管不允许进入室内的建筑
阳台排水	排立面雨水	敞开式阳台

3. 按雨水斗分类

雨水排水系统按雨水斗分类及适用场所见表 17-6。

表 17-6 雨水排水系统按雨水斗分类及适用场所

排水系统分类	87 型雨水斗排水系统	虹吸式雨水斗排水系统	重力流排水系统
雨水斗	65 型、87 型雨水斗或性能相似的雨水斗	虹吸式雨水斗或性能相似的雨水斗	承雨斗、成品檐沟、阳台地漏
雨水斗水力特性	在较大的斗前水深时(近10cm)达到满流不进气。满流前经历无压流、两相流	在较小的斗前水深时(几厘米)达到满流不进气。满流前经历无压流、两相流	在溢流水位之内不形成两相流或满流
设计工况	半有压流(气水混合流)	有压流(满管)	无压流(明渠流、水膜流)
设计理念	系统可以在各种流态排水。尽量减少系统的进气,增大暴雨时的排水能力。按非满管流设计,预留排超标雨水余量,并保障最不利工况——满流状态排水安全	尽量在有压流状态排水,但发生重力流、两相流时仍正常排水。按满管有压流设计,排水能力用足,不预留余量。超设计重现期雨水应设置溢流设施排出	系统在重力流态排水,应使系统尽量多进气,避免两相流状态排水。超设计重现期降雨应溢流排出,不进入系统,以免发生流态转变
系统运行中经历工况	随着降雨量及斗前水深的变化,运行工况在无压流、气水混合流甚至有压流态之间转化	随着降雨量及斗前水深的变化,运行工况在无压流、气水混合流、有压流态之间转化。有压流时管道内存在负压	随着降雨量及斗前水深的变化,运行工况维持在重力流态
适用场所	(1) 高层及超高层建筑; (2) 多层建筑; (3) 无法设溢流的建筑	(1) 大型、复杂屋面建筑; (2) 屋面板下悬吊管难以设置坡度的建筑	(1) 多层建筑; (2) 高层建筑外排水; (3) 能实现超标雨水不进入系统的建筑
设计排水能力	居中	大	小
超标雨水	自排	溢流	溢流

17.1.4 屋面雨水系统的性能要求

1. 流态规定

（1）檐沟外排水宜按重力流系统设计。

（2）长天沟外排水宜按满管压力流设计。

（3）高层建筑屋面雨水排水宜按重力流系统设计。

（4）在风沙大、粉尘大、降雨量小地区不宜采用满管压力流排水系统。

（5）工业厂房、库房、公共建筑的大型屋面雨水排水宜按满管压力流设计。

2. 功能性要求

（1）设计重现期以内的屋面雨水应有组织地排至室外非下沉地面或雨水控制及利用系统，且应利用重力排水至室外。

（2）对于设计重现期范围内的降雨，屋面不得出现积水或冒水。

（3）屋面超标（超设计流量）雨水应有泄流通道。

3. 安全性要求

（1）雨水管道系统不得按最有利的工况或流态进行设计，应考虑运行期间最不利工况时的运行安全。

（2）当出现超标雨水或特大暴雨或洪涝灾害程度的暴雨时，屋面雨水系统应仍能正常运行，不得出现管道吸瘪、管接口拉脱、天沟满溢漏水、埋地管冒水等灾害。

（3）建筑屋面雨水积水深度应控制在允许的负荷水深之内，50年重现期降雨时屋面积水深度不得超过建筑结构允许的负荷水深。

（4）应采取如下措施排出屋面超标雨水或超设计重现期雨水：

① 屋面雨水排水系统采用虹吸雨水斗按满管压力流设计时，必须设置溢流设施排出超标雨水。

② 屋面雨水排水系统采用87型雨水斗时，应考虑超标雨水无法流向高于雨水斗的溢流口而是流入雨水斗，雨水斗及其排水系统应预留充足余量排出超标雨水，且系统设计应采取应对流体压力的措施，按半有压流设计，不得按重力无压流设计。

③ 屋面雨水采用外檐成品檐沟按重力无压流设计时，超标雨水应从檐沟溢流散排。

④ 屋面雨水采用承雨斗按重力无压流设计时，超标雨水应从承雨斗溢流散排。

⑤ 屋面雨水采用重力流雨水斗按重力无压流设计时，超标雨水应从溢流口排出，重力流雨水斗应具备在溢流水位时仍保持重力流态、避免系统转入两相流的性能。

⑥ 溢流排水不得危及建筑设施和人员安全。

⑦ 建筑屋面雨水系统的横管或悬吊管应具有自净能力，设有排水坡度。

⑧ 屋面雨水系统应独立设置，严禁与建筑生活污、废水排水管连接。

⑨ 阳台雨水应单独排放，不得与屋面雨水排水管道相连。

⑩ 高层建筑屋面雨水的虹吸排水系统、87型雨水斗排水系统的排出管接入检查井时，检查井井盖应采用格栅井盖，能向地面溢流雨水。井体材料宜采用混凝土。

4. 卫生与环境要求

（1）屋顶供水箱溢水、泄水、冷却塔排水、消防系统检测排水以及绿化屋面的渗滤排水等较洁净的废水可从屋面排入雨水排水系统，并宜排至室外雨水检查井或雨水控制利用设施，不可排至室外路面上，以免影响行人活动。

（2）当阳台雨水和洗衣机排水共用排水立管时，不得排入室外雨水管道。

（3）当排水管道外表面可能结露时，应根据建筑物性质和使用要求，采取防结露措施。

17.1.5　屋面雨水系统设置一般要求

（1）民用建筑屋面雨水系统应密闭，不得在室内设置敞开（重力无压流）式检查口或检查井。

（2）高层建筑的裙房屋面雨水应自成系统排放。

（3）严寒地区宜采用内排水系统。当寒冷结冰地区采用外排水系统时，雨水管道不宜设置在建筑北侧；若无法避免设置在建筑北侧时，不应设置横管，且立管不应中途转弯。

（4）高跨雨水流至低跨屋面，当高差在一层及以上时，宜采用管道引流，并防止对屋面形成冲刷。

（5）严寒地区的雨水斗和天沟宜考虑电热丝融雪化冰措施，电热丝的具体设置可与供应商共同商定。

（6）雨水管道在工业厂房中一般为明装；在民用建筑中可敷设在楼梯间、阁楼或吊顶内，并应采取防结露措施。

（7）下列部位不得设置雨水管道：

① 住宅套内；

② 对生产工艺或卫生有特殊要求的生产厂房内，食品和贵重商品仓库、通风小室、电气机房和电梯机房内；

③ 结构板或结构柱内；

④ 工业厂房的高温作业区不得布置塑料雨水管道。

（8）雨水管道不宜穿过伸缩缝、变形缝、沉降缝、风道和烟道，当必须穿过伸缩缝、沉降缝和变形缝时，应采取相应技术措施。

（9）塑料雨水管道穿墙、楼板或有防火要求的部位时，应按国家现行有关标准的规定设置防火措施。

（10）雨水横管和立管（金属或塑料材质）当其直线长度较长或伸缩量超过 25mm 时，应设伸缩器或管接口可伸缩。伸缩器的设置参考给水部分。

17.1.6　雨水斗和连接管安装

1. 雨水斗的安装要求

（1）屋面内排水系统应设置雨水斗，雨水斗应有权威机构测试的水力设计参数，比如排水能力（流量）、对应的斗前水深等。

（2）布置雨水斗的原则是雨水斗的服务面积应与雨水斗的排水能力相适应。雨水斗间距的确定还应能使建筑专业实现屋面的设计坡度。

（3）寒冷地区雨水斗应设在冬季易受室内温度影响的屋顶范围内。

（4）雨水斗位置应根据屋面汇水结构承载、管道敷设等因素确定。应设于汇水面的最低处，且应水平安装。

（5）种植屋面上设置雨水斗时，雨水斗宜设置在屋面结构板上，雨水斗上方设置带雨水箅子的雨水口，并应有防止种植土进入雨水斗的措施。

（6）当不能以伸缩缝或沉降缝为屋面雨水分水线时，应在缝的两侧各设一个雨水斗。

（7）雨水斗与屋面连接处必须做好防水处理。

2. 连接管的安装要求

（1）雨水斗连接管应牢固地固定在梁、桁架等承重结构上。

（2）变形缝两侧雨水斗的连接管，如合并接入一根立管或悬吊管上时，应设置伸缩器或金属软管。

17.1.7 管道安装

1. 悬吊管、横干管的安装要求

（1）管道不得设置在精密机械、设备以及遇水会产生危害的产品及原料的上方，否则应采取预防措施。

（2）内排水系统应设悬吊管，悬吊管应沿墙、梁或柱悬吊并与之固定。

（3）管道不得敷设在遇水会引起燃烧、爆炸的原料、产品或设备的上方。

2. 立管的安装要求

（1）立管宜沿墙、柱明装，有隐蔽要求时，可暗装于墙槽或管井内，并应留有检查口或门。

（2）在民用建筑中，立管宜设在楼梯间、管井、走廊或辅助房间内。

（3）在立管的底部弯管处应设支墩或采取牢固的固定措施。

3. 排出管和埋地管的安装要求

（1）埋地管的埋设深度，在民用建筑中不得小于 0.15m。

（2）地下室横管转弯处应设置支墩或采取固定措施。

（3）埋地雨水管道不得布置在可能受重物压坏处或穿越生产设备基础。

（4）排出管穿越基础墙应预留墙洞，可参照排水管道的处理方法。有地下水时应做防水套管。

17.1.8 屋面集水沟（包括边沟）设置

屋面集水沟含天沟和边沟，主要设计内容包括设置场所、集水沟技术要求和防渗透措施，见表17-7。

表 17-7　屋面集水沟(包括边沟)设置

项　目	设　计　要　求
应设置场所	(1) 当坡度大于 5% 的建筑屋面采用雨水斗排水时,应设集水沟收集雨水。 (2) 下列情况宜设置集水沟: ① 需要屋面雨水径流长度和径流时间较短时; ② 需要减少屋面的坡向距离时; ③ 需要降低屋面积水深度时; ④ 需要在坡屋面雨水流动的中途截留雨水时
集水沟设计	(1) 多跨厂房宜采用集水沟内排水或集水沟两端外排水;当集水沟较长时,宜采用两端外排水及中间内排水。 (2) 当瓦屋面有组织排水时,集水沟宜采用成品檐沟。 (3) 集水沟不应跨越伸缩缝、沉降缝、变形缝和防火墙。 (4) 天沟、边沟的结构应根据建筑、结构设计要求确定,可采用钢筋混凝土、金属结构。 (5) 天沟宽度不宜小于 300mm,并应满足雨水斗安装要求,坡度不宜小于 0.003。 (6) 当天沟坡度小于 0.003 时,雨水出口应为自由出流。 (7) 天沟的深度应在设计水深上方留有保护高度。 (8) 天沟的设计水深应根据屋面的汇水面积、天沟坡度、天沟宽度、屋面构造和材质、雨水斗的斗前水深、天沟溢流水位确定。排水系统有坡度的檐沟、天沟分水线处最小有效深度不应小于 100mm。 (9) 天沟长度一般不超过 50m,经水力计算确能排出设计流量时,可超过 50m。 (10) 天沟宜设置溢流设施,溢流口与天沟雨水斗及立管的连接方式见图 17-10
防水措施	(1) 当天沟、边沟为混凝土构造时,应设置雨水斗与防水卷材或涂料衔接的止水配件,雨水斗空气挡罩、底盘与结构层之间应采取防水措施。 (2) 当天沟、边沟为金属材质构造,且雨水斗底座与集水沟材质相同时,可采用焊接或密封圈连接方式;当雨水斗底座与集水沟材质不同时,可采用密封圈连接,不应采用焊接。 (3) 密封圈应采用三元乙丙橡胶(EPDM)、氯丁橡胶等密封材料,不宜采用天然橡胶。 (4) 金属沟与屋面板连接处应采取可靠的防水措施

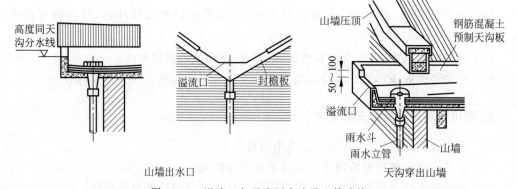

图 17-10　溢流口与天沟雨水斗及立管连接

17.2　建筑雨水排水系统的水气运动规律

　　雨水从屋面暴露于大气中的雨水斗通过管道输送到与大气接触的雨水井或地面,其间没有能量输入,水体的这种流动通常称为重力流动。屋面雨水进入雨水斗时,会夹带一部分空气进入雨水管道,所以,雨水管道中泄流的是水、气两种介质。降雨历时、汇水面积和天沟水深影响了雨水斗斗前的水面深度,雨水斗斗前水面深度又决定了进气口的大小和进入雨水管道的相对空气量的多少,进入雨水管道的相对空气量的多少直接影响管道内的压力波动和水流状态,随着雨水斗斗前水深的不断增加,输水管道中会出现重力无压流、重力半有压流和压力流(虹吸流)三种流态。这些变化受到天沟距埋地管的位置高度,天沟水深,悬吊管的管径、坡度、长度,以及立管管径等诸多因素的影响。其变化规律是合理设计雨水排水系统的依据。

17.2.1 单斗雨水排水系统

降雨开始后,降落到屋面的雨水沿屋面径流到天沟,再沿天沟流到雨水斗。随降雨历时的延长,雨水斗斗前水深不断增加,如图 17-11 所示。进气口不断减小,系统的泄流量 Q、压力 P 和掺气比 K 随之发生变化,如图 17-12 所示。掺气比是指进入雨水斗的空气量与雨水量的比值。按降雨历时,系统的泄流状态可分为三个阶段:降雨开始到掺气比最大的初始阶段($0 \leqslant t < t_A$)、掺气比最大到掺气比为零的过渡阶段($t_A \leqslant t < t_B$)和不掺气的饱和阶段($t \geqslant t_B$)。

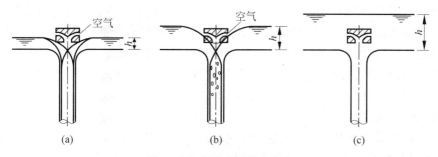

图 17-11 雨水斗前水流状态

(a)初始阶段;(b)过渡阶段;(c)饱和阶段

1. 初始阶段($0 \leqslant t < t_A$,$a < 1/3$)

1)悬吊管与立管

雨水由连接管进入悬吊管后,因泄水量较小,管内是充满度很小(< 0.37)的非满流,呈现有自由水面的波浪流、脉动流、拉拨流,水面上的空气经连接管和雨水斗与大气自由流通,悬吊管内压力变化很小。立管管径与连接管管径相同,立管内也是附壁水膜流。因立管内雨水流速大于悬吊管内的流速,雨水会夹带一部分空气向下流动,其空间会由经雨水斗、连接管、悬吊管来的空气补充,所以,立管内压力变化也很小。

2)雨水斗和连接管

在初始阶段,降雨刚刚开始,只有少部分汇水面积上的雨水汇集到雨水斗,天沟水深较浅。随着汇水面积的增加,天沟水深增加较快,雨水斗泄流量也增加较快。但泄流量和水深的增长速度变缓。在这一阶段,因天沟水深较浅,雨水斗大部分暴露在大气中,雨水斗斗前水面稳定,进气面积大,而泄水量较小,所以掺气比急剧上升,如图 17-11(a)所示。因泄水量较小,充水率 $a < 1/3$,雨水在连接管内呈附壁流或膜流,管中心空气

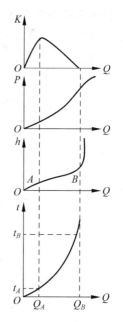

Q—泄流量;K—掺气比;

P—管内负压;h—雨水斗前水深

图 17-12 雨水斗性能

畅通,管内压力很小且变化缓慢,约等于大气压力。

3)埋地干管

因管径、泄水量与悬吊管相同,排出管和埋地干管内的流态与悬吊管相似,也是充满度很小有自由水面的波浪流、脉动流,系统内压力变化很小。

由以上分析可以看出,单斗雨水系统的初始阶段,雨水排水系统的泄流量小,管内气流畅通,压力稳定,雨水靠重力流动,是水气两相重力无压流。

2. 过渡阶段$(t_A \leqslant t < t_B, 1/3 \leqslant a < 1)$

1)雨水斗和连接管

在过渡阶段,随着汇水面积增加,雨水斗斗前水深逐渐增加,因泄流量随水深增加而加大,所以这个阶段水深增加缓慢,与泄流量近似呈线性关系。因泄流量逐渐增加,管内充水率增加,而管道断面积固定不变,所以,泄流量的增长速率越来越小。由于地球引力、大气压力和地球自转切力的共同作用,当天沟的水深达到一定高度时,在雨水斗上方会自然生成漏斗状的立轴旋涡,雨水斗斗前水面波动大,如图17-11(b)所示。随着雨水斗前水位的上升,漏斗逐渐变浅,旋涡逐渐收缩,雨水斗进气面积和掺气量逐渐减小,而泄流量增加,所以掺气比急剧下降,致使掺气比为零。因泄水量增加和掺气量减少,管内频繁形成水塞,出现负压抽力,管内压力增加较快。

2)悬吊管与立管

连接管内频繁形成水塞的气水混合流进入悬吊管后流速减小,雨水与夹带的空气充分混合,形成没有自由水面的满管气泡流、满管气水乳化流,管内压力波动大。悬吊管的水头损失迅速增加,因可利用的水头几乎不变,所以管内负压不断增大。由单斗雨水系统压力实测资料可得单斗雨水排水系统管内压力分布示意图,如图17-13所示。从中可以得出,悬吊管起端呈正压,悬吊管末端和立管的上部呈负压,在悬吊管末端与立管连接处负压最大。气水混合物流入立管后,由横向流动变成竖向流动,流速增加,但不足部分不能由空气来补充。为达到平衡,气体抽吸悬吊管内的水流,水气紊流混合,形成气泡流、气水乳化流和水塞流。

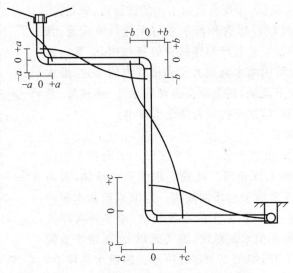

图 17-13　单斗系统管内压力分布示意图

随着雨水沿立管向下流动,可利用的水头迅速增加,其速度远大于管道水头损失的增加速度,立管内的负压值迅速减小,至某一高度时压力为零。再向下管内压力为正,压力变化曲线近似呈线性关系,其斜率随泄流量增加而减小,零压点随泄流量增加而上移,满流时零压点的位置最高。因横干管内的流速比立管内流速小,水气在立管下部进行剧烈的能量交换,水气完全混合,所以立管底部正压力达到最大值。

3)埋地干管

高速夹气水流进入密闭系统的埋地管后,流速急骤减小,其动能的绝大部分用于克服水流沿程阻力,转变为水壅,形成水跃,水流波动剧烈,是使立管下半部产生正压的主要原因。水中夹带的气体随水流向前运动的同时,受浮力作用作垂直运动扰动水流,使水流掺气现象激烈,形成满管的气水乳化流,导致水流阻力和能量损失增加。

水流在埋地横管内向前流动过程中,水中气泡的能量减小,逐渐从水中分离出来,聚积在管道断面上部形成气室,并具有一定压力,作用在管道内雨水液面上。虽然气室占据了一定的管道断面积,使管道过水断面减小,但同时有压力作用在水面上,水力坡度不再仅是管道坡度一项,还有液面压力产生的水力坡度,这又增加了埋地管的排水能力。

对于敞开式内排水系统,立管或排出管中的高速水流冲入检查井,流速骤减,动能转化成势能,使检查井内水位上升。同时,夹气水流在检查井内上下翻滚,使井内水流旋转紊乱,阻挠水流进入下游埋地管。水中夹带的气体与水分离,在井内产生压力。在埋地管起端,因管径小,检查井内的雨水极易从井口冒出,造成危害。

由以上分析可以看出,单斗雨水系统的过渡阶段的泄流量较大,管内气流不畅通,管内压力不稳定,变化大,雨水靠重力和负压抽吸流动,是水气两相重力半有压流。

3. 饱和阶段($t \geq t_B$,$a=1$)

1)雨水斗和连接管

到 t_B 时刻时,变成饱和阶段。这时天沟水深淹没雨水斗,雨水斗上的漏斗和旋涡消失,如图 17-11(c)所示。不掺气,管内满流。因雨水斗安装高度不变,天沟水深增加所产生的水头不足以克服因流量增加在管壁上产生的摩擦阻力,泄流量达到最大,基本不再增加。此时天沟水深急剧上升,泄水主要由负压抽力进行,所以雨水斗和连接管内为负压。

2)悬吊管与立管

因雨水斗完全淹没不进气,所以悬吊管、立管和埋地横干管内都是水一相流,受势能和系统管路压力损失的制约,悬吊管起端管内压力可能是负压也可能是正压。随悬吊管的延伸,管内压力逐渐减小,负压值增大,至悬吊管与立管的连接处负压值最大,形成虹吸。立管内的压力变化规律与过渡阶段末端相似,由负压逐渐增加到正压。在立管与埋地管连接处达到最大正压。

3)埋地干管

雨水进入埋地干管向前流动过程中,水头损失不断增加,而可利用水头 H 不变,所以,埋地干管正压值逐渐减少,至室外雨水检查井处压力减为零,从屋面雨水斗斗前的进水水面至埋地干管排出口的总高度差(即有效作用水头 H)全部用尽。

由以上分析可以看出,单斗雨水系统饱和阶段的雨水斗完全淹没,管内满流不掺气,雨水排水系统的泄流量达到最大,雨水主要靠负压抽吸流动,是水一相压力流。通过以上对单斗雨水排水系统各个组成部分的水流状态、压力变化规律和泄水量大小的分析可知,压力流状态下系统的泄流量最大,重力流时泄流量最小。在重力半有压流和压力流状态下,雨水排水系统的泄水能力取决于天沟位置高度、天沟水深、管道摩阻力及雨水斗的局部阻力。其中主要取决于天沟位置高度,雨水斗离排出管的垂直距离越大,产生的抽力越大,泄水能力也就越大。系统最大负压在悬吊管与立管的连接处,最大正压在立管与埋地横干管的连接处。

17.2.2 多斗雨水排水系统

1. 初始和过渡阶段

一根悬吊管上连接两个或两个以上雨水斗的雨水排水系统为多斗雨水系统,这些雨水斗都与大气相通,当雨水斗斗前水深较浅时,从连接管落入悬吊管的雨水产生向下冲击力,在连接管与悬吊管的连接处水流呈八字形,向上游产生回水壅高;对上游雨水的排放产生阻隔和干扰作用,使上游雨水斗的泄水能力减小。回水线长度与管径、坡度、泄流量及管内压力有关。初始阶段泄流量小,管内空气流通,气压稳定,回水线长,随泄流量的增加,管内产生负压抽吸,雨水在重力半有压流状态下流动时回水线缩短。在初始和过渡阶段,多斗雨水系统中雨水斗之间相互干扰的大小与悬吊管上雨水斗的个数、各雨水斗的间距及雨水斗离排水立管的远近有关。即使每个雨水斗的直径和汇水面积都相同,其泄流量也是不同的。图 17-14 所示为立管高度为 4.2m、天沟水深为 40mm 时多斗雨水排水系统泄流量的实测资料,图中数据为泄流量,单位为 L/s。

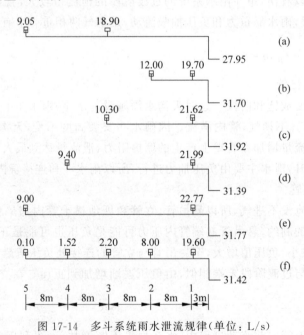

图 17-14 多斗系统雨水泄流规律(单位:L/s)

由图中的数据可以看出,距立管近的雨水斗泄水能力大,距立管远的雨水斗泄水能力小。这是因为沿水流方向悬吊管内的负压值逐渐增大,距立管近的雨水斗受到的负压抽吸作用大,由雨水斗流到立管的水头损失小,所以泄流能力大;而距立管远的雨水斗受到的负压抽吸作用小,且排水流程长,水流阻力大,还受到近立管处的雨水斗排泄流量的阻挡和干扰,泄流能力小。

因距立管远的雨水斗泄水能力小,该雨水斗处天沟水位上升快,雨水斗可能淹没。为防止屋顶溢水,天沟水深不可能无限增高,所以近立管雨水斗不可能淹没。这样近立管雨水斗泄水时总要掺气,立管内呈水气两相流。

在设两个雨水斗,且近立管雨水斗至立管距离相等的情况下(图17-14(b)、(c)、(d)、(e)),总泄流量基本相同。随着两个雨水斗间距的增加,近立管雨水斗泄流量逐渐增加,远离立管雨水斗泄流量逐渐减小,但变化幅度不大。

当两个雨水斗间距相同如图17-14中的(a)与(c),至立管距离不同时,两个雨水斗泄流量的比值基本相同(18.9/9.05≈2.09,21.62/10.30=2.10)。但两种情况总泄流量不同,距立管越近,总泄流量越大。

若1根悬吊管上连接5个雨水斗时(图17-14(f)),各个雨水斗泄流量变化很大。离立管越远,泄流量越小,5个雨水斗泄流量之比为1:15:22:80:196。距离立管最近的两个雨水斗泄流量之和已占总泄流量的87.8%,第3个及其以后的雨水斗形同虚设。

比较图17-14(b)、(f)两种情况还可以看出,近立管雨水斗泄流量和总泄流量基本相同,图17-14(f)中其余4个雨水斗泄流量之和(11.82L/s)比图17-14(b)中离立管较远的一个雨水斗的泄流量(12L/s)还小。

通过以上分析可以得出下列结论:重力半有压流的多斗雨水排水系统中,一根悬吊管连接的雨水斗不宜过多,雨水斗之间的距离不宜过大,近立管雨水斗应尽量靠近立管。

2. 饱和阶段

在饱和阶段,多斗雨水排水系统的每个雨水斗都被淹没,空气不会进入系统,系统内为水一相流,悬吊管和立管上部负压值达到最大,抽吸作用大,下游雨水斗的泄流不会向上游回水,对上游雨水斗排水产生的阻隔和干扰很小,各雨水斗的泄流量相差不多。系统内水流速度大,泄流量远大于初始和过渡阶段的重力流和重力半有压流。

下游某雨水斗到悬吊管的距离小于上游雨水斗到这一点的距离,为保持该处压力平衡,应增加下游雨水斗到悬吊管的水头损失。因悬吊管和立管上部负压值很大,为保证安全,防止管道损坏,应选用铸铁管或承压塑料管。

17.3 雨水排水系统的水力计算

17.3.1 雨水量计算

屋面雨水量的大小是设计雨水排水系统的依据,其值与该地暴雨强度 q、汇水面积 F 以及径流系数 ψ 有关。

1. 雨水设计流量

雨水设计流量按以下公式计算:

$$q_y = \frac{q_j \psi F_w}{10000}$$

(17-1)

式中,q_y——设计雨水流量,L/s,当采用坡度大于 2.5%的斜屋面或采用内檐沟集水时,设
计雨水流量应乘以系数 1.5;

q_j——设计暴雨强度,L/(s·hm²);

ψ——径流系数;

F_w——汇水面积,m²。

不同表面的径流系数如表 17-8 所示。

表 17-8 不同表面的径流系数

表 面 种 类	径 流 系 数	表 面 种 类	径 流 系 数
屋面	0.9	干砌块、石及碎石路面	0.4
混凝土和沥青路面	0.9	非铺砌的土路面	0.3
块石等铺砌路面	0.6	绿地	0.15
级配碎石路面	0.45		

2. 降雨强度

1)降雨强度公式

各地降雨强度公式可在室外排水设计手册中查到,如无各地降雨强度公式或不能满足
要求时,可根据当地雨量记录进行推算或借用邻近地区的各地降雨强度公式进行计算。

2)设计重现期

建筑雨水系统的设计重现期见表 17-9。

表 17-9 各种汇水区域的设计重现期

汇水区域的名称		设计重现期/a
屋面	一般性建筑	5
	重要公共建筑	≥10
室外场地	居住小区	3~5
	车站、码头、机场的基地	5~10

重力流雨水系统的设计重现期宜选取表中的低限值,该系统经过多年的运行实践,表明
溢流事故很少发生,超设计重现期的雨水,该系统也能排走。

3)降雨历时

屋面雨水排水管道设计降雨历时按 5min 计算。

居住小区雨水管道的降雨历时按下式计算:

$$t = t_1 + t_2 \tag{17-2}$$

式中,t——降雨历时,min;

t_1——地面集水时间,min,视距离长短、地形坡度和地面铺盖情况而定,可选用
5~10min;

t_2——排水管内雨水流行时间,min。

3. 汇水面积 F

屋面雨水汇水面积较小,一般以 m² 为单位计算。汇水面积应按地面、屋面水平投影面

积计算。考虑到大风作用下雨水倾斜降落的影响,对于高出屋面的侧墙及窗井,应将其垂直墙面积的 1/2 计入屋面汇水面积。窗井、贴近高层建筑外墙的地下汽车库出入口坡道和高层建筑裙房屋面的雨水汇水面积,应附加其高出部分侧墙面积的 1/2。

17.3.2 建筑物雨水系统设计计算

1. 单斗系统

根据屋面坡向和建筑物立面要求情况,按经验布置立管,划分并计算每根立管的汇水面积,再计算出系统的设计流量。

单斗系统的雨水斗、连接管、悬吊管、立管、排出横管的口径均相同,系统的设计流量不应超过表 17-10 中的数值。

表 17-10 单斗系统的最大设计排水能力

口径/mm	75	100	150	200
排水能力/(L/s)	8	16	32	52

2. 多斗系统雨水斗

悬吊管上具有一个以上雨水斗的多斗系统,雨水斗的设计流量根据表 17-11 取值。最远端雨水斗的设计流量不得超过表中数值。在实际设计中,建议以最远斗为基准,其他各斗的设计流量依次比上游斗递增 10%,但到第 5 个斗时,设计流量不再增加。

表 17-11 87 型和 65 型雨水斗的设计流量

口径/mm	75	100	150	200
排水能力/(L/s)	8	12	26	40

3. 多斗系统悬吊管

多斗系统悬吊管的排水能力按下式近似计算(其中充满度 h/D 不大于 0.8):

$$Q = vA \tag{17-3}$$

$$v = \frac{1}{n} R^{\frac{2}{3}} I^{\frac{1}{2}} \tag{17-4}$$

$$I = (h + \Delta h)/L \tag{17-5}$$

式中,Q——排水流量,m^3/s;

v——流速,m/s;

A——水流断面积,m^2;

n——管道粗糙系数;

R——水力半径,m;

I——水力坡度;

h——悬吊管末端的最大负压,mH_2O,取 $0.5mH_2O$;

Δh——雨水斗和悬吊管末端的几何高差,m;

L——悬吊管的长度,m。

悬吊管的管径应根据各雨水斗流量之和确定,并保持不变。

铸铁和钢管的设计负荷按表 17-12 选取,表中 $n=0.014$,$h/D=0.8$。各种塑料管的设计负荷按表 17-13 选取,表中 $n=0.01$,$h/D=0.8$。

表 17-12　多斗悬吊管(铸铁、钢管)的最大排水能力　　　　　　　　　　L/s

水力坡度 I \ 管径/mm	75	100	150	200	250
0.02	3.07	6.63	19.55	42.10	76.33
0.03	3.77	8.12	23.94	51.56	93.50
0.04	4.35	9.38	27.65	59.54	107.96
0.05	4.86	10.49	30.91	66.57	120.19
0.06	5.33	11.49	33.86	72.92	132.22
0.07	5.75	12.41	36.57	78.76	142.82
0.08	6.15	13.26	39.10	84.20	142.82
0.09	6.52	14.07	41.47	84.20	142.82
≥0.10	6.88	14.83	41.47	84.20	142.82

表 17-13　多斗悬吊管(塑料管)的最大排水能力　　　　　　　　　　L/s

坡度 I \ 管径×管壁厚/(mm×mm)	90×3.2	110×3.2	125×3.7	160×4.7	200×5.9
0.02	5.76	10.20	14.30	27.66	50.12
0.03	7.05	12.49	17.51	33.88	61.38
0.04	8.14	14.42	20.22	39.12	70.87
0.05	9.10	16.13	22.61	43.73	79.24
0.06	9.97	17.67	24.77	47.91	86.80
0.07	10.77	19.08	26.75	51.75	93.76
0.08	11.51	20.40	28.60	55.32	100.23
0.09	12.21	21.64	30.34	58.68	100.23
≥0.10	12.87	22.81	31.98	58.68	100.23

4. 多斗系统立管

多斗系统立管(金属和非金属)的排水能力按表 17-14 选取,其中低层建筑不应超过上限值。

表 17-14　多斗系统立管的最大排水能力

管径/mm	75	100	150	200	250	300
排水能力/(L/s)	10～12	19～25	42～75	75～90	135～155	220～240

5. 排出管和其他横管

重力流屋面雨水排水管系的埋地管可按满流设计,管内流速不宜小于 0.75m/s。居住小区雨水管道宜按满管重力流设计。排出管的管径根据系统的总流量确定,并且从起始点不宜变径。若排出管在出建筑外墙时流速大于 1.8m/s,管径应放大。

17.3.3 天沟外排水设计计算

天沟外排水设计计算应根据土建要求,设计天沟的形式和断面尺寸,确定天沟汇水长度。为了增大天沟流量,天沟断面形式应多采用水力半径大、湿周小的宽而浅的矩形或梯形,具体尺寸应由计算确定。天沟起点水深不小于80mm。对于粉尘较多的厂房,考虑到积灰占去部分容积,应适当增大天沟断面,以保证天沟排水畅通;此外,为了使排水安全可靠,天沟应有不小于100mm的保护高度。

屋面天沟为明渠排水,天沟水流流速可按明渠均匀流公式计算:

$$v = \frac{1}{n} R^{\frac{2}{3}} I^{\frac{1}{2}} \tag{17-6}$$

式中,v——天沟水流速度,m/s;

n——天沟粗糙度系数,与天沟材料及施工情况有关,见表17-15;

R——水力半径,m;

I——天沟坡度,$I \geqslant 0.003$。

表 17-15 各种抹面天沟 n 值

天沟壁面材料	n	天沟壁面材料	n
水泥砂浆光滑抹面	0.011	喷浆护面	0.016~0.021
普通水泥砂浆抹面	0.012~0.013	不整齐表面	0.020
无抹面	0.014~0.017	豆砂沥青玛蒂脂表面	0.025

天沟的设计计算是指土建专业根据屋面结构要求确定天沟的形式和断面尺寸,需要计算天沟的排水能力,其设计计算步骤如下:

(1) 确定屋面分水线,计算每条天沟的汇水面积 F_w。

(2) 计算天沟过水断面积 w。

(3) 利用式(17-6)计算天沟水流速度 v。

(4) 求天沟允许泄流量,$q_r = wv$。

(5) 确定设计重现期,计算 5min 暴雨强度 q_j。

(6) 计算汇水面积 F_w 上的雨水量 q_y。比较 q_y 与 q_r,检验重现期是否满足。计算允许汇水面积 F,根据汇水区域的宽度 B,求出天沟允许长度 L,与实际天沟长度比较。

(7) 根据雨水量 q_y,查表确定立管管径。

另一种情况是在已确定天沟长度、暴雨强度重现期的情况下,计算确定天沟形式和断面尺寸,提交给土建专业。设计计算步骤如下:

(1) 根据暴雨强度重现期计算暴雨强度;

(2) 确定屋面分水线,计算每条天沟的汇水面积 F_w;

(3) 计算雨水量 q_y;

(4) 初步确定天沟形式和断面尺寸;

(5) 计算天沟泄流量,$q_r = wv$;

(6) 比较 q_y 与 q_r,若 $q_r < q_y$,应增加天沟的宽或深,重复第(5)和(6)步,直至 $q_r \geqslant q_y$;

(7) 根据雨水量 q,查表确定立管管径。

例 17-1 已知某厂房全长 96m，天沟布置如图 17-15 所示。天沟为矩形，沟宽 $B=0.4$m，积水深度 $H=0.08$m，天沟坡度 $I=0.006$，天沟表面铺设豆石，$n=0.025$。验证天沟设计是否合理；若已知该厂房采用多斗内排水系统，试进行水力计算。

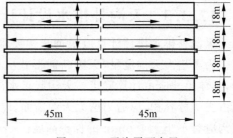

图 17-15　天沟平面布置

解

1. 验证天沟是否合理

（1）每条天沟的汇水面积

$$F = 24\text{m} \times 24\text{m} = 576\text{m}^2 \tag{17-7}$$

边沟的汇水面积只有 288m² ，为方便起见，后面的计算都按照 576m² 考虑。

（2）天沟过水断面积

$$w = BH = 0.4\text{m} \times 0.08\text{m} = 0.032\text{m}^2 \tag{17-8}$$

（3）天沟水力半径

$$R = \frac{w}{B+2H} = \frac{0.032}{0.4+2\times0.08}\text{m} \approx 0.0571\text{m} \tag{17-9}$$

天沟水流速度

$$v = \frac{1}{n}R^{\frac{2}{3}}I^{\frac{1}{2}} = \frac{1}{0.025} \times 0.0571^{\frac{2}{3}} \times 0.006^{\frac{1}{2}}\text{m/s} \approx 0.459\text{m/s} \tag{17-10}$$

（4）天沟允许泻流量

$$q_T = wv = 0.032 \times 0.459\text{m}^3/\text{s} = 0.0147\text{m}^3/\text{s} = 14.7\text{L/s} \tag{17-11}$$

（5）每条天沟汇水面积 F 上的雨水设计流量

该工厂按一般性建筑屋面考虑，设计重现期取 3 年。

计算设计雨水量 q_y ，径流系数取 $\psi=0.9$ 。

设计重现期为 1 年时，$q_1=6.43$L/s；

设计重现期为 2 年时，$q_2=9.28$L/s；

设计重现期为 3 年时，$q_3=10.94$L/s；

比较 q_y 与 q_r 可知，设计的天沟可以满足设计重现期为 3 年时的雨水量。

2. 雨水内排水系统计算

（1）5min 小时降雨强度

重现期 $P=3$a 时，

$$q_j = 211 \times 10^{-4}\text{L/(s}\cdot\text{m}^2\text{)}, \quad F_w = 24\text{m} \times 24\text{m} = 576\text{m}^2$$

（2）设计雨水量

$$q_y = \psi q_j F_w = 0.9 \times 211 \times 10^{-4} \times 576\text{L/s} \approx 10.94\text{L/s} \tag{17-12}$$

1、2 号雨水斗 $F_w=576$m² 的多斗系统，选用 DN100 的雨水斗，排水能力为 12L/s。同样计算得，3 号雨水斗的 $F_w=288$m² ，$q_y=5.49$L/s，选用 DN75 的雨水斗。

（3）连接管管径

连接管采用与雨水斗相同的管径，即 1、2 号雨水斗连接管采用 $d_{1-A}=d_{1-B}=100$mm，

3 号雨水斗连接管采用 $d_{1-C} = 75\text{mm}$。

（4）悬吊管管径

悬吊管采用塑料管，坡度取 0.03。

悬吊管 AB、BC 段设计排水量分别为 10.94L/s、21.88L/s。AB、BC 管段分别采用 $d_{A-B} = 110\text{mm}$，$d_{B-C} = 160\text{mm}$。

（5）立管管径

立管负担总排水量为 27.37L/s，立管管径应取 DN150。

但按规范规定，立管管径不得小于悬吊管管径，由于悬吊管取 DN160，故选择立管管径为 DN160。

（6）排出管

排出管管径与立管管径相同，取 DN160。

（7）埋地管管径

埋地管采用铸铁管，坡度取 0.005，按满流进行计算，计算结果见表 17-16。

表 17-16　埋地管计算表

管段编号	设计流量/ (L/s)	管径/mm	管道流速/ (m/s)	i/(kPa/m)	管长/m	h_y/kPa
$E—F$	27.37	200	0.87	0.068	24	1.64
$F—G$	54.74	250	1.12	0.083	24	1.99
$G—H$	82.11	300	1.16	0.072	24	1.74
$H—I$	82.11	300	1.16	0.072	30	2.17

按最大流量考虑，$\sum h_y = 7.54\text{kPa}$，管路总水头损失为 $1.3 \sum h_y = 9.80\text{kPa}$。

第18章

特殊排水系统

18.1 特殊排水系统的类型

排水系统可根据建筑物中各类污废水输送的动力来源分为重力流管道排水和压力流管道排水。当建筑物中污废水无法靠重力自流排至室外总排水管道时,可采用压力排水方式或真空排水方式。根据建筑物中各类污废水的污染来源,还可以分为灰水(洗涤废水)、黄水(尿液废水)、褐水(粪便污水)和黑水(粪便与尿液混合排放污水),这种方式称为源分离排水系统。

18.2 压力排水

1. 集水池最小有效容积

建筑物内不能自流排出的情形,通常有两类:第一类,地下室排水;第二类,公共建筑物底层面积大,出户管长,坡降深,多幢建筑地下室连成一大片,地下室顶板上做景观绿化。建筑物上部排水管若从地下室顶板上出户,覆土深度不够,若从地下室顶板梁底下出户,标高又太深。遇到这两类情形的排水问题,有效途径是设集水池、排水泵,采用压力排放方式。

地下室排水集水池的最小有效容积应视排水内容确定。粪便污水宜单独设置。

1)卫生间集水坑

有效容积应不小于最大一台排水泵运行5min的流量。有效高度不低于1m,集水坑超高不少于0.5m。如图18-1所示为集水坑潜水泵安装图。

2)机房集水坑

(1)水泵房:集水坑最小容积可取3min蓄水池(箱)溢流量,即生活水池(箱)进水流量。有消防泵时,应比较其试车排水流量大小,取两者之中排水流量较大的一种,作为集水坑容积的计算依据。

(2)水处理机房:游泳池机房可取游泳池8h排放的平均流量,或取过滤设备的反冲洗流量,当过滤器反冲洗水无条件排至室外时,取其中较大的排水量作为集水坑容积的计算依据。大多数情况下水处理机房以反冲洗流量为较大排水流量。

(3)冷冻机房等其他地下机房,其排水主要用于设备管道的检修,集水池有效容积的确

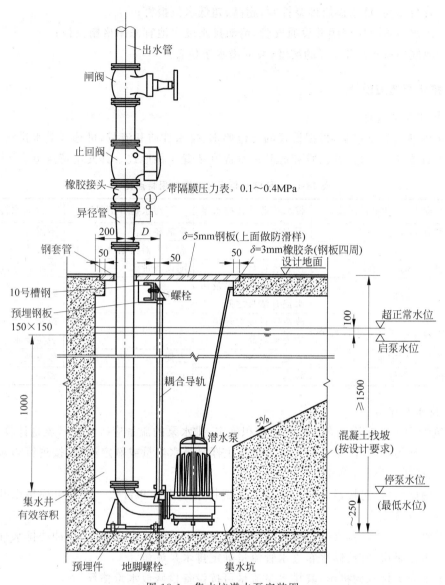

图 18-1 集水坑潜水泵安装图

定方法为：取平面面积 $2\sim3m^2$，深度为 1.5m。

3）地上排水系统集水池

出户管太长、坡降太深导致无法接至室外排水管道或市政排水检查井所设置的集水池，其容积宜取地上部分排水系统 5～15min 的设计秒流量。

4）地下室排水集水坑参考尺寸

一般无特殊排水要求时，地下室集水坑平面尺寸可取 1.5m×2.0m，深度为 1.5m；有大流量排水时，如一类高层建筑消防泵试车集水坑平面尺寸可取 2.0m×2.5m，深度为 2m。

5）集水池设计要求

（1）满足构造要求，不渗漏，耐腐蚀；

（2）满足有效容积尺寸；

（3）有自动高、低水位启停泵控制,超高、超低水位报警;

（4）污水池盖板应密闭并设通气管,清洁排水废水池宜采用格栅盖板;

（5）池底应有不小于 5% 的坡度,坡向潜水泵位置。

2. 排水泵选型设计

1）排水泵的选择

建筑内使用的排水泵,根据设置的部位要求、排水性质和流量,可选择潜水排污泵、带水箱的外置排水泵、污水提升洁具和成品污水提升装置 4 种形式。其使用特点见表 18-1。

表 18-1　4 种排水泵提升装置使用特点比较

比较内容	潜水排污泵	带水箱的外置排水泵	污水提升洁具	成品污水提升装置
土建集水池	需要	不需要	不需要	不需要
设置部位	固定	较灵活	和卫生器具结合在一起	较灵活
电气控制	需另行配置	控制装置自带	随设备带来	控制装置自带
噪声	较低	介于潜水排污泵及污水提升洁具之间	较高	较低
适用场所	土建池有条件建造	改造项目或对环境卫生要求较高	无条件设集水池	改造项目或对环境卫生要求较高
维护保养	较困难	方便	方便	较方便
设备造价	较低	较高	较高	较高

2）排水泵流量

建筑物内集水池绝大多数按最小容积确定,排水泵的流量应按设计秒流量计算。

（1）生活污水系统,排水泵流量可按卫生器具排水当量或额定流量,按现行给水排水设计规范规定的公式计算确定。

（2）消防泵房,可按最大消防泵流量配置排水泵流量和台数。消防电梯集水井排水泵流量应不小于 10L/s。

（3）水处理机房,排水泵流量可按处理设备最大一次排水流量（如反冲洗排水）确定。

（4）生活泵房,宜按储水箱进水管流量确定排水泵流量。

（5）平时无排水的机房,其排水泵流量可按设备检修放水量估算。

3）排水泵扬程计算

其计算公式为

$$H = 1.1 \times (H_1 + H_2 + H_3) \tag{18-1}$$

式中,H_1——集水池（井）底至出水管排出口的几何高差,m;

H_2——排水泵吸水管与出水管的水头损失,m;

H_3——自由水头,m,取 2~3m。

排水泵吸水管和出水管流速不应小于 0.7m/s,且不宜大于 2m/s。

4）排水泵的台数

生活污水、机房排水和消防排水泵通常以每一个排水集水池（井）为单元,设置 2 台,1 台工作,1 台备用,平时交互运行。水泵房或排水流量较大的重要部位,为避免设大容积集水池,宜选用 3 台泵,2 用 1 备。一般设备机房、车库地面排水,当排水沟连通集水井时,也可不设备用泵。

5）排水泵出水管管径

大型地下室,排水泵数量很多,少则 20～30 台,多则 50～60 台。为减少排出管数量,可把排水性质相同和扬程相近的排水泵出水管合并设置,合并排出管流量可按其中最大一台排水泵加上 0.4 倍其余排水泵的流量之和确定。须注意的是,每台排水泵出口应设质量可靠的止回阀和阀门,或采用排水横干管上部接入的方式,如图 18-2 所示。排水横干管应按重力流设计。

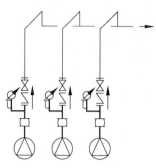

图 18-2　排水泵合用出水管

3. 潜水泵的安装和控制

（1）安装方式：根据潜水泵出水管连接方式可分为 3 种形式。软管连接——移动式安装（适用单泵、管径＜DN100 情况）,硬管连接——固定式安装（适用单泵、双泵）,自动耦合装置——推荐使用,按潜水泵是否放置在集水坑内,可分为湿式和干式安装（干式安装见图 18-3）。

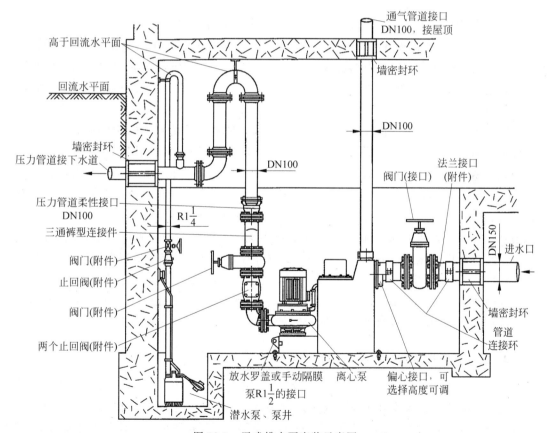

图 18-3　干式排水泵安装示意图

（2）设在集水坑内的潜水泵,其最低水位应满足水泵吸水要求：连续运行时,停泵水位应保证电动机被水淹没 1/2；间歇运行时,为高于水泵叶轮中心线 50mm 处；最高水位（启泵水位)和最低水位差不宜小于 0.5m。

(3) 集水坑应设浮球开关,可以自动启闭潜水泵,并设超高水位的报警水位。潜水泵的运行状态和故障(超水位报警)应引至大楼管理中心。

(4) 污水坑检修孔或污水箱人孔盖板应密闭,并设 DN100 通气管通至室外或接至大楼排水通气系统。

18.3 真空排水

18.3.1 真空排水系统分类

负压真空排水技术主要是利用真空负压强制抽吸管网末端的污水。由真空井内的液位控制真空阀的开启和真空泵的启动,通过真空管网将污水输送至真空泵站。真空排水系统主要分为室外和室内两种系统。

1. 室外真空排水系统

室外真空排水系统主要包括三个部分:真空阀井、真空管道和真空泵站。

(1) 真空阀井分为上下两部分,下部用来收集并储存居民建筑内排放的污水;上部安装有真空界面阀,界面阀出水端与真空支管相连。居民排放的污水一般由传统重力管道排到附近的真空阀井中。当井内的污水增至设定液位时,真空界面阀自动开启,污水将抽送至真空管道内;液位降至指定位置后界面阀延时关闭。延时过程中将有一定量的气体抽吸入真空管道,高速气流将携带污水输送至真空罐。

(2) 真空管道包括支管和干管,用于连接阀井和真空罐。为利于输送污水,不同的地形条件下管道敷设方式有所不同,尤其是上坡输送时,管道采用"锯齿形"布管形式,即设置由向下倾斜的长管和局部提升的短管构成的提升段,系统靠多个提升段来获得提升高度。

(3) 真空泵站配有真空泵、排污泵及真空罐 1 座,此外还有真空压力监测仪表、故障监控系统、电控系统等。真空泵站是整个系统的"心脏",可抽吸真空罐中的空气产生真空,污水与空气经真空管道被抽入真空罐,进而通过传统的排污泵输送至附近污水管网或污水处理厂。真空罐内气压通过真空压力表进行监测并控制真空泵的启闭;当真空度下降到极限值时,真空泵自动开启并抽吸空气使罐内真空度上升,待达到上限值后停止运行;污水泵的启停通过真空罐内的污水液位控制,污水液位上升到指定液位后排污泵自动开启排放污水,当下降到下限液位时污水泵停止运行。

2. 室内真空排水系统

室内真空排水系统由真空泵站(包括真空泵、排污泵及真空罐等)、真空坐便器(包括便器、面盆、浴缸、淋浴器及地漏等)、真空控制装置(包括真空控制阀等)以及真空管道组成。室内系统的工作原理是一部分水预先存储于坐便器中以便优先使用。使用坐便器后按动按钮,真空控制阀在释放按钮时打开,坐便器中的污物通过真空管道抽吸至真空泵站。冲水阀同时开启。真空阀在大约 2s 后关闭,而冲水阀将继续开启 2s 以保证坐便器中能够保持一定水量。污水在真空罐内存储到指定水位后,排污泵开启,把污水排入市政管道。

18.3.2 真空排水系统设计

真空排水系统的应用区域如下：

(1) 城市郊区、农村等远离市政污水排水系统的地区；

(2) 水资源保护地区及生态敏感地区；

(3) 旅游区、海港、码头等人口流量间歇波动性大的地区；

(4) 需要进行排水系统改造地区，如老城区、居住小区、工业区等。

建筑内用真空排水系统与飞机、高铁上所用真空便器相似，但规模要大些，设备和控制较复杂些。其系统工作原理如图 18-4 所示。

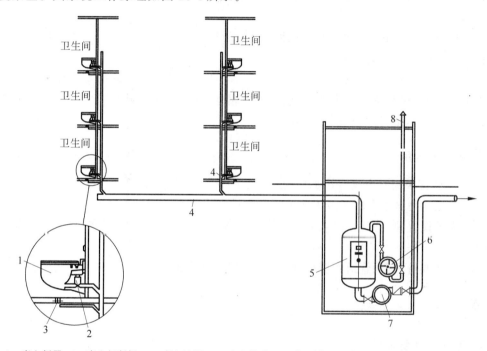

1—真空便器；2—真空切断阀；3—真空地漏；4—真空管道；5—真空罐；6—真空泵；7—排水泵；8—排气管

图 18-4 真空排水系统原理图

该系统由真空便器、真空切断阀、真空泵、真空管、排水泵、真空罐、排水管、冲洗管、冲洗水控制阀等组成。用真空泵抽吸，使系统中保持 $-0.035\sim-0.07$MPa 负压，当真空切断阀打开时，在外界大气压力与管内负压共同作用下，污废水和同时冲下的冲洗水被迅速排走(气水比例为 20：1～30：1)，冲走的污水沿真空管送到真空罐，当罐内水位达到一定高度时，排水泵自动开启将污水排走，到预定低水位时自动停泵，真空泵则根据真空度大小自动启停。

1. 优点

(1) 安装灵活，节省空间。该系统不依赖于重力，所以排水管无须重力坡度，节省了排水管由于坡度占用的层高空间。而且排水主管管径相对较小，真空系统输水管一般只需DN70。卫生间平面布置不强求上下对齐。如果碰到卫生间下层不允许附设排水管，真空排水系统甚至可以上行输送。

（2）节水。对重力系统坐便器而言，目前一次冲洗水量为6L，而真空坐便器靠空气和水冲洗，一次冲洗水量为1L。

（3）卫生。由于真空排水系统是一个全密闭的排水系统，无透气管，排水管系统为真空状态，正常工作时，管道无渗漏、无返溢和臭气外泄。

2．缺点

（1）设备系统造价高。据有关资料介绍，真空排水系统投资比常规排水系统投资高40％（不含关税）。投资高的原因，一是关键设备部件，如真空坐便器、真空切断阀、水位传感器和控制器等需进口；其次，真空排水的计算软件和控制系统还依赖国外供应商随整套设备装置带来。

（2）噪声大。污水、污物在真空排水管道中的输送速度高达4m/s，高速的传输能力也使瞬间排水时噪声较重力排水大。

（3）安装维护要求高。安装设备控制部件管道时，须严格按真空排水系统标准要求才能保持调试顺利、运行正常。另外，系统维护管理也很重要，真空泵站、真空控制装置需由懂得该系统且熟悉本工程项目安装的专人负责。

3．系统的选用

以下场所宜采用室内真空排水系统：

（1）采用重力排水有困难或无法采用重力排水的场所；

（2）需要设置独立密闭、隔离防护的排水系统，集中处理低辐射污水的医疗、科研机构等场所；

（3）商业改造频繁，管道布置变化大，无法满足重力流坡度，或对管道布置走向有严格限定的场所；

（4）有节水要求的场所。

4．系统设计要求

（1）室内真空排水系统的终端压力排出管可直接与室外重力、压力和真空排水系统相连接。

（2）当采用提升管排放污、废水时，设计提升高度不应大于6m。

（3）排放厨房含油废水的真空排水管道和排放生活污、废水的真空排水管道，在真空隔油器前应分开设置，其控制系统可集成设置。

（4）真空排水系统的真空泵和排水泵应设置备用泵。

（5）室内真空排水系统真空泵站的供电设计应采用双电源或双回路供电，并符合现行国家标准《供配电系统设计规范》（GB 50052—2016）的规定。

（6）室内真空排水系统应配备设备监测系统和远程监视系统的接入端口。

（7）控制系统宜设置于真空泵站内，应具备自动控制真空泵站正常运行及监视真空排水系统内各电气设备运行状态的功能，确保真空排水系统正常运行。

（8）真空排水系统设计宜采取下列技术措施：

① 调整储罐、真空泵和排水泵的规格，使真空泵和排水泵不在同一时间开启；

② 采用总流量最大的一段主管道管径作为所有主管道管径。

5. 室内真空排水系统管道

（1）室内真空排水系统的真空主管管径、支管管径以及真空末端设备排出管管径应根据使用场所实际排水量计算确定。

（2）室内真空排水管道内气体与污水、废水的混合物流速不应小于 1m/s，且不应大于 7m/s。

（3）无真空罐的真空排水主管各管段累计坡升高度不宜大于 2.5m；有真空罐的真空排水主管各管段累计坡升不宜大于 5m。

（4）室内真空排水系统管道敷设宜采用输送集水弯形式，相邻输送集水弯间距不宜超过 25m，且集水弯间的坡度不应小于 0.2%。

（5）真空排水管道应在水平主横管的最低点设置检查口或清扫口，相邻检查口或清扫口的间距宜为 25～35m。

（6）配备真空罐的真空排水系统应设置通气管，通气横管应有不小于 0.5% 的坡度，坡向真空泵站。通气管管径不宜小于 100mm，管口应设置防虫防雨措施。

（7）室内真空排水系统采用的管材和管件应符合国家现行标准或国际标准，应选用压力等级不小于 1.0MPa 的承压管材和管件，不得采用非承压排水管材和管件，材质应耐腐蚀、耐磨，如可采用 PVC-U 管、HDPE 管、不锈钢管等。室内真空排水系统不应采用复合管材。

（8）室内真空排水系统管材的连接方式应确保真空排水系统的密闭性，并宜采用以下连接方式：PVC-U 管，采用黏接、法兰连接；HDPE 管，采用电熔连接、法兰连接；不锈钢管，采用焊接、法兰连接。

（9）PVC-U、HDPE 排水管不得与排放热水的设备直接连接，连接时应有不小于 0.4m 的金属管段过渡。

（10）室内真空排水系统管道设计除应满足真空排水系统的特有要求外，还应符合各种材质管道相应现行的技术规范要求，并应符合现行国家标准《建筑给水排水设计规范》（GB 50015—2019）的相关要求。

18.4　污水源分离排水系统

18.4.1　源分离排水技术简介

生活污水中氮、磷污染物主要来源于人类的排泄物，而这部分体积仅占生活污水总量的 2% 左右，20 世纪 90 年代有学者率先提出将尿液废水（黄水）或者粪尿混合物（黑水）从源头上与其他污水分开收集并加以资源化利用的理念，这种新的污水管理系统被称为污水源分离系统。这种排水模式能够在一定程度上削减氮磷环境污染，还能够促进氮、磷资源的回收利用，具有可持续性。

18.4.2　源分离排水系统构建的四个原则

目前，源分离排水系统的开发和建设是市政工程领域的前沿性课题，相关专家主要参考

国内外建筑排水标准规范和一些示范工程的建设经验,提出在规划和建设过程中需要遵循以下四个基本原则:

(1) 虽然没有相关的标准和规范,但是不能违背现有的建筑排水标准和规范;

(2) 将用户使用、维护舒适度放在绝对首位,尽量降低对用户传统生活习惯的干扰;

(3) 改变传统上将氮和磷视为污染物的思维定式,通过物质的定向迁移/转化实现其资源化;

(4) 依据因地制宜的原则,在综合考虑经济效益、环境效益和社会效益的基础上,制定综合性的源分离排水系统建设方案。

源分离排水技术中实现不同污水的分类收集需要重新设计收集管道,而建成区中多数建筑内排水管道系统较为单一,不同污水混合接入排水立管,难以实施。因此,在城市新建区域可以考虑源分离排水技术的实施,可在公用建筑和住宅小区构建源分离排水系统,设计黄水的管道收集系统,分区域进行收集和运输黄水,优化黄水的运输成本,原地或就近建设黄水资源化处理中心,实现黄水的资源化处理。

此外,城市建成区的公共厕所也可以实现黄水的收集,其改造难度较小,可以结合城市公共厕所的改扩建需求,纳入源分离排水技术。在多数农村地区也可以实施源分离排水技术,根据我国不同地区农村居民的居住特点、院落散居状态等条件,以独户或多户为主要收集单元,选用成本低、运行管理维护简单的技术,就地实现黄水资源化处理及利用。

18.4.3　收集方式的选择

传统建筑排水系统的特点是黄水与其他种类的生活污水进行混合式收集。但是,在源分离排水系统中,则是从源头上进行黄水的分离式收集,如图 18-5 所示。黄水的源分离主要依靠三种类型的便器洁具,分别为小便斗、分离式蹲便器和分离式坐便器。之后,通过单独的管道进行黄水的分离式收集。粪便污水和灰水管道的设计则要遵循现有的建筑排水设计规范。

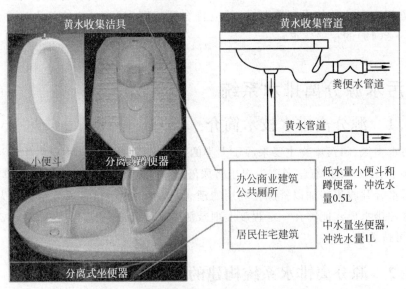

图 18-5　黄水分离式收集洁具和管道示意图

1. 公共建筑黄水源分离排水

在公共管理设施、商业设施和交通设施等公共建筑中,黄水排水特性受公共建筑开放时间的影响,表现为白天及傍晚排放频繁且排放量较大,而晚上排放量较少或者没有,且公共建筑中的厕所通常有物业保洁负责清洁维护,因此,公共建筑中可以使用小水量冲洗的小便斗和分离式蹲便器,在残疾人卫生间可安装分离式坐便器。

2. 公共厕所黄水源分离排水

在广场、公园等场所中,厕所产生的排水是重要污染源,黄水排水易受季节和人群活动规律影响,在重大节日等阶段容易出现饱和性排放,建筑中的厕所排水设计需要考虑峰值影响,以免出现超出公共厕所承受能力的状况。

3. 居民建筑黄水源分离排水

对于居民建筑而言,黄水排放频度较低,总体水量较小,但是,居民用户对于便器洁具的卫生程度要求较高,同时,应减少便器洁具清洁的需要以满足用户更好的使用舒适度。可以通过采取增大冲洗水量的方式增加便器卫生程度,减少便器和管道的结垢周期,从而降低维护需求。

18.4.4　源分离排水系统的设计

对现有的便器进行改造是源分离排水技术中实现黄水收集的第一步。可以在传统便器前端增加专门的黄水收集口和存水弯等防臭措施,同时不影响便器原有的使用功能,必须专门开发新型的源分离便器,根据使用地区经济水平的不同,可以设计高、中、低档坐/蹲便器满足使用需求。此外,需对污水收集管道进行重新设计,设置专门的黄水收集管道用以收集黄水。根据黄水资源化中心的距离,需考虑设置黄水的储存和收运系统,保证能够经济合理地收集运输黄水。

1. 卫生器具

这里的卫生器具主要指区别于传统混合式大便器的源分离式大便器和小便收集器具,前者的主要特点是能够将大便和小便分离,实现大小便的分开收集;后者指家庭或公共建筑内用于单独收集男士尿液的卫生器具。

1) 卫生器具的选择和设置

源分离式大便器是实现粪尿分离的首选卫生器具。源分离式大便器按照如厕方式可分为坐便器和蹲便器两种类型;按冲洗方式可分为重力水冲式(大小便均为重力流水冲洗)、真空负压式(大小便均采用负压抽吸方式)和混合式(大便采用负压抽吸,小便采用重力流水冲)。在选择源分离式大便器时应遵循以下几个原则:

(1) 所选的源分离式大便器应满足人体工程学设计,使用者不需调整坐姿或蹲姿即可实现准确定位,不致出现大小便混杂的现象;

(2) 小便排污口应不易出现污物、尿垢等杂物的堵塞情况,且该处的配件易于更换;

（3）便器应易于打扫，便于清洗，不存在明显的污物死角区域；

（4）若选用的为源分离式蹲便器，便器前端宜设置挡板，以防止尿液射出便器。

在公共建筑的男厕内必须设置小便器，可选用小便器或小便槽，应满足现有的规范标准；住户家庭内的卫生间可根据实际情况选择是否设置小便器，建议采用源分离系统的小区内设置小便器，以提高黄水的收集效率。

2）卫生器具的安装

源分离式大便器较传统的大便器前端多出一个小便排污口，因此建筑结构也需要考虑该孔的排污管（黄水收集管）孔洞的预留，还应充分考虑大便排污管和小便排污管空间的合理布局，避免管道交错、冲突。大便器安装时应遵照厂家的安装说明书，以保证器具安装合理，充分吻合。

3）防臭方式的选择

（1）采用存水弯实现防臭的目的；

（2）采用特殊构造实现防臭的目的，如薄膜抑制器和液体抑制器等。

4）卫生器具的管理与维护

源分离厕所属于新型厕所，应在明显的位置张贴简单易懂的使用标识，避免错误使用带来卫生问题和堵塞问题。源分离便器中由于隔离堰的存在，会存在一定的卫生死角，单纯靠水冲很难清除，应定期对便盆内部进行清洗。可以采用物理方法（刷洗）和使用化学药剂（厕所洗涤剂）相结合的方法。

2. 源分离黄水排水管道系统设计

源分离排水系统较传统的排水系统多出了一套黄水排水管道，专门用以收集尿液废水，而目前市政管网中以混合式污水管网为主，如果另设一套黄水市政管网，不仅会增加建造成本，还会影响已建成区现有设施的正常运行。因此，黄水的收集通常采用短途管道系统和储存设施相结合的运输方式，即在一定的区域内通过黄水管网输送至中间储存设施后再外运，或是原位进行资源化处理。

1）黄水排水管道系统的排水方式

由于采用了源分离式便器，实现了黄水的单独分离，主要是小便排污口和小便器具收集的，因此在建筑内部构建了专用的排水管道系统。该管道系统可以通过传统的重力流水输送，或是采用新型真空负压系统。根据建筑层数和卫生器具的多少可选用单立管排水系统、双立管排水系统和三立管排水系统。

2）黄水排水管道的管径和坡度

（1）黄水排水定额

排水定额采用卫生器具的排水定额，现有规范中规定小便器的排水当量为 0.3，小便槽（每米）的排水当量为 0.5，源分离大便器的小便排污口的排水当量为 0.1～0.3。

（2）黄水最大设计充满度

黄水排水横管应按照非满流设计，保证黄水内释放的臭气能够自由排入大气，接纳意外的高峰流量。黄水排水管道可采用现有规范中生活排水管道的最大设计充满度，即管径≤125mm 时，为 0.5；管径为 150～200mm 时采用 0.6。因黄水管道中易结垢，建议实际设计时采用小于上述的最大设计充满度，增大流速并减小与管道的接触面积，减少结垢。

（3）黄水排水管道的最小管径

黄水收集管道结垢以及毛发、杂物等沉积造成的管道堵塞问题会严重影响源分离排水系统的正常使用和运行，为了排水通畅，减少上述问题的影响，规定黄水收集管道的最小管径为 50mm。小便槽、连接 3 个及以上源分离式便器小便排污口、小便器或小便排污口与小便器混连时，排水支管的管径不小于 75mm。多层建筑的黄水排水立管的管径不小于 75mm。

（4）管道坡度

如果管道的坡度过小，则水流流速偏低，尿垢及固体物质容易沉积下来造成排水不畅或管道坡度，因此对黄水管道的坡度做出限定。但黄水的浓度通常比较高，更易形成尿垢，造成堵塞，实际中发现坡度为 0.10 左右的横干管（75mm）堵塞情况依然十分严重，建议实际施工时可根据现场条件适当放大黄水排水横管的坡度，不宜小于 0.10。

3）黄水排水管道清扫口和检查口设置

排水横管、存水弯应设置清扫口，用以疏通管道内部的尿垢及其他沉积物。建议在排水横管的起端或末端设置堵头代替清扫口，存水弯管件使用带清扫口的弯头配件。排水立管及管段较长的横管须设置检查口，每层楼的排水立管宜设置一检查口，排水横管检查口的设置视具体情况而定。

4）黄水排水管道通风立管设置

黄水排水管道系统可采用单立管排水系统、双立管排水系统或三立管排水系统。多层建筑及连接的卫生器具较少时宜使用单立管排水系统，即设置伸顶通气管道的方式设置通气管。高层建筑或多层建筑连接的卫生器具较多时，黄水排水立管可单独设置一条通气管道，即采用双立管排水系统，也可与大便排水立管共用一条通气管道，即采用三立管排水系统。通气管道管径计算应符合现有的规范、标准。

5）黄水排水管道的其他要求

黄水排水管的管材宜采用经久耐用的塑料制品，如 PVC 或 U-PVC 等，不宜采用金属管材，以避免黄水中的某些成分促进管道的结垢腐蚀，降低其使用寿命。黄水的冲洗水量应适当，建议每次冲洗水量为 1～1.5L，以削弱上述问题带来的影响。

6）黄水储存罐的设置

黄水从建筑物输送或转移后，很难实现就地资源化处理，需进一步输送至黄水资源化处理中心进行资源化处理。如果建设单独的黄水收集管道，建设和维护成本将会很高。而黄水的产生量相对较小，可采用机械运输的方式从建筑物输送至资源化处理中心。因而，在不同的建筑类型中均需要设置黄水储存池。依托分离式便器和分离式收集管道进行黄水的分离式收集，之后，通过黄水收集干管将黄水汇入储存池。储存池可以在一栋或多栋建筑附近设置，可以选用混凝土建筑或者可更换式 HDPE 罐，满足黄水临时储存的需要，如图 18-6 所示。在黄水储存池的液位达到预警液位后，由专门的运输车辆将黄水转输至资源化处理中心。黄水储存罐的容积应根据使用人数、使用频次及单次黄水量及冲洗水量综合计算，可参考下述公式：

$$V = \lambda Pf q_{\max} T/1000 \tag{18-2}$$

式中，V——黄水储存罐的容积，m^3；

λ——安全系数，取值 1～1.2；

P——人口数量；

f——每人每天小便的次数，可选用 $4\sim5$ 次；

q_{max}——单次小便的最大黄水量，L，每次小便的黄水量为 $300\sim500$mL，冲洗水量为小便黄水量的 $3\sim5$ 倍；

T——清空频率，视具体操作而定，可选用每周清空或是其他方式。

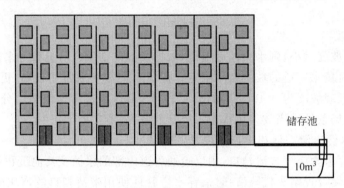

图 18-6　黄水收集及存储系统示意图

当建筑内部的黄水储存罐同时用于收集和储存时应至少配置两个，交替使用。放置黄水储存罐的位置通风不宜太好，否则会造成氨氮的挥发损失。黄水储存罐须设置通气管，以保持内外压强相等，但不宜过大。黄水储存罐应预留与外部输送设施的连接口，若采用罐体整体运输，仅需预留排出口即可，若采用专用运输设备运输，视运输设备的要求预留输送管及相应接口。黄水储存罐的容积较小时，可采用塑料材质；容积较大时，可采用钢筋混凝土材质，但应做好防渗措施；金属材质易腐蚀，故不能采用金属材质的储存罐。

7）黄水排水管道系统的管理和维护

黄水管道易发生磷酸铵镁、钙盐结晶导致的结垢，沉淀或结合在排水管道的表面，而毛发等杂物也可能通过小便排污口进入黄水收集管道，虽然在上述技术方法中采取了相应的措施减少此类问题的影响，但依然会致使管道内部淤积、堵塞。因此，需要定期对黄水排水管道系统进行疏通，问题较轻时，可使用化学清洗剂冲刷浸泡管道，清除一部分尿垢及杂物；当严重影响正常使用时，需采用机械清洗的方法，但操作条件较差。在日常的管理中还应提示用户正确使用源分离式便器，减少向便盆中投加杂物的频率。

3. 源分离粪便污水排水管道系统设计

粪便污水排水管道系统可采用重力流水冲洗或真空负压系统冲洗，若选用重力流水冲洗时与现有的混合式排水系统无较大区别，可参照现有的规范标准设计，但应注意与黄水排水管道系统的交叉问题，可利用高度差或是不同的角度避免两套管路出现冲突的问题。若选用真空负压排水系统，应参照该套系统现有的规范、标准进行设计，这里不再详细叙述。

4. 源分离灰水排水管道系统设计

灰水的主要成分是洗涤废水，如厨房废水，洗浴、盥洗废水等，污染程度相对较低，主要以有机污染物和表面活性剂类物质为主，灰水排水管道通常选用重力式管道系统设计，应参照现有的建筑排水设计规范、标准进行设计。

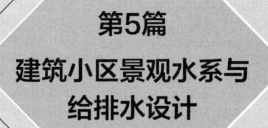

第5篇
建筑小区景观水系与给排水设计

第19章

建筑小区水景工程

建筑水景是在建筑的环境中,由各种形态的水流构成的景观。它是运用各种水流的形式、姿态、声音组成千姿百态的景色,以起到美化环境、衬托其他景观、增加趣味、改善小区气候、提高艺术效果等作用,其水池还可作为其他用水的水源,如消防、绿化、养鱼等,是园林造景不可缺少的部分。因此,在城市建设中,尤其是在公园、街心、广场、小区和大型建筑物内,常设计各种形式的水景来美化环境。

19.1 建筑水景的造型和形式

19.1.1 建筑水景的造型

1. 水流的基本形态

水景工程利用特殊装置模拟自然水流形态构成各种形态的水流景观,水流形态包括池水、流水、跌水、喷水(射流)和涌水等。

2. 建筑水景的造型

水景中水池的形态种类繁多,各种水流形态相互组合可构成丰富多彩的水景造型。常见的有以下几种:

1) 以池水为主题的水景

镜池其意在求静,常以清澈的池水、宽阔的水面并配以山石、树木、花草构成。水中的倒影可以增加景物的层次,给人以平和、宁静的感觉。

浪池的波浪可为细浪,也可为巨浪,常与儿童戏水池、水族馆的大型鱼类养殖池等结合。

2) 以动水为主题的水景

一般按其流水的急、缓、深、浅来分,也可按流量、流速大小来分。蜿蜒的小溪,淙淙的流水,配以山石、小桥、亭台,欢快活泼,变化多端,可养鱼虾,给人增添游乐的情趣。

3) 以跌水为主题的水景

利用天然地形或人工构造假山、陡崖等构成飞流瀑布、水幕、壁流等多姿多态、活泼可爱

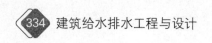

的景观。

4）以喷水为主题的水景

借助水压和各种喷头，组成纯射流水柱、水膜射流、泡沫射流、雾状射流等多种造型。

5）以涌水为主题的水景

多应用于宁静幽深的环境中，包括涌泉、珠泉（珍珠泉）等，可将环境衬托得清新淡雅、清幽静谧。

6）组合水景

实际应用中，特别是大中型水景，常将各种水流形态进行组合搭配，使其造型更加多姿多彩，如程控彩色喷泉、彩色音乐喷泉等。

19.1.2　建筑水景的形式

建筑水景广义上可以认为是：凡是为了美化环境、点缀风景，无论何种形式皆可称之。目前，常见的建筑水景大体可分为以下几种形式：

1. 固定式水景工程

固定式水景工程是大中型水景工程常用的形式之一，小型水景工程也可以采用此形式。固定式水景工程是指水景工程的主要组成部分都固定设置，不能随意移动，包括水池式喷泉、浅蝶式喷泉、旱地式喷泉、河湖式喷泉等。

2. 半移动式水景工程

半移动式水景工程是指水景工程的主要设备可以随意移动，而水池等土建结构固定不变。通常将水景工程的主要设备组装、定型化，从而便于成套化生产，使用时将成套装置置于水中，且设备的配置组合可以经常调整，达到常变常新的效果。

3. 全移动式水景工程

全移动式水景工程是指所有的水景设备（包括水池在内）全部组合在一起，使之设备化、定型化，可以任意整体搬动。

19.2　建筑水景的组成及水体水质标准

19.2.1　建筑水景的组成

水景工程一般是由若干独立喷水造型组合在一起构成的完整喷水景观，其设备部分由喷头、整流器、管道、阀门、水泵、摇摆机构、照明灯具、供配电装置、自动控制装置等组成，土建部分由水泵房、水池、管沟、阀门井和控制室等构成。

1. 喷头

喷泉水景喷头的选取应符合现行行业标准《喷泉喷头》（CJ/T 209—2016）的有关规定，室外喷泉工程应采用不锈钢或铜制的喷头，室内喷泉工程可选用工程塑料或尼龙的喷头。

2. 管道系统

1）管道

有水位控制和补水要求的喷泉水景工程应设置给水管、配水管、循环水管、溢流管、排水管等配件设施，设置在水景水池外的水泵，在供给不同喷头组的分供水管上应设置流量调节装置，其位置应设在便于观察喷射水流处，且应隐蔽和便于操作；管道变径处应采用异径管及异径管件作渐变连接方式；管道连接处应严密、光滑、牢固。

管道的材质应根据环境与水景水体的水质确定，室外喷泉水景工程，管道和其他配件的材质不应采用易老化、脆化、变形的塑料或橡胶；喷泉工程的管道宜选用不锈钢管、铜管、热镀锌钢管及 PE、PPR、PVC 塑料管等，接口可采用焊接、卡压、法兰等方式连接，当采用焊接时，热镀锌铜管的焊口应进行防腐处理，不锈钢管的焊口应进行钝化处理。

高压人工造雾系统的喷头、管材和配件宜选用不锈钢、铜、尼龙等材料，当喷头处于易受外力损伤的位置时，应采取防撞措施。

2）附属设施

喷泉水景水池的给水口设置数量、大小应满足水池注水、补水时的水量要求。

设置给水口的喷泉水景工程均应设置排水口，遇暴雨不允许池水水面升高时，应设置溢水口；排水口的设置数量、大小应满足水池排水量的要求，宜采用重力排水方式，池底排水口应设格栅，栅条间隙应经计算确定；溢水口的形式、尺寸应满足溢水量的要求，宜设置格栅，栅条间隙应经计算确定。

3. 水泵

喷水池的加压设备可选用潜水泵或陆用水泵，根据喷水池喷水设计流量和扬程，即可选择水泵。在供水比较紧张的城市中，为了节约用水，供水宜尽可能采用循环系统，一般多用潜水泵，较为简单、方便、经济。大型喷水池多设专用泵房，泵房设于喷水池附近，以利于观察调整喷水效果。

4. 水池

水池（湖）是水景的主要组成部分之一，它具有点缀景色、储存水量和装设给水排水管道系统的作用，也可装置潜水循环水泵。水池的形式可为圆形、方形、多边形及荷叶边形等。水池的平面形状和尺寸一般由总体设计确定，但平面尺寸应满足喷头、管道、水泵、进水口、泄水口、溢水口、吸水坑等的布置要求，同时还应防止水的飞溅。

水深应按管道、设备的布置要求确定。一般情况下水池水深不小于 700mm，同时水池的有效容积应不小于 5～10min 的最大循环流量。

水池兼作其他用途时，水深还应满足其他用途的要求。

无论何种形式，当池底面积较大时都应有不小于 0.5% 的坡度坡向集水沟、泄水口或集水坑。

如配水管路设于水池底上时，管上应铺设卵石掩盖，这样较为美观。小型水池可用砖石砌造，但要做素混凝土基础。大中型水池常用现浇混凝土结构。水池（湖）要求防水、防渗、防冻，以免损坏和渗漏，浪费水量。

5. 运行控制系统

水景工程的水流姿态、照明色彩和照度的变化,形成了千姿百态的水景,对于大型水景工程,常需要采用复杂的自动控制系统,形成丰富多彩的景观并使水姿、照明能按节奏协调变化。水景工程运行控制方式包括手动控制、程序控制、音乐控制等。

19.2.2 建筑水景水体水质标准

人体可直接接触或与戏水池相结合的水景工程、高压人工造雾设备的出水水质执行《生活饮用水卫生标准》(GB 5749—2006)。

人体非全身性接触的水景工程执行《地表水环境质量标准》(GB 3838—2002)中规定的Ⅲ类标准;在人工湖或江河中建造水景工程,人体非接触的水景工程执行《地表水环境质量标准》中规定的Ⅳ类标准。

水景工程水质不能达到上述水质标准时,应采取水质净化处理和水质消毒措施。

19.3 喷泉水景工程补水系统及循环系统

19.3.1 水景工程补水水源及补水量

景观用水的水质应符合相应的水质标准和要求,并考虑节省能源、充分利用资源、降低运行费用等问题。作为景观用水,应结合实际景观效果要求和周边条件等综合考虑。水景工程水质不能达到上述水质标准时,应采取水质净化处理措施。水质保障措施及水质处理方法应符合下列规定:

(1) 水质保障措施及水质处理方法的选择应经技术经济比较确定。

(2) 宜利用天然或人工河道,宜应使水体流动。

(3) 宜通过设置喷泉、瀑布、跌水等措施增加水体溶解氧。

(4) 流动缓慢的静态自然水体宜采取生态修复工程净化水质。

(5) 应采取抑制水体中菌类生长、防治水体藻类滋生的措施。

(6) 容积≤500m³ 的景观水体,宜采用物理化学处理方法;容积>500m³ 的景观水体,宜采用生态生化处理方法。

喷泉水景人工注水充满时间,应根据水池体量、使用性质、水源条件等因素确定。喷泉水景工程注水、补水系统应安装用水计量装置。喷泉水景工程需要人工补水时,补水量应按下式计算:

$$Q = Q_1 + Q_2 + Q_3 + Q_4 \tag{19-1}$$

式中,Q——补水量,m^3/d;

Q_1——蒸发量,m^3/d;

Q_2——漂移损失量,m^3/d;

Q_3——渗漏量,m^3/d;

Q_4——其他或未预见损失水量,m^3/d。

19.3.2 人工水体循环系统

各类封闭的人工水体用水应循环使用,当水量在100m³以下时,不宜设置单独的水质处理循环系统;水量在100～500m³时,宜设置独立的水质处理循环系统;水量在500m³以上其水质不能达标时,应设置独立的水质处理循环系统;旱泉应设置水质处理系统;水处理系统的循环周期应根据水体水量、水体水质确定,不同水量及不同水质的水处理系统的循环周期应符合表19-1的规定。当多个喷泉水景水池共用一个水处理循环系统时,每个水池的回水应分别接至水处理循环系统,且应在各回水管上设置调节控制阀,净化后的水应分别输送至每个水池,且应在每个水池的给水管上设置调节控制阀,同一喷泉由多个不同高程的水池组成时,在循环给水管道上设置止回阀。

表 19-1 不同水量及不同水质的水处理系统的循环周期

水量/m³	水 质	循环周期/d
100～500	符合国家标准《地表水环境质量标准》(GB 3838—2002)规定的Ⅲ、Ⅳ类	1.0～2.0
	符合现行国家标准《城市污水再生利用 景观环境用水水质》(GB/T 18921—2019)	0.5～1.5
>500	机械提升流动的动态水景,符合国家标准《地表水环境质量标准》(GB 3838—2002)规定的Ⅲ、Ⅳ类	4.0～7.0
	机械提升流动的动态水景,符合现行国家标准《城市污水再生利用 景观环境用水水质》(GB/T 18921—2019)	2.5～5.0
	静态水景,符合国家标准《地表水环境质量标准》(GB 3838—2002)规定的Ⅲ、Ⅳ类	3.0～5.0
	静态水景,符合现行国家标准《城市污水再生利用 景观环境用水水质》(GB/T 18921—2019)	2.0～4.0

第20章

雨水收集与利用

20.1 雨水收集与利用系统设置

20.1.1 海绵城市与建筑雨水系统

海绵城市是指城市能够像海绵一样,在适应环境变化和应对自然灾害方面具有良好的"弹性",下雨时吸水、蓄水、渗水、净水,需要时将蓄存的水"释放"并加以利用。海绵城市建设在遵循生态优先的原则下,将自然途径与人工措施相结合,在确保城市排水防洪安全的前提下,最大限度地实现雨水在城市区域的积存、渗透和净化,促进雨水资源的利用。

建设海绵型城市就是要统筹低影响开发雨水系统,同时还涵盖城市传统雨水管网(详见建筑雨水排水系统)以及超标雨水径流排放系统。

低影响开发(low impact development,LID)是指在场地开发过程中采用源头、分散式措施维持场地开发前的水文特征。广义上来讲,低影响开发指在城市开发建设过程中,采用源头削减、中途转输、末端调蓄等多种手段,通过渗、滞、蓄、净、排等多种技术实现城市良性水文循环。

城市雨水管渠系统即传统排水系统,应与低影响开发共同组织径流雨水的收集、转输和排放。

超标雨水径流排放系统,主要用来应对超过雨水管渠系统设计标准的雨水径流,通过综合选择自然水体、多功能调蓄水体、行泄通道、调蓄池和深层隧道等自然途径或人工设施构建。

20.1.2 雨水控制与利用系统的目标及构成

1. 雨水控制与利用系统的目标

雨水控制与利用系统的目标是实现雨水径流总量控制、削减径流峰值、控制径流污染,并尽可能实现雨水资源化。

1) 径流总量控制

径流总量控制一般采用年径流总量控制率作为控制目标。年径流总量控制率指通过自然与人工强化的渗透、蓄滞、净化等方式控制城市建设下垫面的降雨径流,所得到的控制的年均降雨量与年均降雨总量的比值。

年径流总量控制率的确定,一方面应考虑开发前径流排放量与地表类型、土壤性质、地形地貌、植被覆盖率等因素;另一方面要考虑当地水资源禀赋情况、降雨规律、开发强度、低影响开发设施的利用效率以及经济发展水平等因素。按照年径流总量控制率 α,我国大陆地区大致分为 5 个区,即 Ⅰ 区($85\% \leqslant \alpha \leqslant 90\%$)、Ⅱ 区($80\% \leqslant \alpha \leqslant 85\%$)、Ⅲ 区($75\% \leqslant \alpha \leqslant 85\%$)、Ⅳ 区($70\% \leqslant \alpha \leqslant 85\%$)、Ⅴ 区($60\% \leqslant \alpha \leqslant 85\%$)。各地区应参照此限值,因地制宜地确定本地区的径流总量控制目标。

2) 径流峰值控制

径流峰值是一个相对概念,有最高 5min 降雨径流峰值,也有最高 1h、2h 甚至更长时间段的降雨径流峰值。相对于全年 365 天降雨径流来讲,常年最大 24h 降雨是一年中的降雨径流峰值。径流峰值控制是低影响开发的控制目标之一。低影响开发受降雨频率与雨型、低影响开发设施建设与维护管理条件等因素的影响,一般对中、小降雨时间的峰值削减效果好,对特大暴雨事件,虽仍可起到一定的错峰、延峰作用,但其峰值削减幅度往往较低。因此,为保障城市安全,在低影响开发设施的建设区域,城市雨水管渠和泵站的设计重现期、径流系数等设计参数仍然应当按照《室外排水设计规范(2016 年版)》(GB 50014—2006)中的相关标准执行。

3) 径流污染控制

各地应结合城市水环境质量要求、径流污染特征等确定径流污染综合控制目标和污染物指标,污染物指标一般可采用悬浮物(SS)、化学需氧量(COD)、总氮(TN)、总磷(TP)等。

考虑到径流污染物变化的随机性和复杂性,径流污染控制目标一般也通过径流总量控制来实现。

4) 雨水资源化利用

雨水资源化利用是实现前三个目标的手段。

2. 雨水收集与利用系统的构成

雨水收集与利用系统按照雨水径流去向,分为雨水入渗系统、雨水收集回用系统和雨水调蓄排放系统,具体如图 20-1 所示。

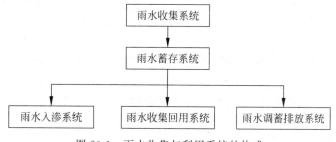

图 20-1　雨水收集与利用系统的构成

20.2　雨水入渗系统

20.2.1　雨水入渗系统的分类及组成

雨水入渗系统主要由雨水收集系统、预处理系统、入渗设施组成。

雨水入渗系统可分为地面入渗和埋地入渗两大类型。地面入渗系统的构成如图 20-2 所示。

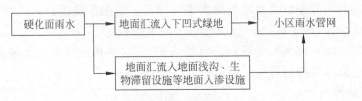

图 20-2　地面入渗系统的构成

埋地入渗系统的构成如图 20-3 所示。

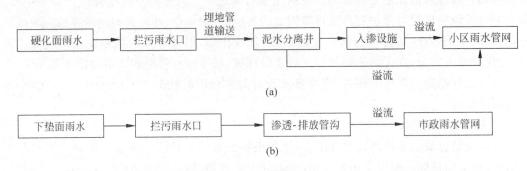

图 20-3　埋地入渗系统的构成

1．入渗系统的雨水收集

入渗系统的雨水收集根据入渗系统的类型有所不同。

（1）地面入渗系统雨水的收集和导入一般采用地面标高差的方式。

（2）屋面雨水管道采用室外断接方式向地面排水，且宜设置卵石缓冲层。当屋面雨水管道埋地出户时，应排入埋地入渗设施。出户管检查井宜采用格栅井盖，能溢流雨水。

（3）埋地入渗系统雨水收集多采用拦污雨水口，并采用埋地管道输送雨水。

埋地输送管道系统，其水力计算可按室外传统排水系统的方式处理，设计重现期可按照如下取值：

（1）输送屋面雨水时，设计流量的降雨重现期可按照雨水入渗设施的雨水设计重现期（一般取 2 年）取值；

（2）输送地面雨水时，设计流量的降雨重现期按照汇水区域的设计重现期 P 表确定。

2．预处理系统

一般埋地入渗系统需设置预处理系统，主要包括拦污雨水口、泥沙初沉设施。

① 拦污雨水口和传统雨水口相比，具有拦截污物的功能特点。雨水口内设置框篮或网兜，拦截雨水中的固体物质。

② 泥沙初沉设施的主要作用是将泥沙等固体物从雨水中分离出来，减少埋地入渗设施内的沉积，此部分通常采用成品设备。

20.2.2 雨水入渗设施

地面入渗设施主要包括下凹绿地、生物滞留设施、渗透塘、透水铺装等。地下入渗设施主要包括渗透管、渗透井、渗透池等。

1. 透水铺装

透水铺装按照面层材料不同可分为透水砖铺装、透水水泥混凝土铺装和透水沥青混凝土铺装,嵌草砖、园林铺装中的鹅卵石、碎石铺装也属于透水铺装。透水铺装结构应符合国家现有的技术规程,同时还应满足以下要求:

(1) 透水铺装对道路路基强度和稳定性的潜在风险较大时,可采用半透水铺装结构。

(2) 土地透水能力有限时,应在透水铺装的透水基层内设置排水管或排水板。

(3) 当透水铺装设置在地下室顶板时,顶板覆土厚度不应小于 600mm,并应设置排水层。

如图 20-4 所示为透水铺装示意图。

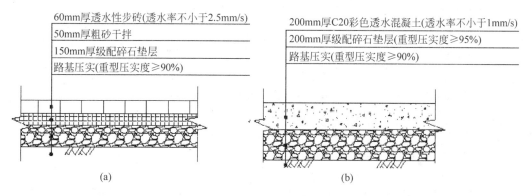

图 20-4 透水铺装示意图

2. 绿色屋面

绿色屋面也称种植屋面、屋面绿化等,根据种植基质深度和景观复杂程度,绿色屋面又分为简单式和花园式。基质深度根据植物需求及屋顶荷载确定,简单式绿色屋顶的基质深度一般不大于 150mm,花园式绿色屋顶在种植乔木时基质深度可超过 600mm。根据屋顶的建筑形式,绿色屋面还可分为平屋面种植屋面和坡屋面种植屋面。其构造如图 20-5 所示。

3. 下凹绿地

下凹绿地通常指低于周边铺砌路面或道路 200mm 以内的绿地,其构造如图 20-6 所示。下沉式绿地一般满足以下要求:

(1) 下凹绿地的下凹深度应根据植物耐淹性能和土壤渗透性能确定,一般为 100~200mm。

（2）下凹绿地内一般应设置溢流口（如雨水口），保证暴雨时径流的溢流排放，溢流口顶部标高一般应高于绿地 50～100mm。

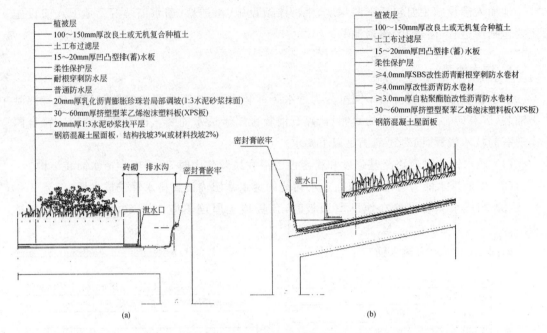

图 20-5　绿色屋面构造图

（a）平屋面种植屋面；（b）坡屋面种植屋面

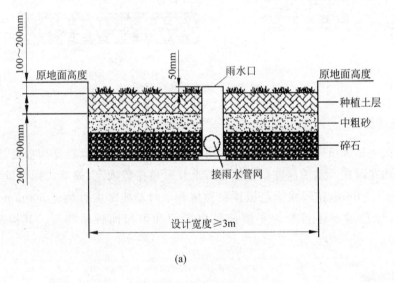

图 20-6　下凹绿地构造图

（a）渗透型；（b）不可渗透型

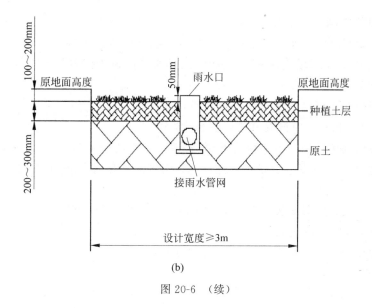

(b)

图 20-6 （续）

4. 生物滞留设施

生物滞留设施是指在地势较低的区域,通过植物、土壤和微生物系统蓄渗、净化径流雨水的设施,如图 20-7 所示。生物滞留设施分为简易型生物滞留设施和复杂型生物滞留设施。按照应用位置的不同又称作雨水花园、生物滞留带、高位花坛、生态树池等。

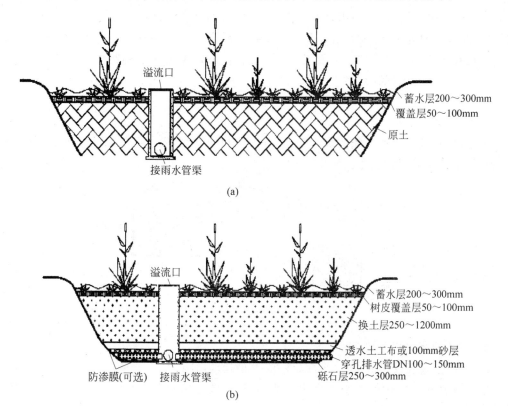

图 20-7 生物滞留设施

（a）简易型；（b）复杂型

生物滞留设施须满足以下要求：

(1) 对于污染严重的汇水区应选择植草沟、植被缓冲带或沉淀池对径流雨水进行干预，去除大颗粒的污染物并减缓流速；应采取弃流、排盐等措施防止融雪剂或石油类等高浓度污染物侵害植物。

(2) 屋面径流雨水可由雨落管接入生物滞留设施，道路径流雨水可通过路缘石豁口进入，路缘石豁口尺寸和数量应根据道路坡度等计算确定。

(3) 生物滞留设施应用于道路绿化带时，若道路纵坡度大于 1%，应设置挡水堰/台坎，以减缓流速并增加雨水渗透量；设施靠近路基部分应进行防渗处理，以防止对道路路基稳定性造成影响。

(4) 生物滞留设施应设置溢流设施，可采用溢流竖管、盖箅溢流井或雨水口等，溢流设施顶一般应低于汇水面 100mm。

(5) 生物滞留设施宜分散布置且规模不宜过大，生物滞留设施面积与汇水面面积之比一般为 5%~10%。

(6) 复杂型生物滞留设施结构层外侧及底部应设置透水土工布，防止周围原土侵入。如经评估认为下渗会对周围建(构)筑物造成塌陷风险，或者拟将底部出水进行集蓄回用时，可在生物滞留设施底部和周边设置防渗膜。

(7) 生物滞留设施的蓄水层深度应根据植物耐淹性能和土壤渗透性能来确定，一般为 200~300mm，并应设 100mm 的超高；换土层介质类型及深度应满足出水水质要求，还应符合植物种植及园林绿化养护管理技术要求；为防止换土层介质流失，换土层底部一般设置透水土工布隔离层，也可采用厚度不小于 100mm 的砂层(细砂和粗砂)替代；砾石层起排水作用，厚度一般为 250~300mm，可在其底部埋置管径 100~150mm 的穿孔排水管，砾石应洗净且粒径不小于穿孔管的开孔孔径；为提高生物滞留设施的调蓄作用，在穿孔管底部可增设一定厚度的砾石调蓄层。

5. 渗管/渠

渗管/渠指具有渗透功能的雨水管/渠，可采用穿孔塑料管、无砂混凝土管/渠和砾(碎)石等材料组合而成，如图 20-8 所示。

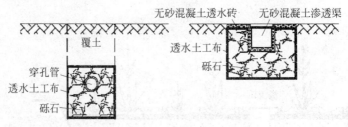

图 20-8　渗管/渠典型构造示意图

渗管/渠应满足以下要求：

(1) 渗管/渠应设置植草沟、沉淀(砂)池等预处理设施。

(2) 用于不同的系统，渗管开孔率有所不同，一般应控制在 1%~3%，无砂混凝土管的孔隙率应大于 20%。

（3）渗管/渠的敷设坡度应满足排水要求。

（4）渗管/渠四周应填充砾石或其他多孔材料，砾石层外包透水土工布，土工布搭接宽度不应少于200mm。

（5）渗管/渠设在行车路面下时覆土深度不应小于700mm。

表20-1列出了常用入渗设施的适用范围、优缺点、蓄存空间及能否承担客地雨水等。

表20-1　常用的雨水入渗设施

序号	设施类型	入渗设施	适 用 范 围	优 缺 点	蓄存空间	能否承担客地雨水
1	地面入渗	透水铺装	透水砖和透水水泥混凝土铺装主要适用于广场、停车场、人行道以及车流量和荷载较小的道路，如建筑与小区道路、市政道路的非机动车道等，透水沥青混凝土路面还可用于机动车道	适用区域广、施工方便，可补充地下水并具有一定的峰值流量削减和雨水净化作用，但易堵塞，寒冷地区有被冻融破坏的风险	—	—
2		绿色屋顶	适用于符合屋顶荷载、防水等条件的平屋顶建筑和坡度≤15°的坡屋顶建筑	可有效减少屋面径流总量和径流污染负荷，具有节能减排效果，但对屋顶荷载、防水、坡度、空间条件等有严格要求	蓄存自身降雨量的70%左右（常年最大日降雨）	
3	地面入渗	下凹绿地	可应用于城市建筑与小区、道路、绿地及广场内。对于径流污染严重、设施底部渗透面距离季节性最高地下水位或岩石层小于1m及距离建筑物基础小于3m的区域，应采取必要的措施防止次生灾害的发生	适用范围广，建设和维护费用均较低；但大面积应用时，易受地形等条件影响，实际调蓄容积较小	下凹部分容积	能
4		生物滞留设施	主要适用于建筑与小区内建筑、道路及停车场的周边绿地，以及城市道路绿化带等城市绿地内。对于径流污染严重、设施底部渗透面距离季节性最高地下水位或岩石层小于1m及距离建筑物基础小于3m的区域，应采用底部防渗的复杂型生物滞留设施	形式多样，适用区域广，易与景观结合，径流控制效果好，建设和维护费用较低；但地下水位与岩石层较高、土壤渗透性能差、地形较陡的地区，应采用换土、防渗、设置阶梯等措施避免次生灾害的发生，将增加建设费用	植草地面上方四周壁围起容积	
5	地下入渗	渗管/渠	主要适用于建筑与小区及公共绿地内转输流量较小的区域，不适用于地下水位较高、径流污染严重及易出现结构塌陷等不宜进行雨水渗透的区域（如雨水管渠位于机动车道下等）	对场地空间要求小，但建设费用较高，易堵塞，维护较困难	溢流排水位之下的卵石缝隙和管渠容积	能

20.2.3 雨水入渗设施计算

(1) 渗透设施的渗透量按照下式计算:

$$W_s = \alpha K J A_s t_s \tag{20-1}$$

式中,W_s——渗透设施渗透量,m^3;

    α——综合安全系数,一般取 0.5~0.8;

    K——土壤渗透系数,m/s,不同类型土壤的渗透系数可按现行的《建筑与小区雨水控制及利用工程技术规范》(GB 50400—2016)的规定取值;

    J——水力坡降,一般可取 1.0;

    A_s——有效渗透面积,m^2,可按照表 20-2 计算;

    t_s——渗透时间,h,当用于调蓄时应≤12h,渗透池(塘)、渗透井可取≤72h,其他≤24h。

表 20-2　有效渗透面积

序号	设施的渗透面形状	渗透面积计算
1	水平渗透面	水平投影面积
2	竖直渗透面	有效水位高度对应的垂直面积的1/2
3	斜渗透面	有效水位高度的1/2 对应的斜面实际面积
4	埋入地下的渗透设施的顶面	不计面积

(2) 渗透设施进水量:

$$W_c = \left[60 \times \frac{q_c}{1000} \times (F_y \psi_m + F_0) \right] t_c \tag{20-2}$$

式中,W_c——渗透设施进水量,m^3;

    F_y——渗透设施受纳的汇水面积,hm^2;

    F_0——渗透设施的直接受水面积,hm^2,埋地渗透设施取 0;

    t_c——渗透设施产流历时,min;

    q_c——渗透设施产流历时对应的暴雨强度,$L/(s \cdot hm^2)$;

    ψ_m——雨量径流系数。

(3) 渗透设施的有效调蓄容积:

$$V_s = W_c - W_s \tag{20-3}$$

20.3　雨水收集回用系统

20.3.1　雨水收集回用系统分类

根据收集雨水不同的回用途径,雨水收集回用采用不同的系统。

1. 景观水体蓄存雨水(回用于景观)

以景观水体为蓄存雨水的系统构成如图 20-9 所示。其中,图 20-9(a)中湿地或景观水体既是蓄存设施,又是雨水的用户,蓄存的雨水用于补充景观、湿地的蒸发和渗透水量损失。

图 20-9(b)的系统构成较为复杂,当景观水体还蓄存绿地及路面浇洒等杂用水时,植草沟和卵石沟可净化或渗透初期雨水,替代弃流设施,应优先采用。当无条件设置植草沟或卵石沟等生态预处理设施时,应设弃流装置,蓄存设施的前端设前置塘时,可不设初级过滤单元。

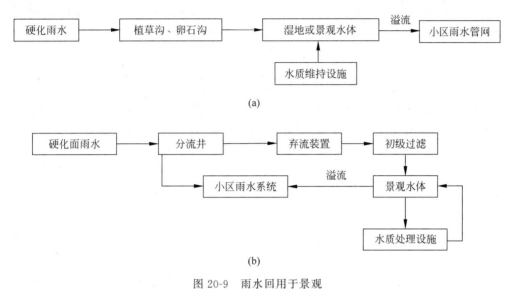

(a)

(b)

图 20-9　雨水回用于景观

2. 雨水用于绿地和道路浇洒

若小区雨水只回用于浇洒绿地和路面,且雨水原水较洁净,可采用较简单的系统流程,如图 20-10 所示。该系统不设雨水清水池(箱),雨水随时取用随时净化处理。其中图 20-10(a)采用管道过滤器,为筛网结构,过滤快;图 20-10(b)使用硅砂砌块过滤处理,流程中一般不设消毒工艺。需要注意的是,图 20-10(a)中雨水蓄存池(罐)中取水口应尽量随水位浮动,吸取上清液。

图 20-10(a)中的雨水蓄存池(罐)可采用埋地的钢筋混凝土水池、塑料模块组合水池、玻璃钢水罐等。对于单户住宅,雨水蓄存设施一般摆放在地面上,采用雨水罐。当对埋地雨水蓄水池(罐)设置自来水补水时,补水口应高于地面,以避免地面积水时被雨水浸泡。

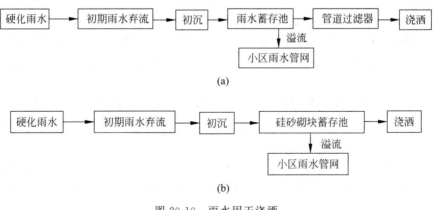

(a)

(b)

图 20-10　雨水用于浇洒

3. 回用于有可能与人体接触的系统

当雨水回用于空调冷却塔补水、汽车冲洗、冲厕等用水时,存在雨水与人体接触的可能,要求校验水质,系统构成如图 20-11 所示。系统中必须设置雨水消毒,并应在水质净化处理上游投加絮凝剂,以提高 COD 去除率。水质净化处理一般采用石英砂过滤或气浮。对于水质要求特别高的用户,可再增设深度处理装置。

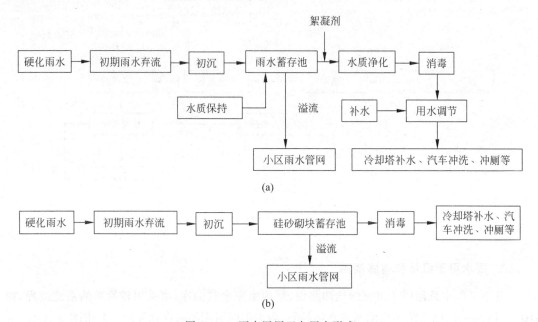

图 20-11　雨水回用于杂用水形式

20.3.2　雨水收集回用系统的组成

雨水收集回用系统包括初期雨水弃流装置、初沉或初级过滤装置、蓄存设施以及净化处理装置等,典型的雨水收集回用系统流程如图 20-12 所示。

1. 初期雨水弃流装置

初期雨水弃流指通过一定方法或装置将存在初期冲刷效应、污染物浓度较高的降雨初期径流予以弃除,以降低雨水的后续处理难度。初期雨水弃流应进行处理。初期雨水弃流装置分为容积式、流量式、雨量计式,分别通过弃流水箱水位、弃流管道流量计、降雨雨量计判断并控制弃流量。

弃流雨水应排入生物滞留等设施进行入渗处理或待雨停后排放至市政污水管道,当弃流雨水排入污水管道时应确保污水不倒灌。

2. 初沉或初级过滤装置

初沉或初级过滤多为成品装置,用于沉淀体积大的杂物,并分离漂浮物。将其设置在蓄水池进水口的位置,确保流入蓄水池的雨水水质,避免泥沙在池中淤积。

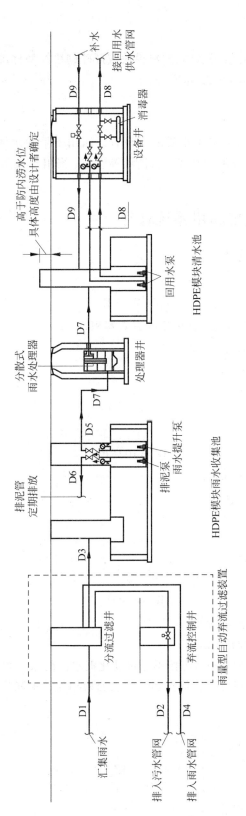

图 20-12 典型雨水收集回用系统流程

3. 蓄存设施

常用的雨水蓄存设施有景观水体、塑料模块或硅砂砌块等型材拼装组合水池、钢筋混凝土水池,以及形状各异的成品水池、水管等。

4. 净化处理装置

雨水净化处理装置应根据出水水质要求设置。回用于景观水体时宜选用生态处理设施;回用于一般用途时,可采用过滤、沉淀、消毒等设施;当出水水质要求较高时,也可采用混凝沉淀过滤等处理设施。

20.3.3　雨水收集回用系统计算

1. 雨水蓄存设施有效容积

计算公式为

$$V_h = W - W_i \tag{20-4}$$

式中,V_h——雨水收集回用系统蓄存设施的有效容积,m^3;

W——雨水径流总量,m^3;

W_i——初期雨水弃流量,m^3。

2. 雨水径流量

计算公式为

$$W = 10\psi h F \tag{20-5}$$

式中,ψ——雨量综合径流系数;

h——设计降雨量,mm;

F——汇水面积 m^2。

3. 初期雨水弃流量

计算公式为

$$W_i = 10\delta F \tag{20-6}$$

式中,W_i—初期雨水弃流量,m^3;

δ——初期径流弃流厚度,mm;

F——硬化汇水面面积,hm^2,应按不透水硬化汇水面的水平投影面积计算,为非绿化屋面、水面、道路、广场、停车场等的总面积扣除透水铺装地面的面积。

4. 雨水净化处理量

计算公式为

$$Q_y = \frac{W_y}{T} \tag{20-7}$$

式中,Q_y——设备处理能力,m^3/h;

W_y——雨水供应管网最高日用水量，m^3；

T——原水处理设施的日运行时间，h，可取 $16\sim20h$。

当无雨水清水池和高位水箱时，雨水处理量按照回用雨水系统的设计秒流量计算。

20.4 雨水调蓄排放系统

20.4.1 雨水调蓄排放系统分类

1. 水体、池塘调蓄

建筑小区中的调蓄排放应首先利用自然水体、坑塘、洼地等，并对其进行保护，并尽量利用植草沟、卵石沟等生态设施净化、转输雨水，减少外排雨水中的污染物。系统的构成见图 20-13。

图 20-13 水体、坑塘调蓄排放系统

2. 埋地水池调蓄

建筑小区中往往没有设置水体、坑塘的条件，这种情况下需要设置埋地调蓄水池，蓄存雨水。系统构成如图 20-14 所示。

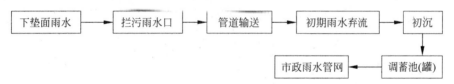

图 20-14 埋地水池调蓄排放系统

雨水管线和雨水蓄存设施的连接可采用串联方式或并联方式，如图 20-15 所示。

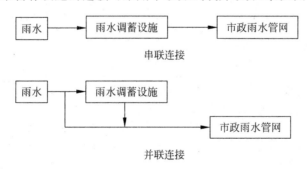

图 20-15 雨水管线和雨水蓄存设施的连接

20.4.2 调蓄排放设施

调蓄设施包括调节池、具有调蓄空间的景观水体、降雨前能及时排空的雨水收集池、生物滞留设施以及能及时排空的入渗设施等。

20.4.3 调蓄排放设施计算

当建筑与小区受条件限制,不能设置雨水入渗系统或回用系统将雨水转化为水资源时,或者水资源转化能力较小无法达到径流峰值控制要求时,应增设雨水调蓄排放系统。

(1) 在降雨过程中排水的雨水调蓄排放系统,其外排流量按照式(20-8)计算,其中径流系数 ψ_0 应取 0.2。当降雨过后才外排时,外排设计流量宜按照 6~12h 排空调蓄池计算,且排水管径和排水泵依据此流量选型。

$$Q' = \psi_0 q F \tag{20-8}$$

式中,Q'——出水管设计流量,L/s;

    q——降雨强度;

    F——汇水面积。

(2) 在降雨过程中向小区外排水的蓄存设施,应配置的有效蓄水容积可按照式(20-9)计算;当雨后排空时,需满足 $V \geqslant W$(式中 W 同式(20-5))。

$$V = \max \left[\frac{60}{1000}(Q - Q')t_m \right] \tag{20-9}$$

式中,V——调蓄排放系统雨水储存设施的储水量,m^3;

    t_m——调蓄池蓄水历时,min,不大于 120min;

    Q——调蓄池进水流量,L/s,按照式(20-10)计算:

$$Q = \psi_m q F \tag{20-10}$$

式中,ψ_m——各类汇水面积径流系数加权平均值。

第21章

建筑中水的收集与利用

21.1　中水系统的组成及其形式

中水是指各种排水经处理后,达到规定的水质标准,可在生活、市政、环境等范围内利用的非饮用水;从地域上可分为城市中水、区域中水、建筑小区中水和建筑物中水。建筑中水包括建筑物中水和建筑小区中水,建筑小区中水是在建筑小区内建立的中水系统,建筑小区主要指居住小区和公共建筑区;建筑物中水是指在建筑物内建立的中水系统或设施。

21.1.1　中水系统的组成

由中水原水的收集、储存、处理和中水供给等工程设施组成的有机结合体称为中水系统,是建筑物或建筑小区的功能配套设施之一。建筑中水系统包括原水、处理和供水三个系统。

1. 原水系统

1) 类型

中水原水指被选作为中水水源的水,中水原水系统是指收集、输送中水原水到中水处理设施的管道系统及附属构筑物,分为合流制和分流制两种类型。

合流制原水系统:将生活污水、废水通过一套排水管道收集、输送至中水处理设施。

分流制原水系统:根据水质情况的不同,将生活污水、废水分别通过独立的管道系统收集、输送。其中水质较好的排水输送至中水处理设施,水质较差的排水进入市政污水处理厂。

2) 要求

食堂、营业餐厅和厨房排水等含油脂排水进入原水系统前,应经过隔油处理;以雨水作为中水水源或水源补充时,应设置可靠的调储容量和溢流排放设施。

室内外原水收集管道及附属构筑物均应采取防渗、防漏措施,并应有防止不符合水质要求的排水接入的措施。

原水系统应设分流、溢流设施和超越管,宜在流入处理站之前满足重力排放要求。

原水系统应进行计量,可设置具有瞬时和累计流量功能的计量装置。

3)原水收集率

原水系统应计算原水收集率,收集率不应低于回收排水项目给水量的 75%,原水收集率可按下式计算:

$$\eta_2 = \frac{\sum Q_\mathrm{P}}{\sum Q_\mathrm{J}} \times 100\% \qquad (21\text{-}1)$$

式中,η_2——原水收集率;

$\sum Q_\mathrm{P}$——中水系统回收排水项目的回收水量之和,$\mathrm{m^3/d}$;

$\sum Q_\mathrm{J}$——中水系统回收排水项目的给水量之和,$\mathrm{m^3/d}$。

2. 处理系统

中水处理系统应由原水调节池(箱)、中水处理工艺构筑物、消毒设施、中水储存池(箱)、相关设备、管道等组成。

处理系统设计处理能力应按下式计算:

$$Q_\mathrm{h} = (1 + n_1) \times \frac{Q_\mathrm{z}}{t} \qquad (21\text{-}2)$$

式中,Q_h——处理系统设计处理能力,$\mathrm{m^3/h}$;

Q_z——最高日中水用水量,$\mathrm{m^3/h}$;

t——处理系统每日设计运行时间,$\mathrm{h/d}$;

n_1——处理设施自耗水系数,一般取值为 5%~10%;

3. 供水系统

中水供水系统与给水系统相似,但是中水供水系统与生活饮用水给水系统应分别独立设置。中水系统供水量、设计秒流量、管道水力计算,以及供水方式和水泵选择等应按照给水设计标准执行。

中水储存池(箱)宜采用耐腐蚀、易清垢的材料制作。钢板池(箱)内、外壁及其附配件均应采取可靠的防腐蚀措施。中水储存池(箱)上应设自动补水管(利用市政再生水的中水储存池(箱)可不设自来水补水管),其管径按中水最大时供水量计算确定,并应符合下列规定:

(1)补水的水质应满足中水供水系统的水质要求;

(2)补水应采取最低报警水位控制的自动补给方式;

(3)补水能力应满足中水中断时系统的用水量要求。

中水供水系统应安装计量装置。中水供水管道宜采用塑料给水管、钢塑复合管或其他具有可靠防腐性能的给水管材,不得采用非镀锌钢管。中水管道上不得装设取水龙头。当装有取水接口时,必须采取严格的误饮、误用的防护措施。绿化、浇洒、汽车冲洗宜采用有防护功能的壁式或地下式给水栓,自动补水管上应安装水表或其他计量装置。

21.1.2　中水系统形式

建筑中水系统形式的选择,应根据工程的实际情况、原水和中水用量的平衡和稳定、系统的技术经济合理性等因素综合考虑确定。

1. 建筑物中水系统形式

建筑物中水宜采用原水污废分流、中水专供的完全分流系统,如图 21-1 所示。完全分流系统是指中水原水的收集系统和建筑的其他排水系统完全分开,中水供水系统与建筑的生活给水系统也是完全分开的。

图 21-1　建筑物完全分流系统

2. 建筑小区中水系统形式

建筑小区中水可采用下列系统形式:完全分流系统、半完全分流系统和无分流简化系统。

1) 完全分流系统

完全分流系统是指原水分流管系和中水供水管系覆盖全区所有建筑物的系统,即建筑小区内的主要建筑物内全部采用两套排水管系(污废水分流管系)和两套供水管系(中水、自来水供水管系),如图 21-2 所示。

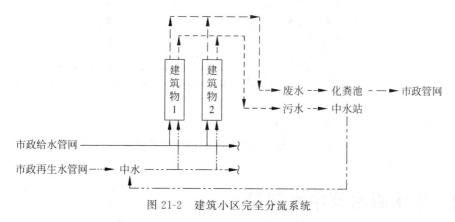

图 21-2　建筑小区完全分流系统

2) 半完全分流系统

半完全分流系统指无原水分流管系(原水为综合污水或外接水源),只有中水供水管系或只有污废水分流管系而无中水供水管,处理后用于河道景观、绿化等室外杂用的系统,如图 21-3 所示。

3) 无分流简化系统

无分流简化系统是指建筑物内无污废水分流管系和中水供水管系的系统,如图 21-4 所示。中水不进入建筑物内,中水只用于小区绿化、浇洒道路、水景观和人工河湖补水、地下车库地面冲洗和汽车清洗等,中水原水采用生活污水或是外接水源。

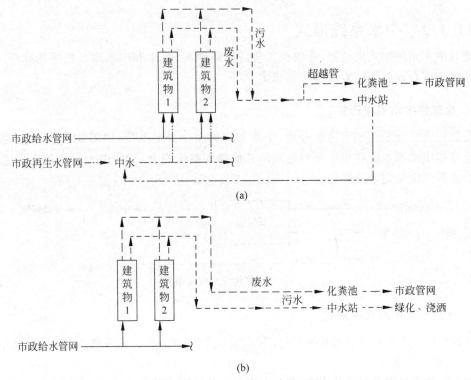

(a)

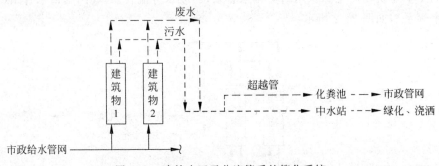

(b)

图 21-3　建筑小区半完全分流系统

图 21-4　建筑小区无分流管系的简化系统

21.2　中水原水及中水利用

21.2.1　中水原水类型及水质

1. 建筑物中水原水类型及水质

1）建筑物中水原水

建筑物中水原水可取自建筑的生活排水和其他可以利用的水源，应根据排水的水质、水量、排水状况和中水回用的水质、水量选定。建筑物中水系统的原水往往是多种水源组合。

建筑物中水原水可选择的种类和选取顺序应为：①卫生间、公共浴室的盆浴和淋浴等的排水；②盥洗排水；③空调循环冷却水系统排水；④冷凝水；⑤游泳池排水；⑥洗衣排水；⑦厨房排水；⑧冲厕排水；

下列排水严禁作为建筑物中水原水：医疗污水、放射性废水、生物污染废水、重金属及其他有毒有害物质超标的排水。

2）建筑物中水原水水质

建筑物中水系统的原水水质因建筑物所在地区及使用性质不同，其污染成分和浓度也不相同，应根据水质调查分析确定，在无实测资料时，各类建筑物的各种排水污染物浓度可参考表 21-1 确定。

表 21-1　建筑物排水污染物浓度　　　　　　　　　　　　　　mg/L

类	别	冲　厕	厨　房	淋　浴	盥　洗	洗　衣	综　合
住宅	BOD_5	300~450	500~650	50~60	60~70	220~250	230~300
	COD_{Cr}	800~1100	900~1200	120~135	90~120	310~390	455~600
	SS	350~450	220~280	40~60	100~150	60~70	155~180
宾馆、饭店	BOD_5	250~300	400~550	40~50	50~60	180~220	140~175
	COD_{Cr}	700~1000	800~1100	100~110	80~100	270~330	295~380
	SS	300~400	180~220	30~50	80~100	50~60	95~120
办公楼、教学楼	BOD_5	260~340	—	—	90~110	—	195~260
	COD_{Cr}	350~450	—	—	100~140	—	260~340
	SS	260~340	—	—	90~110	—	195~260
公共浴室	BOD_5	260~340	—	45~55	—	—	50~65
	COD_{Cr}	350~450	—	110~120	—	—	115~135
	SS	260~340	—	35~55	—	—	40~65
职工及学生食堂	BOD_5	260~340	500~600	—	—	—	490~590
	COD_{Cr}	350~450	900~1100	—	—	—	890~1075
	SS	260~340	250~280	—	—	—	255~285

2. 建筑小区中水原水类型及水质

1）建筑小区中水原水水源

建筑小区中水原水的选择应依据水量平衡和技术经济比较确定，并应选择水量充裕稳定、污染物浓度低、水质处理难度小的水源。

建筑小区中水可选择的原水包括小区内建筑物杂排水、小区或城镇污水处理站（厂）出水、小区附近污染较轻的工业排水和小区生活污水。

2）建筑小区原水水质

建筑小区中水原水的水质应以类似建筑小区实测资料为准。当无实测资料时，生活排水按照建筑物排水污染物浓度表中综合水质指标取值；当采用城镇污水处理厂出水为原水时，可按城镇污水处理厂实际出水水质或相应标准执行。其他类型原水水质应实测。

21.2.2　中水利用及水质标准

建筑中水主要用于城市污水再生利用分类中的城市杂用水和景观环境用水等。当建筑物或小区附近有可利用的市政再生水管道时，可直接接入使用。建筑中水利用率是项目建筑中水年总供水量和年总用水量之比。

中水利用,其水质必须满足下列要求:

(1) 中水用于多种用途时,应按不同用途水质标准进行分质处理;

(2) 当中水同时用于多种用途时,其水质应按最高水质标准确定;

(3) 卫生上安全可靠,无有害物质,其主要衡量指标有大肠菌指数、细菌总数及余氯量等;

(4) 外观上无使人不快的感觉,其主要衡量指标有浊度、色度、臭气、表面活性剂和油脂等;

(5) 不应引起管道、设备等严重腐蚀、结垢,不造成维修管理困难,其主要衡量指标有pH 值、硬度、蒸发残留物及溶解性物等。

中水用作建筑杂用水和城市杂用水,如冲厕、道路清扫、消防、绿化、车辆冲洗、建筑施工等,其水质应符合现行国家标准《城市污水再生利用 城市杂用水水质》(GB/T 18920—2020)的规定。

中水用于建筑小区景观环境用水时,其水质应符合现行国家标准《城市污水再生利用 景观环境用水水质》(GB/T 18921—2020)的规定。

中水用于供暖、空调系统补充水时,其水质应符合现行国家标准《采暖空调系统水质》(GB/T 29044—2012)的规定。

中水用于冷却、洗涤、锅炉补给等工业用水时,其水质应符合现行国家标准《城市污水再生利用 工业用水水质》(GB/T 19923—2005)的规定。

中水用于食用作物、蔬菜浇灌用水时,其水质应符合现行国家标准《城市污水再生利用 农田灌溉用水水质》(GB 20922—2007)的规定。

21.3 水量与水量平衡

21.3.1 中水系统的原水量计算

(1) 建筑物中水原水量应按下式计算:

$$Q_Y = \sum \beta Q_{pj} b \tag{21-3}$$

式中,Q_Y——中水原水量,m^3/d;

β——建筑物按给水量计算排水量的折减系数,一般取 0.85~0.95;

Q_{pj}——建筑物平均日给水量,m^3/d,按现行国家标准《民用建筑节水设计标准》(GB 50555—2010)中的节水用水定额计算确定;

b——建筑物分项给水百分率,应以实测资料为准,在无实测资料时,可按表 21-2 选取。

表 21-2 建筑物分项给水百分率   %

项　　目	住　　宅	宾馆、饭店	办公楼、教学楼	公共浴室	职工及学生食堂	宿　　舍
冲厕	21.3~21	14~10	66~60	5~2	6.7~5	30
厨房用水	20~19	14~12.5	—	—	95~93.3	—

续表

项　目	住　宅	宾馆、饭店	办公楼、教学楼	公共浴室	职工及学生食堂	宿　舍
沐浴	32～29.3	50～40	—	98～95	—	42～40
盥洗	6.7～6.0	14～12.5	40～34	—	—	14～12.5
洗衣	22.7～22	18～15	—	—	—	17.5～14
总计	100	100	100	100	100	100

注：沐浴包括盆浴和淋浴。

（2）建筑小区中水原水量可按下列方法计算：

建筑小区的建筑物分项排水原水量按照建筑物中水原水量计算标准确定；

建筑小区综合排水量，应按现行国家标准《民用建筑节水设计标准》（GB 50555—2010）的规定计算小区平均日给水量，再乘以排水折减系数的方法计算确定，折减系数取值与建筑物折减系数标准相同。

（3）中水水源的设计原水量

用作中水原水的水量宜为中水回用水量的110%～115%。

21.3.2　中水系统的供水量

中水的用途包括冲厕、浇洒道路或绿化、车辆冲洗、景观补水、供暖补水、循环冷却水补水等，建筑中水用水量应根据不同用途用水量累加确定，应按下式计算：

$$Q_z = Q_C + Q_{js} + Q_{cx} + Q_j + Q_n + Q_x + Q_t \tag{21-4}$$

式中，Q_z——最高日中水用水量，m^3/d；

$\quad Q_C$——最高日冲厕中水用水量，m^3/d；

$\quad Q_{js}$——浇洒道路或绿化中水用水量，m^3/d；

$\quad Q_{cx}$——车辆冲洗中水用水量，m^3/d；

$\quad Q_j$——景观水体补充中水用水量，m^3/d；

$\quad Q_n$——供暖系统补充中水用水量，m^3/d；

$\quad Q_x$——循环冷却补充中水用水量，m^3/d；

$\quad Q_t$——其他用途中水用水量，m^3/d。

21.3.3　水量平衡计算及措施

水量平衡就是将设计的建筑或建筑群的给水量、污废水排量、中水原水量、储存调节量、中水处理量、中水处理设备耗水量、中水调节储存量、中水用量、自来水补给量等进行计算和调整，以达到供水量与用水量的平衡和一致。

进行水量平衡计算的同时，绘制水量平衡图。水量平衡图就是将上述计算和协调的结果用图线和数字来表示的。该图中应明显表示出设计范围内各种水量的来龙去脉，水量多少及其相互关系，水的合理分配情况及综合利用情况。

1. 水量平衡计算

水量平衡计算是合理设计中水处理设备、构筑物及管道的依据。通过计算，一方面确定可作为中水水源的污废水可收集水量;另一方面确定中水的用水量,通过调整中水原水量和用水量,达到系统供用平衡。水量平衡计算可采用以下步骤:

(1) 确定中水使用范围和中水原水收集范围。

(2) 确定中水供水对象,进而确定可收集的中水原水总量 Q_1(中水水源)。

(3) 计算中水总用水量 Q_3,总用水量计算应包括中水处理站自身消耗用水量(一般取各项用水量之和的 $5\%\sim15\%$)。

(4) 比较中水原水总量和中水总用水量的平衡关系,使原水总量不小于总用水量。

(5) 绘制水量平衡图,水量平衡图是用图线和数字表示出中水原水的收集、储存、处理和使用量之间的关系,使得中水系统水量平衡规划明确直观,同时可明显看出节水效果。

2. 水量平衡措施

水量平衡措施是指通过设置调储设备使中水处理量适应中水原水量和中水用水量的不均匀变化,中水系统应满足总调节容积(等于原水调节池(箱)、中水处理工艺构筑物、中水储存池(箱)及高位水箱等调节容积之和)不小于中水日处理量的 100%。

1) 中水原水量和处理量的平衡计算及调整

由于中水原水收集水量与处理系统处理量不能同步,应设原水调节池进行储存、调节。

(1) 计算中水处理系统设计处理能力,公式为

$$Q_h = (1+n)Q_z/t$$

式中,Q_h——中水处理系统处理能力,m^3/h;

$\quad n$——中水处理设施自耗水系数,可取 $5\%\sim10\%$;

$\quad t$——处理系统每日运行时间,h;

$\quad Q_z$——中水用水量,m^3/d;

(2) 原水调节池(箱)调节容积计算

连续运行时,

$$Q_{yc} = (0.35\sim0.50)Q_d \tag{21-5}$$

间歇运行时,

$$Q_{yc} = 1.2Q_h T \tag{21-6}$$

式中,Q_{yc}——原水调储量,m^3;

$\quad Q_d$——中水日处理量,m^3;

$\quad Q_h$——中水处理系统设计处理能力,m^3/h;

$\quad T$——设备日最大连续运行时间,h。

2) 中水处理出水量和中水用量的平衡计算及调整

中水处理系统连续处理的出水量和中水供应量之间存在不平衡,需设中水储存池进行调节。中水储存池容积计算如下:

连续运行时,

$$Q_{zc} = (0.25\sim0.35)Q_z \tag{21-7}$$

间歇运行时,

$$Q_{zc} = 1.2(Q_q T - Q_{zt}) \tag{21-8}$$

式中, Q_{zc}——中水储存调节量, m^3；

Q_z——最大日中水用量, m^3/h；

Q_{zt}——最大连续运行时间内的中水用量, m^3；

Q_q——中水处理系统设计处理能力, m^3/h；

T——设备日最大连续运行时间, h。

当中水供水系统采用水泵-水箱联合供水时，其水箱的调节容积不得小于中水系统最大小时用水量的50%。

21.4 中水处理工艺

21.4.1 中水处理工艺选择原则

中水处理工艺流程应根据中水原水的水质、水量和中水的水质、水量及使用要求等因素，通过技术、经济比较后，选择运行可靠、经济合理的工艺流程。

中水处理工艺选择应符合以下原则：

（1）技术先进、运行可靠，出水满足回用目标的水质标准要求。

（2）经济适用。在满足回用水质要求的前提下，尽可能节省投资、运行费用等。

（3）环境影响小。应考虑中水处理设施所占面积和周围环境限制，控制处理过程中产生的噪声和臭气等因素对周边环境的影响。

21.4.2 中水处理工艺流程

中水处理工艺按组成段可分为预处理、主处理及后处理部分，由于中水回用对有机物、洗涤剂去除要求较高，生物处理对去除有机物、洗涤剂较为有效，因而中水处理常采用以生物处理为主体的工艺流程；为了保障安全，在工艺流程中，消毒工艺必不可少。

（1）当以盥洗排水、污水处理厂（站）二级处理出水或其他较为清洁的排水作为中水原水时，可采用以物化处理为主的工艺流程，工艺流程应符合以下规定：

① 絮凝沉淀或气浮工艺流程应为

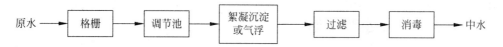

② 微絮凝过滤工艺流程应为

③ 膜分离工艺流程应为

（2）当以含有洗浴排水的优质杂排水、杂排水或生活排水作为中水原水时，宜采用以生物处理为主的工艺流程，在有可供利用的土地和适宜的场地条件时，也可以采用生物处理与

生态处理相结合或者以生态处理为主的工艺流程。工艺流程应符合下列规定：

① 生物处理和物化处理相结合的工艺流程应为

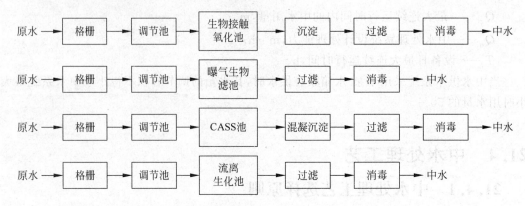

注：CASS 池属于专业术语，表示周期循环活性污泥法。

② 膜生物反应器（MBR）工艺流程应为

③ 生物处理与生态处理相结合的工艺流程应为

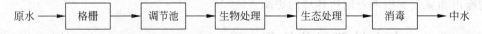

④ 以生态处理为主的工艺流程应为

（3）当中水用于供暖、空调系统补充水等其他用途时，应根据水质要求增加相应的深度处理措施；当采用膜处理工艺时，应有保障其可靠进水水质的预处理工艺和易于膜的清洗、更换的技术措施；对于中水处理产生的初沉污泥、活性污泥和化学污泥，当污泥量较小时，可排至化粪池处理；当污泥量较大时，可采用机械脱水装置或其他方法进行妥善处理。

21.4.3 中水处理设施

中水原水的收集、处理，中水的供给、使用及其配套的检测、计量等全套构筑物、设备和器材统称为中水设施。

1. 预处理设施

1）化粪池

以生活污水为原水的中水处理工程，宜在建筑物粪便排水系统中设置化粪池。

2）隔油池

以厨房、食堂等含油排水作为部分原水时，应先经过隔油设施处理后，再排入后续处理流程。

3）格栅

当原水为杂排水时，可设置一道格栅，格栅条空隙宽度宜小于 10mm；当原水为生活污水时,可设置粗细两道格栅,粗格栅条空隙宽度应为 10~20mm,细格栅条空隙宽度应为 2.5mm;格栅宜采用机械格栅,流速宜取 0.6~1.0m/s。

4)毛发聚集器

以洗浴(涤)排水为原水时,污水泵吸水管上应设置毛发聚集器。

5)调节池

调节池内宜设置预曝气管,曝气量不宜小于 0.6m³/(m³·h);调节池底部应设有集水坑和泄水管(中、小型工程调节池可兼做提升泵的集水井),池底应有不小于 0.02 坡度坡向集水坑,池壁应设置爬梯和溢水管;当采用地埋式调节池时,顶部应设置人孔和直通地面的排气管。

2. 沉淀设施

初次沉淀池的设置应根据原水水质和处理工艺等因素确定,当原水为优质杂排水或杂排水时,调节池后可不再设置初次沉淀池。对于生物处理后的二次沉淀池和物化处理的混凝沉淀池,当其规模较小时,宜采用斜板(管)沉淀池或竖流式沉淀池;规模较大时,按照《室外排水设计规范(2016 年版)》(GB 50014—2006)设计。

斜板(管)沉淀池宜采用矩形,沉淀池表面水力负荷宜采用 1~3m³/(m²·h);竖流式沉淀池的设计表面水力负荷宜采用 0.8~1.2m³/(m²·h);沉淀池宜采用静水压力排泥,沉淀池集水应设出水堰,其出水负荷不应大于 1.70L/(s·m)。

3. 生物处理设施

中水处理多采用生物接触氧化、曝气生物滤池、CASS、流离生化池、MBR 等生物处理工艺,工艺设计按照国家现行有关标准和规定执行。

1)接触氧化处理工艺

当接触氧化池处理优质杂排水时,水力停留时间不应小于 2h;处理杂排水或生活排水时,应根据原水水质情况和出水水质要求确定水力停留时间,但不宜小于 3h。宜采用易挂膜、耐用、比表面积较大、维护方便的固定填料或悬浮填料;曝气量可按 BOD_5 的去除负荷计算,宜为 40~80m³/kg BOD_5;接触氧化池宜连续运行,当采用间歇运行方式时,在停止进水时,要考虑采用间断曝气的方法来维持生物活性。

2)流离生化处理工艺

当流离生化池处理优质杂排水时,水力停留时间不应小于 3h;处理杂排水或生活排水时,应根据原水水质情况和出水水质要求确定水力停留时间,但不宜小于 6h。原水在流离生化池中流动距离不小于 9m;曝气量可按 BOD_5 的去除负荷计算,宜为 40~80m³/kg BOD_5。

3)膜生物反应器(MBR)

当 MBR 处理优质杂排水时,水力停留时间不应小于 2h;处理杂排水或生活排水时,应根据原水水质情况和出水水质要求确定水力停留时间,但不宜小于 3h。中水处理站内应设置膜清洗装置,膜清洗装置应同时具备对膜组件实施反向化学清洗和浸泡化学清洗的功能,并宜实现在线清洗。

4. 消毒设施

中水处理必须设有消毒设施。要求如下:

(1) 消毒剂宜采用次氯酸钠、二氧化氯、二氯异氰尿酸钠或其他消毒剂;

(2) 消毒剂宜采用自动定比投加方式,与被消毒水充分混合接触;

(3) 采用氯消毒时,加氯量宜为有效氯 5~8mg/L,消毒接触时间应大于 30min;

(4) 当中水原水为生活污水时,应适当增加加氯量。

21.5　中水处理站

1. 中水处理站站址选择

中水处理站位置应根据建筑的总体规划、中水原水的来源、中水用水的位置、环境卫生和管理维护要求等因素综合确定。

建筑物内的中水处理站宜设在建筑物的最底层,或主要排水汇水管道的设备层。

建筑小区中水处理站和以生活污水为原水的中水处理站宜在建筑物外部按规划要求独立设置,且与公共建筑和住宅的距离不宜小于 15m。

2. 中水处理站设置要求

中水处理站的面积应根据工程规模、站址位置、处理工艺、建设标准等因素,并结合主体建筑实际情况综合确定;同时应根据站内各建、构筑物的功能和工艺流程要求合理布置,满足构筑物的施工、设备安装、管道敷设、运行调试及设备更换等维护管理要求,并宜留有适当发展余地,还应考虑最大设备的进出要求。

中水处理站的工艺流程、竖向设计宜充分利用场地条件,符合水流通畅、降低能耗的要求;站内各处理构筑物的个(格)数不宜少于两个(格),并宜按并联方式设计;宜设有值班、化验、药剂储存等房间;对于现场制备二氧化氯、次氯酸钠等消毒剂的中水站,加药间应与其他房间隔开,并有直接通向室外的门;设计应满足主要处理环节运行观察、水量计量、水质取样化验监(检)测和进行中水处理成本核算的条件。

中水处理站站内自耗用水应优先采用中水;消防设计应符合现行国家标准的有关规定;站内应有良好的通风设施;站内配电、照明、通信等设施应适应处理工艺要求;对中水处理中产生的气味、机电设备所产生的噪声和振动应对应采取有效的净化、降噪和减振措施。

21.6　模块化户内中水集成系统

模块化户内中水集成系统是将卫生间排水横支管集成为一体的户内循环水利用集成的箱型整体装置,与用水器具同层敷设,洗衣、淋浴、盥洗等排水排入装置内,经过自动收集、存储、过滤、消毒等处理达标后进行回用冲厕。

模块化户内集成系统适用于设有淋浴或浴盆、洗脸盆、大便盆的住宅、公寓、宾馆客房卫生间,以及设有洗衣机、淋浴或浴盆、洗脸盆、大便盆的居住建筑卫生间。

模块化户内中水集成系统模块分为下沉式和侧立式。处理流程一般包括即时消毒、(一、二、三)三级过滤和定时消毒,处理后的水质应满足《模块化户内中水集成系统技术规程》(JGJ/T 409—2017)中对户内中水水质要求。

第22章

特殊建筑给水排水

22.1 游泳池

22.1.1 游泳池分类及池水特性

1. 游泳池分类

游泳池是人工建造的供人们在水中进行游泳、健身、戏水、休闲等各种活动的不同形状、不同水深的水池,是竞赛游泳池、热身游泳池、公共游泳池、专用游泳池、健身池、私人游泳池、休闲游泳池、文艺演出池、放松池和水上游乐池的总称。常见游泳池分类如图 22-1 所示。

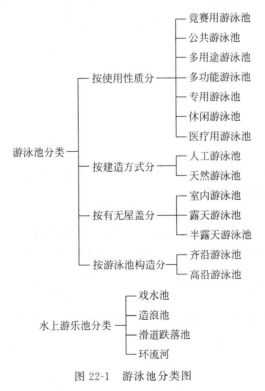

图 22-1 游泳池分类图

标准游泳池为矩形,比赛和训练用游泳池应按此要求建造;跳水用游泳池可为正方形;其他类型平面形状也不一定是矩形,实际设计中多采用不规则的形状,或加入一些弧线形。各类游泳池的平面尺寸和水深,根据用途和使用对象可参照表 22-1。

表 22-1　游泳池的平面尺寸和水深

m

游泳池类别		水　深		池　长　度	池　宽　度	备　注
		最　浅　端	最　深　端			
比赛游泳池		2.0	2.0~2.2	25,50	21,25	
水球游泳池		2.0	2.0			可与比赛用游泳池合建
花样游泳池		≮3.0	≮3.0			可与比赛用游泳池合建
跳水游泳池		跳板(台)高度	水深			
		0.5	≥1.8	12	12	
		1.0	≥3.0	17	17	
		3.0	≥3.5	21	21	
		5.0	≥3.8	21	21	
		7.5	≥4.5~5.0	25	21,25	
		10.0	≥5.0~6.0	25	21,25	
训练游泳池	运动员用	1.4~1.6	1.6~1.8	50	21,25	
	成人用	1.2~1.4	1.4~1.6	50	21,25	含大学生
	中学生用	≤1.2	≤1.4	50	21,25	
公用游泳池		1.4	1.6	25,50	21,25	
儿童游泳池		0.6~0.8	1.0~1.2	平面形状和尺寸视具体情况而定		含小学生
幼儿游泳池		0.3~0.4	0.4~0.6			

2. 池水特性

1) 原水水质

游泳池的初次充水、换水和运行过程中补充水的水质应符合现行国家标准《生活饮用水卫生标准》(GB 5749—2006)的规定。

2) 池水水质

游泳池的池水水质应符合现行行业标准《游泳池水质标准》(CJ/T 244—2016)的规定,举办重要国际游泳竞赛和有特殊要求的游泳池池水水质应符合国际游泳池联合会及相关专业部门的要求。

3) 池水水温

室内游泳池的池水设计温度应根据其用途和类型确定,可参照表 22-2 选用;竞赛用游泳池应根据《游泳比赛规则》确定。

表22-2 室内游泳池池水设计温度

序号		游泳池用途及类型	池水设计温度/℃	备 注
1	竞赛类	竞赛用游泳池、花样游泳池、水球池、热身池	26～28	含标准50m长池和25m短池
		跳水池	27～29	—
		放松池	36～40	与跳水池配套
2	专用类	训练池、健身池、教学池、潜水池、俱乐部	26～28	—
		冷水池	≤16	室内冬泳池
		文艺演出池	30～32	按文艺演出要求选定
3	公共类	成人池	26～28	含社区游泳池
		儿童池	28～30	—
		残疾人池	28～30	—
4	水上游乐类	成人戏水池	26～28	含水中健身池
		儿童戏水池	28～30	含青少年活动池
		幼儿戏水池	30	—
		造浪池、环流河、滑道跌落池	26～30	—
5	其他类	多用途池、多功能池、私人泳池	26～30	—

室外游泳池的池水设计温度，有加热装置时应≥26℃，无加热装置时应≥23℃。

22.1.2 池水循环系统

为了节约水资源，游泳池必须采用设有池水净化处理系统的循环供水方式。不同功能的游泳池，应设置各自独立的池水循环净化系统，池水循环净化系统将使用过的池水通过管道用水泵按规定的流量从池内或与池子相连通的均(平)衡水池内抽出，利用泵的压力依次送入过滤、加药、加热和消毒等工艺工序设备单元，使池水得到澄清、消毒、温度调节达到卫生标准要求后，再送回相应的池内重复使用的水净化处理系统。

1. 循环方式

池水循环方式是为保证池水水流均匀分布在池内，并在池内不产生急流、涡流、短流和死水区，使池内各部位的水质、水温和消毒剂均匀一致而设计的池子进水与回水的水流组织方式，包括顺流式池水循环方式、逆流式池水循环方式和混合流式池水循环方式。

(1) 顺流式循环方式：池中的全部循环水量，经设在池子端壁或侧壁水面以下的给水口送入池内，由设在池底的回水口取回，经净化处理后再送回池内继续使用的水流组织方式。适用于公共游泳池、露天游泳池或水上游乐池。

(2) 逆流式池水循环方式：池内的全部循环水量，经设在池底的给水口或给水槽送入池内，再经设在沿池壁外侧的溢流回水槽取回，进行净化系统处理后再经池底给水口送回池内继续使用的水流组织方式。多用于竞赛游泳池或训练游泳池等。

(3) 混合流式池水循环方式：池内全部循环水水量由池底给水口送入池内，而将循环水量的60%～70%经设在沿池壁外侧的溢流回水槽取回，另外30%～40%的水量经设在池底的回水口取回，将这两部分循环水量合并进行净化系统处理后，再经池底给水口送回池内继续使用的水流组织方式。适用于要求较高的游泳竞赛池、训练池或水上游乐池等。

2. 循环净化周期

池水循环净化周期应根据水池类型、使用对象、游泳负荷、池水容积、消毒剂品种、池水净化设备的效率和设备运行时间等因素,根据规范规定确定。

3. 循环流量

循环流量可按下式计算:

$$q_c = a_p V/T \tag{22-1}$$

式中,q_c——水池的循环水流量,m^3/h;

a_p——水池中的管道和设备水容积附加系数,一般为 $1.05\sim1.10$;

V——水池的池水容积,m^3;

T——水池的池水循环周期,h。

4. 循环水泵

(1)池水循环净化处理系统的循环水泵、水上游乐设施的功能循环水泵和水景系统的循环水泵应分开设置。

(2)水泵组的额定流量应满足计算所得的池水循环周期所需的流量;扬程不应小于吸水池最低水位至泳池出水口的几何高差、循环净化处理系统设备和管道系统阻力损失及水池进水口所需流出水头之和。当采用并联水泵运行时,宜乘以 $1.05\sim1.10$ 的安全系数。

(3)水泵应选择高效节能、耐腐蚀、低噪声的泳池离心水泵,并宜采用变频调速水泵。

(4)颗粒过滤器的循环水泵的工作泵不宜小于 2 台,且应设置备用泵,并应能与工作泵交替运行。

5. 循环管道

(1)循环给水管道内的水流速度应为 $1.5\sim2.5m/s$;循环回水管道内的水流速度应为 $1.0\sim1.5m/s$;循环水泵吸水管内的水流速度应为 $0.7\sim1.2m/s$。

(2)管道材料:管材、管件、阀门、附件等均应符合现行国家标准《生活饮用水输配水设备及防护材料的安全性评价标准》(GB/T 17219—1998)及满足相关规范要求。

(3)管道敷设:室内游泳池应沿池体周边设置专用的管廊或管沟,当室外游泳池设管廊或管沟有困难时,循环管道宜埋地敷设,并采取相关保障措施。

22.1.3 平衡水池、均衡水池和补水水箱

对采用顺流式循环给水系统的游泳池,为保证池水有效循环和减少循环水泵阻力损失、平衡水池水面、调节水量和间接向池内补水,应设置与游泳池水面相平供循环水泵吸水的平衡水池。

平衡水池的有效容积可按下式计算:

$$V_p = V_d + 0.08 q_c T \tag{22-2}$$

式中,V_p——平衡水池的有效容积,m^3;

V_d——单个过滤器反冲洗所需水量,m^3;

q_c——水池的循环水量,m^3/h;

T——水池等的池水循环周期,h。

对采用逆流式、混合流式循环给水系统的游泳池,为保证循环水泵有效工作,应设置低于池水水面的供循环水泵吸水的均衡水池,其作用是收集池岸溢流回水槽中的循环回水,调节系统水量平衡和储存过滤器反冲洗时的用水,以及间接向池内补水。

均衡水池的有效容积可按下式计算:

$$V_j = V_a + V_d + V_c + V_s \tag{22-3}$$

$$V_s = A_s h_s \tag{22-4}$$

式中,V_j——均衡水池的有效容积,m^3;

V_a——最大游泳及吸水负荷时每位游泳者入池后所排出水量,$m^3/人$,取 $0.06m^3/人$;

V_d——单个过滤器反冲洗时所需水量,m^3;

V_c——充满池水循环净化处理系统管道和设备所需的水量,m^3,当补水量充足时,可不计此容积;

V_s——池水循环净化处理系统运行时所需的水量,m^3;

A_s——水池的池水表面面积,m^2;

h_s——水池溢流回水时溢流水层厚度,m,可取 $0.005\sim0.010m$。

顺流式池水循环系统可不设置平衡水池、循环水泵,直接从游泳池池底回水吸水,为防止游泳池的池水回流污染补充水水管内的水质而设置的使补充水间接注入游泳池具有隔断作用的水箱为补水水箱。单纯作补水用途时,补水水箱的容积应按计算的补水量确定,且不应小于 $2.0m^3$;当补水水箱兼做回收溢流水用途时,宜按 10% 的池水循环流量计算确定。

22.1.4 池水净化

1. 预净化

当游泳池中的水进入循环系统时,应先进行预净化处理,以防止水中夹带颗粒状物、泳者遗留下的毛发及纤维物体进入水及过滤器。否则,既会损坏水泵叶轮,又影响滤层的正常工作。所以,在循环水泵的吸水管上必须设置毛发聚集器。

毛发聚集器的原理与给水管道上的 Y 型隔滤器相同,但因聚集器的过滤筒必须经常取出清洗,因此取出滤筒处的压盖不要采用法兰盘连接的方式,而应采用快开式的压盖,否则每清扫一次需要较长的时间。

毛发聚集器外壳一般采用耐腐蚀材料,如铸铁或钢质材料,并采取防腐措施;其内壁应衬有防腐层,也有用不锈钢制造的,防腐性能较佳。过滤筒应由不锈钢或铜等耐腐蚀材料制造,其孔眼直径宜采用 $3mm$。

2. 过滤净化

过滤是游泳池水净化工艺的主要部分。过滤时,把水中的微小颗粒、悬浮物及部分微生物截留于滤层之外,从而降低水的浑浊度。一般采用接触过滤进行池水净化,过滤设备根据过滤效率、管理水平、运行时间和建设费用等情况确定；现今常用的过滤器包括压力式颗粒过滤器、硅藻土过滤器、负压颗粒过滤器以及有机物降解器等。

1）压力式颗粒过滤器

压力式颗粒过滤器滤料应满足比表面积大、孔隙率高、截污能力强、使用周期长、不含杂质和污泥、不含有毒和有害物质、化学稳定性好、机械强度高、耐磨损、抗压性能好的要求。

压力式颗粒过滤器宜采用气-水反冲洗方式，用水反冲洗时宜采用池水，若用城市生活饮用水反冲洗，应设置防止回流污染的隔断水箱或倒流防止器等。

压力式颗粒过滤器有立式过滤器和卧式过滤器两种，立式过滤器的直径不应超过 2.40m；卧式过滤器的直径不应小于 2.20m，且过滤面积不应超过 10.0m^2。过滤器的外壳材质、内部和外部的配套附件的材质应耐腐蚀、不透水、不变形和不污染水质，并符合现行行业标准的规定。

颗粒过滤器应配套设置辅助混凝剂投加装置，混凝剂应根据原水水质和当地化学药品供应情况选用，且不危害人体健康；混凝剂应通过可调式计量泵连续、均匀、自动地投加到循环水管内，投加点应远离余氯和 pH 值的采样点，投加计量泵应选择具有调节功能的隔膜加药泵，与池水循环系统联锁控制运行，计量泵的吸水口宜配置过滤装置，计量泵、配套管道、阀门、附件等均应耐腐蚀和满足投加系统工作压力的要求。

2）硅藻土过滤器

硅藻土过滤器可滤除粒径达 $2\mu m$ 的颗粒，同时可滤除细菌和部分病毒。硅藻土过滤器包括真空式硅藻土过滤器、烛式压力硅藻土过滤器和可逆式板框状压力硅藻土过滤器三种，过滤介质硅藻土应符合国家现行标准《食品安全国家标准　硅藻土》(GB 14936—2012)和《食品工业用助滤剂　硅藻土》(QB/T 2088—1995)的规定。

硅藻土过滤器反冲洗：当烛式压力硅藻土过滤器的进水口压力与出水口压力差达到 0.07MPa 时，应用水或气-水进行反冲洗，水反冲洗强度不应小于 0.3L/(s·m^2)，冲洗持续时间应为 2～3min；可逆式硅藻土过滤器宜每日用池水进行反冲洗，反冲洗强度不应小于 1.4L/(s·m^2)，冲洗持续时间应为 1～2min。

硅藻土过滤器的壳体应能承受 1.5 倍的系统工作压力，过滤器内部及外部组件的材质应符合现行行业标准《游泳池用压力式过滤器》(CJ/T 405—2012)的规定。

22.1.5　池水消毒

游泳池的循环水净化处理系统必须设置池水消毒工艺工序，常用的消毒方法有臭氧消毒、氯消毒、紫外消毒、氰尿酸消毒、无氯消毒等。

1. 臭氧消毒

臭氧消毒系统应辅以长效消毒剂系统，宜在池水过滤（净化）工序之后加热工序之前设置，臭氧投加量应按游泳池、水上游乐池的全部循环流量计算确定，循环水进入池内时，池水中的臭氧余量不应大于 0.05mg/L，游泳池水面上 0.20m 处的空气中的臭氧含量不应超过 0.20mg/m^3。

臭氧应采用负压方式投加在水过滤器滤后的循环水中，投加系统应采用全自动控制，并应与循环水泵联锁。

臭氧发生器的臭氧产量应满足设计最大需求量的要求,且生产量可调幅度应为40%～100%。

输送臭氧气体和臭氧溶液的管道应采用牌号不低于 S31603 和公称压力不小于1.0MPa 的奥氏体不锈钢或其他耐臭氧腐蚀的管道、阀门及附件,使用前应作脱脂处理,并应设置区别于其他管道的标志。

2. 氯消毒

氯消毒应用于游泳池时,不要使用液氯,因氯有气味,并会对游泳者的眼睛产生一定的刺激作用。特别是液氯,属危险物品,如果在运输及使用过程中出现泄漏事故会造成人员的伤亡。

氯消毒应选用有效氯含量高、杂质少、对健康危害小的氯消毒剂,一般使用盐氯发生器及次氯酸钠发生器制取氯消毒剂,也可向化工厂购买其成品溶液直接使用。

氯消毒剂应投加在过滤器过滤后的循环水中,投氯量应满足消灭水中细菌的需要,当以臭氧消毒为主时,池水中余氯量应按 0.3～0.5mg/L(有效氯计)计算;当以氯消毒为主时,池水中余氯量应按 0.5～1.0mg/L(有效氯计)计算。

氯消毒剂投加:对于液体及粒状氯制品消毒剂,应将其稀释或溶解配制成有效氯含量为 5%的氯消毒液,采用计量泵连续投加到水加热器后的循环给水管内,并应在循环水进入水池之前完全混合;缓释型片状氯制品消毒剂应置于专用的投加器内自动投加;不同的氯制品消毒剂投加系统应分开设置;严禁采用将氯消毒剂直接注入游泳池内的投加方式。

3. 紫外消毒

紫外线消毒工艺应设置在过滤净化工序之后、加热工序之前,应采用全流量工序设备,并设置旁通管;紫外线消毒器的安装应保证水流方向与紫外灯管长度方向平行,使水流被紫外线充分照射,并应预留更换灯管和检修空间;采用多个紫外线消毒器时应并联连接;紫外线消毒器的出水口应设置安全过滤器。

紫外线消毒宜采用中亚紫外灯消毒器,室内池紫外线剂量不应小于 60mJ/cm^2,露天池紫外线剂量不应小于 40mJ/cm^2。

22.1.6 池水加热

设计标准较高的室内游泳池,应考虑对游泳池水加热,以适应冬季时使用。

有条件的地区,池水加热的热源应优先选择太阳能、热泵、工业余热或废热;其次选择城镇热力网,或区域锅炉房的高温水、蒸汽,或建筑内锅炉房的高温水、蒸汽、空调余热作为热源;当上述热源都无条件时,可设燃气或电热水机组提供热源。

采用太阳能为热源,且集热器为非光滑材质时,应采用直接式池水加热方式;采用其他热源时,应采用间接加热方式。

热源为高温热水或蒸汽时,池水加热设备应选用材质为不锈钢的换热器;电力供应充沛的地区可采用材质为不锈钢的电力热水器;无热力网的地区宜选用材质为不锈钢的燃气热水机组;高温热水为废热及地下热水时,应采用钛金属材质的换热器。

池水加热所需的热量应为池水表面蒸发损失的热量、池壁和池底传导损失的热量、管道和设备损失的热量以及补充新鲜水加热所需的热量的总和,游泳池、水上游乐池及文艺演出水池的池底、池壁、管道和设备等传导所损失的热量应按池水表面蒸发损失热量的 20% 计算。

游泳池、水上游乐池及文艺演出水池补充新鲜水加热所需的热量,按下式计算:

$$Q_b = \frac{\rho V_b C(T_d - T_f)}{t_h} \tag{22-5}$$

式中,Q_b——补充新鲜水加热所需的热量,kJ/h;

ρ——水的密度,kg/L;

V_b——新鲜水补充量,L/d;

C——水的比热容,kJ/(℃·kg);

T_d——池水设计温度,℃;

T_f——补充新鲜水的温度,℃;

t_h——加热时间,h。

22.1.7   池水加药和水质平衡

1. 池水加药

(1) 水进入石英砂等过滤前,应投加混凝剂,使水中的微小污物吸附在药剂的絮凝体上,以提高过滤的效果。滤后水回流入池前,应投加消毒剂消灭水中的细菌。同时,为使进入泳池的滤后水 pH 值保持在 7.2~7.8,常需投药进行 pH 值调整。

(2) 混凝剂一般宜用精制硫酸铝、氯化铝等,投加量随水质及水温、气温而变化,可在实际运行中,经检验而确定其最佳投入量。

(3) 硅藻土过滤器由于是精细过滤,一般不需要向循环水中投入混凝剂。

(4) 室外的游泳池,为了防止藻类生长及使水体呈天蓝色,可定期向池水投加硫酸铜。

(5) 药剂投加方式有湿投法、重力式投法和压力式投法,药剂的投加量应经过试验确定。

(6) 加药装置系统的设备、器材和管道,应采用耐压不透水、耐腐蚀材料制造。

2. 水质平衡

为了防止游泳池、水上游乐池等池水被污染,提高池水的舒适度,延长设施、设备等使用寿命,应进行水质平衡设计,使得池水物理和化学成分保持在既不析出沉淀水垢和溶解水垢,又不腐蚀设备、设施和管道等的稳定水平上。

水质平衡设计应满足池水的 pH 值控制在 7.2~7.8,总碱度控制在 60~200mg/L,钙硬度控制在 200~450mg/L,溶解性总固体不超过原水的溶解性总固体 1000mg/L。

当池水不满足上述要求时,应进行池水平衡处理,向池水中投加化学药品进行调整,所投加化学药品应对人体健康无害,且不应对池水产生二次污染;应能快速溶解且方便监测;符合当地卫生监督部门的规定。

22.1.8   附属配件

1. 给水口

给水口是向游泳池、水上游乐池、文艺演出池等供水的配件。对于不同类型的水池,为保证经过净化后的池水能按要求送入池内,应设置足够数量的给水口,以满足循环水量的要求。给水口位置应保证池水水流均匀循环,不出现短流、涡流、急流和死水区,顺流式的循环系统给水口一般采用池壁型,逆流式的循环系统给水口一般采用池底型。给水口形状应为喇叭口形,且喇叭口的面积不应小于给水口连接管截面积的2倍,喇叭口内应配备出水流量调节装置,应设置格栅护盖,格栅的孔隙宽度不应大于8mm,且表面应光洁、无毛刺。

池底型给水口的布置:①矩形池应布置在每条泳道分割线在池底的垂直投影线上,间距不应大于3.0m;②不规则形状的水池应按每个给水口最大服务面积不超过8.0m²确定。

池壁型给水口的布置:①当池体形状为矩形池,两端壁进水时,给水口应设在泳道线在端壁固定点下的池壁上;两侧壁进水时,给水口在侧壁的间距不应大于3.0m;端壁与侧壁交界处的给水口距无给水口池壁的距离不应大于1.5m。②当池体形状为不规则形状时,给水口按间距不大于3.0m在池壁上布置,当池壁曲率半径不大于1.5m时,给水口应布置在曲率线的中间。③当池水深度不大于2.0m时,池壁给水口应设在池水面以下0.5～1.0m处;当池水深度大于2.5m时,应至少在池壁上设置两层给水口,上下层给水口在池上应错开布置;同一池内同一层给水口在池壁的标高应在同一水平线上。

2. 回水口

游泳池、水上游乐池及文艺演出池的回水分两种类型,溢流回水沟内溢流回水口和池底回水口,二者构造不同:顺流式池水循环时,回水口的位置应根据水池纵向断面形状确定,一般宜设在池底的最低处,并保证回水水量均匀、不短流,回水口宜做成坑槽式;逆流式或混合流式池水循环时,回水口设置在溢流回水槽内。

1) 溢流回水槽内溢流回水口

溢流回水槽内应采用有消声措施的溢流回水口,设有多个溢流回水口时,单个溢流回水口的接管直径不应小于50mm,设置间距不宜大于3.0m。回水口数量应按下式计算:

$$N = 1.5Q/q_d \tag{22-6}$$

式中,N——溢流回水槽内回水口数量,个。

$\quad Q$——溢流回水槽计算回水量,m³/h。逆流式池水循环净化系统按水池全部循环水量计算;混合流式池水循环净化系统从池水表面溢流回水的水量不应小于池水循环流量的60%;从池底流回的回水量不应大于池水循环流量的40%。

$\quad q_d$——单个回水口流量,m³/h。

2) 池底回水口

每座水池的池底回水口数量不应小于两个,间距不应小于1.0m,且回水流量不应小于池子的循环水流量;回水口设置位置应使水池各给水口的水流至回水口的行程一致,配置水流通过的顶盖板,盖板的水流孔(缝)隙尺寸不应大于8mm,孔(缝)隙的水流速度不应大于0.2m/s,回水口应具有防旋流、防吸入、防卡入功能,回水口应为喇叭口形状,喇叭口设置格栅盖板,格栅开孔面积不宜超过格栅表面积的30%。

3. 泄水口

逆流式池水循环系统应独立设置池底泄水口,顺流式和混流式池水循环系统宜采用池底回水口兼作泄水口,泄水口应为喇叭口形状,设在水池的最低位置处,数量宜按泄空时间不宜超过6h计算确定,且不应少于两个。

4. 溢流回水沟和溢水沟

逆流式池水循环净化系统和混合流式池水循环净化系统应设溢流回水沟,以有效平息池水表面在游泳过程中所产生的水波,及时排出池水表面上漂浮的污物;溢流回水沟沿池岸两周或两侧紧贴池壁设置,且溢水沟顶应与池岸相平,标准游泳池及跳水池回水沟断面的宽度不应小于300mm,沟深不应小于300mm。

采用顺流式池水循环净化系统的游泳池、水上游乐池及文艺演出池应设置溢水沟,作平息游泳、戏水时所产生的水波之用;溢水沟沿池壁四周或两侧壁池岸设置,最小尺寸不宜小于300mm×300mm,沟内应设溢水排放口,且接管管径不应小于50mm,间距不宜大于3.0m,并应均匀布置。

22.1.9 洗净设施

为了保证池水不被污染和防止疾病传播,公共游泳池在更衣室进入水池的通道入口处应设置浸脚消毒池,同时宜设置强制淋浴:

(1)强制淋浴的喷头或喷水管应采用光电感应自动开启,开启反应时间不应超过0.5s,喷水持续时间不应少于6s。

(2)当进入游泳池的通道设有强制淋浴时,浸脚消毒池宜设于强制淋浴之后,且有避免强制淋浴排水进入浸脚池的措施,防止淋浴水溅入而将消毒液稀释。消毒池长度不应少于2m,池内消毒液的有效深度不应少于0.15m,消毒液的含氯浓度应保持在5~10mg/L。

游泳池应设置池岸清洗装置和池底积污消除装置,池岸清洗应在池岸两侧各设置不少于2只的冲洗池岸用快速取水阀,冲洗水宜采用生活饮用水或游泳池等池水;竞赛游泳池及大型公共游泳池宜采用全自动控制池底清污器清除池底沉积污物,中、小型游泳池宜采用池岸型人工移动吸污器或设置池壁真空吸污口清污方式。

22.1.10 节能、节水及环保

游泳池池水循环净化处理系统的设计,在技术合理、经济可行的条件下,应采用节能技术,池水加热系统应优先采用洁净能源和可再生能源;洁净能源和可再生能源的采用应结合工程所在地区的气候、能源资源、生态环境、经济和人工等因素进行选择;国家级及国家级以上级别游泳竞赛用游泳池和专用游泳池的池水初次加热时,应按太阳能或热泵与辅助热源同时运行进行设计。游泳池使用的热泵冷凝热交换器的材质应选用钛金属。

游泳池池岸冲洗排水、顺流式池水循环系统的池水溢流水、过滤器反冲洗排水和过滤器初滤排水、强制淋浴排水、跳水池放松池排水和池岸淋浴排水应回收作为建筑中水及水景的原水。臭氧发生器的冷却排水宜作为游泳池补充水;游泳池泄水管不能与建筑内和建筑小区内污水管道、雨水管道直接相连,且池水的水质应符合环境质量要求。

22.2 厨房

1. 厨房的分类与组成

厨房按经营方式、饮食制作方式及服务特点划分为对社会公众服务的餐馆、快餐店、饮品店及为单位内部服务的食堂四类；按建筑规模可分为特大型、大型、中型、小型四类。

厨房一般由粗/细加工区、主食/副食操作制作区、冷品制作区、库房、冷库、餐具清洗区、工作人员服务区等组成。

2.厨房给水排水

厨房是用水量和排水量较大的地方，给水压力一般在 0.1MPa 以上，但不宜过高；厨房用水量应按《建筑给水排水设计规范》(GB 50015—2019)的规定选用；厨房的主要用水点包括灶台(冷水或冷热混合水)、泡冻肉池、洗菜池、洗菜机、洗米机、洗涤池、洗碗机、冲洗用水等。厨房设备用水的进水管宜装设过滤器，以防止水中杂质进入食品中。

厨房排水宜采用排水沟方式，厨房排水中常携带很多油污，为了避免油污阻塞管道，宜在油污较集中的地方设置隔油器，防止更多的油污进入排水管，隔油处理设施宜采用成品隔油装置。

3.厨房隔油设施

营业性餐厅、食堂等的含油污水，应经除油装置后方可排入市政污水管道。

隔油池污水流量应按设计秒流量计算，含食用油污水在池内的流速不得大于 0.005m/s，停留时间宜为 2~10min；隔油池可以根据国家标准图集《小型排水构筑物》(04S519—2006)选用；经隔油器处理后的出水水质应符合《污水排入城镇下水道水质标准》(GB/T 31962—2015)中油脂浓度不大于 100mg/L、悬浮物浓度不大于 300mg/L 的规定。

目前，隔油处理设施宜采用成套全封闭无任何泄漏的厨房污水油脂分离及污水提升设备，设备能在温度 0~45℃、相对湿度 5%~90% 下稳定运行。

22.3　洗衣房

此处的洗衣房指以工业化生产模式运营的洗衣房，包括宾馆、酒店、医院等企事业单位内部配套设置的洗衣房以及面向社会提供服务的营业性洗衣厂的生产用房，可为客户提供水洗、干洗、熨烫等全方位的专业性服务。

洗衣房具有洗涤效率高，洗涤后的织品和洗衣服务等卫生标准有保证等特点，宏观角度上，洗衣房具有能提高水资源的利用率，降低能耗，提高洗涤剂的利用率，便于洗涤废水的集中收集处理等环境效益。

通常洗衣房均具有水洗和干洗的条件，配备的洗衣设备主要包括：洗涤脱水机、烘干机、烫平机、干洗机、熨平机、人像精整机、带蒸汽/电两用熨斗的熨衣台、化学去污工作台及其他辅助设备。

洗衣房的冷、热水消耗量和排水量都很大，在设计时必须详细了解洗衣房所要承担的洗衣数量，并应适当考虑发展的需要。

洗衣房用水量包括干衣洗涤用水量、员工用水量等。洗涤用水定额为 40~80L/kg 干衣(包含有热水用水(60℃)，热水用水定额为 15~30L/kg 干衣)，员工用水定额为 40~60L/(人·班)，每班工作时间 8h，小时变化系数为 1.5~1.2。

洗衣房供水水质应符合现行国家标准《生活饮用水卫生标准》(GB 5749—2006)的

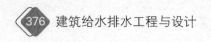

要求。

洗衣房应根据建设规模、设置位置等因素，根据现行《建筑设计防火规范(2018年版)》(GB 50016—2014)的要求进行消防灭火设计。

22.4　公共浴室

公共浴室按使用性质分为以卫生洗净为目的的浴室、以劳动保护为目的的浴室、以洁净工作为目的的浴室和以配套冲洗为目的的浴室；按营业性质分为营业性浴室和非营业性浴室。

为城镇居民、社团内部职工服务的浴室，一般由淋浴间、浴盆间、洗脸间等组成，男女分设洗浴间及配套设置更衣室、卫生间、饮水间、理发室、脚病治疗室、热水制备间及管理室等为男女共用。以劳动保护、配套冲洗和卫生洗净为目的的浴室，一般不设饮水间、理发室、脚病治疗室。

(1) 洗浴用水特性：原水水质应符合现行国家标准《生活饮用水卫生标准》(GB 5749—2006)的规定；热水水质应符合现行行业标准《生活热水水质标准》(CJ/T 521—2018)的规定；热水温度的确定应遵循舒适、安全、节能的原则；制备热水设备的出水温度应控制在60～70℃范围内；用水量应根据当地气候条件、适用目的、适用方式及使用习惯等因素确定；温泉水作为淋浴用水时，应取得当地地热温泉水主管部门的批准，不应作为卫生洁具冲洗及洗衣用水，以节约具有辅助医疗功能的水资源。

(2) 公共浴室冲洗水水质应符合现行国家标准《生活饮用水卫生标准》(GB 5749—2006)的规定，冲洗水量为 $5L/m^2$，冲洗部位包括淋浴间、更衣室、卫生间等部位的地面及墙面，每日结业后应进行一次冲洗。

第23章

建筑小区给水排水工程设计

23.1 建筑小区给水工程

23.1.1 给水系统

1. 小区给水水源

小区给水系统既可直接利用现有供水管网作为给水水源,也可以自备水源。位于城镇给水管网范围内的小区,应充分利用城镇供水管网压力直接供水,以减少工程投资。远离市区或厂矿区的居住小区,可备水源。

2. 小区给水系统与供水方式

小区供水既可以采用生活和消防合用一个给水系统,也可以采用生活给水系统和消防给水系统各自独立的方式。若小区有两路供水水源,生活给水和消防给水可以合用系统;若小区仅有一路供水水源,生活给水系统和消防给水系统宜分开设置。

若小区中的建筑物不需要设置室内消防给水系统,火灾扑救仅靠室外消火栓或消防车时,宜采用生活和消防共用的给水系统。若小区中的建筑物需要设置室内消防给水系统,宜将生活和消防给水系统各自独立设置。

居住小区供水方式应根据建筑物的类型、建筑高度、市政给水管网的资用水头和水量等因素综合考虑来确定。选择供水方式时首先应保证供水安全可靠,同时做到技术先进合理,投资省,运行费用低,管理方便。居住小区供水方式可分为直接供水方式、水箱联合变频水泵供水方式、叠压供水方式等,详见第 4 章 4.2.1 节给水方式的基本类型。

3. 给水管道布置与敷设

小区给水管网由小区给水干管(指布置在小区道路或城市道路下与小区支管相接的给水管道)、小区给水支管(指布置在小区内道路下连接各接户管的给水管道)和接户管组成。在布置小区管道时,应按照干管、支管、接户管的顺序进行。

小区给水干管宜沿着用水量较大的地段布置,以最短距离向大用户供水。由市政管网直接供水的小区室外给水管网应布置成环状,或与城镇给水管连接成环状网。环状给水管网与城镇给水管的连接管不应少于两条。

小区室外给水管道应沿区内道路敷设,宜平行于建筑物敷设在人行道、慢车道或草地下。管道外壁与建筑物外墙的净距不宜小于1m,且不得影响建筑物的基础。

居住小区室外管线要进行管线综合设计,管线与管线之间、管线与建筑物或乔木之间的最小水平净距,以及管线交叉敷设时的最小垂直净距,应符合表23-1的要求。当小区内的道路宽度小,管线在道路下排列困难时,可将部分管线移至绿地内。

表 23-1　小区地下管线(构筑物)间最小净距表　　　　　　　　　　　　　　m

种　　类	给　水　管		污　水　管		雨　水　管	
	水平	垂直	水平	垂直	水平	垂直
给水管	0.5~1.0	0.10~0.15	0.8~1.5	0.10~0.15	0.8~1.5	0.10~0.15
污水管	0.8~1.5	0.10~0.15	0.8~1.5	0.10~0.15	0.8~1.5	0.10~0.15
雨水管	0.8~1.5	0.10~0.15	0.8~1.5	0.10~0.15	0.8~1.5	0.10~0.15
低压煤气管	0.5~1.0	0.10~0.15	1.0	0.10~0.15	1.0	0.10~0.15
直埋式热水管	1.0	0.10~0.15	1.0	0.10~0.15	1.0	0.10~0.15
热力管沟	0.5~1.0	—	1.0	—	1.0	—
乔木中心	1.0		1.5		1.5	—
电力电缆	1.0	直埋 0.50 穿管 0.25	1.0	直埋 0.50 穿管 0.25	1.0	直埋 0.50 穿管 0.25
通信电缆	1.0	直埋 0.50 穿管 0.15	1.0	直埋 0.50 穿管 0.15	1.0	直埋 0.50 穿管 0.15
通信及照明电缆	0.5	—	1.0	—	1.0	—

注:(1) 净距指管外壁距离,管道交叉设套管时指套管外壁距离,直埋式热力管指保温管壳外壁距离;

(2) 电力电缆在道路的东侧(南北方向的路)或南侧(东西方向的路),通信电缆在道路的西侧或北侧,均应在人行道下。

给水管道的覆土深度,应根据土壤冰冻深度、车辆荷载、管道材质及管道交叉等因素确定。管顶最小覆土深度不得小于土壤冰冻线以下 0.15m,行车道下的管线覆土深度不宜小于 0.70m。

23.1.2　给水水力计算

1. 设计用水量

小区用水量应包括居民生活用水量、公共建筑用水量、绿化用水量、道路广场用水量、水景娱乐设施用水量、公用设施用水量、管网漏水量和未预见用水量、消防用水量以及其他用水量等。

(1) 居民最高日生活用水量为

$$Q_1 = q_i N_i / 1000 (\text{m}^3/\text{d}) \tag{23-1}$$

式中,q_i、N_i 分别表示住宅因不同卫生器具而不同的用水量定额和居民人数。

表 23-2 给出了居住小区居民生活用水定额及小时变化系数,可根据住宅类别、建筑标

准、卫生器具设置标准等因素选择。

表 23-2　居住小区居民生活用水定额及小时变化系数

住宅类别	卫生器具设置标准	最高日用水定额/[L/(人·d)]	平均日用水定额/[L/(人·d)]	最高日小时变化系数 K_h
普通住宅	有大便器、洗脸盆、洗涤盆、洗衣机、热水器和沐浴设备	130～300	50～200	2.8～2.3
	有大便器、洗脸盆、洗涤盆、洗衣机、集中热水供应(或家用热水机组)和沐浴设备	180～320	60～230	2.5～2.0
别墅	有大便器、洗脸盆、洗涤盆、洗衣机、洒水栓、家用热水机组和沐浴设备	200～350	70～250	2.3～1.8

(2) 公共建筑最高日生活用水量为

$$Q_2 = q_i N_i / 1000 (\text{m}^3/\text{d}) \tag{23-2}$$

式中，q_i、N_i 分别表示某类公共建筑生活用水量定额(参见表 3-2 公共建筑生活用水定额及小时变化系数)和该类公共建筑生活用水单位数。

(3) 居住小区浇洒道路和绿化用水量为

$$Q_3 = q_3 S_1 / 1000 (\text{m}^3/\text{d}) \tag{23-3}$$

$$Q_4 = q_4 S_2 / 1000 (\text{m}^3/\text{d}) \tag{23-4}$$

式中，q_3、q_4 和 S_1、S_2 分别表示浇洒道路和绿化用水量定额(详见 3.1.1 节中，绿化及道路浇洒用水量)、道路和绿地面积。

(4) 水景和娱乐设施用水量 Q_5，应根据水景、娱乐设施的设计形式、规模及服务对象等实际情况确定。可参照水景和游泳池章节要求确定。

(5) 居住小区公用设施用水量 Q_6，应由该设施的管理部门提供用水量计算参数。

(6) 居住小区管网漏失水量与未预见水量之和 Q_7，可按小区最高日用水量的 8%～12%计算。

(7) 居住小区消防用水量 Q_8，应按国家现行的《建筑设计防火规范(2018 年版)》(GB 50016—2014)、《汽车库、修车库、停车场设计防火规范》(GB 50067—2014)执行。

2. 给水系统设计流量

一般居住小区的用水规律和特点不同于建筑内部，也不完全同于城镇用水的一般规律。居住小区给水管网的设计流量与居住小区规模、管道布置情况以及小区使用功能等因素有关，目前我国尚无居住小区给水管网设计流量专用计算公式，但现行《建筑给水排水设计标准》(GB 50015—2019)对居住小区给水管网设计流量的确定与计算有明确规定。

居住小区的室外给水管道的设计流量应根据管段服务人数、用水定额及卫生器具的设置标准等因素确定，并应符合以下规定：

(1) 住宅计算管段流量，居住小区内配套的文体、餐饮、娱乐、商铺及市场等设施的节点流量，参考建筑给水部分。

(2) 居住小区内配套的文教、医疗保健、社区管理等设施，以及绿化和景观用水、道路及广场洒水、公共设施用水等,均以平均时用水量计算节点流量。

(3) 设在居住小区范围内,不属于居住小区配套的公共建筑节点流量应另计。

小区的室外生活与消防合用的给水管道,当小区内未设置消防水池,消防用水直接从室外合用给水管上抽取时,在最大用水时生活用水设计流量上叠加最大消防设计流量进行复核。绿化、道路和广场浇洒用水可不计算在内,小区如有集中浴室,则淋浴用水量可按 15% 计算。当小区设有消防储水池,消防用水全部从消防储水池抽取时,叠加的最大消防设计流量应为消防储水池的补给流量。当部分消防水量从室外管网抽取,部分消防水量从消防储水池抽取时,叠加的最大消防设计流量应为从室外给水管抽取的消防设计流量加上消防储水池的补给流量。

3. 储水调节和加压设施

当城市给水管网的供水不能满足建筑小区用水需要时,小区须设置储水调节和加压设施,以满足小区用水需求。对小区的加压给水系统,应根据小区的规模、建筑高度、建筑物的分布和物业管理等因素确定加压站的数量、规模和水压。二次供水加压设施服务半径,应符合当地供水主管部门的要求,并不宜大于 500m,且不宜穿越市政道路。

加压泵站水泵扬程应满足最不利配水点所需水压。当给水管网无调节设施时,泵组的最大出水量不应小于小区生活给水设计流量;当采用高位水箱调节时,泵组出水量不应小于最大时用水量;当采用变频调速泵组供水时,泵组的出水量应满足系统设计秒流量。

小区的储水池(箱)有效容积应根据小区生活用水调节量和安全储水量确定。其中,生活用水调节量应按流入量和供出量的变化曲线经计算确定,资料不足时可按小区加压供水系统的最高日生活用水量的 15%～20% 确定。安全储水量应根据城镇供水制度、供水可靠程度及小区供水的保证要求确定。当生活用水储水池储存消防用水时,消防储水量应符合现行的国家标准《消防给水及消火栓系统技术规范》(GB 50974—2014)的规定。

23.2　建筑小区排水工程

23.2.1　排水系统

1. 排水体制

建筑小区排水体制的选择,应根据城镇市政总体排水体制、环境保护要求等因素进行综合比较后,确定采用分流制或合流制。在小区或其附近有合适的雨水收纳水体或市政排水系统为分流制的情况下,宜采用分流制排水系统;如果小区的排水需进行中水回用,应考虑设分质、分流排水系统。

2. 管道的布置与敷设

建筑小区排水管道的布置应根据小区规划、地形标高、排水流向,按照管线短、埋深小、尽可能重力自流排出的原则确定。小区排水管道的布置应符合下列要求:

(1) 排水管道宜与道路和建筑物的周边平行布置,且在人行道或草地下;

(2) 管道中心线距建筑外墙的距离不宜小于 3m,管道不应布置在乔木下面;

（3）管道与道路交叉时，宜垂直于道路中心线；

（4）干管应靠近主要排水建筑物，并布置在连接支管较多的路边侧。

小区的生活排水管道最小埋地深度应根据道路的行车等级、管材受压强度、地基承载力等因素经计算确定。小区管道和小区组团道路下的生活排水管道，其覆土深度不宜小于0.70m；生活排水管道埋设深度不得高于土壤冰冻线以上0.15m，且覆土深度不宜小于0.30m；当采用埋地塑料管道时，排出管埋设深度可不高于土壤冰冻线以上0.50m。

3. 排水管材、检查井与雨水口

小区室外排水管道宜采用埋地排水塑料管和塑料污水排水检查井。

检查井通常设在排水管道与建筑内排出管连接处、管道交汇处、转弯、跌水、管径或坡度改变处。当直线管段过长时，则应每隔一定距离（其最大距离可按表23-3及表23-4确定）设置检查井。检查井的规格及构造和尺寸可参照标准图集。

表23-3　污水检查井最大间距

管径/mm	最大间距/m
≤160(150)	≤30
≥200(200)	≤40
315(300)	≤50

注：括号内是埋地塑料管内径系列管径。

表23-4　雨水检查井最大间距

管径/mm	最大间距/m
160(150)	30
200～315(200～300)	40
400(400)	50
≥500(≥500)	70

注：括号内是埋地塑料管内径系列管径。

雨水口应设置在道路交汇处、建筑物单元出入口附近、建筑物雨落管附近，以及建筑物前后的空地和绿地的低洼处。

23.2.2　排水水力计算

1. 生活污水排水量

小区室外生活排水管道系统的设计流量应按照最大小时排水流量计算：

（1）由于用水损耗、蒸发损失、水箱（池）漏水、埋地管道渗透等，小区生活污水排水量小于生活用水量，根据我国现行的《建筑给水排水设计标准》（GB 50015—2019）规定，小区生活排水最大小时排水流量应按住宅生活给水最大小时流量与公共建筑生活给水最大小时流量之和的85%～95%确定。

（2）住宅和公共建筑的生活排水定额和小时变化系数与其相应的生活给水用水定额和小时变化系数相同。

2. 排水管道水力计算

小区室外排水管的水力计算与排水横管(详见 16.3.1 节排水横管的水力计算)计算方法相同。

当居住小区生活排水管道设计流量较小,排水管道的管径经水力计算小于表 23-5 中最小管径和坡度时,可直接按最小管径和最小坡度进行设计。小区室外生活排水管道最小管径、最小设计坡度和最大设计充满度如表 23-5 所示。

表 23-5　小区室外生活排水管道最小管径、最小设计坡度和最大设计充满度

管　　别	最小管径/mm	最小设计坡度	最大设计充满度
接户管	160(150)	0.005	0.5
支管	160(150)		
干管	200(200)	0.004	
	≥315(300)	0.003	

注:接户管管径不得小于建筑物排出管管径。括号内是埋地塑料管内径系列管径。

3. 小区雨水管道设计

小区雨水管道设计雨水量和设计降雨强度,参照 17.3.2 节建筑物雨水系统设计计算。小区雨水排水管道的设计重现期应根据汇水区域性质、地形特点、气象特征等因素确定,其设计重现期一般不小于 3~5a。

小区雨水管渠设计降雨历时 t,应按下列公式进行计算:

$$t = t_1 + t_2 \tag{23-5}$$

式中,t_1——地面集水时间,min,视距离长短、地形坡度和在地面覆盖情况而定,一般可选
　　　5~10min;

　　t_2——管内雨水流行时间,min。

4. 雨水管道水力计算

小区雨水管道宜按照满管重力流设计,管内流速不宜小于 0.75m/s。小区雨水管道的最小管径和横管最小设计坡度应按照表 23-6 设计。

表 23-6　小区雨水管道最小管径和横管最小设计坡度

管　　别	最小管径/mm	横管最小设计坡度
小区建筑物周围雨水接户管	300(200)	0.0030
小区道路下干管、支管	315(300)	0.0015
建筑物周围明沟雨水口的连接管	160(150)	0.0100

注:括号内是埋地塑料管内径系列管径。

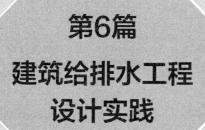

第6篇

建筑给排水工程
设计实践

第24章

建筑消防工程设计——某高层办公楼消防系统设计实例

24.1 建筑概况

本工程位于北京市,为甲级写字楼,建筑面积约 39 万 m^2,地下 3 层,地上 16 层,建筑高度约 80m,属于建筑高度大于 50m 的一类高层公共建筑。地下三层及地下二层主要功能为地下车库及设备用房,其中地下三层战时为人民防空地下室。地下一层主要功能为员工餐厅、配套商务服务设施及设备用房。地上各层为办公区。

24.2 设计内容

本工程建筑性质属于一类高层综合楼,建筑高度超过 50m。根据《建筑设计防火规范》(GB 50016—2014)(以下简称《建规》)8.2.1 条的规定,应设置室内消火栓系统。根据《建规》8.3.3 条的规定,除不宜用水保护和灭火的场所外,均应设置自动喷水灭火系统。其中挑空高度超过 12m 的区域设置大空间智能灭火系统保护。根据《建规》8.3.9.8 条的规定,地下层变配电室属于特殊重要设备室,采用气体灭火系统保护。根据《建筑灭火器配置设计规范》(GB 50140—2005)配置灭火器。

24.3 消防水源及消防用水量

1. 消防水源

设计之初首先需要获得周边的市政管道资料,消防供水为保证可靠性必须是双路供水。根据《消防给水及消火栓系统技术规范》(GB 50974—2014)(以下简称《消规》)4.2.2 条的规定,满足双路市政给水的条件是市政给水管网必须是环状管网,至少有两条不同的市政给水干管上不少于两条引入管向消防给水系统供水,即当能从项目周边不同的市政道路引入两根供水管,可认为属于双路供水。本工程位于北京市已开发城区,周边市政条件较好,可从地块西侧和东侧分别引入 1 根 DN200 的市政供水管道在地块内形成环状管网,满足双路供水条件。根据《消规》4.3.1 条的规定,本工程在生活用水量达到最大时,市政给水管网引入管不能同时满足室内、室外消防给水设计流量。因此本工程的消防水源方案采取市政给水管网供给室外消防用水,室内消防系统设置室内消防水池提供消防水源的方案。

2. 消防用水量标准及一次灭火用水量

消防用水量标准及一次灭火用水量见表 24-1。

表 24-1 消防用水量表

编号	系 统 名 称	一次灭火用水量/(L/s)	火灾延续时间/h	消防用水量/m³	备 注
1	室外消火栓	40	3	432	市政直供
2	室内消火栓	40	3	432	消防水池供
3	自动喷水灭火系统	地上 30	1	108	消防水池供
		地下 50	1	180	消防水池供
4	大空间智能灭火系统	20	1	72	消防水池供
5	自动喷水防护冷却系统	35	1	126	消防水池供

3. 室内外消火栓一次灭火用水量及消火栓火灾延续时间

室内外消火栓一次灭火用水量根据建筑规模按《消规》表 3.3.2 和表 3.5.2 确定。消火栓火灾延续时间根据建筑性质按《消规》表 3.6.2,高层建筑综合楼确定为 3h。

4. 自动喷水灭火系统用水量及自喷系统火灾延续时间

自动喷水灭火系统用水量计算详见自喷部分,各自喷系统火灾延续时间根据《喷规》5.0.16 条确定为 1h。

5. 消防泵房及消防水池

24-1 消防泵房大样图及剖面图

1) 消防泵房及水池设置位置

《建规》8.1.6 条和《消规》5.5.12 条均规定消防泵房不得设于地下二层以下,且泵房所在楼层地面与室外出入口地坪高差不能大于 10m。根据规范要求和本工程实际情况,消防泵房只能设于地下一层(地下二层室内外高差超过 10m)。消防水池设置位置有两种选择,第一种方案随消防泵房设置在地下一层,第二种方案将消防水池设置在最底层,消防泵采用轴流深井泵从低位消防水池吸水。第一种方案属于常规做法,较易实现,但 810m³ 的消防水池设于地下一层会增加结构荷载成本,且占用地下一层较珍贵的建筑面积。第二种方案可减少结构荷载且将面积较大的水池设于地下三层较不重要的楼层。但综合考虑本工程的实际情况,地下三层层高较小,且大部分面积为人民防空地下室(人防区不能设置消防水池),轴流深井泵的泵轴穿过地下二层对停车位有影响。因此采用第一种方案,消防水池与消防泵房均设置在地下一层。消防水池容积取室内消火栓系统、自动喷水灭火系统、大空间智能灭火系统、自动喷水防护冷却系统水量之和,有效容积为 810m³。根据《消规》第 4.3.6 条,消防水池容积超过 500m³,宜分成能独立使用的两格(消防规范中的"宜"表示在条件允许时就应按此执行)。

2) 消防水泵设置

根据《消规》5.1 节的规定,消防水泵设置应满足以下要求:

（1）消防泵应满足自灌式吸水。

（2）一组消防水泵吸水管不应少于两条，当其中一条损坏或检修时，其余吸水管应能通过全部消防给水设计流量。

（3）消防水泵吸水管布置应避免形成气囊。

（4）一组消防水泵应设不少于两条输水干管与消防给水环状管网连接，当其中一条输水管道检修时，其余输水管道应能提供全部消防给水设计流量。

（5）本工程消防水泵吸水口采用了旋流防止器，消防水池最低有效水位淹没旋流防止器的高度不小于 200mm。

（6）本工程消防水泵共用吸水管，管径取 DN400，吸水管的流速约为 1.2m/s，满足规范要求。

（7）消防水泵吸水管穿消防水池侧壁设置柔性防水套管。

6. 高位消防水箱及稳压泵

（1）根据《消规》5.2.1 条的规定，本工程作为临时高压消防系统按一类高层应设置有效容积为 36m³ 的高位消防水箱。高位消防水箱设于 16 层屋顶的高位水箱间内。

（2）系统设置稳压泵。

根据《消规》5.2.2.5 条的规定，本工程高位水箱设置高度不满足静压要求，因此设置稳压泵。

24.4　室内外消火栓系统

24.4.1　室外消火栓系统设置

24-2 消火栓
系统原理图

按一类高层建筑设计，室外消防水量为 40L/s，火灾延续时间 3h。由不同方向的市政给水管网引入两根 DN200 给水管在园区内形成环状管网，供给室外消防用水及生活用水。环状管网上共设有若干套室外地下式消火栓，其间距不超过 120m，距道路边不大于 2m，距建筑物外墙不小于 5m，距消防水泵接合器不大于 40m。

24.4.2　室内消火栓系统设置

（1）本项目消火栓系统采用临时高压系统，减压阀竖向分区供水。

火灾发生时消防用水由设置在地下室的消火栓水泵及消防水池供给，平时由设置在屋顶的 36m³ 消防稳压水箱及增压设备稳压。系统分为高低区，低区为 5 层及 5 层以下，经减压阀供水，减压阀后压力为 0.80MPa。高区为 6 层至顶层，由消防水泵直接供水。高低区消火栓栓口压力超过 0.50MPa 时设置减压稳压消火栓。

（2）消火栓给水加压泵由水泵出水干管上设置的压力开关、出水管上设置的流量开关或消防控制中心直接启动。系统不设自动停泵控制装置。消火栓水泵开启后，水泵运转信号反馈至消防控制中心及泵房控制室，该消火栓和火灾发生层或其防火分区内的消火栓指示灯亮。消火栓泵在泵房内和消防控制中心均设手动开启和停泵控制装置。消火栓给水备用泵在工作泵发生故障时自动投入工作。

（3）消火栓设置：消火栓应按规范要求安装于各楼层及其消防电梯前室、地下室和明显便于取用的地方，消火栓的间距应能保证同层相邻两个消火栓的水枪充实水柱同时到达室内任何部位。消火栓充实水柱不小于 13m，每个消火栓均配置水带、水枪和消防卷盘。首层大厅和 5、9 层共享空间中庭消火栓采用埋地式消火栓，地面设置明显标识。

（4）管道防冻措施：非采暖区域的消火栓管道以及车库直通室外的车道入口 30m 范围内采用电伴热保温保护。

（5）设置三套室外地下式消火栓水泵接合器与室内消火栓系统的环管相接，供消防车向管网加压供水，每套水泵接合器流量为 15L/s。

（6）室内消火栓管道减压阀后的低区管道和 4 层以上的高区管道采用内外热镀锌钢管，管径＜DN100 采用丝扣连接，管径≥DN100 采用沟槽式连接。4 层及 4 层以下的高区和减压阀前的管道采用热浸镀锌无缝钢管，焊接连接。

24.4.3　消火栓栓口压力的确定

消火栓栓口所需的水压按下列公式计算：

$$H_{xh} = H_q + H_d + H_k$$

式中，H_{xh}——消火栓口的水压，kPa；

H_q——水枪喷嘴处的压力，kPa；

H_d——水带的水头损失；kPa；

H_k——消火栓栓口水头损失，kPa，按 20kPa 计算。

根据《消规》第 7.4.12.2 条文及条文解释，高层建筑、高架库房、厂房和室内净空高度超过 8m 的民用建筑，配备 DN65 消火栓、65mm 麻质水带 25m 长、19mm 喷嘴水枪充实水柱按 13m 时，水枪喷嘴流量 5.4L/s，H_q 为 0.185MPa；水带水头损失 H_d 为 0.046MPa；计算得到消火栓栓口压力 H_{xh} 为 0.251MPa，考虑到其他因素，规定消火栓栓口动压不得低于 0.35MPa。

24.4.4　消火栓间距计算

本工程应保证有 2 支水枪的充实水柱达到同层内任何部位，其布置间距按下式计算：

$$S_2 \leqslant \sqrt{R^2 - b^2}$$
$$R = CL_d + h$$

式中，R——消火栓保护半径，m。

C——水带展开时的弯曲折减系数，一般取 0.8～0.9。

L_d——水带长度，m。

h——水枪充实水柱倾斜 45° 时的水平投影距离，m。对一般建筑（层高为 3～3.5m），由于两楼板间的限制，一般取 $h = 3.0m$；对于工业厂房和层高大于 3.5m 的民用建筑应按 $h = H_m \sin45°$ 计算。其中 H_m 为水枪充实水柱长度，m。

b——消火栓的最大保护宽度，m，应为一个房间的长度加走廊的宽度。本工程标准层开敞办公宽度为 19.5m，按单支消火栓保护半跨 9.25m 的宽度。

由此可得

$$R = 0.85 \times 25m + 13 \times \sin45°m = 30.44m$$

$$S_2 \leqslant \sqrt{R^2 - b^2} = 28.6\text{m}$$

计算结果满足《消规》第 7.4.10.1 条 2 支消火栓保护距离小于 30m 的要求。

24.4.5　室内消火栓水力计算

本工程消火栓系统竖向分为高低区,最不利点消火栓动压取 0.35MPa。

室内消火栓系统水力计算详见图 24-1 和表 24-2。

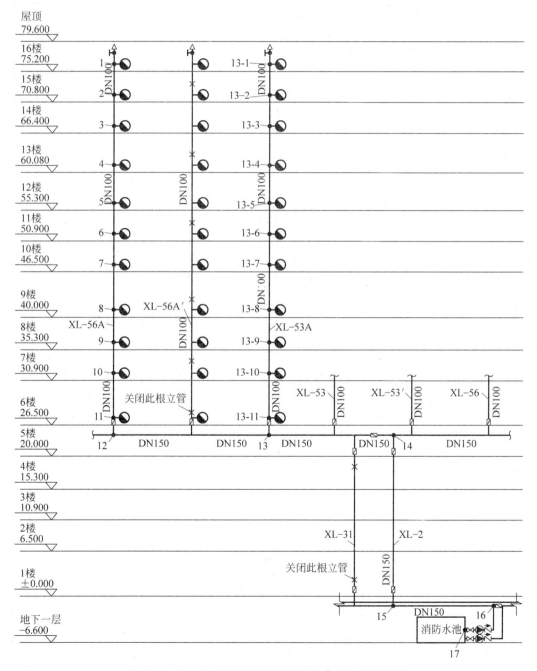

图 24-1　消火栓系统高区系统原理图(简化为支状管网)

表 24-2　消火栓系统计算表

规定消火栓最小充实水柱 S_k/m	13.00	规定消火栓最小流量 q'_{xh}/(L/s)	5.00	规定立管最小流量 Q_l/(L/s)	20.00	规定系统总流量 Q_z/(L/s)	40	水枪口径/mm	19
水带比阻 A_d	0.043	水带长度 L_d/m	25.00	消防水泵入口压力 A/kPa	0.00	水枪水流特性系数 B	6.69	水枪水流特性系数 B	0.158

立 管 计 算

楼层号	节点(消火栓)号	管段号	干管带立管数 n	管径 DN/mm	计算内径 d_j/mm	管段长 L/m	节点高差 h_i/m	栓口(节点)水压 H_{xhi}/kPa	最不利栓口水枪流量 q_{xh1}/(L/s)	管段流量 Q_g/(L/s)	管段阻力 H_{gi}/kPa	管段流速 v_g/(m/s)
16	1						0	351.38	6.69			
15	2	1—2		100	105	4.4	4.4	395.78	7.12	6.69	0.40	0.77
14	3	2—3		100	105	4.4	4.4	441.31	7.54	13.81	1.53	1.60
13	4	3—4		100	105	6.32	6.32	509.45	0.00	21.36	4.94	2.47
12	5	4—5		100	105	4.78	4.78	560.98	0.00	21.36	3.73	2.47
11	6	5—6		100	105	4.4	4.4	608.42	0.00	21.36	3.44	2.47
10	7	6—7		100	105	4.4	4.4	655.85	0.00	21.36	3.44	2.47
9	8	7—8		100	105	6.5	6.5	725.93	0.00	21.36	5.08	2.47
8	9	8—9		100	105	4.7	4.7	776.60	0.00	21.36	3.67	2.47
7	10	9—10		100	105	4.4	4.4	824.04	0.00	21.36	3.44	2.47

续表

参数：

规定消火栓最小充实水柱 S_k/m	13.00	规定消火栓最小流量 q'_{xh}/(L/s)	20.00	规定立管最小流量 Q_L/(L/s)	5.00	规定系统总流量 Q_z/(L/s)	20.00	水枪口径/mm	40	19
水带比阻 A_d	0.043	水带长度 L_d/m	25.00	消防水泵入口压力 A/kPa	0.00	最不利栓口水枪流量 q_{xh1}/(L/s)	0.00	水枪水流特性系数 B	6.69	0.158

根据《消规》公式(10.1.7)：$q_{xhi}=\sqrt{\dfrac{H_{xh}-H_{sk}}{A_d L_d+\dfrac{1}{B}}}$

管段号	楼层号	节点(消火栓)号	干管立管管数 n DN/mm	计算内径 d_j/mm	管段长 L/m	节点高差 h'_i/m	栓口(节点)水压 H_{xhi}/kPa	最不利栓口水枪流量 q_{xhi}/(L/s)	立管累加的消火栓流量 q_{xhi}/(L/s)	管段流量 Q_g/(L/s)	管段阻力 H_{gi}/kPa	管段流速 v_g/(m/s)
立管计算												
10—11	6	11	1 / 100	105	4.4	4.4	871.47			21.36	3.44	2.47
11—12		12	1 / 100	105	2.6	2.6	899.50	0.00	0.00	21.36	2.03	2.47
干管计算												
12—13	5	13	1 / 150	155	76		908.41	0.00	0.00	21.36	8.91	1.13
13—14	5	14	2 / 150	155	80		938.34	0.00	0.00	40.00	29.93	2.12
14—15	5	15	3 / 150	155	26.5	26.5	1213.25	0.00	0.00	40.00	9.91	2.12
15—16	1	16	4 / 150	155	120		1258.14	0.00	0.00	40.00	44.89	2.12
16—17	B1	17	5 / 150	155	5	5	1310.01	0.00	0.00	40.00	1.87	2.12
高程/损失小计						82.8	1310.01				130.63	

说明：(1) 最不利栓口水压采用海澄-威廉公式计算，动压取 0.35MPa，计算出最不利消火栓(住)水泵总扬程为 1360.886kPa，此处取 1.40MPa。

(2) 管段阻力采用海澄-威廉公式计算，镀锌钢管的海澄-威廉系数 C 取 120。本表 H_{gi} 包含 10% 的局部损失，局部损失也可以按照管件和阀门的当量长度计算。

(3)《消规》第 10.1.7 条中安全系数 k_2，考虑本工程管网系统庞大，取 1.4。

24.5 自动喷水灭火系统

24.5.1 自动喷水灭火系统设置

（1）本工程地下车库按中危险级Ⅱ级设计，地上部分按中危险级Ⅰ级设计。地下车库灭火用水量为 40L/s，地上灭火用水量为 30L/s。非采暖区采用预作用系统，采暖区采用湿式系统。

24-3 自动喷水灭火系统原理图

本项目自喷系统采用临时高压系统，减压阀竖向分区供水。自喷系统竖向分为高、中、低三个区：地下室为低区，减压阀后压力为 0.45MPa；首层至 5 层为中区，减压阀后压力为 0.80MPa；6 层至顶层为高区，水泵扬程为 1.30MPa。

火灾发生时消防用水由设置在地下一层的自喷水泵及消防水池供给，平时由设置在屋顶的 36m³ 消防稳压水箱稳压。报警阀设置在地下一层消防水泵房或报警阀间内。配水支管压力超过 0.40MPa 时设置减压孔板减压。

（2）系统控制：

① 湿式系统的控制：平时管网压力由高位消防水箱维持；火灾时，喷头动作，水流指示器动作并向消防控制中心显示着火区域位置，此时湿式报警阀处的压力开关动作，自动启动自喷水泵，并向消防中心报警，系统不设自动停泵控制装置。

自喷水泵在泵房内和消防控制中心均设手动开启和停泵控制装置。自喷给水备用泵在工作泵发生故障时自动投入工作。

② 预作用系统：消防联动控制器处于自动状态，当火灾报警系统接收到"同一报警区域内两只及以上独立的感烟火灾探测器或一只手动火灾报警按钮"报警信号时，自动启动预作用装置的电磁阀；同时自动启动消防泵。

（3）喷头设置位置：除不宜用水扑救的部位外，均设置自喷装置。

（4）设置三套室外地下式自喷水泵接合器与室内自喷系统报警阀前管道相接，供消防车向管网加压供水，每套水泵接合器流量为 15L/s。

（5）自喷系统管道减压阀后的低区管道和 4 层以上的高区管道采用内外热镀锌钢管，管径≤DN50 采用丝扣连接，管径＞DN50 采用沟槽式连接。4 层及 4 层以下的高区和减压阀前的管道采用热浸镀锌无缝钢管，焊接连接。

24.5.2 系统水量计算

目前，我国关于自动喷水灭火系统水力计算的方法有作用面积法和特性系数法两种。

（1）作用面积法：该方法忽略了管道水头损失对喷头工作压力的影响，假定作用面积内各喷头的喷水量等于最不利点喷头流量与作用面积内喷头数量的乘积，计算结果与实际流量差异较大。此方法偏经济，适用于自动喷水系统轻、中危险级的建筑。

（2）特性系数法：该方法是从设计最不利点喷头开始，沿程计算各喷头的压力、喷水量和管段的累积流量、水头损失，然后计算作用面积内其他配水支管的管段流量，由于考虑了喷头和配水支管之间的水力影响和变化，计算结果比作用面积法接近实际流量。此方法更安全，在系统中除最不利点喷头外的任何喷头的喷水量，和任意 4 个相邻喷头的平均喷水量均高于设计要求。适用于严重危险级建筑、构筑物的自动喷水灭火系统以及雨淋、水幕系统。根据水力学原理可知,特性系数法只在配水支管组成完全相同的条件下成立,所以此方法只适用于"规则布置"情况。然而,在实际工程中,由于被保护范围并非规则的矩形,管路及喷头在大多数情况下呈"不规则布置",从而使特性系数法的应用存在困难。

本工程地下车库为中危险Ⅱ级,其他区域为中危险Ⅰ级,因此自喷水量按地下车库计算。地下车库设置有双层机械车位,《自动喷水灭火系统设计手册》4.12.2节中提到"立体汽车库相当于高货架仓库",地下车库为中危险Ⅱ级(喷水强度8L/(min·m²),作用面积160m²)和仓库危险等级Ⅰ级(最大储物高度3.5m<h_s≤6.0m,喷水强度10L/(min·m²),作用面积200m²)相近。根据《自动喷水灭火系统设计规范》(GB 50084—2017)(以下简称《喷规》)表5.0.8规定货架内开放的喷头数,一层内置喷头在仓库中危险Ⅰ级应开启6只。

车库机械车位自喷系统水力计算详见图24-2～图24-5和表24-3。

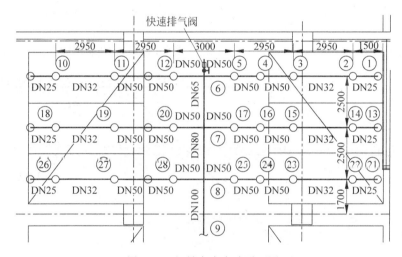

图 24-2　机械车库自喷平面图

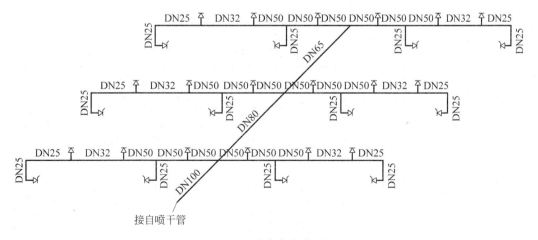

图 24-3　机械车库自喷系统图

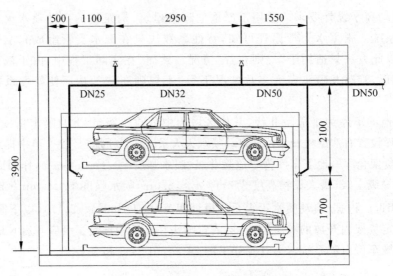

图 24-4　机械车库车架内喷头设置图

按机械车位逐点计算,设 6 只车架内置喷头喷水,调整后的系统图如图 24-5 所示。

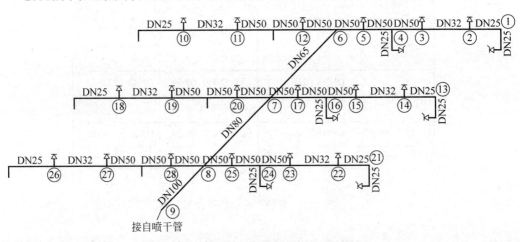

图 24-5　机械车库车架内喷头系统调整图

表 24-3　机械车位自喷计算表

管段名称	起点压力/mH₂O	流量/(L/s)	管长/m	当量长度	公称直径/mm	管内径/mm	水力坡降	流速/(m/s)	水头损失/mH₂O	高差损失/mH₂O	终点压力/mH₂O
1—2	20.00	1.88	1.10	0.80	25	27.3	5.46	3.21	−1.04	−2.10	18.96
2—3	18.96	3.71	2.95	2.25	32	35.4	5.42	3.77	2.87	0.00	21.83
3—4	21.83	5.67	1.55	3.10	50	52.7	1.71	2.60	0.81	0.00	22.64
4—5	22.64	7.67	1.40	3.10	50	52.7	2.99	3.52	1.37	0.00	24.02
5—6	24.02	9.73	1.47	3.60	50	52.7	4.65	4.46	2.41	0.00	26.42
10—11	20.16	1.89	2.95	0.80	25	27.3	5.50	3.22	2.10	0.00	22.26
11—12	22.26	3.87	2.95	2.25	32	35.4	5.86	3.93	3.11	0.00	25.37

续表

管段名称	起点压力/mH₂O	流量/(L/s)	管长/m	当量长度	公称直径/mm	管内径/mm	水力坡降	流速/(m/s)	水头损失/mH₂O	高差损失/mH₂O	终点压力/mH₂O
12—6	25.37	5.98	1.47	3.60	50	52.7	1.89	2.74	0.98	0.00	26.35
6—7	26.42	15.71	2.50	4.60	65	68.1	3.24	4.31	2.34	0.00	28.77
13—14	21.48	1.95	1.10	0.80	25	27.3	5.83	3.33	−0.97	−2.10	20.51
14—15	20.51	3.85	2.95	2.25	32	35.4	5.81	3.91	3.08	0.00	23.59
15—16	23.59	5.89	1.55	3.10	50	52.7	1.84	2.70	0.87	0.00	24.47
16—17	24.47	7.97	1.40	3.10	50	52.7	3.21	3.65	1.47	0.00	25.94
17—7	25.94	10.11	1.48	4.10	50	52.7	4.99	4.63	2.84	0.00	28.78
18—19	22.03	1.97	2.95	0.80	25	27.3	5.97	3.37	2.28	0.00	24.31
19—20	24.31	4.04	2.95	2.25	32	35.4	6.36	4.11	3.37	0.00	27.69
20—7	27.69	6.25	1.47	4.10	50	52.7	2.05	2.87	1.17	0.00	28.85
7—8	28.77	32.07	2.50	6.10	100	106.3	1.39	3.61	1.22	0.00	29.98
21—22	22.34	1.99	1.10	0.80	25	27.3	6.05	3.39	−0.93	−2.10	21.42
22—23	21.42	3.93	2.95	2.25	32	35.4	6.03	3.20	3.99	0.00	24.62
23—24	24.62	6.01	1.55	3.10	50	52.7	1.91	2.76	0.91	0.00	25.52
24—25	25.52	8.13	1.40	3.10	50	52.7	3.34	3.73	1.53	0.00	27.05
25—8	27.05	10.32	1.47	4.10	50	52.7	5.19	4.73	2.95	0.00	30.00
26—27	22.97	2.01	2.95	0.80	25	27.3	6.21	3.44	2.37	0.00	25.34
27—28	25.34	4.13	2.95	2.25	32	35.4	6.61	4.19	3.50	0.00	28.85
28—8	28.85	6.38	1.47	4.10	50	52.7	2.13	2.93	1.21	0.00	30.06
8—9	29.98	48.77	1.84	6.10	100	106.3	3.01	5.50	2.44	0.00	32.42

直立型喷头的流量系数 $K=80$，最小工作压力为 0.05MPa，短立管长度取 0.4m，管径为 DN25。

根据《喷规》第 5.0.5-2 条规定，货架内置喷头，当采用流量系数等于 80 的标准覆盖面积洒水喷头时，工作压力不应小于 0.20MPa，故车架内置喷头采用边墙扩展喷头，$K=80$，最小工作压力 0.20MPa，短立管长度取 2.1m，管径为 DN25。

机械车库位于地下室，非自喷系统最不利点，仅用于计算系统流量。

根据《喷规》，流量计算采用式(9.1.1)，水力坡降采用式(9.2.2)。

最不利喷头处压力取 0.20MPa，自喷管道采用镀锌钢管，海澄-威廉系数 $C_h=120$，选用流量系数 $K=80$ 喷头，忽略部分短立管影响。

计算结果校验分析：

作用面积为 163.7m²，总流量为 48.77L/s，去除货架内 1、4、13、16、21、24 共 6 只喷头的流量，顶板下喷头的总流量为 34.81L/s，得出平均喷水强度为 12.76L/(min·m²)，大于中危险Ⅱ级(喷水强度 8L/(min·m²))。最不利作用面积内最不利 2、3、14、15 处的 4 只喷头总流量为 7.73L/s，4 只喷头围合范围内的平均喷水强度不低于《喷规》表 5.0.1 规定值的 85%，即 6.80L/(min·m²)。最终系统计算流量为 48.77L/s，设计取 50L/s。

24.5.3　系统最不利点压力计算

本工程的火灾危险程度高,布置复杂,一类高层建筑,根据规范要求自动喷水灭火系统地上按照中危险级 I 进行设计,最不利作用面积为 15 层董事会大厅,由于最不利作用面积内的喷头"规则布置",因此采用特性系数法计算。

最不利作用面积为 $160.9 m^2$。喷头的布置如图 24-6、图 24-7 所示。

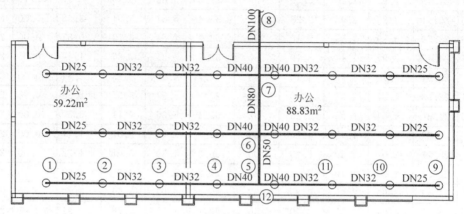

图 24-6　最不利作用面积内喷头平面图

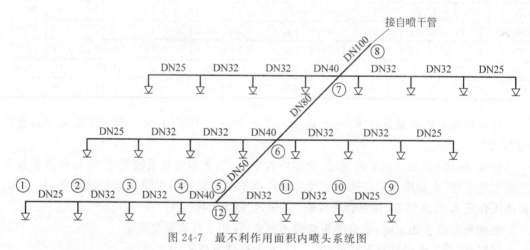

图 24-7　最不利作用面积内喷头系统图

考虑实际喷水效果,最不利喷头处压力取 0.10MPa。

最不利作用面积自喷系统水力计算见表 24-4。

作用面积处入口压力为 $26.60 mH_2O$。

水泵扬程计算采用《喷规》中式(9.2.4)。

湿式报警阀局部阻力取 0.04MPa。

水流指示器局部阻力取 0.02MPa。

最不利点喷头与水池最低有效水位高差 0.86MPa。

从最不利作用面积至水泵,DN150 管道约 359m,DN100 管道约 26m,利用海澄-威廉公式计算得出干管损失:

表24-4　最不利作用面积自喷计算表

最不利点处作用面积/m²	危险等级	《喷规》中最小喷水强度/[L/(min·m²)]	η	短立管高差/m	最不利点处喷头保护范围		《喷规》中喷头最小工作压力 P_{min}/MPa
					长度/m	宽度/m	
160	中危险Ⅰ级	6	0.85	忽略或不计入	2.8	2.8	0.05

初算最不利点处喷头流量：$q_初=\eta\times$喷水强度×最不利点处喷头的保护面积=53.31L/min

初算最不利点处喷头工作压力：$P_初=q_初^2/10K^2=0.044$MPa　　不采用

海澄-威廉系数 C_h：120

特别提示：当 $P_初\geqslant P_{min}$ 时，最不利点处喷头工作压力 $P_s=P_初$（MPa），流量 $q_s=q_初$（L/min）；当 $P_初<P_{min}$ 时，最不利点处喷头的工作压力 $P_s=P_{min}$（MPa），流量 $q_s=q_{min}=K\sqrt{10P_{min}}$（L/min）

$$i=6.05\times\frac{q_g^{1.85}}{C_h^{1.85}d_j^{1.87}}\times10^7$$

喷头特性系数 $K=80$

喷头折算流量系数 $K_s=82.12$

最不利喷头短立管水力计算

管段	公称直径 DN/mm	管道计算内径 d_j/mm	最不利点工作压力 P_s/MPa	最不利点处喷头流量 q_s/(L/min)	管段流量 q_g/(L/min)	管道流速 v/(m/s)	水力坡降 i/(kPa/m)	管道长度 L/m	当量长度 l/m	水头损失 h/MPa	备注
0-1	25	27.3	0.1	80.00	80.00	2.28	2.897	0.8	0.2	0.003	DN25/DN15 变径管 1 个（0.2m）

配水支管水力计算

管段	公称直径 DN/mm	管道计算内径 d_j/mm	最不利点工作压力 P_s/MPa	洒水喷头流量 q_i/(L/min)	管段流量 q_g/(L/min)	管道流速 v/(m/s)	水力坡降 i/(kPa/m)	管道长度 L/m	当量长度 l/m	水头损失 h/MPa	备注
1-2	25	27.3	0.09	80.00	80.00	2.28	2.897	2.8	0.8	0.010	DN25 弯头 1 个（0.6m） DN32/DN25 变径管 1 个（0.2m）
2-3	32	35.4	0.11	84.28	164.28	2.78	3.094	2.8	1.8	0.014	DN32 三通 1 个（1.8m）
3-4	32	35.4	0.12	89.79	254.07	4.30	6.931	2.8	2.1	0.034	DN32 三通 1 个（1.8m） DN40/DN32 变径管 1 个（0.3m）

续表

管段	公称直径 DN/mm	管道计算内径 d_j/mm	最不利点工作压力 P_s/MPa	洒水喷头流量 q_i/(L/min)	管段流量 q_g/(L/min)	管道流速 v/(m/s)	水力坡降 i/(kPa/m)	管道长度 L/m	当量长度 l/m	水头损失 h/MPa	备 注
4—5	40	41.3	0.15	101.75	355.83	4.43	6.101	2.8	3.3	0.037	DN50 三通 1 个(3.0m) DN50/DN40 变径管 1 个(0.3m)
5			0.19	203.50	711.65						支管 1—5 和支管 9—5 相同
				作用面积内水力计算							支管折算流量系数 K_s =515.30
5—6	50	52.7	0.191	711.65	711.65	5.44	6.710	2.4	5.35	0.052	DN80 四通 1 个(4.6m) DN80/DN50 变径管 1 个(0.75m)
6—7	80	80.9	0.243	802.83	1514.49	3.18	1.508	2.4	6.9	0.014	DN100 四通 1 个(6.10m) DN100/DN80 变径管 1 个(0.8m)
7—8	100	106.3	0.257	825.69	2340.18	4.84	3.278	2.8	0	0.009	
8			0.266	2340.18							

作用面积入口压力：0.266MPa

作用面积=160.90m²

本工程系统设计流量=2340.18L/min=39.00L/s

本工程喷水强度=14.54L/(min·m²)

$$P_f = 1.3iL = 1.3 \times (0.03135 \times 359 + 0.27427 \times 26)\text{m}$$
$$= 1.3 \times (11.256 + 5.296)\text{m} = 21.52\text{m}$$

局部阻力取沿程阻力的 30%。

$H = 1.4 \times P_{阻} + 0.10\text{MPa} + 0.86\text{MPa} = (1.4 \times 0.2152 + 0.10 + 0.86)\text{MPa} = 1.26\text{MPa}$，设计取 1.30MPa。

本工程自喷系统设计水量取 50L/s，扬程取 1.30MPa。

24.6 自动喷水防护冷却系统

（1）本工程在首层至顶层办公区和中庭相邻的区域设置了防火玻璃墙，因设置的防火玻璃墙面积较大，为节省造价，不能采用耐火隔热性和完整性均达到 1h 的 A 类防火玻璃，只能采用耐火完整性不低于 1h 的 C 类防火玻璃（不保证隔热性）。根据《建规》5.3.2.1 条的规定，需设置自动喷水防护冷却系统（以下简称窗喷系统）对防火玻璃墙进行保护。

24-4 自动喷水防护冷却系统原理图

（2）根据《喷规》5.0.15 条的规定，窗喷系统应独立设置，单独设置消防泵和供水管道。

（3）持续喷水时间不应小于系统设置部位的耐火极限要求，防火玻璃墙耐火极限要求 1h，因此窗喷系统作用时间 1h。

（4）窗喷系统喷头设置要求：根据《喷规》5.0.15.3 条，喷头设置高度不能大于 8m，喷头距被保护玻璃的最大水平距离不能大于 0.3m，喷头间距 1.8～2.4m。

（5）窗喷系统水量计算：

根据《喷规》9.1.4 条规定，保护防火卷帘、防火玻璃墙等防火分隔设施的防护冷却系统，系统的设计流量应按计算长度内喷头同时喷水的总流量确定。计算长度应符合下列要求：当设置场所设有自动喷水灭火系统时，计算长度不应小于自喷系统作用面积的长边长度。

① 窗喷系统最不利保护面积处系统计算。根据距离窗喷给水泵最远点的位置和高程，选取 CPL-1 立管负责的 15F 防火分区 F15-1 为最不利窗喷区域，作为水泵扬程的设计计算依据。

最不利处窗喷系统水力计算详见表 24-5，图 24-8，图 24-9。

表 24-5 窗喷最不利作用面积计算表

管段名称	起点压力/mH$_2$O	流量/(L/s)	管长/m	当量长度/m	管径/mm	管内径/mm	水力坡降	流速/(m/s)	水头损失/mH$_2$O	高差损失/mH$_2$O	终点压力/mH$_2$O
1—2	15.00	1.63	3.00	0.80	25	27.3	4.18	2.78	1.62	0.00	16.62
2—3	16.62	3.34	3.00	2.10	32	35.4	4.47	3.39	2.32	0.00	18.94
3—4	18.94	5.17	3.00	2.70	40	41.3	4.73	3.86	2.75	0.00	21.69
4—5	21.69	7.12	3.00	3.10	50	52.7	2.61	3.27	1.63	0.00	23.32
5—6	23.32	9.15	3.00	3.60	50	52.7	4.15	4.20	2.80	0.00	26.11
6—7	26.11	11.30	3.00	3.70	65	68.1	1.76	3.10	1.20	0.00	27.31
7—8	27.31	11.30	3.00	0.00	65	68.1	1.76	3.10	0.54	0.00	27.85

管段名称	起点压力/mH₂O	流量/(L/s)	管长/m	当量长度/m	管径/mm	管内径/mm	水力坡降	流速/(m/s)	水头损失/mH₂O	高差损失/mH₂O	终点压力/mH₂O
8—9	27.85	11.30	3.00	0.00	65	68.1	1.76	3.10	0.54	0.00	28.39
9—10	28.39	11.30	3.00	0.00	65	68.1	1.76	3.10	0.54	0.00	28.93
10—11	28.93	11.30	3.00	0.00	65	68.1	1.76	3.10	0.54	0.00	29.47
11—12	29.47	11.30	3.00	0.00	65	68.1	1.76	3.10	0.54	0.00	30.01
12—13	30.01	11.30	3.00	0.60	65	68.1	1.76	3.10	0.65	0.00	30.65
13—14	30.65	11.30	3.00	0.00	80	80.9	0.76	2.20	0.23	0.00	30.88
14—15	30.88	11.30	3.00	0.00	80	80.9	0.76	2.20	0.23	0.00	31.12
15—16	31.12	11.30	3.00	0.00	80	80.9	0.76	2.20	0.23	0.00	31.35
16—17	31.35	11.30	3.00	0.00	80	80.9	0.76	2.20	0.23	0.00	31.58
17—18	31.58	11.30	3.00	0.00	80	80.9	0.76	2.20	0.23	0.00	31.82
18—19	31.82	11.30	3.00	0.00	80	80.9	0.76	2.20	0.23	0.00	32.05
19—20	32.05	11.30	3.00	0.00	80	80.9	0.76	2.20	0.23	0.00	32.28
20—21	32.28	11.30	3.00	0.00	80	80.9	0.76	2.20	0.23	0.00	32.51
21—22	32.51	11.30	3.00	0.00	80	80.9	0.76	2.20	0.23	0.00	32.75
22—23	32.75	11.30	3.00	0.00	80	80.9	0.76	2.20	0.23	0.00	32.98
23—24	32.98	11.30	3.00	0.00	80	80.9	0.76	2.20	0.23	0.00	33.21
24—25	33.21	11.30	3.00	0.80	80	80.9	0.76	2.20	0.29	0.00	33.51
25—26	33.51	11.30	3.73	0.00	100	106.3	0.20	1.27	0.08	0.00	33.58
26—27	33.58	11.30	11.68	3.10	100	106.3	0.20	1.27	0.30	0.00	33.89
27—28	33.89	11.30	2.23	4.30	150	159.3	0.03	0.57	0.02	0.00	33.90
28—29	33.90	11.30	81.80	4.30	150	159.3	0.03	0.57	0.26	81.80	115.96
29—30	115.96	11.30	0.78	4.30	150	159.3	0.03	0.57	0.015	0.00	115.98
30—31	115.98	11.30	10.57	4.30	150	159.3	0.03	0.57	0.045	0.00	116.01
31—32	116.01	11.30	42.80	4.30	150	159.3	0.03	0.57	0.14	0.00	116.15
32—33	116.15	11.30	6.60	4.30	150	159.3	0.03	0.57	0.033	4.70	120.88
33—34	120.88	11.30	1.00	4.30	150	159.3	0.03	0.57	0.016	0.00	120.90
34—35	120.90	11.30	6.60	4.30	150	159.3	0.03	0.57	0.016	−4.70	114.32
35—36	114.32	11.30	16.82	4.30	150	159.3	0.03	0.57	0.063	0.00	114.38
36—37	114.38	11.30	101.24	4.30	150	159.3	0.03	0.57	0.32	0.00	114.70
37—38	114.70	11.30	6.60	4.30	150	159.3	0.03	0.57	0.032	−6.60	108.13
38—39	108.13	11.30	8.28	4.30	150	159.3	0.03	0.57	0.038	0.00	108.16
39—40	108.16	11.30	4.66	4.30	150	159.3	0.03	0.57	0.027	4.66	108.18

注：管材采用镀锌钢管，海澄-威廉系数 $C_h = 120$，特性系数 $K = 80$。

结果分析：总流量 11.30L/s，保护长度 17.5m，平均喷水强度 0.65L/(s·m)＞0.5L/(s·m)。

最不利点喷头压力：15.00mH₂O。

同时考虑，湿式报警阀局部阻力 4m，水流指示器局部阻力 2m。

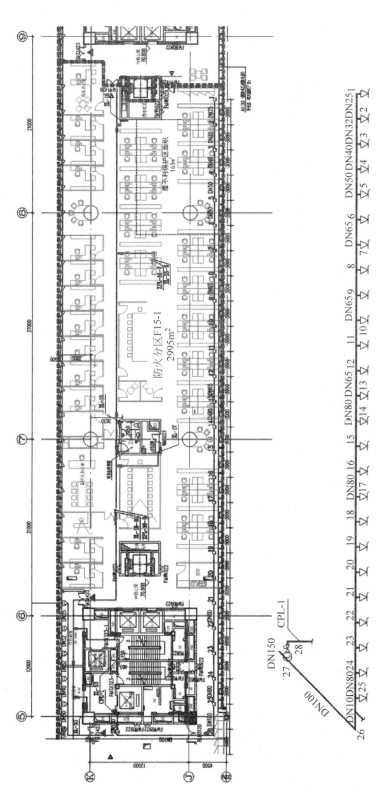

图 24-8　15F 最不利保护面积处窗喷系统图

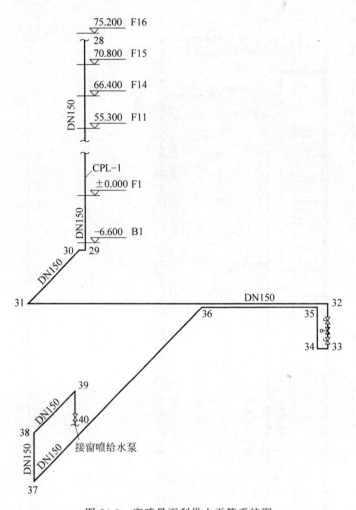

图 24-9　窗喷最不利供水干管系统图

根据《喷规》式(9.2.4),可得水泵的扬程:

$$H = (1.20 \sim 1.40) \sum P_p + P_0 + Z - h_c$$
$$= [1.20 \times (0.19895 + 0.06) + 0.15 + 0.818 - 0] \text{MPa} = 1.28 \text{MPa}$$

式中, $\sum P_p$ ——管道沿程和局部水头损失的累计值;

$\quad P_0$ ——最不利点工作压力;

$\quad Z$ ——最不利点与消防水池最低水位高差;

$\quad h_c$ ——市政管网压力水池供水取 0。

水泵扬程这里取整为 1.30MPa。

② 窗喷系统最大系统流量的计算。

选取 CPL-2′立管负责的 13F 空中花园为系统最大流量的位置,因为此处玻璃上有间距 1.5m 的凸起窗框,窗喷头需按 1.5m 间距布置,单位长度内喷头数最大。

最大流量处窗喷系统水力计算详见图 24-10 和表 24-6。

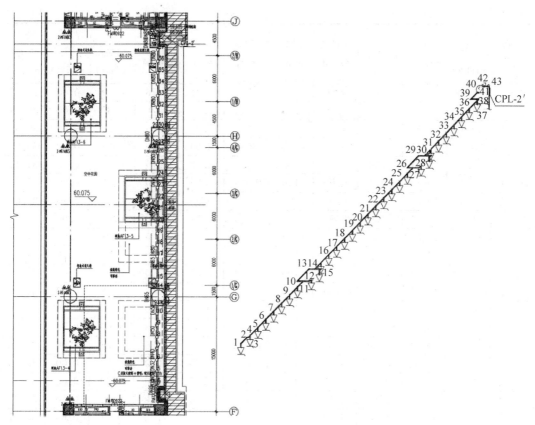

图 24-10　13F 最大系统流量处窗喷平面和系统图

表 24-6　窗喷最大流量计算表

管段名称	起点压力/mH₂O	流量/(L/s)	管长/m	当量长度/m	公称直径/mm	管内径/mm	水力坡降	流速/(m/s)	水头损失/mH₂O	高差损失/mH₂O	终点压力/mH₂O
1—2	15.00	1.63	1.17	0.60	25	27.3	4.18	2.78	0.76	0.00	15.76
2—3	15.76	1.63	0.20	0.60	25	27.3	4.18	2.78	0.34	0.00	16.10
3—4	16.10	1.63	0.33	0.80	25	27.3	4.18	2.78	0.48	0.00	16.58
4—5	16.58	3.34	1.50	2.10	32	35.4	4.46	3.39	1.64	0.00	18.22
5—6	18.22	5.13	1.50	2.70	40	41.3	4.66	3.83	2.00	0.00	20.21
6—7	20.21	7.02	1.50	3.10	50	52.7	2.54	3.22	1.19	0.00	21.41
7—8	21.41	8.96	1.50	3.60	50	52.7	3.99	4.11	2.08	0.00	23.48
8—9	23.48	11.00	1.50	3.70	65	68.1	1.67	3.02	0.89	0.00	24.37
9—10	24.37	13.07	1.50	3.70	65	68.1	2.30	3.59	1.22	0.00	25.59
10—11	25.59	15.19	1.09	4.30	65	68.1	3.04	4.17	1.67	0.00	27.27
43—44	25.31	2.11	0.41	0.60	25	27.3	6.79	3.61	0.70	0.00	26.01
44—11	26.01	2.11	0.82	1.00	25	27.3	6.79	3.61	1.26	0.00	27.28
11—12	27.27	17.31	0.81	4.60	80	80.9	1.67	3.37	0.92	0.00	28.19
12—13	28.19	17.31	2.23	2.10	80	80.9	1.67	3.37	0.74	0.00	28.93
13—14	28.93	17.31	0.81	2.10	80	80.9	1.67	3.37	0.50	0.00	29.42

续表

管段 名称	起点 压力/ mH₂O	流量/ (L/s)	管长/m	当量长 度/m	公称直 径/mm	管内径/ mm	水力 坡降	流速/ (m/s)	水头 损失/ mH₂O	高差 损失/ mH₂O	终点 压力/ mH₂O
45—46	27.42	2.20	0.32	0.60	25	27.3	7.31	3.76	0.69	0.00	28.11
46—14	28.11	2.20	0.84	1.00	25	27.3	7.31	3.76	1.37	0.00	29.48
14—15	29.42	19.51	1.18	4.60	80	80.9	2.09	3.79	1.23	0.00	30.66
15—16	30.66	19.51	1.50	0.00	80	80.9	2.09	3.79	0.32	0.00	30.97
16—17	30.97	19.51	1.50	0.80	80	80.9	2.09	3.79	0.49	0.00	31.46
17—18	31.46	19.51	1.50	0.00	100	106.3	0.55	2.20	0.08	0.00	31.55
18—19	31.55	19.51	1.50	0.00	100	106.3	0.55	2.20	0.08	0.00	31.63
19—20	31.63	19.51	1.50	0.00	100	106.3	0.55	2.20	0.08	0.00	31.72
20—21	31.72	19.51	1.50	0.00	100	106.3	0.55	2.20	0.08	0.00	31.80
21—22	31.80	19.51	1.50	0.00	100	106.3	0.55	2.20	0.08	0.00	31.89
22—23	31.89	19.51	1.50	0.00	100	106.3	0.55	2.20	0.08	0.00	31.97
23—24	31.97	19.51	1.50	0.00	100	106.3	0.55	2.20	0.08	0.00	32.06
24—25	32.06	19.51	1.50	0.00	100	106.3	0.55	2.20	0.08	0.00	32.14
25—26	32.14	19.51	1.50	0.00	100	106.3	0.55	2.20	0.08	0.00	32.23
26—27	32.23	19.51	1.09	0.00	100	106.3	0.55	2.20	0.06	0.00	32.29
27—28	32.29	19.51	0.81	6.10	100	106.3	0.55	2.20	0.39	0.00	32.68
28—29	32.68	19.51	2.23	3.10	100	106.3	0.55	2.20	0.30	0.00	32.98
29—30	32.98	19.51	0.81	1.50	100	106.3	0.55	2.20	0.22	0.00	33.20
30—31	33.20	19.51	1.18	6.10	100	106.3	0.55	2.20	0.41	0.00	33.61
31—32	33.61	19.51	1.50	0.00	100	106.3	0.55	2.20	0.08	0.00	33.69
32—33	33.69	19.51	1.50	0.00	100	106.3	0.55	2.20	0.08	0.00	33.78
33—34	33.78	19.51	1.50	0.00	100	106.3	0.55	2.20	0.08	0.00	33.86
34—35	33.86	19.51	1.50	0.00	100	106.3	0.55	2.20	0.08	0.00	33.95
35—36	33.95	19.51	1.50	0.00	100	106.3	0.55	2.20	0.08	0.00	34.03
36—37	34.03	19.51	1.50	0.00	100	106.3	0.55	2.20	0.08	0.00	34.11
37—38	34.11	19.51	0.32	0.00	100	106.3	0.55	2.20	0.02	0.00	34.13
38—39	34.13	19.51	1.05	3.10	100	106.3	0.55	2.20	0.23	0.00	34.37
39—40	34.37	19.51	1.18	3.10	100	106.3	0.55	2.20	0.24	0.00	34.61
40—41	34.61	19.51	1.17	0.00	100	106.3	0.55	2.20	0.07	0.00	34.67
41—42	34.67	19.51	0.74	3.10	100	106.3	0.55	2.20	0.22	0.00	34.89

注：管材采用镀锌钢管，海澄-威廉系数 $C_h = 120$，特性系数 $K = 80$。

最大流量计算结果分析：

总流量 19.51L/s，故系统流量取 20L/s。

保护长度 15.5m，平均喷水强度 1.29L/(s·m)＞0.7L/(s·m)。

最不利点喷头压力 15.00mH₂O。

通过以上最不利作用面积和最大系统流量的计算可知：窗喷系统的最不利点为 15F 面对中庭的窗喷系统。系统最大流量并不是此处，而是 13F 空中花园处的窗喷系统。故窗喷系统的总流量为 20L/s，扬程取 1.30MPa。

（6）系统设置：

窗喷系统单独设置供水泵，采用闭式湿式系统，设置 10 组湿式报警阀，选用窗喷专用喷头，与自喷系统和室内消火栓系统共用屋顶消防水箱。系统分为高低区供水，地下一层至 5 层为低区，减压阀后压力 0.80MPa；6 层至顶层为高区，水泵供水压力为 1.30MPa。设置 3 套水泵接合器，单套流量 15L/s。

24.7　大空间智能灭火设施

（1）本建筑在挑空位置高度超过 12m 区域和共享空间处设置大空间智能主动灭火系统（以下简称微型水炮）保护。

24-5 大空间智能灭火系统原理图

（2）微型水炮系统单独设置供水泵和供水管道。与消火栓、自喷系统共用屋顶高位消防水箱。水泡系统分高低区，地下一层至 6 层为低区，减压阀后压力 1.10MPa；7～14 层为高区。水炮系统配水管入口压力超过 0.60MPa，设减压孔板减压至 0.60MPa。系统设计流量可以根据《大空间智能型主动喷水灭火系统技术规程》（CECS 263—2009）中表 5.0.2-3 选用，本工程最大空间按照 2 行 2 列布置，系统设计水量取 20L/s。系统的设计流量也可以根据本规范 10.1 节规定进行计算。管段的设计流量及配水管径可以根据 10.3 节计算或选用。管道的流速和损失等水力计算，不可采用《大空间智能型主动喷水灭火系统技术规程》中公式（10.4.2）计算，此公式为舍维列夫公式，误差较大，《喷规》已经更正为海澄-威廉公式，故应按照《建筑给水排水设计规范》中的海澄-威廉公式进行计算。设 2 套消防水泵接合器，单套流量 10L/s。

（3）微型水炮参数：标准喷水流量 5L/s，工作压力 0.60MPa，保护半径 25m。

（4）微型水炮系统控制：

① 由红外探测组件自动控制，发现火焰后自动喷射；

② 消防控制室手动强制控制并设有防误操作设施；

③ 现场设置操作盘，可在现场人工操作。

24.8　气体灭火系统

（1）本工程地下室各变配电机房、档案库、网络数据中心机房均设置气体灭火保护。

24-6 气体灭火系统图

（2）气体灭火系统采用全淹没组合分配式 IG541 系统，系统能在火灾报警系统报警后同时启动，并设有不大于 30s 的延时喷射。

（3）气体灭火系统有自动控制、手动控制和机械应急操作三种启动方式，无管网系统有自动控制、手动控制两种启动方式。

（4）系统设计参数：储存压力 $P=20$MPa，出口压力 6MPa。设计浓度 $C=28.1\%$，设计喷放时间 50s，灭火浸渍时间 10min。

（5）本工程地上各层还分布有数量较多的小型电气机房，全部设置全淹没气体灭火造价过高，不设保护又存在安全隐患，经过方案比较，选择设置火探管自动灭火系统。火探管自动灭火系统是一种新型灭火装置，采用一种充气的火探管在电气机柜内盘绕，当电气机柜发生火灾时立刻烧破火探管,高压气体喷出扑灭初期火灾。该系统投资小,不需要事故排风,设置灵活,可有效防范电气机柜的早期火灾。

24.9　建筑灭火器配置

本工程办公区域按严重危险级设置灭火器,灭火器型号为 MF/ABC5,为 5kg 装手提式干粉磷酸铵盐灭火器。车库按中危险级配置灭火器,灭火器型号为 MF/ABC3,为 3kg 装手提式干粉磷酸铵盐灭火器。高低压变配电室、电梯机房等电气设备用房设置推车式磷酸铵盐干粉灭火器,灭火器型号为 MF/ABC20(20kg)。

24.10　消防系统加强措施

(1) 自喷系统、窗喷系统、大空间智能主动灭火系统末端试验装置采用自动末端试验装置,末端数据传输至消防控制室。末端试水阀采用普通试水阀。

(2) 地上各层电气房间及地下室弱电机房设置火探管灭火系统保护。

(3) 各系统消防泵设自动巡检装置。

24.11　消防设备

本系统使用的主要消防设备见表 24-7。

表 24-7　主要消防设备表

序号	名　称	型号及规格	单位	数量	备　注
1	室内消火栓水泵	XBD14/40-L125-323 $Q=40L/s$ $H=1.40MPa$ $N=110kW$	台	2	一用一备
2	自动喷洒水泵	XBD13/50-L125-320 $Q=50L/s$ $H=1.30MPa$ $N=110kW$	台	2	一用一备
3	大空间智能灭火系统供水泵	XBD14/20-L80-320 $Q=20L/s$ $H=1.40MPa$ $N=75kW$	台	2	一用一备
4	自动喷水防护冷却系统供水泵	XBD13/40-L125-330 $Q=35L/s$ $H=1.30MPa$ $N=90kW$	台	2	一用一备
5	屋顶消防水箱	有效容积 36m³	座	1	不锈钢材质
6	屋顶消防增压设备	WTH-ZW-ZX-10-36	组	1	配 450L 隔膜式气压罐一台,配压力开关、流量开关、闸阀、止回阀,增压泵互为备用

注:Q—流量;H—扬程;N—功率。

第25章

建筑给排水工程设计

本工程为河南省驻马店市某住宅小区,总建筑面积13.5万 m²,总居住人口3120人,机动车位1080个。其中地上建筑面积10万 m²,为普通住宅楼,最高建筑17层,层高2.95m,总高度54m;地下建筑面积3.5万 m²,为汽车库、设备用房,共一层,层高5.8m。

设计范围:用地红线以内的给水排水、消防等管道系统及小型给水排水构筑物。

可利用的市政条件:本工程东、西两侧有市政给水管网,可提供本小区生活及消防用水,市政给水管网供水压力0.20MPa。项目东侧、西侧、北侧均有市政雨污合流的排水管网,可承接本工程雨、污排水。

本工程给排水系统包括:生活给水系统、生活排水系统、雨水排水系统、消火栓系统、自动喷水灭火系统和灭火器配置。

25-1 小区
总图概况

25.1 给水工程

25.1.1 系统供水方式

市政给水管网供水压力0.20MPa,建筑高度54m,为保证供水需求,本工程给水系统全部采取分区加压措施。经过技术经济比较,生活给水竖向分为两个区:1~8层为低区,由车库生活泵房内变频调速泵组、水箱联合供水;9~17层为高区,由车库生活泵房内变频调速泵组、水箱联合供水。

25.1.2 设计计算

1. 总用水量

(1)最高日用水量

$$Q_d = mq_d \tag{25-1}$$

式中,Q_d——最高日用水量,L/d;

q_d——用水定额,L/(人·d);

m——用水单位数,人、m² 等。

（2）最大时用水量

$$Q_h = \frac{Q_d}{T} \times K_h \tag{25-2}$$

式中，Q_h——最大时用水量，L/h；

T——用水时间，h；

K_h——小时变化系数。

根据公式计算得出本工程最大日用水量为 696.30m³，最大时用水量为 75.61m³。详见表 25-1。

表 25-1　总用水量表

楼号	用水部位	最高日用水定额	平均日用水定额	用水定额单位	用水单位数量	用水时间/h	最高日小时变化系数	用水量/m³		
								最大日	最大时	平均时
1#	住宅	200	120	L/(人·d)	328	24	2.6	65.6	7.11	2.73
2#	住宅	200	120	L/(人·d)	272	24	2.6	54.4	5.89	2.27
3#	住宅	200	120	L/(人·d)	328	24	2.6	65.6	7.11	2.73
5#	住宅	200	120	L/(人·d)	272	24	2.6	54.4	5.89	2.27
6#	住宅	200	120	L/(人·d)	328	24	2.6	65.6	7.11	2.73
7#	住宅	200	120	L/(人·d)	136	24	2.6	27.2	2.95	1.13
8#	住宅	200	120	L/(人·d)	192	24	2.6	38.4	4.16	1.60
9#	门卫	50	30	L/(人·d)	40	8	1.5	2	0.38	0.25
10#	住宅	200	120	L/(人·d)	408	24	2.6	81.6	8.84	3.40
11#	商业	6	5	L/(m²·d)	1200	12	1.3	7.2	0.78	0.60
12#	住宅	200	120	L/(人·d)	408	24	2.6	81.6	8.84	3.40
13#	商业	6	5	L/(m²·d)	1300	12	1.3	7.8	0.85	0.65
15#	住宅	200	120	L/(人·d)	408	24	2.6	81.6	8.84	3.40
管网漏损及未预见用水量按10%计								63.3	6.87	2.72
总　　计								696.3	75.61	29.88

小区给水引入管总干管管径按最大小时用水量确定，从小区东、西两侧市政管网各引入一条给水干管，每条干管不小于最大小时用水量的 70%，即 52.93m³/h，室外选用 DN150 给水铸铁管，最大流速 $v = 0.77$m/s，单位水损 $i = 0.007161$mH₂O。

计入室外消防校核管网，室外消火栓流量 20L/s，即 72m³/h，共 124.93m³/h，选用 DN150 给水铸铁管，最大流速 $v = 1.81$m/s，单位水损 $i = 0.03507$mH₂O。

所以，可从东、西两侧市政道路给水管网接入两根 DN150 的引入管，以保证本工程消防及生活用水，并在其引入管上设置倒流防止器，两条引入管各安装一座水表井计量，管材选用给水铸铁管，室外消火栓系统与室外生活给水系统合用一套管网。

2. 系统水力计算

生活给水系统按照楼层最高、用水人数最多的 15# 住宅楼计算。

1）计算公式

（1）最大用水时卫生器具给水当量平均出流概率：

$$U_0 = \frac{q_L m K_h}{0.2 N_g T \times 3600} \times 100\% \qquad (25\text{-}3)$$

式中,U_0——生活给水管道的最大用水时卫生器具给水当量平均出流概率,%;

$\quad q_L$——最高用水日的用水定额,L/(人·d);

$\quad m$——每户用水人数,人;

$\quad K_h$——小时变化系数;

$\quad N_g$——每户设置的卫生器具给水当量数;

$\quad T$——用水时数,h;

$\quad 0.2$——一个卫生器具给水当量的额定流量,L/s。

(2)卫生器具给水当量的同时出流概率:

$$U = \frac{1 + \alpha_c (N_g - 1)^{0.49}}{\sqrt{N_g}} \times 100\% \qquad (25\text{-}4)$$

式中,U——计算管段的卫生器具给水当量同时出流概率,%;

$\quad \alpha_c$——对应于不同 U_0 的系数;

$\quad N_g$——计算管段的卫生器具给水当量总数。

(3)管段设计秒流量:

$$q_g = 0.2 U N_g \qquad (25\text{-}5)$$

式中,q_g——计算管段的设计秒流量,L/s;

$\quad U$——计算管段的卫生器具给水当量同时出流概率,%;

$\quad N_g$——计算管段的卫生器具给水当量总数。

(4)给水管道沿程损失:

$$h_i = iL \qquad (25\text{-}6)$$

$$i = 105 C_h^{-1.85} d_j^{-4.87} q_g^{1.85} \qquad (25\text{-}7)$$

$$v = q_g / (0.25 \pi d^2) \qquad (25\text{-}8)$$

$$h_j = 0.3 h_i \qquad (25\text{-}9)$$

式中,h_i——沿程水头损失,kPa;

$\quad h_j$——局部水头损失,kPa;

$\quad L$——管道计算长度,m;

$\quad i$——管道单位长度水头损失,kPa/m;

$\quad d_j$——管道计算内径,m;

$\quad q_g$——给水设计流量,m^3/s;

$\quad C_h$——海澄-威廉系数,衬塑钢管为 140;

$\quad v$——管道流速,m/s。

(5)给水系统所需总水压:

$$H = H_1 + H_2 + H_3 + H_4 \qquad (25\text{-}10)$$

式中,H——建筑内给水系统所需总水压,自室外引入管起点轴线算起,mH_2O;

$\quad H_1$——最不利配水点与室外引入管的标高差,mH_2O;

$\quad H_2$——计算管路的水头损失,mH_2O;

H_3——水流通过水表的水头损失，mH_2O；

H_4——计算管路最不利配水点的流出水头，mH_2O。

2）低区给水系统计算（1～8层）

（1）15#楼共三个单元，每单元一根低区给水立管，每层供2户用水，管材为衬塑钢管。各楼层计算结果如表25-2、图25-1所示。

表 25-2　低区给水系统水力计算表

楼层	本层当量	总当量 $\sum N_g$	同时出流概率 U	流量/（L/s）	立管管径/mm	流速/（m/s）	水力坡降/（mH_2O/m）	沿程损失/mH_2O
1单元-8层	12.0	12.0	0.30	0.72	32	0.89	0.033	0.096
1单元-7层	12.0	24.0	0.21	1.03	40	0.82	0.022	0.063
1单元-6层	12.0	36.0	0.18	1.28	40	1.02	0.032	0.094
1单元-5层	12.0	48.0	0.15	1.49	40	1.18	0.042	0.125
1单元-4层	12.0	60.0	0.14	1.68	50	0.85	0.018	0.053
1单元-3层	12.0	72.0	0.13	1.85	50	0.94	0.021	0.063
1单元-2层	12.0	84.0	0.12	2.01	50	1.02	0.025	0.075
1单元-1层	12.0	96.0	0.11	2.16	50	1.10	0.029	0.077
1单元-干管	0.0	96.0	0.11	2.16	50	1.10	0.029	0.286
2单元-8层	12.0	12.0	0.30	0.72	32	0.89	0.033	0.096
2单元-7层	12.0	24.0	0.21	1.03	40	0.82	0.022	0.063
2单元-6层	12.0	36.0	0.18	1.28	40	1.02	0.032	0.094
2单元-5层	12.0	48.0	0.15	1.49	40	1.18	0.042	0.125
2单元-4层	12.0	60.0	0.14	1.68	50	0.85	0.018	0.053
2单元-3层	12.0	72.0	0.13	1.85	50	0.94	0.021	0.063
2单元-2层	12.0	84.0	0.12	2.01	50	1.02	0.025	0.075
2单元-1层	12.0	96.0	0.11	2.16	50	1.10	0.029	0.077
2单元-干管	0.0	192.0	0.08	3.17	65	0.96	0.016	0.162
3单元-8层	12.0	12.0	0.30	0.72	32	0.89	0.033	0.096
3单元-7层	12.0	24.0	0.21	1.03	40	0.82	0.022	0.063
3单元-6层	12.0	36.0	0.18	1.28	40	1.02	0.032	0.094
3单元-5层	12.0	48.0	0.15	1.49	40	1.18	0.042	0.125
3单元-4层	12.0	60.0	0.14	1.68	50	0.85	0.018	0.053
3单元-3层	12.0	72.0	0.13	1.85	50	0.94	0.021	0.063
3单元-2层	12.0	84.0	0.12	2.01	50	1.02	0.025	0.075
3单元-1层	12.0	96.0	0.11	2.16	50	1.10	0.029	0.077
3单元-干管	0.0	288.0	0.07	3.99	65	1.20	0.025	0.248
合计								1.342

15#楼低区给水系统沿程损失共 1.342 mH_2O（局部损失取 30%），最不利点卫生器具配水压力 0.1MPa，最不利点卫生器具至建筑给水引入管高差 23.1m，住宅入户管水表水头损失 0.01MPa。经计算，15#楼低区引入管所需最小供水压力 $H=(23.1+1.3\times1.342+1+10)m=35.84m$，即 0.3584MPa。

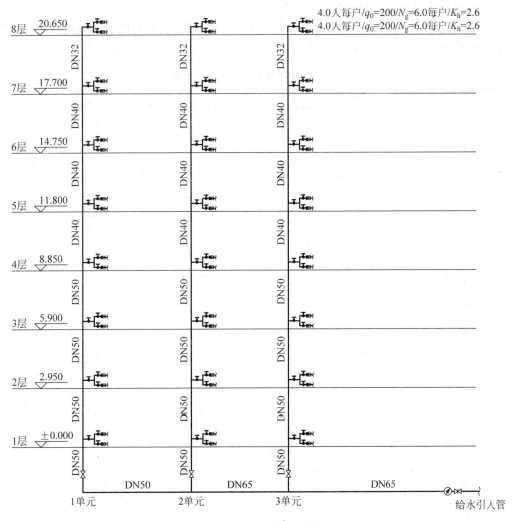

图 25-1　低区给水系统计算简图

（2）低区干管水力计算

低区给水总当量为 2352，计算得流量为 14.47L/s，干管管长 300m，给水系统干管管径取 DN125，采用衬塑钢管，最不利点卫生器具至水泵出水管高差 26.40m。

经计算得，水力坡度 $i=0.010013$，平均流速 $v=1.13$m/s，沿程水头损失 $h_i=3.0039$mH$_2$O。

（3）供水设备

水泵最低供水压力 $H=H_1+H_2+H_3+H_4=[26.4+1.3\times(1.342+3.0039)+(1+3)+10]m\approx46.05$m。

选取低区加压设备型号：QBWS-I-56-56-2×ADL32。

主泵：ADL32×4-2，$Q=28$m^3/h，$H=56$m，$N=7.5$kW，共两台，同时使用。

辅泵：ADL10×6，$N=2.2$kW，一台。

压力罐：SN1400，压力 0.6MPa。

紫外线消毒器：QL30-30，功率 0.90kW。

3）高区给水系统计算（9～17层）

（1）15#楼共三个单元，每单元一根高区给水立管，每层供2户用水，管材为衬塑钢管。各楼层计算结果如表25-3、图25-2所示。

表 25-3　高区给水系统水力计算表

楼层	本层当量	总当量 $\sum N_g$	同时出流概率 U	流量/(L/s)	立管管径/mm	流速/(m/s)	水力坡降/(mH₂O/m)	沿程损失/mH₂O
1单元-17层	12.0	12.0	0.30	0.72	32	0.89	0.033	0.096
1单元-16层	12.0	24.0	0.21	1.03	40	0.82	0.022	0.063
1单元-15层	12.0	36.0	0.18	1.28	40	1.02	0.032	0.094
1单元-14层	12.0	48.0	0.15	1.49	40	1.18	0.042	0.125
1单元-13层	12.0	60.0	0.14	1.68	50	0.85	0.018	0.053
1单元-12层	12.0	72.0	0.13	1.85	50	0.94	0.021	0.063
1单元-11层	12.0	84.0	0.12	2.01	50	1.02	0.025	0.074
1单元-10层	12.0	96.0	0.11	2.16	50	1.10	0.029	0.084
1单元-9层	12.0	108.0	0.11	2.30	50	1.17	0.032	0.846
1单元-干管	0.0	108.0	0.11	2.30	50	1.17	0.032	0.322
2单元-17层	12.0	12.0	0.30	0.72	32	0.89	0.033	0.096
2单元-16层	12.0	24.0	0.21	1.03	40	0.82	0.022	0.063
2单元-15层	12.0	36.0	0.18	1.28	40	1.02	0.032	0.094
2单元-14层	12.0	48.0	0.15	1.49	40	1.18	0.042	0.125
2单元-13层	12.0	60.0	0.14	1.68	50	0.85	0.018	0.053
2单元-12层	12.0	72.0	0.13	1.85	50	0.94	0.021	0.063
2单元-11层	12.0	84.0	0.12	2.01	50	1.02	0.025	0.074
2单元-10层	12.0	96.0	0.11	2.16	50	1.10	0.029	0.084
2单元-9层	12.0	108.0	0.11	2.30	50	1.17	0.032	0.846
2单元-干管	0.0	216.0	0.08	3.39	65	1.02	0.018	0.183
3单元-17层	12.0	12.0	0.30	0.72	32	0.89	0.033	0.096
3单元-16层	12.0	24.0	0.21	1.03	40	0.82	0.022	0.063
3单元-15层	12.0	36.0	0.18	1.28	40	1.02	0.032	0.094
3单元-14层	12.0	48.0	0.15	1.49	40	1.18	0.042	0.125
3单元-13层	12.0	60.0	0.14	1.68	50	0.85	0.018	0.053
3单元-12层	12.0	72.0	0.13	1.85	50	0.94	0.021	0.063
3单元-11层	12.0	84.0	0.12	2.01	50	1.02	0.025	0.074
3单元-10层	12.0	96.0	0.11	2.16	50	1.10	0.029	0.084
3单元-9层	12.0	108.0	0.11	2.30	50	1.17	0.032	0.846
3单元-干管	0.0	324.0	0.07	4.27	65	1.29	0.028	0.281
合计								2.285

15#楼高区给水系统沿程损失 2.285m（局部损失取30%），最不利点卫生器具配水压力 0.1MPa，最不利点卫生器具至建筑给水引入管高差 49.60m，住宅入户管水表水头损失

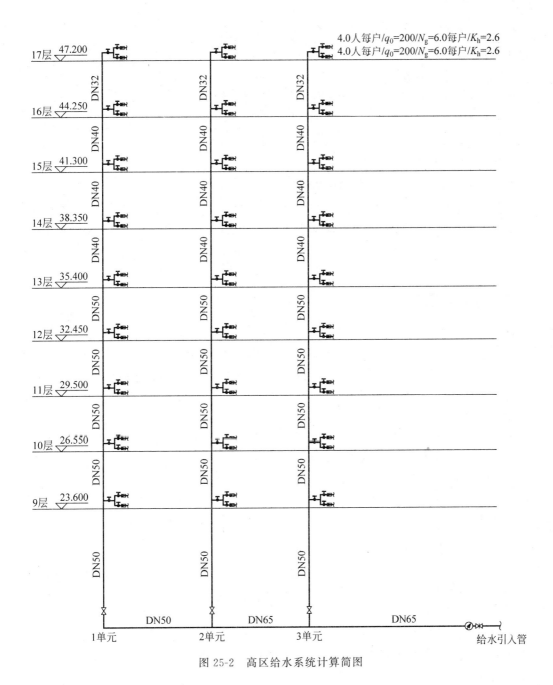

图 25-2　高区给水系统计算简图

0.01MPa。经计算,15♯楼高区引入管所需最小供水压力 $H=(49.6+1.3×2.285+1+10)m≈63.57m$。

（2）高区干管水力计算：高区给水总当量为 2268,计算得流量为 14.13L/s,干管管长 300m,给水系统干管管径取 DN125,采用衬塑钢管,最不利点卫生器具至水泵出水管高差 52.90m。

经计算得,水力坡度 $i=0.009582$,平均流速 $v=1.103m/s$,沿程水头损失 $h_i=2.8746m$。

（3）供水设备

水泵最低供水压力 $H=H_1+H_2+H_3+H_4=[52.90+1.3\times(2.285+2.8746)+(1+3)+10]m\approx72.92$m。

选取高区加压设备型号：QBWS-I-56-74-2×ADL32。

主泵：ADL32×5-2，$Q=28$m^3/h，$H=74$m，$N=11$kW，共两台，同时使用。

辅泵：ADL10×8，$N=3.0$kW，一台。

压力罐：SN1400，压力 1.0MPa。

紫外线消毒器：QL30-30，功率 0.90kW。

（4）生活水箱

生活水箱设于地下车库生活泵房内，为高低区合用，生活水箱有效容积不小于本工程最高日生活用水量的 20%，即 $75.61\times20\%$m$^3\approx15.12$m^3。

25.2　排水工程

本工程无中水要求，故采用污废合流、雨污分流的排水系统。建筑室内±0.000 以上生活排水重力自流排入室外污水管，地下室污水采用潜水泵提升至室外污水管，地下室废水采用潜水泵提升至室外雨水管。生活污水经化粪池处理后，排入市政污水管。

25.2.1　生活污水系统

地上部分厨房、洗衣机排水仅设伸顶通气管，卫生间排水采用双立管，即一根污水立管和一根通气管，各部位立管单独排出室外。

1. 系统水力计算

1）计算公式

公式为

$$q_p=0.12\alpha\sqrt{N_p}+q_{max} \tag{25-11}$$

式中，q_p——计算管段排水设计秒流量，L/s；

N_p——计算管段的卫生器具排水当量总数；

α——根据建筑物用途而定的系数；

q_{max}——计算管段上最大一个卫生器具的排水流量，L/s。

2）计算参数

每户卫生器具当量 N_p：淋浴 0.45×2，坐便器 4.5×2，洗脸盆 0.75×2，洗涤盆 1，洗衣机 1.5，共 13.9。

系数 α：1.5，按住宅建筑取值。

最大一个卫生器具排水流量 q_{max}：洗脸盆 0.25L/s，大便器 1.5L/s，淋浴 0.15L/s，洗涤盆 1L/s，洗衣机 0.5L/s。

3）计算结果

（1）卫生间立管：每层当量 11.4，其中淋浴 0.45×2，坐便器 4.5×2，洗脸盆 0.75×2。

计算结果详见表 25-4、图 25-3。

表 25-4 卫生间立管计算表

管段名称	管道流量/(L/s)	管道类型	累计当量	公称直径/mm	水力坡降/(mH₂O/m)	流速/(m/s)	充满度	管 材
1—2	0.00	立管	0.00	100	0.0000	0.000	0.00	排水 PVC-U
2—3	2.11	立管	11.40	100	0.0000	0.000	0.00	排水 PVC-U
3—4	2.36	立管	22.80	100	0.0000	0.000	0.00	排水 PVC-U
4—5	2.55	立管	34.20	100	0.0000	0.000	0.00	排水 PVC-U
5—6	2.72	立管	45.60	100	0.0000	0.000	0.00	排水 PVC-U
6—7	2.86	立管	57.00	100	0.0000	0.000	0.00	排水 PVC-U
7—8	2.99	立管	68.40	100	0.0000	0.000	0.00	排水 PVC-U
8—9	3.11	立管	79.80	100	0.0000	0.000	0.00	排水 PVC-U
9—10	3.22	立管	91.20	100	0.0000	0.000	0.00	排水 PVC-U
10—11	3.32	立管	102.60	100	0.0000	0.000	0.00	排水 PVC-U
11—12	3.42	立管	114.00	100	0.0000	0.000	0.00	排水 PVC-U
12—13	3.52	立管	125.40	100	0.0000	0.000	0.00	排水 PVC-U
13—14	3.61	立管	136.80	100	0.0000	0.000	0.00	排水 PVC-U
14—15	3.69	立管	148.20	100	0.0000	0.000	0.00	排水 PVC-U
15—16	3.77	立管	159.60	100	0.0000	0.000	0.00	排水 PVC-U
16—17	3.85	立管	171.00	100	0.0000	0.000	0.00	排水 PVC-U
17—18	3.93	立管	182.40	100	0.0000	0.000	0.00	排水 PVC-U
18—19	4.01	立管	193.80	100	0.0000	0.000	0.00	排水 PVC-U
19—20	4.01	横管	193.80	100	0.0260	1.630	0.35	排水 PVC-U
21—2	2.11	横管	11.40	100	0.0260	1.630	0.25	排水 PVC-U
22—3	2.11	横管	11.40	100	0.0260	1.630	0.25	排水 PVC-U
23—4	2.11	横管	11.40	100	0.0260	1.630	0.25	排水 PVC-U
24—5	2.11	横管	11.40	100	0.0260	1.630	0.25	排水 PVC-U
25—6	2.11	横管	11.40	100	0.0260	1.630	0.25	排水 PVC-U
26—7	2.11	横管	11.40	100	0.0260	1.630	0.25	排水 PVC-U
27—8	2.11	横管	11.40	100	0.0260	1.630	0.25	排水 PVC-U
28—9	2.11	横管	11.40	100	0.0260	1.630	0.25	排水 PVC-U
29—10	2.11	横管	11.40	100	0.0260	1.630	0.25	排水 PVC-U
30—11	2.11	横管	11.40	100	0.0260	1.630	0.25	排水 PVC-U
31—12	2.11	横管	11.40	100	0.0260	1.630	0.25	排水 PVC-U
32—13	2.11	横管	11.40	100	0.0260	1.630	0.25	排水 PVC-U
33—14	2.11	横管	11.40	100	0.0260	1.630	0.25	排水 PVC-U
34—15	2.11	横管	11.40	100	0.0260	1.630	0.25	排水 PVC-U
35—16	2.11	横管	11.40	100	0.0260	1.630	0.25	排水 PVC-U
36—17	2.11	横管	11.40	100	0.0260	1.630	0.25	排水 PVC-U
37—18	2.11	横管	11.40	100	0.0260	1.630	0.25	排水 PVC-U

（2）厨房立管：每层当量1，洗涤盆1×1。计算结果详见表25-5、图25-4。

表 25-5　厨房立管计算表

管段名称	管道流量/(L/s)	管道类型	累计当量	公称直径/mm	水力坡降/(mH₂O/m)	流速/(m/s)	充满度	管　材
1—2	0.00	立管	0.00	75	0.0000	0.000	0.00	排水 PVC-U
2—3	0.33	立管	1.00	75	0.0000	0.000	0.00	排水 PVC-U
3—4	0.58	立管	2.00	75	0.0000	0.000	0.00	排水 PVC-U
4—5	0.64	立管	3.00	75	0.0000	0.000	0.00	排水 PVC-U
5—6	0.69	立管	4.00	75	0.0000	0.000	0.00	排水 PVC-U
6—7	0.73	立管	5.00	75	0.0000	0.000	0.00	排水 PVC-U
7—8	0.77	立管	6.00	75	0.0000	0.000	0.00	排水 PVC-U
8—9	0.81	立管	7.00	75	0.0000	0.000	0.00	排水 PVC-U
9—10	0.84	立管	8.00	75	0.0000	0.000	0.00	排水 PVC-U
10—11	0.87	立管	9.00	75	0.0000	0.000	0.00	排水 PVC-U
11—12	0.90	立管	10.00	75	0.0000	0.000	0.00	排水 PVC-U
12—13	0.93	立管	11.00	75	0.0000	0.000	0.00	排水 PVC-U
13—14	0.95	立管	12.00	75	0.0000	0.000	0.00	排水 PVC-U
14—15	0.98	立管	13.00	75	0.0000	0.000	0.00	排水 PVC-U
15—16	1.00	立管	14.00	75	0.0000	0.000	0.00	排水 PVC-U
16—17	1.03	立管	15.00	75	0.0000	0.000	0.00	排水 PVC-U
17—18	1.05	立管	16.00	75	0.0000	0.000	0.00	排水 PVC-U
18—19	1.07	立管	17.00	75	0.0000	0.000	0.00	排水 PVC-U
19—20	1.07	横管	17.00	75	0.0260	1.263	0.30	排水 PVC-U
21—2	0.33	横管	1.00	50	0.0260	0.964	0.28	排水 PVC-U
22—3	0.33	横管	1.00	50	0.0260	0.964	0.28	排水 PVC-U
23—4	0.33	横管	1.00	50	0.0260	0.964	0.28	排水 PVC-U
24—5	0.33	横管	1.00	50	0.0260	0.964	0.28	排水 PVC-U
25—6	0.33	横管	1.00	50	0.0260	0.964	0.28	排水 PVC-U
26—7	0.33	横管	1.00	50	0.0260	0.964	0.28	排水 PVC-U
27—8	0.33	横管	1.00	50	0.0260	0.964	0.28	排水 PVC-U
28—9	0.33	横管	1.00	50	0.0260	0.964	0.28	排水 PVC-U
29—10	0.33	横管	1.00	50	0.0260	0.964	0.28	排水 PVC-U
30—11	0.33	横管	1.00	50	0.0260	0.964	0.28	排水 PVC-U
31—12	0.33	横管	1.00	50	0.0260	0.964	0.28	排水 PVC-U
32—13	0.33	横管	1.00	50	0.0260	0.964	0.28	排水 PVC-U
33—14	0.33	横管	1.00	50	0.0260	0.964	0.28	排水 PVC-U
34—15	0.33	横管	1.00	50	0.0260	0.964	0.28	排水 PVC-U
35—16	0.33	横管	1.00	50	0.0260	0.964	0.28	排水 PVC-U
36—17	0.33	横管	1.00	50	0.0260	0.964	0.28	排水 PVC-U
37—18	0.33	横管	1.00	50	0.0260	0.964	0.28	排水 PVC-U

（3）洗衣机立管：每层当量1.5，洗衣机1.5×1。计算结果详见表25-6、图25-5。

表25-6　阳台洗衣机立管计算表

管段名称	管道流量/(L/s)	管道类型	累计当量	公称直径/mm	水力坡降/(mH₂O/m)	流速/(m/s)	充满度	管材
1—2	0.00	立管	0.00	100	0.0000	0.000	0.00	排水 PVC-U
2—3	0.50	立管	1.50	100	0.0000	0.000	0.00	排水 PVC-U
3—4	0.81	立管	3.00	100	0.0000	0.000	0.00	排水 PVC-U
4—5	0.88	立管	4.50	100	0.0000	0.000	0.00	排水 PVC-U
5—6	0.94	立管	6.00	100	0.0000	0.000	0.00	排水 PVC-U
6—7	0.99	立管	7.50	100	0.0000	0.000	0.00	排水 PVC-U
7—8	1.04	立管	9.00	100	0.0000	0.000	0.00	排水 PVC-U
8—9	1.08	立管	10.50	100	0.0000	0.000	0.00	排水 PVC-U
9—10	1.12	立管	12.00	100	0.0000	0.000	0.00	排水 PVC-U
10—11	1.16	立管	13.50	100	0.0000	0.000	0.00	排水 PVC-U
11—12	1.20	立管	15.00	100	0.0000	0.000	0.00	排水 PVC-U
12—13	1.23	立管	16.50	100	0.0000	0.000	0.00	排水 PVC-U
13—14	1.26	立管	18.00	100	0.0000	0.000	0.00	排水 PVC-U
14—15	1.29	立管	19.50	100	0.0000	0.000	0.00	排水 PVC-U
15—16	1.32	立管	21.00	100	0.0000	0.000	0.00	排水 PVC-U
16—17	1.35	立管	22.50	100	0.0000	0.000	0.00	排水 PVC-U
17—18	1.38	立管	24.00	100	0.0000	0.000	0.00	排水 PVC-U
18—19	1.41	立管	25.50	100	0.0000	0.000	0.00	排水 PVC-U
19—20	1.41	横管	25.50	100	0.0260	1.630	0.20	排水 PVC-U
21—2	0.50	横管	1.50	50	0.0260	0.964	0.35	排水 PVC-U
22—3	0.50	横管	1.50	50	0.0260	0.964	0.35	排水 PVC-U
23—4	0.50	横管	1.50	50	0.0260	0.964	0.35	排水 PVC-U
24—5	0.50	横管	1.50	50	0.0260	0.964	0.35	排水 PVC-U
25—6	0.50	横管	1.50	50	0.0260	0.964	0.35	排水 PVC-U
26—7	0.50	横管	1.50	50	0.0260	0.964	0.35	排水 PVC-U
27—8	0.50	横管	1.50	50	0.0260	0.964	0.35	排水 PVC-U
28—9	0.50	横管	1.50	50	0.0260	0.964	0.35	排水 PVC-U
29—10	0.50	横管	1.50	50	0.0260	0.964	0.35	排水 PVC-U
30—11	0.50	横管	1.50	50	0.0260	0.964	0.35	排水 PVC-U
31—12	0.50	横管	1.50	50	0.0260	0.964	0.35	排水 PVC-U
32—13	0.50	横管	1.50	50	0.0260	0.964	0.35	排水 PVC-U
33—14	0.50	横管	1.50	50	0.0260	0.964	0.35	排水 PVC-U
34—15	0.50	横管	1.50	50	0.0260	0.964	0.35	排水 PVC-U
35—16	0.50	横管	1.50	50	0.0260	0.964	0.35	排水 PVC-U
36—17	0.50	横管	1.50	50	0.0260	0.964	0.35	排水 PVC-U
37—18	0.50	横管	1.50	50	0.0260	0.964	0.35	排水 PVC-U

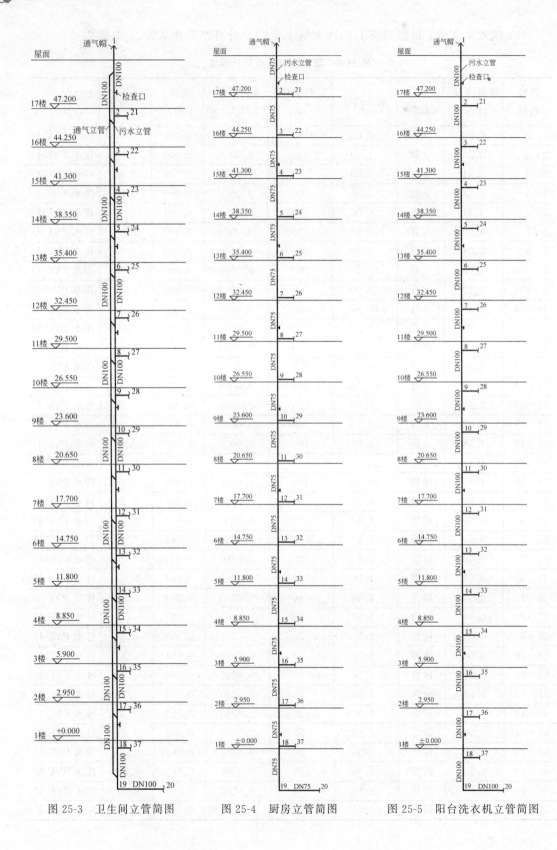

图 25-3　卫生间立管简图　　　图 25-4　厨房立管简图　　　图 25-5　阳台洗衣机立管简图

（4）地下室排水

每部消防电梯下部设集水坑,用于收集火灾时消防排水,经提升泵提升后排至室外雨水管网。消防流量 20L/s,两台提升泵,$Q=40m^3/h$,$H=15m$,$N=4kW$,同时使用。

集水坑有效容积不小于一台污水提升泵 5min 出水量,即 $40m^3/12≈3.33m^3$。

（5）室外污水干管

15#楼住宅污水总当量 1417.8,经计算得秒流量为 8.28L/s,按照非满流设计,设计坡度取 0.004,设计充满度取 0.5,选 DN200 双壁波纹管,管道排水量 10.03L/s,满足 15#楼排水需求。

2. 化粪池选型

建筑污水管分段、分建筑经过化粪池后,就近排入小区东侧、南侧、西侧市政排水管网。

1）计算公式

公式为

$$V=V_w+V_n \tag{25-12}$$

$$V_w=\frac{mb_f q_w t_w}{24×1000} \tag{25-13}$$

$$V_n=\frac{mb_t q_n t_n(1-b_x)·M_s×1.2}{(1-b_n)×1000} \tag{25-14}$$

式中,V_w——化粪池污水部分容积,m^3;

V_n——化粪池污泥部分容积,m^3;

q_w——每人每日计算污水量,L/(人·d);

q_n——每人每日计算污泥量,L/(人·d);

t_n——污泥清掏周期,应根据污水温度和当地气候条件确定,宜采用 3～12 个月;

b_x——新鲜污泥含水率,可按 95% 计算;

b_n——发酵浓缩后的污泥含水率,可按 90% 计算;

M_s——污泥发酵后体积缩减系数,宜取 0.8;

1.2——清掏后遗留 20% 的容积系数;

m——化粪池服务总人数,人;

b_t——化粪池实际使用人数占总人数的百分数,%。

2）计算参数

每人每日计算污水量 q_w:180L/(人·d),为生活用水量的 90%。

每人每日计算污泥量 q_n:0.7L/(人·d),按照生活污水与生活废水合流排入。

污泥清掏周期 t_n:180 天。

化粪池服务总人数:408 人,以 15#楼计。

实际使用人数占总人数的百分比 b_f:70%,按住宅建筑取值。

3）计算结果

化粪池污水容积 25.704m^3,污泥容积 1.727m^3,总容积 27.431m^3。

25.2.2 建筑雨水排水系统

建筑屋面雨水采用内排方式时接入室外雨水管网,采用外排方式时排至室外散水(详见建筑图)。雨水斗选用 87 式,单斗布置,雨水通过雨水斗、雨水斗连接管、悬吊管、立管及埋地横管等排出室外。

1. 计算公式

(1) 设计雨水流量

$$q_y = \frac{q_j \psi F_w}{10000} \tag{25-15}$$

式中,q_y——设计雨水流量,L/s;

q_j——设计暴雨强度,L/(s·hm²);

ψ——径流系数;

F_w——汇水面积,m²。

(2) 暴雨强度(参考邻近城市南阳市)

$$i = \frac{3.591 + 3.970 \lg T_m}{(t + 3.434)^{0.416}} \tag{25-16}$$

式中,T_m——设计重现期,a;

t——降雨历时,min。

2. 计算参数

设计重现期 50 年,屋面降雨历时 5min,单斗汇水面积 150m²,屋面径流系数为 0.9。

3. 计算结果

暴雨强度 709.52L/(s·hm²),雨水流量 9.58L/s。

雨水斗选择 DN100 雨水斗 87 型,最大泄流量 10L/s;立管管材 PVC-U,管径 DN100,最大泄流量 12.8L/s。

25.3 消防工程

消防工程分为室外消火栓系统、室内消火栓系统、自动喷水灭火系统和灭火器配置。

25.3.1 室外消火栓系统

室外消火栓管道与低区生活给水管网合用,压力不小于 0.10MPa,室外消火栓由室外生活给水环状管网接出。

室外消火栓采用地下式(DN100 和 DN65 的栓口各 1 个),间距不大于 120m,保护半径不大于 150m,距路边不大于 2m,距房屋外墙不小于 5m,消火栓间距不大于 120m。

室外消火栓用水量:按地下车库计,20L/s,火灾持续时间 2h,一次用水量 144m³。

25.3.2 室内消火栓系统

室内消火栓给水系统采用消防储水池、消火栓泵和高位消防水箱联合供水的临时高压给水系统。

1. 系统组成

本工程室内消火栓系统竖向不分区,系统所需要的流量和压力由消防专用水箱(位于最高建筑 3♯楼屋顶)和室内消火栓系统加压泵(位于地下车库消防泵房)从消防储水池吸水联合供水的方式供给。室内消火栓系统引自地下车库消火栓系统环管。以下针对本工程最不利点所在建筑 7♯楼进行消防计算。

2. 系统水力计算

1) 计算公式

(1) 最不利点消火栓流量:

$$q_{xh} = \sqrt{BH_q} \tag{25-17}$$

式中,q_{xh}——水枪喷嘴射出流量(依据规范需要与水枪的额定流量进行比较,取较大值),L/s。

B——水枪水流特性系数;

H_q——水枪喷嘴造成一定长度的充实水柱所需水压,mH_2O。

(2) 最不利点消火栓压力:

$$H_{xh} = h_d + H_q + H_{sk} = A_d L_d q_{xh}^2 + \frac{q_{xh}^2}{B} + 2 \tag{25-18}$$

式中,H_{xh}——消火栓栓口的最低水压,0.010MPa;

h_d——消防水带的水头损失,0.01MPa;

H_q——水枪喷嘴造成一定长度的充实水柱所需水压,0.01MPa;

A_d——水带的比阻;

L_d——水带的长度,m;

q_{xh}——水枪喷嘴射出流量,L/s;

B——水枪水流特性系数;

H_{sk}——消火栓栓口水头损失,宜取 0.02MPa。

(3) 管道速度压力:

$$P_v = 8.11 \times 10^{-10} \frac{q^2}{d_i^4} \tag{25-19}$$

式中,P_v——管道速度压力,MPa;

q——管段设计流量,L/s;

d_i——管道的内径,m。

(4) 管道压力:

$$P_n = P_t - P_v \tag{25-20}$$

式中,P_n——管道某一点处压力,MPa;

P_t——管道某一点处总压力,MPa。

(5) 次不利点消火栓压力:

$$H_{xh次} = H_{xh最} + h_{高差} + h_{f+j} \tag{25-21}$$

式中,$h_{高差}$——两消火栓的高差,m;

h_{f+j}——两个消火栓之间的沿程、局部水头损失,m。

（6）次不利点消火栓流量：

$$q_{\text{xh次}} = \sqrt{\frac{H_{\text{xh次}} - 2}{A_d L_d + \frac{1}{B}}} \tag{25-22}$$

依据规范需要与水枪的额定流量进行比较，取较大值。

（7）流速 v：

$$v = 0.001 \times \frac{4q_{\text{xh}}}{\pi d_i^2} \tag{25-23}$$

式中，q_{xh}——管段流量，L/s；

$\quad d_i$——管道的内径，m。

（8）水力坡降：

$$i = 10^{-6} \frac{\lambda}{d_i} \frac{\rho v^2}{2} \tag{25-24}$$

$$\frac{1}{\sqrt{\lambda}} = -2.0\log\left(\frac{2.51}{Re\sqrt{\lambda}} + \frac{\varepsilon}{3.71d_i}\right) \tag{25-25}$$

$$Re = \frac{v d_i \rho}{\mu} \tag{25-26}$$

$$\mu = \rho v \tag{25-27}$$

$$\nu = \frac{1.775 \times 10^{-6}}{1 + 0.0337T + 0.000221T^2} \tag{25-28}$$

式中，i——单位长度管道沿程水头损失，MPa/m；

$\quad d_i$——管道的内径，m；

$\quad v$——管道内水的平均流速，m/s；

$\quad \rho$——水的密度，kg/m³；

$\quad \lambda$——沿程损失阻力系数；

$\quad \varepsilon$——当量粗糙度；

$\quad Re$——雷诺数；

$\quad \mu$——水的动力黏滞系数，Pa/s；

$\quad \nu$——水的运动黏滞系数，m²/s；

$\quad T$——水的温度，宜取 10℃。

（9）沿程水头损失：

$$P_f = iL \tag{25-29}$$

式中，P_f——管道沿程损失，MPa；

$\quad L$——管段长度，m。

（10）局部损失（采用当量长度法）：

$$P_p = iL_p \tag{25-30}$$

式中，P_p——管件和阀门等局部水头损失，MPa；

$\quad L_p$——管段当量长度，m。

（11）设计扬程：

$$P = K\left(\sum P_f + \sum P_p\right) + 0.01H + P_0 \tag{25-31}$$

式中，P——消防水泵或消防给水系统所需要的设计扬程或设计压力，MPa。

k——安全系数，可取 1.20～1.40。宜根据管道的复杂程度和不可预见发生的管道变更所带来的不确定性。

H——当消防水泵从消防水池吸水时，H 为最低有效水位至最不利水灭火设施的几何高差，m；当消防水泵从市政给水管网直接吸水时，H 为火灾时市政给水管网在消防水泵入口处的设计压力值的高程至最不利水灭火设施的几何高差，m。

P_0——最不利点水灭火设施所需的设计压力，MPa。

2）计算参数

水龙带材料：衬胶

水龙带长度：25m

水龙带直径：65mm

水枪喷嘴口径：19mm

充实水柱长度：13m

管材：镀锌钢管

3）计算结果（详见表 25-7、图 25-6）

表 25-7　7#楼室内消火栓系统水力计算表

管段名称	起点压力/mH$_2$O	管道流量/(L/s)	管长/m	当量长度/m	管径/mm	水力坡降/(mH$_2$O/m)	流速/(m/s)	水头损失/mH$_2$O	高差损失/mH$_2$O	终点压力/mH$_2$O
1—2	21.88	5.42	0.63	0.90	65	0.042	1.49	0.06	0.00	21.94
2—3	21.94	5.42	2.00	3.10	100	0.004	0.61	0.02	2.00	21.97
3—4	23.97	5.42	1.45	3.70	100	0.004	0.61	0.02	1.45	25.44
26—4	25.36	5.87	0.63	0.90	65	0.049	1.61	0.08	0.00	25.44
4—5	25.44	11.29	2.95	6.10	100	0.018	1.27	0.16	2.95	28.55
5—6	28.55	11.29	2.95	0.00	100	0.018	1.27	0.05	2.95	31.55
6—7	31.55	11.29	2.95	0.00	100	0.018	1.27	0.05	2.95	34.55
7—8	34.55	11.29	2.95	0.00	100	0.018	1.27	0.05	2.95	37.55
8—9	37.55	11.29	2.95	0.00	100	0.018	1.27	0.05	2.95	40.56
9—10	40.56	11.29	2.95	0.00	100	0.018	1.27	0.05	2.95	43.56
10—11	43.56	11.29	2.95	0.00	100	0.018	1.27	0.05	2.95	46.56
11—12	46.56	11.29	2.95	0.00	100	0.018	1.27	0.05	2.95	49.56
12—13	49.56	11.29	2.95	0.00	100	0.018	1.27	0.05	2.95	52.57
13—14	52.57	11.29	2.95	0.00	100	0.018	1.27	0.05	2.95	55.57
14—15	55.57	11.29	2.95	0.00	100	0.018	1.27	0.05	2.95	58.57
15—16	58.57	11.29	2.95	0.00	100	0.018	1.27	0.05	2.95	61.58
16—17	61.58	11.29	2.95	0.00	100	0.018	1.27	0.05	2.95	64.58
17—18	64.58	11.29	2.95	0.00	100	0.018	1.27	0.05	2.95	67.58
18—19	67.58	11.29	2.95	0.00	100	0.018	1.27	0.05	2.95	70.58
19—20	70.58	11.29	3.00	0.00	100	0.018	1.27	0.05	3.00	73.64
20—21	73.64	11.29	2.90	0.00	100	0.018	1.27	0.05	2.90	76.59
21—22	76.59	11.29	1.70	1.65	100	0.018	1.27	0.06	1.70	78.35
22—23	78.35	11.29	319.05	10.10	150	0.002	0.57	0.76	0.00	79.11
23—24	79.11	11.29	2.00	4.30	150	0.002	0.57	0.01	2.00	81.12
24—25	81.12	11.29	2.00	4.30	150	0.002	0.57	0.01	0.00	81.14
合计								1.98	57.3	

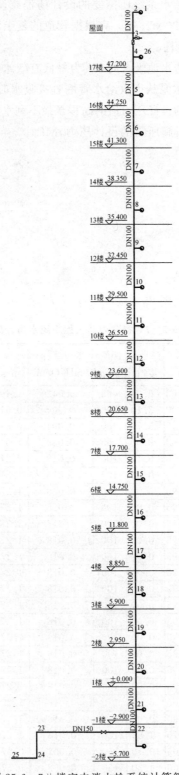

图 25-6　7#楼室内消火栓系统计算简图

起点栓口压力：$21.88\text{mH}_2\text{O}$，考虑到其他因素，起点栓口压力按 $35.0\text{mH}_2\text{O}$ 计。

水头损失：$1.98\text{mH}_2\text{O}$

高差损失：$57.3\text{mH}_2\text{O}$

安全系数：1.2

消火栓系统最低压力：$P=1.2P_\text{f}+\Delta H+P_0=(1.2\times1.98+57.30+35.0)\text{mH}_2\text{O}\approx$ $94.68\text{mH}_2\text{O}$

当栓口压力大于 0.5MPa 时，采用减压稳压型消火栓。

3. 储水供水设备

1）供水水泵

供水水泵设于地下车库消防泵房内，型号为 XBD15-100G-HY，$Q=0\sim15\text{L/s}$，$H=100\text{m}$，$N=30\text{kW}$，共两台，一用一备。

2）消防水池

消防水池设于地下车库消防泵房内，储存室内消火栓系统和自动喷水灭火系统一次火灾用水量。

一次火灾用水量详见表 25-8，消防水池储水量不小于 204.07m^3。

表 25-8　消防用水量

消防系统	一次消防		
	用水量标准/(L/s)	火灾持续时间/h	水量/m^3
室内消火栓系统	11.29	2	81.29
自动喷水灭火系统	34.16	1	122.98
合计			204.07

3）高位消防水箱及稳压设备

高位消防水箱设于 3#楼屋顶，储存火灾初期室内消防水量，消防水箱储水容积 12m^3，与自动喷水灭火系统共用。

消火栓稳压设备型号为 XW(L)-Ⅰ-2.0-20-ADL，稳压泵参数 $Q=2.0\text{L/s}$，$H=20\text{m}$，$N=1.1\text{kW}$，共两台，一用一备；气压罐调节容积为 150L。

25.3.3　自动喷水灭火系统

设置范围：地下车库及住宅地下二层非机动车库。

1. 系统组成

(1) 采用湿式系统，地下车库中危险级为Ⅱ级，喷水强度为 $8\text{L/(min·m}^2)$，作用面积为 160m^2；住宅地下二层轻危险级，喷水强度为 $4\text{L/(min·m}^2)$，作用面积为 160m^2。系统最不利喷头水压为 0.1MPa。

(2) 地下车库消防泵房内设两台自动喷淋给水泵，一用一备。该泵运行情况应显示于消防中心和水泵房的控制盘上。

(3) 系统竖向不分区，平时管网压力由 3#楼屋顶高位消防水箱维持；发生火灾时，由火灾自动报警系统自动开启报警阀,喷头动作,水流指示器动作,向消防中心显示着火区域位置,此时报警阀处的压力开关动作,自动启动喷水泵,并向消防中心报警。

(4) 报警阀组设于地下室水泵房内,每个报警阀组由报警阀、压力开关、延时器、水力警铃、泄水装置等部件组成。

(5) 系统设 2 套室外地下式水泵结合器,在报警阀前与加压泵出水管相连。

以下针对本工程最不利点所在建筑 C-7♯楼进行消防计算。

2. 系统水力计算

1) 计算公式

(1) 喷头流量:

$$q = K\sqrt{10P} \tag{25-32}$$

式中,q——喷头流量,L/min;

P——喷头处水压(喷头工作压力),MPa;

K——喷头流量系数。

(2) 设计流量:

$$Q = \frac{1}{60}\sum_{i=1}^{n} q_i \tag{25-33}$$

式中,Q——管段流量,L/s;

q_i——最不利点处作用面积内各喷头节点的流量,L/min;

n——最不利点处作用面积内的洒水喷头数。

(3) 水力坡降:

$$i = 6.05 \times \frac{q_g^{1.85}}{C_h^{1.85} d_j^{4.87}} \times 10^7 \tag{25-34}$$

式中,i——管道单位长度的水头损失,kPa/m;

d_j——管道的计算内径,m,取值应按管道的内径减 1mm 确定;

q_g——管道设计流量,L/min;

C_h——海澄-威廉系数。

(4) 沿程水头损失:

$$h_{沿程} = iL \tag{25-35}$$

式中,L——管段长度,m。

(5) 局部损失(采用当量长度法):

$$h_{局部} = iL(当量) \tag{25-36}$$

式中,L(当量)——管段当量长度,m(参考《自动喷水灭火系统设计规范》附录 C)。

(6) 总损失:

$$h = h_{局部} + h_{沿程} \tag{25-37}$$

(7) 终点压力:

$$h_{n+1} = h_n + h \tag{25-38}$$

2) 计算参数

最不利点喷头处水压 P 为 0.1MPa;

喷头流量系数 K 为 80；

海澄-威廉系数 C_h 为 120(镀锌钢管)。

3) 计算结果

7♯楼地下二层喷淋系统为最远点,采用作用面积法,作用面积为 174.9m²,计算结果如表 25-9、图 25-7 所示。

表 25-9 自动喷淋系统水力计算表

管段名称	起点压力/(mH₂O)	管道流量/(L/s)	管长/m	当量长度/m	管径/mm	性系数 K	水力坡降/(mH₂O/m)	流速/(m/s)	损失/mH₂O	终点压力/mH₂O
1—2	10.00	1.33	2.45	0.80	25	80	0.594	2.27	1.93	11.93
2—3	11.93	2.78	2.45	2.10	32	80	0.657	2.82	2.99	14.92
3—4	14.92	4.40	0.85	2.40	40	80	0.727	3.29	2.36	17.28
4—5	17.28	4.40	2.40	1.50	40	80	0.727	3.29	2.84	20.12
19—5	17.66	1.76	1.40	1.00	25	80	1.049	3.01	2.52	20.17
20—5	17.97	1.78	1.00	1.00	25	80	1.068	3.04	2.14	20.10
5—6	20.12	7.95	0.55	3.10	50	80	0.652	3.64	2.38	22.50
6—7	22.50	7.95	0.80	1.50	50	80	0.652	3.64	1.50	24.00
7—8	24.00	7.95	2.00	2.00	50	80	0.652	3.64	2.61	26.60
21—22	17.55	1.76	1.00	0.80	25	80	1.043	3.01	1.88	19.42
24—22	17.50	1.76	1.00	0.80	25	80	1.040	3.00	1.87	19.37
22—23	19.42	3.52	2.20	2.25	32	80	1.051	3.57	4.68	24.10
25—23	21.56	1.95	1.00	1.00	25	80	1.282	3.33	2.56	24.13
26—23	21.56	1.95	1.00	1.00	25	80	1.282	3.33	2.56	24.13
23—8	24.10	7.42	0.80	3.60	50	80	0.568	3.40	2.50	26.60
8—9	26.60	15.36	2.07	4.30	65	80	0.626	4.22	3.99	30.59
27—9	26.72	2.17	1.40	1.00	25	80	1.588	3.71	3.81	30.53
9—10	30.59	17.53	0.93	5.40	80	80	0.327	3.41	2.07	32.66
28—29	3.73	0.81	2.60	0.80	25	80	0.222	1.39	0.75	4.48
29—30	4.48	1.70	0.80	1.80	32	80	0.246	1.73	0.64	5.12
30—31	5.12	1.70	2.50	1.10	32	80	0.246	1.73	0.89	6.01
31—32	6.01	2.73	2.20	1.50	25	80	2.511	4.66	9.29	15.30
32—10	15.30	4.37	0.80	1.90	25	80	6.443	7.47	17.40	32.70
10—11	32.66	21.91	0.85	6.10	100	80	0.120	2.47	0.84	33.50
33—34	19.06	1.83	1.10	0.80	25	80	1.133	3.13	2.15	21.21
38—34	19.06	1.83	1.10	0.80	25	80	1.133	3.13	2.15	21.22
34—35	21.21	3.67	2.90	2.25	32	80	1.143	3.73	5.89	27.10
39—35	24.06	2.06	1.10	1.00	25	80	1.430	3.52	3.00	27.07
40—35	24.06	2.06	1.10	1.00	25	80	1.430	3.52	3.00	27.07
35—36	27.10	7.79	1.30	3.10	50	80	0.626	3.57	2.75	29.86
36—37	29.86	7.79	4.30	1.50	50	80	0.626	3.57	3.63	33.49
41—42	27.51	2.20	1.00	0.80	25	80	1.635	3.76	2.94	30.45

续表

管段名称	起点压力/(mH₂O)	管道流量/(L/s)	管长/m	当量长度/m	管径/mm	性系数 K	水力坡降/(mH₂O/m)	流速/(m/s)	损失/mH₂O	终点压力/mH₂O
42—43	30.45	2.20	2.90	2.25	32	80	0.413	2.24	2.12	32.58
44—43	29.06	2.26	1.00	1.00	25	80	1.727	3.87	3.46	32.52
43—37	32.58	4.47	1.30	3.10	50	80	0.206	2.05	0.91	33.49
37—11	33.49	12.26	1.00	0.00	0	80	0.000	0.00	0.00	33.49
11—12	33.50	34.16	4.10	6.10	100	80	0.292	3.85	2.98	36.48
12—13	36.48	34.16	2.80	0.00	100	80	0.292	3.85	0.82	37.29
13—14	37.29	34.16	0.60	0.00	100	80	0.292	3.85	0.18	37.47
14—15	37.47	34.16	5.45	4.30	150	80	0.034	1.71	0.33	37.80
15—16	37.80	34.16	2.80	4.30	150	80	0.034	1.71	0.24	38.05
16—17	38.05	34.16	2.05	4.30	150	80	0.034	1.71	0.22	38.26
17—18	38.26	34.16	310.00	4.30	150	80	0.034	1.71	10.76	49.03

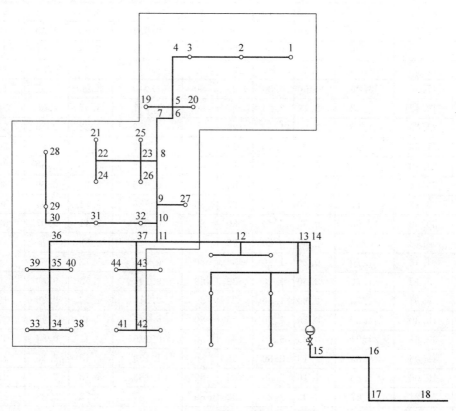

图 25-7　自动喷淋系统计算简图

计算得出：系统设计流量为 34.16L/s，入口压力为 49.03mH₂O，平均喷水强度为 11.7L/(min·m²)。另外，湿式报警阀组损失值为 0.04MPa，水流指示器损失值为 0.02MPa，最不利点喷头与水泵出水口高差为 3.0m。

系统所需最低供水压力：(49.03+4+2+3)m=58.03m。

3. 储水供水设备

1）供水水泵

供水水泵设于地下车库消防泵房内,型号为 XBD40-60G-HY,$Q=0\sim40\text{L/s}$,$H=60\text{m}$,$N=45\text{kW}$,共两台,一用一备。

2）消防水池

消防水池设于地下车库消防泵房内,与室内消火栓系统共用。

3）高位消防水箱

高位消防水箱设于 3♯楼屋顶,与室内消火栓系统共用。

25.3.4 灭火器配置

各住宅建筑的火灾危险等级为轻危险级。

1. 计算公式

（1）计算单元的最小需配灭火级别:

$$Q=K\frac{S}{U} \tag{25-39}$$

式中,Q——计算单元的最小需配灭火级别,A 或 B;

S——计算单元的保护面积,m^2;

U——A 类或 B 类火灾场所单位灭火级别最大保护面积,m^2/A 或 m^2/B;

K——修正系数。

（2）计算单元中每个灭火器设置点的最小需配灭火级别:

$$Q_e=\frac{Q}{N} \tag{25-40}$$

式中,Q_e——计算单元中每个灭火器设置点的最小需配灭火级别,A 或 B;

N——计算单元中的灭火器设置点数,个。

2. 计算参数

计算单元保护面积 S：430m^2;

单位灭火级别最大保护面积 U：$100\text{m}^2/\text{A}$;

修正系数 K：0.9(设有室内消火栓系统)。

3. 计算结果

$Q=0.9\times430/100\text{A}=3.87\text{A}$,$Q_e=3.87/2\text{A}=1.935\text{A}$。即每个设置点设置配火级别不小于 2A,对应容量 3kg,型号为 MF/ABC3,每处放置 2 台 3kg 磷酸铵盐灭火器,置于消火栓箱下部。

25-2 给排水
施工图纸

第26章

建筑与小区海绵工程设计

建筑与小区作为城市占地最多的功能区域,是海绵建设(改造)源头控制的重点,是雨水渗、滞、蓄、净、用的主体,对其应实现源头流量和污染物的控制。建设海绵型建筑与小区,应因地制宜,采取透水铺装、雨水调蓄与收集利用、植草沟、雨水花园等措施,提高建筑与小区的雨水积存和滞蓄能力,改变雨水快排、直排的传统做法,增强道路绿化带对雨水的消纳能力,具备渗透能力条件的非机动车道、人行道、停车场、庭院等区域推荐采用透水铺装,推行道路与广场等地的雨水收集、净化和利用,减轻对市政排水系统的压力。

26.1 项目背景

26.1.1 项目概况

本工程为福建省某市青少年活动中心,该项目总体布局:西南方为水系,其他三面为道路,规划用地面积约 26132m² ,具体如表 26-1 所示。

表 26-1 项目规划用地汇总表

用地类型	道路	绿地	屋面	硬质铺装	停车位	水景	总计
面积/m²	2866	4540.06	14639.93	3523.7	203	359.7	26132.39

建筑分析:61432m²,其中地上部分 40732m²,地下部分 20700m²,绿地率 20%。

26-1 项目区位及总平面图

26.1.2 项目目标

根据《海绵城市建设技术指南——低影响开发雨水系统构建(试行)》,该项目所在地,年径流总量控制率为 75%~85%。由于本项目建筑屋顶为不规则屋顶,致使屋面雨水不能通过绿色低影响开发设施进行消纳处理,屋面雨水全部进入蓄水池进行处理回收。综合项目实际情况和当地规划要求,从经济合理性角度出发,应达到年径流总量控制率≥75%,污染物削减率不低于 60%。

设计目标：根据《海绵城市建设技术指南 低影响开发雨水系统构建（试行）》表 F2-1，该市年径流总量控制率为 75％时，设计降雨量为 24.1mm；选取 SS 为污染物控制指标，SS 总去除率≥60％。

26.2 技术方案

该项目主要下垫面类型为建筑屋面、硬质铺装、透水铺装和绿地。由于屋面为不规则屋面，因此将屋面雨水收集至雨水调蓄池，进行处理后回用；道路和硬质铺装周边设置雨水花园，通过下垫面自然找坡将雨水收集至海绵设施。溢流的雨水排至市政雨水管道。如图 26-1 所示为该项目的技术路线。

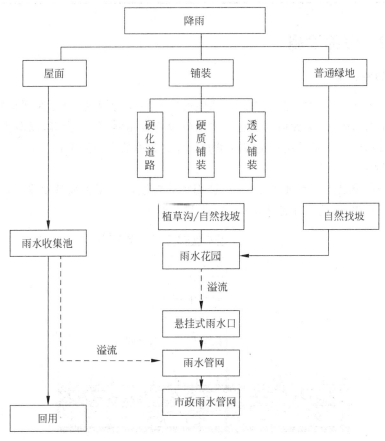

图 26-1 技术路线

26.3 方案设计

26.3.1 场地汇水分区

根据建筑竖向图纸，项目场地的整体坡向为西南至东北，由高至低。根据场地竖向和不透水场地的分布，结合绿地的分布，争取每一处的雨水都能

26-2 区块汇水面积分区

得到处理与控制,将整个场地划分为 26 个小汇水区。各汇水区内均布 LID 设施,场地雨水经 LID 设施控制后排入场地雨水管网,各区块面积如表 26-2 所示。

表 26-2　项目汇水区划分及面积表

汇水区编号	S1	S2	S3	S4	S5	S6	S7
面积/m²	342.5	276.0	419.0	335.0	174.0	717.0	319.0
汇水区编号	S8	S9	S10	S11	S12	S13	S14
面积/m²	460.0	240.0	762.5	93.0	615.0	316.0	282.0
汇水区编号	S15	S16	S17	S18	S19	S20	S21
面积/m²	210.0	426.0	1004.0	960.0	318.0	286.0	533.0
汇水区编号	S22	S23	S24	S25	S26	合计	
面积/m²	298.0	306.0	416.0	13874.39	2149.06	26131.45	

26.3.2　海绵设施

1. 海绵设施布局

本项目为公共建筑,项目范围内的自然生态空间主要为绿地,项目在严格执行雨、污分流等排水体制的基础上,全面应用绿色雨水基础设施技术滞蓄、入渗等,以减少城市径流外排、减轻面源污染,实现年径流总量控制率的目标。具体的设施如下:

1）透水铺装

场地中停车位设置透水铺装停车位,选用形式应能满足相关荷载要求;其他除消防登高场地和消防车道外,均采用透水铺装,如图 26-2 所示。

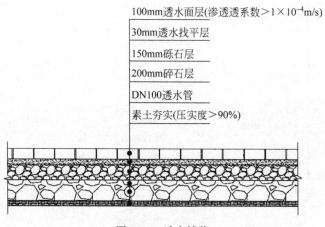

图 26-2　透水铺装

2）雨水花园

在道路及硬质铺装周边等多处绿地设置雨水花园,用于收集附近屋面、硬质场地等雨水。雨水花园下设盲管,盲管缓排雨水花园内雨水,雨水蓄满后,通过溢流口排至雨水管。

雨水花园的作用主要为净化、滞蓄雨水,底部结构分为覆盖层、换填层、粗砂层和碎石层四部分。其中中间庭院部分考虑到地下室覆土原因,采用左边做法,其余地方布置的雨水花园采用右边的形式,如图 26-3 所示。

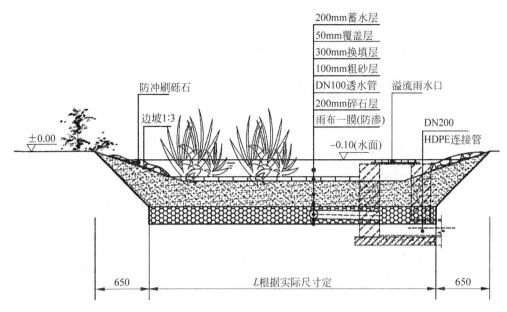

图 26-3　雨水花园剖面

（1）覆盖层

覆盖层位于土壤表层,有助于保持土壤水分,避免因表面密封导致的透气性降低。覆盖有助于防止水土流失,并提供了适合土壤生物群生存的环境。覆盖物可为碎树皮、木屑、陶粒、椰糠等,不含其他杂质,如杂草种子、土、树根等,厚度为5cm。

（2）换填层

推荐换填层土壤级配:60%粗砂+20%原土+20%椰糠。粗砂和原土应该与20%的不含椰壳的纯椰糠混合(按体积计算),所有椰壳在混合前应该剔除。层厚30cm。

（3）过渡层

选用粗砂粒径为0.5~1.5cm,层厚10cm,作为换填层与碎石层之间的隔离,中间庭院部分的雨水花园选择透水土工布。

（4）碎石层

碎石层底部碎石粒径为3~5cm,层厚20cm。碎石层内设置盲管,盲管采用管径为DN100的穿孔透水管,遇树木或已建设施处可适当弯曲,就近接入溢流口或雨水井内。

在植物选择方面,雨水花园既是一种有效的雨水收集和净化系统,也是装点环境的景观系统,内部取消乔木种植,以增加景观效果。

雨水花园内植物的选择既要具有去污性,又要兼顾观赏性,考虑选用生命力较强的本土植物种植。

3）植草沟

在远离雨水花园的路缘石后设置传输型植草沟,如图26-4所示,将雨水输送至雨水花园进行控制。其中项目的东南角,衔接雨水花园YH18的草沟为逆坡排水,为了能够有效地与雨水花园衔接,该处的植草沟采用生态植草沟形式,如图26-5所示,其他部分均为一般的传输型草沟,ZCG4和ZCG5之间用内宽600mm、内高100mm的管涵连接。

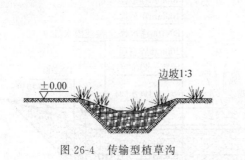

图 26-4　传输型植草沟

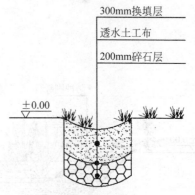

图 26-5　生态植草沟

4）蓄水池

整体的屋面雨水收集至蓄水池进行处理后回用，蓄水池容积 300m³。

项目海绵设施设置如表 26-3 所示。

表 26-3　项目海绵设施设置详表

序号	系统名称	技术名称	单位	数量	应用场所
1	透水铺装	透水停车位	m²	203	停车位
		透水铺装	m²	2720.6	除了消防车道和消防登高面外，荷载需求不高的场地
2	生物滞留设施	雨水花园	m²	439	结合景观在道路和铺装周边绿地内设置
3	传输型设施	传输型植草沟	m²	71	结合不透水下垫面和雨水花园位置
		生态滞留草沟	m²	38	
4	蓄水设施	雨水蓄水池	m³	300	场地西北角
5	雨水过滤设施	悬挂式雨水口	个	28	场地雨水口

26-3 海绵
设施布局图

2. 海绵设施计算

本项目主要海绵设施为雨水花园，各分区计算方法一致，以区块 6 为例，计算如下。

1）下垫面面积及雨量径流系数

区块 6 各下垫面面积以及雨量径流系数取值如表 26-4 所示。

表 26-4　区块 6 各下垫面面积及雨量径流系数表

区块编号	总面积/m²	下垫面类型	面积/m²	雨量径流系数
S6	717.0	硬化道路	229	0.85
		屋面	0.0	0.90
		硬质铺装	0.0	0.60
		绿地	303.2	0.15
		景观水体	0.0	1.00
		透水铺装场地	61.3	0.25
		透水铺装停车位	101.5	0.20
		雨水花园	22.0	0.15

2）单体设施计算

（1）需要调蓄雨水体积计算

综合雨量径流系数：

$$\psi = \frac{\sum S_i \psi_i}{S} \tag{26-1}$$

式中，S_i——不同类型用地面积，m^2；

　　　ψ——综合雨量径流系数，计算值为 0.39；

　　　ψ_i——雨量径流系数；

　　　S——汇水面积，hm^2。

代入数值得

$$\psi = \frac{\sum S_i \psi_i}{S}$$

$$= \frac{229 \times 0.85 + 303.2 \times 0.15 + 61.3 \times 0.25 + 101.5 \times 0.2 + 22 \times 0.15}{717.0}$$

$$\approx 0.39 \tag{26-2}$$

要调蓄雨水体积：

$$V = 10H\psi F \tag{26-3}$$

式中，H——设计降雨量，mm。设计中年径流系数总量控制率为 75% 时，该市对应降雨量
　　　24.1mm。

代入数值得

$$V = 10H\psi F = 10 \times 24.1 \times 0.39 \times 717/10000\,m^3 \approx 6.7\,m^3 \tag{26-4}$$

（2）雨水花园调蓄水量计算

雨水花园设计构造如下：

蓄水层厚度 0.2m；换填层 0.3m，孔隙率 0.15；粗砂层 0.1m，孔隙率 0.2；碎石层
0.2m，孔隙率 0.3。雨水花园的折减系数取 0.8。入渗量以 100mm/h（已考虑折减）计算，
降雨时间以 2h 计。由于雨水花园的径流系数以 0.15 考虑，故蓄水部分仅考虑蓄水层、碎石
层和降雨 2h 过程中的处理量。

单位面积雨水花园控制体积：

$$[(0.2 + 0.2 \times 0.3) \times 0.8 + 0.1 \times 2]\,m^3/m^2 = 0.408\,m^3/m^2 \tag{26-5}$$

雨水花园调蓄容积：

$$V = 22 \times 0.408\,m^3 \approx 9\,m^3 > 6.7\,m^3 \tag{26-6}$$

满足要求。

（3）控制降雨量

$$H = \frac{V}{\psi F} = \frac{9}{0.39 \times 717}\,m \approx 0.0322\,m = 32.2\,mm > 24.1\,mm \tag{26-7}$$

满足要求。

（4）雨水流量计算

设置海绵设施后，场地雨水管网与海绵设施溢流口衔接，雨水管网系统规格不考虑海绵
设施的影响。此部分主要对溢流口数量进行计算。

雨水流量：

$$Q = q\varphi F \tag{26-8}$$

式中,Q——雨水设计流量,L/s;

　　φ——流量径流系数;

　　q——设计暴雨强度,L/(s·hm^2)。

表 26-5 给出了不同类型下垫面面积及流量径流系数。

表 26-5　区块 S6 不同类型下垫面面积及流量径流系数表

区 块 编 号	总面积/m^2	下垫面类型	面积/m^2	流量径流系数
S6	717.0	硬化道路	229	0.90
		屋面	0.0	0.95
		硬质铺装	0.0	0.65
		绿地	303.2	0.15
		景观水体	0.0	1.00
		透水铺装场地	61.3	0.30
		透水铺装停车位	101.5	0.25
		雨水花园	22.0	0.15

综合流量径流系数为

$$\varphi = \frac{\sum S_i \varphi_i}{S}$$

$$= \frac{229 \times 0.90 + 303.2 \times 0.15 + 61.3 \times 0.3 + 101.5 \times 0.25 + 22 \times 0.15}{717}$$

$$\approx 0.42 \tag{26-9}$$

该市暴雨强度公式为

$$q = \frac{1310.144 \times (1 + 0.663 \lg P)}{(t + 3.929)^{0.624}} \tag{26-10}$$

式中,t——降雨历时,min,取 5min;

　　P——重现期,取 3 年。

计算得暴雨强度 $q = 439.9$L/(s·hm^2)。

雨水设计流量：

$$Q = q\varphi F = 439.9 \times 0.42 \times 717/10000 \text{L/s} \approx 13.2 \text{L/s} \tag{26-11}$$

选择单箅式雨水口作为溢流口,雨水箅子水头高度在 3~5cm 时,泄水能力如表 26-6 所示。

表 26-6　雨水口形式及泄水能力表

雨水口形式		泄水能力/(L/s)
平箅式雨水口	单箅	20
偏沟式雨水口	双箅	35
立箅式雨水口	多箅	15(每箅)
联合式雨水口	单箅	30
	双箅	50
	多箅	20(每箅)

单个溢流口流量 20L/s，需要设置 1 个溢流口。

3. 雨水蓄水池计算

汇水分区 S25 全为屋面，面积 13874.39m²，其雨水通过管道排至蓄水池储存，其他区块主要考虑绿色海绵设施达到控制目标。蓄水池计算如下：

需要调蓄雨水体积：

$$V = 10H\psi F^3 \tag{26-12}$$

式中，ψ——综合雨量径流系数，屋面取值为 0.90。

代入数值得：

$$V = 10H\psi F = 10 \times 24.1 \times 0.9 \times 13874.39/10000\text{m}^3 = 300.9\text{m}^3$$

则蓄水池有效容积取 300m³。

附   录

附录 A α_c 与 U_0 的对应关系

表 A-1 α_c 与 U_0 的对应关系

$U_0/\%$	$\alpha_c/10^{-2}$	$U_0/\%$	$\alpha_c/10^{-2}$
1.0	0.323	4.0	2.816
1.5	0.697	4.5	3.263
2.0	1.097	5.0	3.715
2.5	1.512	6.0	4.629
3.0	1.939	7.0	5.555
3.5	2.374	8.0	6.489

附录 B 给水管段设计秒流量计算

（1）给水管段设计秒流量计算（$U_0 = 1.0, 1.5, 2.0, 2.5$）应符合表 B-1 规定。

表 B-1 给水管段设计秒流量计算表（一）

U_0	1.0		1.5		2.0		2.5	
N_g	$U/\%$	$q/(L/s)$	$U/\%$	$q/(L/s)$	$U/\%$	$q/(L/s)$	$U/\%$	$q/(L/s)$
1	100.00	0.20	100.00	0.20	100.00	0.20	100.00	0.20
2	70.94	0.28	71.20	0.28	71.49	0.29	71.78	0.29
3	58.00	0.35	58.30	0.35	58.62	0.35	58.96	0.35
4	50.28	0.40	50.60	0.40	50.94	0.41	51.32	0.41
5	45.01	0.45	45.34	0.45	45.69	0.46	46.06	0.46
6	41.10	0.49	41.45	0.50	41.81	0.50	42.18	0.51
7	38.09	0.53	38.43	0.54	38.79	0.54	39.17	0.55
8	35.65	0.57	35.99	0.58	36.36	0.58	36.74	0.59
9	33.63	0.61	33.98	0.61	34.35	0.62	34.73	0.63
10	31.92	0.64	32.27	0.65	32.64	0.65	33.03	0.66
11	30.45	0.67	30.8	0.68	31.17	0.69	31.56	0.69
12	29.17	0.70	29.52	0.71	29.89	0.72	30.28	0.73
13	28.04	0.73	28.39	0.74	28.76	0.75	29.15	0.76
14	27.03	0.76	27.38	0.77	27.76	0.78	28.15	0.79
15	26.12	0.78	26.48	0.79	26.85	0.81	27.24	0.82
16	25.30	0.81	25.66	0.82	26.03	0.83	26.42	0.85
17	24.56	0.83	24.91	0.85	25.29	0.86	25.68	0.87
18	23.88	0.86	24.23	0.87	24.61	0.89	25.00	0.90
19	23.25	0.88	23.60	0.90	23.98	0.91	24.37	0.93
20	22.67	0.91	23.02	0.92	23.40	0.94	23.79	0.95
22	21.63	0.95	21.98	0.97	22.36	0.98	22.75	1.00
24	20.72	0.99	21.07	1.01	21.45	1.03	21.85	1.05
26	19.92	1.04	21.27	1.05	20.65	1.07	21.05	1.09
28	19.21	1.08	19.56	1.10	19.94	1.12	20.33	1.14
30	18.56	1.11	18.92	1.14	19.30	1.16	19.69	1.18
32	17.99	1.15	18.34	1.17	18.72	1.20	19.12	1.22
34	17.46	1.19	17.81	1.21	18.19	1.24	18.59	1.26
36	16.97	1.22	17.33	1.25	17.71	1.28	18.11	1.30
38	16.53	1.26	16.89	1.28	17.27	1.31	17.66	1.34
40	16.12	1.29	16.48	1.32	16.86	1.35	17.25	1.38
42	15.74	1.32	16.09	1.35	16.47	1.38	16.87	1.42
44	15.38	1.35	15.74	1.39	16.12	1.42	16.52	1.45
46	15.05	1.38	15.41	1.42	15.79	1.45	16.18	1.49
48	14.74	1.42	15.10	1.45	15.48	1.49	15.87	1.52
50	14.45	1.45	14.81	1.48	15.19	1.52	15.58	1.56
55	13.79	1.52	14.15	1.56	14.53	1.60	14.92	1.64

续表

U_0	1.0		1.5		2.0		2.5	
N_g	$U/\%$	$q/(L/s)$	$U/\%$	$q/(L/s)$	$U/\%$	$q/(L/s)$	$U/\%$	$q/(L/s)$
60	13.22	1.59	13.57	1.63	13.95	1.67	14.35	1.72
65	12.71	1.65	13.07	1.70	13.45	1.75	13.84	1.80
70	12.26	1.72	12.62	1.77	13.00	1.82	13.39	1.87
75	11.85	1.78	12.21	1.83	12.59	1.89	12.99	1.95
80	11.49	1.84	11.84	1.89	12.22	1.96	12.62	2.02
85	11.05	1.90	11.51	1.96	11.89	2.02	12.28	2.09
90	10.85	1.95	11.20	2.02	11.58	2.09	11.98	2.16
95	10.57	2.01	10.92	2.08	11.30	2.15	11.70	2.22
100	10.31	2.06	10.66	2.13	11.05	2.21	11.44	2.29
110	9.84	2.17	10.20	2.24	10.58	2.33	10.97	2.41
120	9.44	2.26	9.79	2.35	10.17	2.44	10.56	2.54
130	9.08	2.36	9.43	2.45	9.81	2.55	10.21	2.65
140	8.76	2.45	9.11	2.55	9.49	2.66	9.89	2.77
150	8.47	2.54	8.83	2.65	9.20	2.76	9.60	2.88
160	8.21	2.63	8.57	2.74	8.94	2.86	9.34	2.99
170	7.98	2.71	8.33	2.83	8.71	2.96	9.10	3.09
180	7.76	2.79	8.11	2.92	8.49	3.06	8.89	3.20
190	7.56	2.87	7.91	3.01	8.29	3.15	8.69	3.30
200	7.38	2.95	7.73	3.09	7.11	3.24	8.50	3.40
220	7.05	3.10	7.40	3.26	7.78	3.42	8.17	3.60
240	6.76	3.25	7.11	3.41	7.49	3.60	6.88	3.78
260	6.51	3.28	6.86	3.57	7.24	3.76	6.63	3.97
280	6.28	3.52	6.63	3.72	7.01	3.93	6.40	4.15
300	6.08	3.65	6.43	3.86	6.81	4.08	6.20	4.32
320	5.89	3.77	6.25	4.00	6.62	4.24	6.02	4.49
340	5.73	3.89	6.08	4.13	6.46	4.39	6.85	4.66
360	5.57	4.01	5.93	4.27	6.30	4.54	6.69	4.82
380	5.43	4.13	5.79	4.40	6.16	4.68	6.55	4.98
400	5.30	4.24	5.66	4.52	6.03	4.83	6.42	5.14
420	5.18	4.35	5.54	4.65	5.91	4.96	6.30	5.29
440	5.07	4.46	5.42	4.77	5.80	5.10	6.19	5.45
460	4.97	4.57	5.32	4.89	5.69	5.24	6.08	5.60
480	4.87	4.67	5.22	5.01	5.59	5.37	5.98	5.75
500	4.78	4.78	5.13	5.13	5.50	5.50	5.89	5.89
550	4.57	5.02	4.92	5.41	5.29	5.82	5.68	6.25
600	4.39	5.26	4.74	5.68	5.11	6.13	5.50	6.60
650	4.23	5.49	4.58	5.95	4.95	6.43	5.34	6.94
700	4.08	5.72	4.43	6.20	4.81	6.73	5.19	7.27
750	3.95	5.93	4.30	6.46	4.68	7.02	5.07	7.60
800	3.84	6.14	4.19	6.70	4.56	7.30	4.95	7.92
850	3.73	6.34	4.08	6.94	4.45	7.57	4.84	8.23
900	3.64	6.54	3.98	7.17	4.36	7.84	4.75	8.54

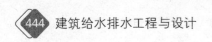

续表

U_0	1.0		1.5		2.0		2.5	
N_g	U/%	q/(L/s)	U/%	q/(L/s)	U/%	q/(L/s)	U/%	q/(L/s)
950	3.55	6.74	3.90	7.40	4.27	8.11	4.66	8.85
1000	3.46	6.93	3.81	7.63	4.19	8.37	4.57	9.15
1100	3.32	7.30	3.66	8.06	4.04	8.88	4.42	9.73
1200	3.09	7.65	3.54	8.49	3.91	9.38	4.29	10.31
1300	3.07	7.99	3.42	8.90	3.79	9.86	4.18	10.87
1400	2.97	8.33	3.32	9.30	3.69	10.34	4.08	11.42
1500	2.88	8.65	3.23	9.69	3.60	10.80	3.99	11.96
1600	2.80	8.96	3.15	10.07	3.52	11.26	3.90	12.49
1700	2.73	9.27	3.07	10.45	3.44	11.71	3.83	13.02
1800	2.66	9.57	3.00	10.81	3.37	12.15	3.76	13.53
1900	2.59	9.86	2.94	11.17	3.31	12.58	3.70	14.04
2000	2.54	10.14	2.88	11.53	3.25	13.01	3.64	14.55
2200	2.43	10.70	2.78	12.22	3.15	13.85	3.53	15.54
2400	2.34	11.23	2.69	12.89	3.06	14.67	3.44	16.51
2600	2.26	11.75	2.61	13.55	2.97	15.47	3.36	17.46
2800	2.19	12.26	2.53	14.19	2.90	16.25	3.29	18.40
3000	2.12	12.75	2.47	14.81	2.84	17.03	3.22	19.33
3200	2.07	13.22	2.41	15.43	2.73	17.79	3.16	20.24
3400	2.01	13.69	2.36	16.03	2.73	18.54	3.11	21.14
3600	1.96	14.15	2.13	16.62	2.68	19.27	3.06	22.03
3800	1.92	14.59	2.26	17.21	2.63	20.00	3.01	22.91
4000	1.88	15.03	2.22	17.78	2.59	20.72	2.97	23.78
4200	1.84	15.46	2.18	18.35	2.55	21.43	2.93	24.64
4400	1.80	15.88	2.15	18.91	2.52	22.14	2.90	25.50
4600	1.77	16.30	2.12	19.46	2.48	22.84	2.86	26.35
4800	1.74	16.71	2.08	20.00	2.45	13.53	2.83	27.19
5000	1.71	17.11	2.05	20.54	2.42	24.21	2.80	28.03
5500	1.65	18.10	1.99	21.87	2.35	25.90	2.74	30.09
6000	1.59	19.05	1.93	23.16	2.30	27.55	2.68	32.12
6500	1.54	19.97	1.88	24.43	2.24	29.18	2.63	34.13
7000	1.49	20.88	1.83	25.67	2.20	30.78	2.58	36.11
7500	1.45	21.76	1.79	26.88	2.16	32.36	2.54	38.06
8000	1.41	22.62	1.76	28.08	2.12	33.92	2.50	40.00
8500	1.38	23.46	1.72	29.26	2.09	35.47	—	—
9000	1.35	24.29	1.69	30.43	2.06	36.00	—	—
9500	1.32	25.1	1.66	31.58	2.03	38.50	—	—
10000	1.29	25.9	1.64	32.72	2.00	40.00	—	—
11000	1.25	27.46	1.59	34.95	—	—	—	—
12000	1.21	28.97	1.55	37.14	—	—	—	—
13000	1.17	30.45	1.51	39.29	—	—	—	—
14000	1.14	31.89	$N_g=13333$		—	—	—	—
15000	1.11	33.31	$U=1.5\%$		—	—	—	—
16000	1.08	34.69	$q=40$		—	—	—	—

续表

U_0	1.0		1.5		2.0		2.5	
N_g	U/%	q/(L/s)	U/%	q/(L/s)	U/%	q/(L/s)	U/%	q/(L/s)
17000	1.06	36.05	—	—	—	—	—	—
18000	1.04	37.39	—	—	—	—	—	—
19000	1.02	38.70	—	—	—	—	—	—
20000	1.00	40.00	—	—	—	—	—	—

（2）给水管段设计秒流量计算（U_0＝3.0,3.5,4.0,4.5）应符合表 B-2 的规定。

表 B-2　给水管段设计秒流量计算表（二）

U_0/%	3.0		3.5		4.0		4.5	
N_g	U	q	U	q	U	q	U	q
1	100.00	0.20	100.00	0.20	100.00	0.20	100.00	0.20
2	72.08	0.29	72.39	0.29	72.70	0.29	73.02	0.29
3	59.31	0.36	59.66	0.36	60.02	0.36	60.38	0.36
4	51.66	0.41	52.03	0.42	52.41	0.42	52.80	0.42
5	46.43	0.46	46.82	0.47	47.21	0.47	47.60	0.48
6	42.57	0.51	42.96	0.52	43.35	0.52	43.76	0.53
7	39.56	0.55	39.96	0.56	40.36	0.57	40.76	0.57
8	37.13	0.59	37.53	0.60	37.94	0.61	38.35	0.61
9	35.12	0.63	35.53	0.64	35.93	0.65	36.35	0.65
10	33.42	0.67	33.83	0.68	34.24	0.68	34.65	0.69
11	31.96	0.70	32.36	0.71	32.77	0.72	33.19	0.73
12	30.68	0.74	31.09	0.75	31.50	0.76	31.92	0.77
13	29.55	0.77	29.96	0.78	30.37	0.79	30.79	0.80
14	28.55	0.80	28.96	0.81	29.37	0.82	29.79	0.83
15	27.64	0.83	28.05	0.84	28.47	0.85	28.89	0.87
16	26.83	0.86	27.24	0.87	27.65	0.88	28.08	0.90
17	26.08	0.89	26.49	0.90	26.91	0.91	27.33	0.93
18	25.4	0.91	25.81	0.93	26.23	0.94	26.65	0.96
19	24.77	0.94	25.19	0.96	25.60	0.97	26.03	0.99
20	24.2	0.97	24.61	0.98	25.03	1.00	25.45	1.02
22	23.16	1.02	23.57	1.04	23.99	1.06	24.41	1.07
24	22.25	1.07	22.66	1.09	23.08	1.11	23.51	1.13
26	21.45	1.12	21.87	1.14	22.29	1.16	22.71	1.18
28	20.74	1.16	21.15	1.18	21.57	1.21	22.00	1.23
30	20.10	1.21	20.51	1.23	20.93	1.26	21.36	1.28
32	19.52	1.25	19.94	1.28	20.36	1.30	20.78	1.33
34	18.99	1.29	19.41	1.32	19.83	1.35	20.25	1.38
36	18.51	1.33	18.93	1.36	19.35	1.39	19.77	1.42
38	18.07	1.37	18.48	1.40	18.90	1.44	19.33	1.47
40	17.66	1.41	18.07	1.45	18.49	1.48	18.92	1.51

$U_0/\%$	3.0		3.5		4.0		4.5	
N_g	U	q	U	q	U	q	U	q
42	17.28	1.45	17.69	1.49	18.11	1.52	18.54	1.56
44	16.92	1.49	17.34	1.53	17.76	1.56	18.18	1.60
46	16.59	1.53	17.00	1.56	17.43	1.60	17.85	1.64
48	16.28	1.56	16.69	1.60	17.11	1.54	17.54	1.68
50	15.99	1.60	16.40	1.64	16.82	1.68	17.25	1.73
55	15.33	1.69	15.74	1.73	16.17	1.78	16.59	1.82
60	14.76	1.77	15.17	1.82	15.59	1.87	16.02	1.92
65	14.25	1.85	14.66	1.91	15.08	1.96	15.51	2.02
70	13.80	1.93	14.21	1.99	14.63	2.05	15.06	2.11
75	13.39	2.01	13.81	2.07	14.23	2.13	14.65	2.20
80	13.02	2.08	13.44	2.15	13.86	2.22	14.28	2.29
85	12.69	2.16	13.10	2.23	13.52	2.30	13.95	2.37
90	12.38	2.23	12.80	2.30	13.22	2.38	13.64	2.46
95	12.10	2.30	12.52	2.38	12.94	2.46	13.36	2.54
100	11.84	2.37	12.26	2.45	12.68	2.54	13.10	2.62
110	11.38	2.50	11.79	2.59	12.21	2.69	12.63	2.78
120	10.97	2.63	11.38	2.73	11.80	2.83	12.23	2.93
130	10.61	2.76	11.02	2.87	11.44	2.98	11.87	3.09
140	10.29	2.88	10.70	3.00	11.12	3.11	11.55	3.23
150	10.00	3.00	10.42	3.12	10.83	3.25	11.26	3.38
160	9.74	3.12	10.16	3.25	10.57	3.38	11.00	3.52
170	9.51	3.23	9.92	3.37	10.34	3.51	10.76	3.66
180	9.29	3.34	9.70	3.49	10.12	3.64	10.54	3.80
190	9.09	3.45	9.50	3.61	9.92	3.77	10.34	3.93
200	8.91	3.56	9.32	3.73	9.74	3.89	10.16	4.06
220	8.57	3.77	8.99	3.95	9.40	4.14	9.83	4.32
240	8.29	3.98	8.70	4.17	9.12	4.38	9.54	4.58
260	8.03	4.18	8.44	4.39	8.86	4.61	9.28	4.83
280	7.81	4.37	8.22	4.60	8.63	4.83	9.06	5.07
300	7.60	4.56	8.01	4.81	8.43	5.06	8.85	5.31
320	7.42	4.75	7.83	5.02	8.24	5.28	8.67	5.55
340	7.25	4.93	7.66	5.21	8.08	5.49	8.50	5.78
360	7.10	5.11	7.51	5.40	7.92	5.70	8.34	6.01
380	6.95	5.29	7.36	5.60	7.78	5.91	8.20	6.23

附录 C 给水钢管（水煤气管）水力计算表

表 C-1 给水钢管（水煤气管）水力计算表

q_g/(L/s)	DN15 v/(m/s)	DN15 i/(kPa/m)	DN20 v/(m/s)	DN20 i/(kPa/m)	DN25 v/(m/s)	DN25 i/(kPa/m)	DN32 v/(m/s)	DN32 i/(kPa/m)	DN40 v/(m/s)	DN40 i/(kPa/m)	DN50 v/(m/s)	DN50 i/(kPa/m)	DN70 v/(m/s)	DN70 i/(kPa/m)	DN80 v/(m/s)	DN80 i/(kPa/m)	DN100 v/(m/s)	DN100 i/(kPa/m)
0.05	0.29	0.284																
0.07	0.41	0.518	0.22	0.111														
0.10	0.58	0.985	0.31	0.208														
0.12	0.70	1.37	0.37	0.288	0.23	0.086												
0.14	0.82	1.82	0.43	0.38	0.26	0.113												
0.16	0.94	2.34	0.50	0.485	0.30	0.143												
0.18	1.05	2.91	0.56	0.601	0.34	0.176												
0.20	1.17	3.54	0.62	0.727	0.38	0.213	0.21	0.052										
0.25	1.46	5.51	0.78	1.09	0.47	0.318	0.26	0.077	0.20	0.039								
0.30	1.76	7.93	0.93	1.53	0.56	0.442	0.32	0.107	0.24	0.054								
0.35			1.09	2.04	0.66	0.586	0.37	0.141	0.28	0.080								
0.40			1.24	2.63	0.75	0.748	0.42	0.179	0.32	0.089								
0.45			1.40	3.33	0.85	0.932	0.47	0.221	0.36	0.111	0.21	0.0312						
0.50			1.55	4.11	0.94	1.13	0.53	0.267	0.40	0.134	0.23	0.0374						
0.55			1.71	4.97	1.04	1.35	0.58	0.318	0.44	0.159	0.26	0.0444						
0.60			1.86	5.91	1.13	1.59	0.63	0.373	0.48	0.184	0.28	0.0516						
0.65			2.02	6.94	1.22	1.85	0.68	0.431	0.52	0.215	0.31	0.0597						
0.70					1.32	2.14	0.74	0.495	0.56	0.246	0.33	0.0683	0.20	0.020				
0.75					1.41	2.46	0.79	0.562	0.60	0.283	0.35	0.0770	0.21	0.023				

续表

q_g/(L/s)	DN15 v/(m/s)	DN15 i/(kPa/m)	DN20 v/(m/s)	DN20 i/(kPa/m)	DN25 v/(m/s)	DN25 i/(kPa/m)	DN32 v/(m/s)	DN32 i/(kPa/m)	DN40 v/(m/s)	DN40 i/(kPa/m)	DN50 v/(m/s)	DN50 i/(kPa/m)	DN70 v/(m/s)	DN70 i/(kPa/m)	DN80 v/(m/s)	DN80 i/(kPa/m)	DN100 v/(m/s)	DN100 i/(kPa/m)
0.80					1.51	2.79	0.84	0.632	0.64	0.314	0.38	0.0852	0.23	0.025				
0.85					1.60	3.16	0.90	0.707	0.68	0.351	0.40	0.0963	0.24	0.028				
0.90					1.69	3.54	0.95	0.787	0.72	0.390	0.42	0.107	0.25	0.0311				
0.95					1.79	3.94	1.00	0.869	0.76	0.431	0.45	0.118	0.27	0.0342				
1.00					1.88	4.37	1.05	0.957	0.80	0.473	0.47	0.129	0.28	0.0376	0.20	0.0164		
1.10					2.07	5.28	1.16	1.14	0.87	0.564	0.52	0.153	0.31	0.0444	0.22	0.0195		
1.20							1.27	1.35	0.95	0.663	0.56	0.18	0.34	0.0518	0.24	0.0227		
1.30							1.37	1.59	1.03	0.769	0.61	0.208	0.37	0.0599	0.26	0.0261		
1.40							1.48	1.84	1.11	0.884	0.66	0.237	0.40	0.0683	0.28	0.0297		
1.50							1.58	2.11	1.19	1.01	0.71	0.27	0.42	0.0772	0.30	0.0336		
1.60							1.69	2.40	1.27	1.14	0.75	0.304	0.45	0.0870	0.32	0.0376		
1.70							1.79	2.71	1.35	1.29	0.80	0.340	0.48	0.0969	0.34	0.0419		
1.80							1.90	3.04	1.43	1.44	0.85	0.378	0.51	0.107	0.36	0.0466		
1.90							2.00	3.39	1.51	1.61	0.89	0.418	0.54	0.119	0.38	0.0513		
2.0									1.59	1.78	0.94	0.460	0.57	0.13	0.40	0.0562	0.23	0.0147
2.2									1.75	2.16	1.04	0.549	0.62	0.155	0.44	0.0666	0.25	0.0172
2.4									1.91	2.56	1.13	0.645	0.68	0.182	0.48	0.0779	0.28	0.0200
2.6									2.07	3.01	1.22	0.749	0.74	0.21	0.52	0.0903	0.30	0.0231
2.8											1.32	0.869	0.79	0.241	0.56	0.103	0.32	0.0263
3.0											1.41	0.998	0.85	0.274	0.60	0.117	0.35	0.0298
3.5											1.65	1.36	0.99	0.365	0.70	0.155	0.40	0.0393
4.0											1.88	1.77	1.13	0.468	0.81	0.198	0.46	0.0501
4.5											2.12	2.24	1.28	0.586	0.91	0.246	0.52	0.0620

续表

$q_g/$ (L/s)	DN15 $v/$ (m/s)	DN15 $i/$ (kPa/m)	DN20 $v/$ (m/s)	DN20 $i/$ (kPa/m)	DN25 $v/$ (m/s)	DN25 $i/$ (kPa/m)	DN32 $v/$ (m/s)	DN32 $i/$ (kPa/m)	DN40 $v/$ (m/s)	DN40 $i/$ (kPa/m)	DN50 $v/$ (m/s)	DN50 $i/$ (kPa/m)	DN70 $v/$ (m/s)	DN70 $i/$ (kPa/m)	DN80 $v/$ (m/s)	DN80 $i/$ (kPa/m)	DN100 $v/$ (m/s)	DN100 $i/$ (kPa/m)
5.0											2.35	2.77	1.42	0.723	1.01	0.30	0.58	0.0749
5.5											2.59	3.35	1.56	0.875	1.11	0.358	0.63	0.0892
6.0													1.70	1.04	1.21	0.421	0.69	0.105
6.5													1.84	1.22	1.31	0.494	0.75	0.121
7.0													1.99	1.42	1.41	0.573	0.81	0.139
7.5													2.13	1.63	1.51	0.657	0.87	0.158
8.0													2.27	1.85	1.61	0.748	0.92	0.178
8.5													2.41	2.09	1.71	0.844	0.98	0.199
9.0													2.55	2.34	1.81	0.946	1.04	0.221
9.5															1.91	1.05	1.10	0.245
10.0															2.01	1.17	1.15	0.269
10.5															2.11	1.29	1.21	0.295
11.0															2.21	1.41	1.27	0.324
11.5															2.32	1.55	1.33	0.354
12.0															2.42	1.68	1.39	0.385
12.5															2.52	1.83	1.44	0.418
13.0																	1.50	0.452
14.0																	1.62	0.524
15.0																	1.73	0.602
16.0																	1.85	0.685
17.0																	1.96	0.773
20.0																	2.31	1.07

附录 D　给水铸铁管水力计算表

表 D-1　给水铸铁管水力计算表

$q_g/$ (L/s)	DN50		DN75		DN100		DN150	
	$v/$ (m/s)	$i/$ (kPa/m)	$v/$ (m/s)	$i/$ (kPa/m)	$v/$ (m/s)	$i/$ (kPa/m)	$v/$ (m/s)	$i/$ (kPa/m)
1.0	0.53	0.173	0.23	0.0231				
1.2	0.64	0.241	0.28	0.0320				
1.4	0.74	0.320	0.33	0.0422				
1.6	0.85	0.409	0.37	0.0534				
1.8	0.95	0.508	0.42	0.0659				
2.0	1.06	0.619	0.46	0.0798				
2.5	1.33	0.949	0.58	0.119	0.32	0.0288		
3.0	1.59	1.37	0.70	0.167	0.39	0.0398		
3.5	1.86	1.86	0.81	0.222	0.45	0.0526		
4.0	2.12	2.43	0.93	0.284	0.52	0.0669		
4.5			1.05	0.353	0.58	0.0829		
5.0			1.16	0.430	0.65	0.100		
5.5			1.28	0.517	0.72	0.120		
6.0			1.39	0.615	0.78	0.140		
7.0			1.63	0.837	0.91	0.186	0.40	0.0246
8.0			1.86	1.09	1.04	0.239	0.46	0.0314
9.0			2.09	1.38	1.17	0.299	0.52	0.0391
10.0					1.30	0.365	0.57	0.0469
11					1.43	0.442	0.63	0.0559
12					1.56	0.526	0.69	0.0655
13					1.69	0.617	0.75	0.0760
14					1.82	0.716	0.80	0.0871
15					1.95	0.822	0.86	0.0988
16					2.08	0.935	0.92	0.111
17							0.97	0.125
18							1.03	0.139
19							1.09	0.153
20							1.15	0.169
22							1.26	0.202
24							1.38	0.241
26							1.49	0.283
28							1.61	0.328
30							1.72	0.377

注：DN150mm 以上的给水管道水力计算，可参见《给水排水设计手册》第 1 册。

表 E-1 给水塑料管水力计算表

q_g/(L/s)	DN15		DN20		DN25		DN32		DN40		DN50		DN70		DN80		DN100	
	v/(m/s)	i/(kPa/m)	v/(m/s)	i/(kPa/m)	v/(m/s)	i/(kPa/m)	v/(m/s)	i/(kPa/m)	v/(m/s)	i/(kPa/m)	v/(m/s)	i/(kPa/m)	v/(m/s)	i/(kPa/m)	v/(m/s)	i/(kPa/m)	v/(m/s)	i/(kPa/m)
0.10	0.50	0.275	0.26	0.060														
0.15	0.75	0.564	0.39	0.123	0.23	0.033												
0.20	0.99	0.940	0.53	0.206	0.30	0.055	0.20	0.02										
0.30	1.49	1.93	0.79	0.422	0.45	0.113	0.29	0.040	0.24	0.021								
0.40	1.99	3.21	1.05	0.703	0.61	0.188	0.39	0.067	0.30	0.031								
0.50	2.49	4.77	1.32	1.04	0.76	0.279	0.49	0.099	0.36	0.043								
0.60	2.98	6.60	1.58	1.44	0.91	0.386	0.59	0.137	0.42	0.056	0.23	0.014						
0.70			1.84	1.90	1.06	0.507	0.69	0.181	0.48	0.071	0.27	0.019						
0.80			2.10	2.40	1.21	0.643	0.79	0.229	0.54	0.088	0.30	0.023						
0.90			2.37	2.96	1.36	0.792	0.88	0.282	0.60	0.106	0.34	0.029						
1.00					1.51	0.955	0.98	0.340	0.90	0.217	0.38	0.035	0.23	0.018				
1.50					2.27	1.96	1.47	0.698	1.20	0.361	0.57	0.072	0.25	0.014	0.27	0.012		
2.00							1.96	1.160	1.50	0.536	0.76	0.119	0.39	0.029	0.36	0.020	0.24	0.008
2.50							2.46	1.730	1.81	0.741	0.95	0.517	0.52	0.049	0.45	0.030	0.30	0.011
3.00									2.11	0.974	1.14	0.245	0.65	0.072	0.54	0.042	0.36	0.016
3.50									2.41	0.123	1.33	0.322	0.78	0.099	0.63	0.055	0.42	0.021
4.00									2.71	0.152	1.51	0.408	0.91	0.131	0.72	0.069	0.48	0.026
4.50											1.70	0.503	1.04	0.166	0.81	0.086	0.54	0.032
5.00											1.89	0.606	1.17	0.205	0.90	0.104	0.60	0.039
5.50											2.08	0.718	1.30	0.247	0.99	0.123	0.66	0.046
6.00											2.27	0.838	1.43	0.293	1.08	0.431	0.72	0.052
6.50													1.56	0.342	1.17	0.165	0.78	0.062
7.00													1.69	0.394	1.26	0.188	0.84	0.071
7.50													1.82	0.445	1.35	0.213	0.90	0.080
8.00													1.95	0.507	1.44	0.238	0.96	0.090
8.50													2.08	0.569	1.53	0.265	1.02	0.102
9.00													2.21	0.632	1.62	0.294	1.08	0.111
9.50													2.34	0.701	1.71	0.323	1.14	0.121
10.00													2.47	0.772	1.80	0.354	1.20	0.134

附录 F 阀门和螺纹管件的摩阻损失的当量长度

表 F-1 阀门和螺纹管件的摩阻损失的当量长度   m

管件内径/ mm	各种管件的折算管道长度						
	90°标准 弯头	45°标准 弯头	标准三通 90°转角流	三通直向流	闸板阀	球阀	角阀
9.5	0.3	0.2	0.5	0.1	0.1	2.4	1.2
12.7	0.6	0.4	0.9	0.2	0.1	4.6	2.4
19.1	0.8	0.5	1.2	0.2	0.2	6.1	3.6
25.4	0.9	0.5	1.5	0.3	0.2	7.6	4.6
31.8	1.2	0.7	1.8	0.4	0.2	10.6	5.5
38.1	1.5	0.9	2.1	0.5	0.3	13.7	6.7
50.8	2.1	1.2	3	0.6	0.4	16.7	8.5
63.5	2.4	1.5	3.6	0.8	0.5	19.8	10.3
76.2	3	1.8	4.6	0.9	0.6	24.3	12.2
101.6	4.3	2.4	6.4	1.2	0.8	38	16.7
127	5.2	3	7.6	1.5	1	42.6	21.3
152.4	6.1	3.6	9.1	1.8	1.2	50.2	24.3

注：本表的螺纹接口是指管件无凹口的螺纹,即管件与管道在连接点内径有突变,管件内径大于管道内径。当管件为凹口螺纹,或管件与管道为等径焊接时,其折算补偿长度取表值的 1/2。

附录 G 低层建筑消防立管流量分配

表 G-1 低层建筑消防立管流量分配

建筑物名称	高度、层数、体积或座位数	消火栓用水量/(L/s)	同时使用水枪数量/支	每支水枪最小水量/(L/s)	每根竖管最小流量/(L/s)
科研楼、试验楼	高度≤24m,体积≤10000m³	10	2	5	10
	高度≤24m,体积>10000m³	15	3	5	10
厂房	高度≤24m,体积≤10000m³	5	2	2.5	5
	高度≤24m,体积>10000m³	10	2	5	10
	高度24~50m(不含24m)	25	5	5	15
	高度>50m	30	6	5	15
库房	高度≤24m,体积≤5000m³	5	1	5	5
	高度≤24m,体积>5000m³	10	2	5	10
	高度24~50m(不含24m)	30	6	5	15
	高度>50m	40	8	5	15
车站、码头、展览馆等	体积5001~25000m³	10	2	5	10
	体积25001~50000m³	15	3	5	10
	体积>50000m³	20	4	5	15
商店、病房楼、教学楼等	体积5001~10000m³	5	2	2.5	5
	体积10001~25000m³	10	2	5	10
	体积>25000m³	15	3	5	10
剧院、电影院、俱乐部、礼堂、体育馆等	座位数801~1200个	10	2	5	10
	座位数1201~5000个	15	3	5	10
	座位数5001~10000个	20	4	5	15
	座位数>10000个	30	6	5	15
住宅	7~9层	5	2	2.5	5
其他民用住宅	≥6层或体积≥10000m³	15	3	5	5
国家级文物保护单位的重点砖木、木结构的古建筑	体积≤10000m³	20	4	5	10
	体积>10000m³	25	5	5	15

附录 H 火灾延续时间 T_x 值

表 H-1 火灾延续时间 T_x 值

建筑			场所与火灾危险性	火灾延续时间 T_x/h
建筑物	工业建筑	仓库	甲、乙、丙类仓库	3.0
			丁、戊类仓库	2.0
		厂房	甲、乙、丙类厂房	3.0
			丁、戊类厂房	2.0
	民用建筑	公共建筑	高层建筑中的商业楼、展览楼、综合楼,建筑高度大于 50m 的财贸金融楼、图书馆、书库、重要的档案楼、科研楼和高级宾馆	3.0
			其他公共建筑	2.0
		住宅	—	
	人防工程		建筑面积小于 3000m²	1.0
			建筑面积大于等于 3000m²	2.0
	地铁车站			
建筑物	煤、天然气、石油及其产品的工艺装置		—	3.0
	甲、乙、丙类可燃液体储罐		直径大于 20m 的固定顶罐和直径大于 20m 的浮盘用易熔材料制作的内浮顶罐	6.0
			其他储罐	4.0
			覆土油罐	
	液化烃储罐,沸点低于 45℃的甲类液体、液氨储罐			6.0
	空分站,可燃液体、液化烃的火车和汽车装卸栈台			3.0
	变电站		—	2.0
	装卸油品码头		甲、乙类可燃液体 乙、油品一级码头	6.0
			甲、乙类可燃液体 乙、油品二、三级码头 丙类可燃液体油品码头	4.0
			海港油品码头	6.0
			河港油品码头	4.0
			码头装卸区	2.0
	装卸液化石油气船码头		—	6.0
	液化石油加气站		地上储气罐加气站	3.0
			埋地储气罐加气站	1.0
			加油和液化石油气加气合建站	
	易燃、可燃材料露天、半露天堆场,可燃气体罐区		粮食土圆囤、席穴囤	6.0
			棉、麻、毛、化纤百货	
			稻草、麦秸、芦苇等	
			木材等	
			露天或半露天堆放煤和焦炭	3.0
			可燃气体储罐	

附录 I 喷头布置在不同场所时的布置要求

表 I-1 喷头布置在不同场所时的布置要求

喷头布置场所	布 置 要 求
除吊顶型喷头外,喷头与吊顶、模板间距	不宜小于 7.5cm,不宜大于 15cm
喷头布置在坡屋顶或吊顶下面	喷头应垂直于其斜面,间距按水平投影确定。但当屋面坡大于 1∶3,而且在距屋脊 75cm 范围内无喷头时,应在屋脊处增设一排喷头
喷头布置在梁、柱附近	对有过梁的屋顶或吊顶,喷头一般沿梁跨度方向布置在两梁之间。梁距大时,可布置成两排。当喷头与梁边的距离为 20～180cm 时,喷头溅水盘与梁底距离对直立型喷头为 1.7～34cm,下垂型喷头为 4～46cm(尽量减小梁对喷头喷洒面积的阻挡)
喷头布置在门窗口处	喷头距洞口上表面的距离不大于 15cm,距墙面的距离宜为 7.5～15cm
在输送可燃物的管道内布置喷头时	沿管道全长间距不大于 3m 均匀布置
输送易燃而有爆炸危险的管道	喷头应布置在该种管道外部的上方
生产设备上方布置喷头	当生产设备并列或重叠而出现隐蔽空间时,当其宽度大于 1m 时,应在隐蔽空间增设喷头
仓库中布置喷头	喷头溅水盘距下方可燃物品堆垛不应小于 90cm,距难燃物品堆垛不应小于 45cm 在可燃物品或难燃物品堆垛之间应设一排喷头,且堆垛边与喷头的垂线水平距离不应小于 30cm
货架高度大于 7m 的自动控制货架库房内布置喷头时	屋顶下面喷头间距不应大于 2m 货架内应分层布置喷头,分层垂直高度,当储存可燃物品时不大于 4m,当储存难燃物品时不小于 6m
舞台部位喷头布置	此束喷头上应设集热板 舞台葡萄架下应采用雨淋喷头 葡萄棚以上为钢屋架时,应在屋面板下布置闭式喷头 舞台口和舞台与侧台、后台的隔墙上洞口处应设水幕系统
大型体育馆、剧院、食堂等净空高度大于 8m 时	吊顶或顶板下可不设喷头
闷顶或技术夹层净高大于 80cm,且有可燃气体管道、电缆电线等	其内应设喷头
装有自动喷水灭火系统的建筑物、构筑物,与其相连的专用铁路线月台、通廊	应布置喷头

喷头布置场所	布置要求
装有自动喷水灭火系统的建筑物、构筑物内；宽度大于 80cm 挑廊下；宽度大于 80cm 矩形风道或 D 大于 1m 圆形风道下面	应布置喷头
自动扶梯或螺旋梯穿楼板部位	应设喷头或采用水幕分隔
吊顶、屋面板、楼板下安装边墙喷头时	要求在其两侧 1m 和墙面垂直方向 2m 范围内不应设有障碍物 喷头与吊顶、楼板、屋面板的距离应为 10～15cm。距边墙距离应为 5～10cm
沿墙布置边墙型喷头	沿墙布置为中危险级时，每个喷头最大保护面积为 $8m^2$；轻危险级为 $14m^2$；中危险级时喷头最大间距为 3.6m；轻危险级为 4.6m。房间宽度大于等于 3.6m 时，可沿房间长向布置一排喷头；房间宽度为 3.6～7.2m 时应沿房间长向的两侧各布置一排喷头；宽度大于 7.2m 房间除两侧各布置一排边墙型喷头外，还应按配水支管的喷头间距要求布置标准喷头

附录 J 一个报警阀控制的最多喷头数

表 J-1 一个报警阀控制的最多喷头数

系 统 类 型		危 险 等 级		
		轻 危 险 级	中 危 险 级	严 重 危 险 级
充水式喷水灭火系统		500	800	800
充气式喷水灭火系统	有排气装置	250	500	500
	无排气装置	125	250	—

附录 K 建筑内部排水塑料管水力计算表($n=0.009$)

表 K-1 排水塑料管水力计算表($n=0.009$)

（单位：d_e：mm；v：m/s；Q：L/s）

| 坡度 | h/D=0.5 | | | | | | | | | | h/D=0.6 | | | |
| | $d_e=50$ | | $d_e=75$ | | $d_e=90$ | | $d_e=110$ | | $d_e=125$ | | $d_e=160$ | | $d_e=200$ | |
	v	Q	v	Q	v	Q	v	Q	v	Q	v	Q	v	Q
0.003											0.74	8.38	0.86	15.24
0.0035									0.63	3.48	0.80	9.05	0.93	16.46
0.004							0.62	2.59	0.67	3.72	0.85	9.68	0.99	17.60
0.005					0.60	1.64	0.69	2.90	0.75	4.16	0.95	10.82	1.11	19.67
0.006					0.65	1.79	0.75	3.18	0.82	4.55	1.04	11.85	1.21	21.55
0.007			0.63	1.22	0.71	1.94	0.81	3.43	0.89	4.92	1.13	12.80	1.31	23.28
0.008			0.67	1.31	0.75	2.07	0.87	3.67	0.95	5.26	1.20	13.69	1.40	24.89
0.009			0.71	1.39	0.80	2.20	0.92	3.89	1.01	5.58	1.28	14.52	1.48	26.40
0.01			0.75	1.46	0.84	2.31	0.97	4.10	1.06	5.88	1.35	15.30	1.56	27.82
0.011			0.79	1.53	0.88	2.43	1.02	4.30	1.12	6.17	1.41	16.05	1.64	29.18
0.012	0.62	0.52	0.82	1.60	0.92	2.53	1.07	4.49	1.17	6.44	1.48	16.76	1.71	30.48
0.015	0.69	0.58	0.92	1.79	1.03	2.83	1.19	5.02	1.30	7.20	1.65	18.74	1.92	34.08
0.02	0.80	0.67	1.06	2.07	1.19	3.27	1.38	5.80	1.51	8.31	1.90	21.64	2.21	39.35
0.025	0.90	0.74	1.19	2.31	1.33	3.66	1.54	6.48	1.68	9.30	2.13	24.19	2.47	43.99
0.026	0.91	0.76	1.21	2.36	1.36	3.73	1.57	6.61	1.72	9.48	2.17	24.67	2.52	44.86
0.03	0.98	0.81	1.30	2.53	1.46	4.01	1.68	7.10	1.84	10.18	2.33	26.50	2.71	48.19
0.035	1.06	0.88	1.41	2.74	1.58	4.33	1.82	7.67	1.99	11.00	2.52	28.63	2.93	52.05
0.04	1.13	0.94	1.50	2.93	1.69	4.63	1.95	8.20	2.13	11.76	2.69	30.60	3.13	55.65
0.045	1.20	1.00	1.59	3.10	1.79	4.91	2.06	8.70	2.26	12.47	2.86	32.46	3.32	59.02
0.05	1.27	1.05	1.68	3.27	1.89	5.17	2.17	9.17	2.38	13.15	3.01	34.22	3.50	62.21
0.06	1.39	1.15	1.84	3.58	2.07	5.67	2.38	10.04	2.61	14.40	3.30	37.48	3.83	68.15
0.07	1.50	1.24	1.99	3.87	2.23	6.12	2.57	10.85	2.82	15.56	3.56	40.49	4.14	73.61
0.08	1.60	1.33	2.13	4.14	2.38	6.54	2.75	11.60	3.01	16.63	3.81	43.28	4.42	78.70

附录 L 建筑内部排水铸铁管水力计算表($n=0.013$)

表 L-1 建筑内部排水铸铁管水力计算表($n=0.013$)

(单位：d_e：mm；v：m/s；Q：L/s)

坡度	$h/d_e=0.5$								$h/d_e=0.6$			
	$d_e=50$		$d_e=75$		$d_e=100$		$d_e=125$		$d_e=150$		$d_e=200$	
	v	Q	v	Q	v	Q	v	Q	v	Q	v	Q
0.005	0.29	0.29	0.38	0.85	0.47	1.83	0.54	3.38	0.65	7.23	0.79	15.57
0.006	0.32	0.32	0.42	0.93	0.51	2.00	0.59	3.71	0.72	7.92	0.87	17.06
0.007	0.35	0.34	0.45	1.00	0.55	2.16	0.64	4.00	0.77	8.56	0.94	18.43
0.008	0.37	0.36	0.49	1.07	0.59	2.31	0.68	4.28	0.83	9.15	1.00	19.70
0.009	0.39	0.39	0.52	1.14	0.62	2.45	0.72	4.54	0.88	9.70	1.06	20.90
0.01	0.41	0.41	0.54	1.20	0.66	2.58	0.76	4.78	0.92	10.23	1.12	22.03
0.011	0.43	0.43	0.57	1.26	0.67	2.71	0.80	5.02	0.97	10.72	1.17	23.10
0.012	0.45	0.45	0.59	1.31	0.72	2.83	0.84	5.24	1.01	11.20	1.23	24.13
0.015	0.51	0.50	0.66	1.47	0.81	3.16	0.93	5.86	1.13	12.52	1.37	26.98
0.02	0.59	0.58	0.77	1.70	0.93	3.65	1.08	6.76	1.31	14.46	1.58	31.15
0.025	0.66	0.64	0.86	1.90	1.04	4.08	1.21	7.56	1.46	16.17	1.77	34.83
0.03	0.72	0.70	0.94	2.08	1.14	4.47	1.32	8.29	1.60	17.71	1.94	38.15
0.035	0.78	0.76	1.02	2.24	1.23	4.83	1.43	8.95	1.73	19.13	2.09	41.21
0.04	0.83	0.81	1.09	2.40	1.32	5.17	1.53	9.57	1.85	20.45	2.24	44.05
0.045	0.88	0.86	1.15	2.54	1.40	5.48	1.62	10.15	1.96	21.69	2.38	46.72
0.05	0.93	0.91	1.21	2.68	1.47	5.78	1.71	10.70	2.07	22.87	2.50	49.25
0.06	1.02	1.00	1.33	2.94	1.61	6.33	1.87	11.72	2.26	25.05	2.74	53.95
0.07	1.10	1.08	1.44	3.17	1.74	6.83	2.02	12.66	2.45	27.06	2.96	58.28
0.08	1.17	1.15	1.54	3.39	1.86	7.31	2.16	13.53	2.61	28.92	3.17	62.30

附录 M 雨水斗最大允许汇水面积表

表 M-1 雨水斗最大允许汇水面积表

系统形式	虹吸式系统			87式单斗系统				87式多斗系统			
管径/mm	50	75	100	75	100	150	200	75	100	150	200
50	480	960	2000	640	1280	2560	4160	480	960	2080	3200
60	400	800	1667	533	1067	2133	3467	400	800	1733	2667
70	343	686	1429	457	914	1829	2971	343	686	1486	2286
80	300	600	1250	400	800	1600	2600	300	600	1300	2000
90	267	533	1111	356	711	1422	2311	267	533	1156	1778
100	240	480	1000	320	640	1280	2080	240	480	1040	1600
110	218	436	909	291	582	1164	1891	218	436	945	1455
120	200	400	833	267	533	1067	1733	200	400	867	1333
130	185	369	769	246	492	985	1600	185	369	800	1231
140	171	343	714	229	457	914	1486	171	343	743	1143
150	160	320	667	213	427	853	1387	160	320	693	1067
160	150	300	625	200	400	800	1300	150	300	650	1000
170	141	282	588	188	376	753	1224	141	282	612	941
180	133	267	556	178	356	711	1156	133	267	578	889
190	126	253	526	168	337	674	1095	126	253	547	842
200	120	240	500	160	320	640	1040	120	240	520	800
210	114	229	476	152	305	610	990	114	229	495	762
220	109	218	455	145	291	582	945	109	218	473	727
230	104	209	435	139	278	557	904	104	209	452	696
240	100	200	417	133	267	533	867	100	200	433	667
250	96	192	400	128	256	512	832	96	192	416	640

小时降雨量/（mm/h）

参 考 文 献

[1] 杨永祥,杨海.建筑概论[M].4版.北京:中国建筑工业出版社,2019.

[2] 李圭白,蒋展鹏,范瑾初,等.给排水科学与工程概论[M].3版.北京:中国建筑工业出版社,2018.

[3] 唐兴荣.土建工程基础[M].3版.北京:中国建筑工业出版社,2014.

[4] 同济大学,西安建筑科技大学,东南大学,重庆大学.房屋建筑学[M].3版.北京:中国建筑工业出版社,2018.

[5] 李章政.建筑结构设计原理[M].2版.北京:中国建筑工业出版社,2019.

[6] 陈伟,张思梅,胡荟群.建筑材料基础[M].北京:中国水利水电出版社,2010.

[7] 重庆大学,同济大学,哈尔滨工业大学.土木工程施工[M].3版.北京:中国建筑工业出版社,2017.

[8] 李有香,满广生,乔守江,等.房屋建筑施工[M].北京:中国水利水电出版社,2010.

[9] 中国建筑设计研究院有限公司.建筑给水排水设计手册[M].北京:中国建筑工业出版社,2019.

[10] 张健.建筑给水排水工程[M].北京:中国建筑工业出版社,2013.

[11] 王增长.建筑给水排水工程[M].北京:中国建筑工业出版社,2016.

[12] 马金.建筑给水排水工程[M].北京:清华大学出版社,2004.

[13] 王增长.建筑给水排水工程[M].7版.北京:中国建筑工业出版社,2016.

[14] 中华人民共和国住房和城乡建设部.建筑给水排水设计标准:GB 50015—2019[S].北京:中国计划出版社,2019.

[15] 中华人民共和国住房和城乡建设部.建筑设计防火规范(2018年版):GB 50016—2014[S].北京:中国计划出版社,2014

[16] 中华人民共和国住房和城乡建设部.消防给水及消火栓系统技术规范:GB 50974—2014[S].北京:中国计划出版社,2014.

[17] 中华人民共和国住房和城乡建设部.自动喷水灭火系统设计规范:GB 50084—2017[S].北京:中国计划出版社,2017.

[18] 中华人民共和国住房和城乡建设部.建筑灭火器配置设计规范:GB 50140—2005[S].北京:中国计划出版社,2005.

[19] 中华人民共和国住房和城乡建设部.住宅建筑规范:GB 50368—2005[S].北京:中国建筑工业出版社,2005.

[20] 中华人民共和国住房和城乡建设部.住宅设计规范:GB 50096—2011[S].北京:中国计划出版社,2011.

[21] 中华人民共和国住房和城乡建设部.室外排水设计标准:GB 50014—2021[S].北京:中国计划出版社,2021.

[22] 中华人民共和国住房和城乡建设部.城镇雨水调蓄工程技术规范:GB 51174—2017[S].北京:中国计划出版社,2017.

[23] 中华人民共和国住房和城乡建设部.建筑与小区雨水控制及利用工程技术规范:GB 50400—2016[S].北京:中国建筑工业出版社,2016.

[24] 中华人民共和国住房和城乡建设部.建筑中水设计标准:GB 50336—2018[S].北京:中国建筑工业出版社,2018.

[25] 中华人民共和国住房和城乡建设部.民用建筑节水设计标准:GB 50555—2010[S].北京:中国建筑工业出版社,2010.

[26] 中华人民共和国住房和城乡建设部.游泳池给水排水工程技术规程:CJJ 122—2017[S].北京:中国

建筑工业出版社,2017.

[27]　中华人民共和国住房和城乡建设部.游泳池水质标准:CJ/T 244—2016[S].北京:中国标准出版社,2016.

[28]　中华人民共和国住房和城乡建设部.建筑与小区管道直饮水系统技术规程:CJJ/T 110—2017[S].北京:中国建筑工业出版社,2017.

[29]　中华人民共和国住房和城乡建设部.城市绿地规划标准:GB/T 51346—2019[S].北京:中国建筑工业出版社,2019.

[30]　海绵城市建设技术指南——低影响开发雨水系统构建(试行).住房城乡建设部.2014.10.

[31]　国家建筑标准设计图集(海绵城市建设系列).海绵型建筑与小区雨水控制及利用(17S705)[M].北京:中国计划出版社,2017.

[32]　白莉.建筑给水排水工程[M].北京:化学工业出版社,2010.

[33]　徐鹤生,周广连.建筑消防系统[M].北京:高等教育出版社,2010.

[34]　中国市政工程华北设计研究总院,中国城镇供水排水协会设备材料工作委员会.给水排水设计手册,第 12 册[M].3 版.北京:中国建筑工业出版社,2002.

[35]　中华人民共和国住房和城乡建设部.建筑给水排水设计标准:GB 50015—2019[S].北京:中国计划出版社,2019.

[36]　中华人民共和国住房和城乡建设部.室外给水设计标准:GB 50013—2018[S].北京:中国计划出版社,2019.

[37]　中华人民共和国住房和城乡建设部.建筑设计防火规范(2018 年版):GB 50016—2014[S].北京:中国计划出版社,2020.

[38]　中华人民共和国住房和城乡建设部.水喷雾灭火系统技术规范:GB 50219—2014[S].北京:中国计划出版社,2015.

[39]　中华人民共和国住房和城乡建设部.固定消防炮灭火系统设计规范:GB 50338—2003[S].北京:中国计划出版社,2004.

[40]　中华人民共和国住房和城乡建设部.泡沫灭火系统设计规范:GB 50151—2010[S].北京:中国计划出版社,2011.